“十三五”普通高等教育本科规划教材
高等院校机械类专业“互联网+”创新规划教材

测试技术基础

（第 3 版）

主　编　王三武　丁毓峰
副主编　宋春生
参　编　陈　雷　萧　筝　赵　燕
　　　　吴华春　徐汉斌
主　审　江征风

内容简介

本书主要讲述测试技术基础理论及非电量测量方法，共分8章：绪论，信号描述及分析，测试系统的基本特性，常用传感器，信号变换、调理与记录，现代测试技术，机械振动测试，测试系统案例。

本书可作为高等院校机械、仪器、测控和自动化等专业学生学习测试技术的教材，也可作为相关科技和工程技术人员的参考用书。

图书在版编目(CIP)数据

测试技术基础/王三武，丁毓峰主编．—3版．—北京：北京大学出版社，2020.8
高等院校机械类专业“互联网+”创新规划教材
ISBN 978-7-301-31420-3

Ⅰ．①测… Ⅱ．①王… ②丁… Ⅲ．①测试技术—高等学校—教材 Ⅳ．①TB9

中国版本图书馆CIP数据核字(2020)第113916号

书　　名　测试技术基础(第3版)
CESHI JISHU JICHU (DI-SAN BAN)
著作责任者　王三武　丁毓峰　主编
策 划 编 辑　童君鑫
责 任 编 辑　李婷婷
数 字 编 辑　蒙俞材
标 准 书 号　ISBN 978-7-301-31420-3
出 版 发 行　北京大学出版社
地　　址　北京市海淀区成府路205号　100871
网　　址　http://www.pup.cn　新浪微博：@北京大学出版社
电 子 信 箱　pup_6@163.com
电　　话　邮购部010-62752015　发行部010-62750672　编辑部010-62750667
印 刷 者　北京市科星印刷有限责任公司
经 销 者　新华书店
787毫米×1092毫米　16开本　17印张　396千字
2007年1月第1版　2010年1月第2版
2020年8月第3版　2020年8月第1次印刷
定　　价　49.00元

第 3 版前言

《测试技术基础》于 2007 年 1 月以来，经过多所高校和大量读者的使用，编者获得了许多宝贵的经验和意见。随着测试技术的传感器、显示和记录仪器等相关技术的快速发展，一些内容已经不能满足当前的学习需要。为此，编者在第 2 版的基础上对相关内容进行了调整和修改：将原来第 6 章“随机信号相关和功率谱分析”合并到第 2 章；在第 4 章增加了“光纤光栅传感器”等新型传感器内容；对原来第 7 章“记录及显示仪”进行了更新，补充了新内容，删除了一些淘汰的内容，并合并到第 3 版的第 5 章；对原来第 8 章“机械振动测试与分析”进行了裁剪，保留重点内容，调整为第 7 章；另外新增了一章“测试技术案例”（第 8 章），便于引导学生提高动手能力；同时对第 2 版中存在的某些疏漏和印刷错误做了更正。

本书配有大量实物图片，使内容表达更加直观易懂。本书新增了大量的二维码资源链接，作为学习过程中必要的资源补充，包括按照每章知识点录制的视频、PPT 课件、补充视频、问题解答、知识拓展、MOOC 单元测验、习题参考答案等。

本书由武汉理工大学王三武教授、丁毓峰担任主编并统稿，宋春生担任副主编，陈雷、萧筝、赵燕、吴华春、徐汉斌参加了编写。本书具体编写分工：第 1 章由王三武编写；第 2、4 章（光纤光栅传感器相关内容）由宋春生编写；第 2 章（随机信号、相关分析和功率谱分析相关内容）由陈雷编写；第 3 章由丁毓峰、徐汉斌编写；第 4 章（除光纤光栅传感器相关内容）由赵燕、丁毓峰编写；第 5 章由萧筝、吴华春编写；第 6、7 章由吴华春和丁毓峰编写；第 8 章由宋春生、丁毓峰、陈雷和萧筝编写。

在本书的编写过程中，编者参考了相关企业的产品资料和同行作者的有关文献，在此对书中所列参考文献、引用的相关资料的作者和出版单位一并表示感谢！

由于编者水平有限，书中难免存在不足及欠妥之处，恳请同行及广大读者批评指正。

错误反馈邮箱 564061726@qq. com。

编　者

2020 年 7 月于武汉

【资源索引】

第 2 版前言

《测试技术基础》于 2007 年 1 月出版以来，经过多所高校和大量读者的使用，编者获得了许多宝贵的经验和意见。为此，编者对《测试技术基础》部分章节的内容进行了调整和较大修改：按照信号测试过程的流程来组织全书的内容；将原来第 3 章“测试信号的分析与处理”改为第 6 章“随机信号相关和功率谱分析”；在第 2 章中增加了“离散傅里叶变换”的内容；对《测试技术基础》中存在的某些疏漏和印刷错误做了更正。

本书配有大量实物图片，使内容表达更加直观易懂。部分有代表性的实物图片制成两页彩色插页，意在增强可读性和趣味性。

各章部分计算题还提供参考答案，可登录以下网址下载：www.pup6.com。

本书由武汉理工大学江征风教授担任主编并负责统稿，赵燕、徐汉斌担任副主编，李如强、吴华春参加编写。本书具体编写分工：第 1 章由江征风编写；第 2 章、第 5 章、第 6 章由李如强编写；第 3 章由徐汉斌编写；第 4 章由赵燕编写；第 7～9 章由吴华春编写。

书中的部分内容参考了相关企业的最新产品资料和兄弟院校同行作者的有关文献，在此对书中所列参考文献、引用的相关资料的作者和出版单位一并表示感谢！

由于编者水平有限，书中难免存在不足及欠妥之处，恳请同行及广大读者批评指正。

编　者

2009 年 10 月于武汉

第 1 版前言

在科学研究与社会生产活动的过程中，需要对研究对象、生产过程及产品研发中的各种物理现象和物理量进行观察与定量的数据分析。伴随着科学研究与生产技术的发展进步，对各种物理量和物理现象进行测量与试验的要求越来越广泛，这种状况极大地推动了测试技术的发展。而每一次新的测量理论、测试方法、测试设备的出现，也促进了其他学科与工程技术的发展。测试技术已经成为从事科学研究与工农业生产的技术人员必须掌握的专业技术基础知识。

测试技术基础是机械类专业本科生必修的一门专业基础课。武汉理工大学从 1982 年开始开设测试技术基础课程，是全国最早开设此课程的高校之一。1988 年由武汉理工大学机械系测试教研组编写了《测试技术基础》；1996 年正式出版了《测试技术基础》；2005 年，测试技术基础课被评为湖北省省级精品课。武汉理工大学教师经过 20 多年的教学和科研实践，在教学内容、教材和实验室建设等方面积累了很多宝贵经验和科研案例素材，并力图将这些经验体会、案例素材融入本书。因此，本书在选材上特别注意从应用角度出发，遵循由浅入深、循序渐进的认识规律，以案例讲解为引导，以通俗易懂的语言和大量的例题做铺垫，逐步深入，便于读者更快更好地学习、理解和掌握测试技术的基本理论及测试方法和测试仪器。同时，本书也着重介绍了现代测试技术发展的新领域（如书中第 9 章），以便读者能更全面、更深入地了解测试技术的全貌。

本书共 9 章，第 1～4 章主要介绍测试技术的理论基础。其中第 1 章为绪论，介绍测量与试验的概念及相互关系，测量方法的分类与非电量测试系统的构成，测试技术的发展、意义及涵盖的内容；第 2 章介绍信号的理论、信号的分类、信号的时域描述与频域描述方法，以及信号的频谱；第 3 章介绍测试信号的分析与处理；第 4 章介绍测试系统特性描述的方法、理论与工程应用；第 5～7 章分别介绍了测试信号的传感、调理和记录与显示方面的理论及应用；第 8 章介绍了常见物理量——机械振动（力、位移、速度、加速度）的测量和机械阻抗的测试原理及测试仪器的特性；第 9 章专门介绍了现代测试系统的构成及虚拟测试技术的概况。教学内容上的这些安排，便于读者在完成第一部分（前 4 章）基础理论内容学习的基础上，进一步掌握综合应用测试技能进行不同物理量测试的知识。其他专业教师选用本书时，适当取舍内容后可适应不同层次及不同专业的教学要求。

本书由武汉理工大学江征风教授担任主编并统稿，赵燕、徐汉斌担任副主编，李如强、张萍、吴华春参加编写。

武汉理工大学机电学院胡业发教授担任本书的主审，他仔细审阅了全部书稿，提出了许多建设性意见和宝贵建议，在此向他表示诚挚的谢意！

书中编写的部分内容参考了相关企业的最新产品资料和兄弟院校同行作者的有关文

献，在此对书中所列参考文献、引用的相关教材与资料的作者、译者和单位一并表示感谢！

由于编者水平有限，书中难免存在不足及欠妥之处，恳请同行及广大读者批评指正。

编　者

2006年9月于武汉

目　　录

第1章 绪论

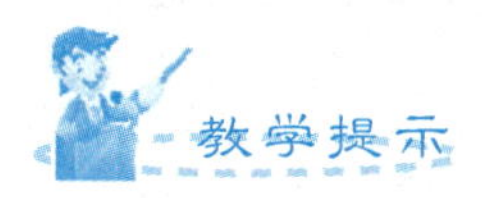

引导初学者正确理解测试的基本概念、测试的含义、测量和测试的联系及区别、测试方法的分类和测试系统的基本组成。

正确理解测量与测试的含义，掌握测试系统的基本组成，了解本课程的应用领域。

1.1 测试的含义

【测试的含义】

测试是人们认识客观事物的一种常用方法。人类在其自身的发展过程中，一方面不断地探索、认识自然，获得科学发现，另一方面不断地运用这些发现，改造自然，产生发明创造。不管是为了获得科学发现(如发现物体的运动规律)，还是为了产生发明创造(如制造出汽车)，都需要运用一定的方法和手段，按照一定的条件和方式，定量地观测所要发现或者所要创造的对象的某些“量”，并对这些观测到的“量”进行处理分析，得到所需要的结论。

【例 1.1】 伽利略自由落体实验。如图 1.1 所示，为了获得物体做落体运动时的运动规律，伽利略设计了一个由角度可调的斜面(斜面上开有光滑的槽)、刻线尺、水钟组成的装置，以在倾斜而光滑的槽内运动的光滑铜球为观测对象。设定铜球从静止开始滚动，用水钟测量铜球运动的时间，用刻线尺测量对应时间 T 内铜球滚过的距离 D，并且通过改用不同质量的铜球和不同的斜面倾斜角度，反复观测，最后通过对测量所获得的关于时间及距离的数据的处理，验证了自由落体定律。

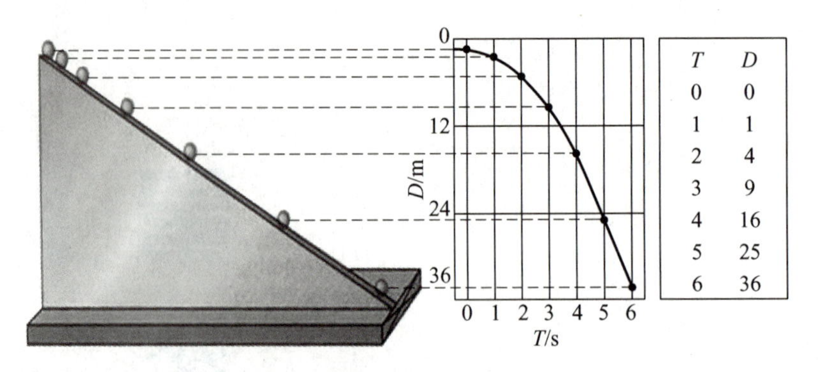

图 1.1 伽利略自由落体实验示意

【例 1.2】 汽车舒适性性能试验。如图 1.2 所示，为了验证汽车的舒适性是否满足要求，将汽车放置在设计构建的液压振动台上，模拟其颠簸行驶，并用加速度计测出汽车座椅处的加速度数据，所测加速度数据经处理后作为评定所制造的汽车的舒适性是否达到要求的依据。

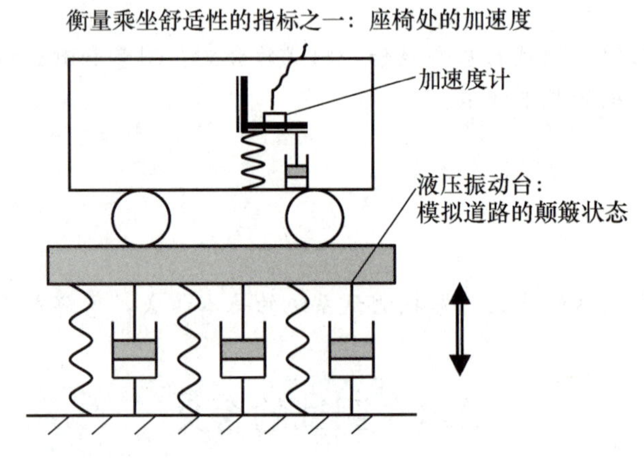

图 1.2 汽车舒适性性能试验

【汽车舒适性测试】

上述两个例子，都是将要观察研究的对象(铜球、汽车)置于某种特定的环境条件下(光滑的倾斜面、振动台)运行(铜球滚动、汽车颠簸)，用测量来获取某些表征对象特征的量(球运动的时间和对应的距离、汽车座椅处的加速度)的数据，在对测量数据进行处理后，得到所需要的结论(自由落体定律、舒适性是否满足要求)。**这种通过测量获取数据的试验(实验)，或者说具有试验(实验)性质的测量，称为测试。**测试技术包含了测量技术和试验(实验)技术两个方面。

测量是为各种物理量确定数值的活动。测量过程就是将要求被测量的物理量与预定的标准，用一定的手段和方法进行定量的比较，最后得到被测物理量的数值结果。例如，人体身高的测量，就是将某个人的身体高度这个被测物理量与长度标准“米”对照，通过用标准米尺去量的手段和方法进行比较，得到这个人的身高数值。

机械量测量的范畴中除了长度、质量、时间等基本量之外，还包括温度、应力、应变，以及与流体(流量、压强)、声学(声压、声强)、力(力矩)和运动（位移、速度、加速度）有关的参数等。

试验(实验)是对被研究的对象或系统进行研究的一种方法。它是在特定的环境和条件下，运行或激励所要研究的对象，观察对象的运行状态，通过对观察到的状态进行分析，得到所需要的结论或信息的研究过程。

测试是测量和试验(实验)的综合。通过测试得到的试验(实验)数据为获得研究对象的研究结论提供了重要依据。例如在例1.2中，通过在座椅处安装加速度传感器测量加速度值来评价汽车的乘坐舒适性，如果超标，则表示应改进该汽车的设计。而测量的重要性在于它在系统所要求的结果和实际所取得的结果之间提供了一种定量的比较。

测试过程是借助专门设备，通过合适的试验(实验)、必要的测量和数据处理，从研究对象中获得有关信息的认识过程。这个过程需要用到与获得对象信息相关的测量和试验(实验)原理、方法、手段。这些原理、方法和手段构成了测试的技术体系。

对于信息，一般可理解为消息、情报或知识，如在古代烽火是外敌入侵的信息。从物理学观点出发来考虑，信息不是物质，也不具有能量，但它却是物质所固有的，是其客观存在或运动状态的特征。因此，信息可以理解为事物运动的状态和方式。

信息本身不是物质，不具有能量，但信息的传输却依靠物质和能量。我们把传输信息的载体称为信号。信息蕴含于信号之中。例如古代的烽火，人们观察到的是光信号，而它所蕴含的信息则是“外敌入侵”。

信号是物理性的，是物质，具有能量。人类获取信息需要借助信号的传播，信号的变化则反映了所携带信息的变化。

测试工作的目的就是获取研究对象中有用的信息，而信息蕴含于信号之中，对象的信息都需要通过信号传递给观察者。例如，物体落体运动规律的信息是通过铜球在不同时间出现在不同位置的信号传递给我们的，汽车舒适性的信息是通过加速度信号传递给我们的。对象传递的是什么样的信息需要通过对信号的处理分析才能得到，如加速度信号需要通过分析转换，得到加速度的幅值、频率等指标数据，才能确定舒适性是否满足要求。因此，测试也是信号的获取、加工、传输、显示、记录(存储)、处理、分析的过程。

1.2　测试技术的作用

人类从事的社会生产、经济交往和科学研究活动总是与测试技术息息相关。

首先，测试是人类认识客观世界的手段之一，是科学研究的基本方法。科学的基本目的在于客观地描述自然界。科学定律是定量的定律，科学探索离不开测试技术，用定量关系和数学语言来表达科学规律和理论也需要测试技术，验证科学理论和规律的正确性同样需要测试技术。事实上，科学技术领域内，许多新的科学发现与技术发明往往是以测试技术的发展为基础的。可以认为，测试技术能达到的水平，在很大程度上决定了科学技术发展的水平。

其次，测试是工程技术领域中的一项重要技术。工程研究、产品开发、生产监督、质量控制和性能试验等都离不开测试技术。在自动化生产过程中常常需要用多种测试手段来获取多种信息，来监督生产过程和机器的工作状态并达到优化控制的目的。

在广泛应用的自动控制中，测试装置已成为控制系统的重要组成部分。在各种现代装备系统的设计制造与运行过程中，测试工作内容已嵌入系统的各部分，并占据关键地位。测试技术已经成为现代装备系统日常监护、故障诊断和有效安全运行的不可缺少的重要手段。

1.3 测试方法的分类

【测试方法的分类】

测试是为了获取研究对象中的有用信息。被研究对象的信息量总是非常丰富的，而测试工作是根据一定的目的和要求，获取有限的、观测者感兴趣的某些特定信息，而不是企图获取该研究对象的全部信息。

从研究对象中获取的信号所携带的信息往往很丰富，既有研究者所需要的信息，也有研究者不感兴趣的大量其他信息，后者统统被称为干扰。相应地，对于信号也有“有用信号”和“干扰信号”的说法，但这也是相对的。在一种场合被认为是“干扰”的信号，在另一种场合则可能是“有用”的信号。例如，齿轮噪声对工作环境是一种“干扰”，但在评价齿轮副的运行状态和进行故障诊断时，又成为“有用”的了。测试工作的一个重要任务就是从复杂的信号中排除干扰信号，提取出有用信号，此过程称为信号的处理和分析。有关信号(信息)的基本知识及处理和分析的方法将在本书第2章讲述。

由于被测信号和测试系统具有多样性和复杂性，因此产生了各种类型的测试方法，以及多种类型的测试系统。

1.3.1 测量的基本方法

1. 直接比较测量法

直接比较测量法就是将被测物理量与标准直接比较进行测量的方法。例如在例1.1伽利略自由落体实验中，测量铜球的滚动距离采用的就是直接比较法。它是将铜球滚过的距离与刻线尺上的标准长度“米”直接进行比较，得到铜球滚过距离的数值。例1.1中所使用的标准——刻线尺称为二次标准，而原始长度标准则与光速有关。

再如用天平测量物体的质量，就是将物体直接与标准的砝码进行比较，得到所测物体质量的数值。这也是使用直接比较法测量。

2. 间接比较测量法

间接比较测量法就是用经过与标准比较而标定过的测量装置去测量被测物理量，所测得的物理量的数值是通过装置与标准进行间接比较的结果。例如在例1.2汽车舒适性性能试验中，座椅处的加速度就是采用间接比较法测量。它是用经标定的加速度计这种测量装置来测量汽车座椅处的加速度的。这不仅间接将座椅处的加速度与标准进行了比较，还将加速度这个机械量信号转换成了模拟电量信号。

再如图1.3所示，用杆秤测量物体的质量也是间接测量。称重前，用标准砝码对杆秤进行了标定，确定了秤砣在秤杆的不同位置对应的不同质量。称重测量时，利用杠杆平衡原理，间接比较了被测物体的质量与标准砝码的质量，得到被测物体的质量的数值。

间接比较测量法是应用最广泛的测量方法。

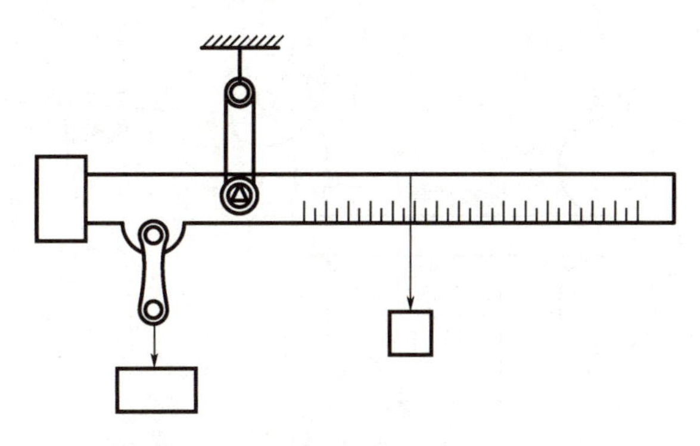

图 1.3 用杆秤测量物体的质量

1.3.2 静态测试与动态测试

1. 静态测试

测试时，如果对象的被测物理量不随时间变化，或者随时间变化非常缓慢以至于可以忽略，这种测试是静态测试。例如，空调的室内温度测试，按规范要求使用温度计测试室内温度与设定温度的差值，看其是否满足要求。这个测试中，室内温度随时间变化是非常缓慢的，所以是静态测试。静态测试的被测量信号为静态信号。

2. 动态测试

测试时，如果对象的被测物理量随时间发生较快的变化，这种测试为动态测试。例如在例 1.2 汽车舒适性性能测试中，加速度就是一个随时间发生较快变化的被测物理量，所以是动态测试。动态测试的被测量信号为动态信号。动态信号往往携带的是对象的动态特性的信息。若被测信号是动态信号，将它输入测量系统进行比较，则所输出的表示测量结果的信号将是对象的动态特性和测量系统的动态特性的综合结果。因此，对于动态测试，为了能够从测量结果中获得测量对象中正确的信息，必须对测量系统的动态特性提出要求。本书将在第 3 章讲述测试系统的基本特性。

1.3.3 按对被测信号的转换方式分类

在机械工程测试中，要测试的信号往往是机械量。从狭义的范围讲，机械量包括与运动、力和温度有关的物理量，如位移、速度、加速度、外力、重量、力矩、功率、压力、流量、温度等。为了测试工作的方便，往往需要把被测试的机械量信号转换成其他形式的信号来处理。测试是具有试验性质的测量方法。根据被测信号的转换方式不同，测试方法可以分成机械测量法、光测量法、气压测量法和电测法等。

1. 机械测量法

机械测量法是指将被测机械量信号转换为另一种机械量信号的测量方法。

如图 1.4 所示，钢板的厚度通过齿轮齿条机构转变成机械指针的角位移，指针的位移仍为机械量，因此属于机械测量法。百分表测位移、天平砝码称重(质量)等都属于机械测量法。

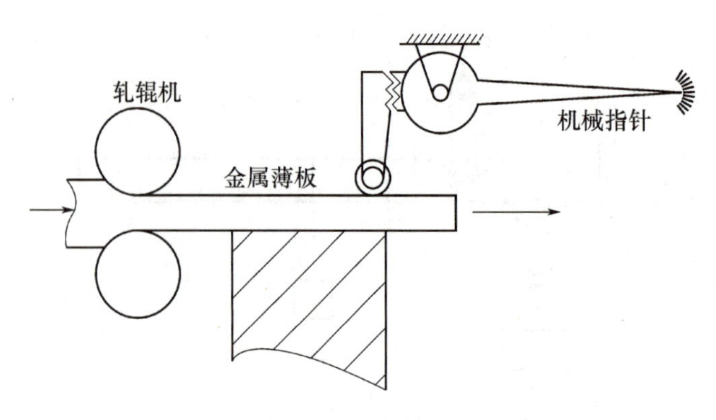

图 1.4 钢板厚度的机械测量法

2. 光测量法

光测量法是指将被测机械量信号转换为光信号的测量方法。

采用光栅技术、激光测量技术、红外测量技术、光纤传感技术等技术进行测量的方法都属于光测量法。

图 1.5 所示为表面粗糙度的光测量法。将光源的光通过光学系统聚焦到反光镜，然后反射到移动的感光纸上，当被测表面水平移动时，因表面粗糙度的微观高度变化，反光镜及其光学系统随着测量探针的移动而上下移动，使得反光镜上的光点也上下移动，光点的上下移动与感光纸的水平移动在感光纸上形成反映表面粗糙度峰谷变化的记录曲线。这个测量中，通过上下移动的反光镜这个传感器将表面粗糙度的微位移信号转换成了光信号。

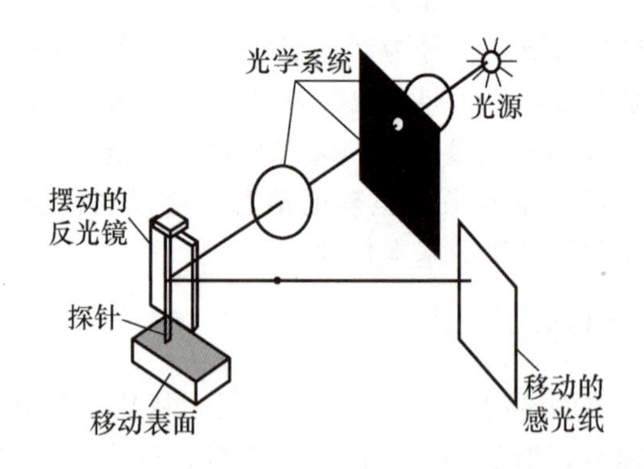

图 1.5 表面粗糙度的光测量法

图 1.6 所示为利用光纤传感器测量应变的光测量法。将光纤的敏感部分与被测对象固连在一起，光纤中传输激光光束，当被测对象发生变形时，其应变传递给光纤，引起光纤中传光特性(如波长、相位、光强)发生变化，从而将应变变化转换为光纤所传输光束的相位或光强变化。

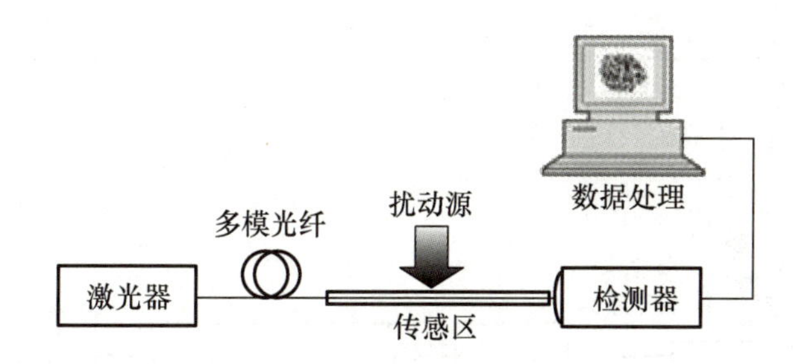

图 1.6　利用光纤传感器测量应变的光测量法

3. 气压测量法

气压测量法是指将被测机械量信号转换为气体压力信号的测量方法。

图 1.7 所示为气动比较仪的工作原理。中间压力 p_i 取决于气源压力 p_s 及喷孔 O_1 和 O_2 之间的压降。喷孔 O_2 的有效尺寸随距离 d 而变化。当 d 变化时，压力 p_i 也会发生变化，这一变化可以用于尺寸 d 的测量。

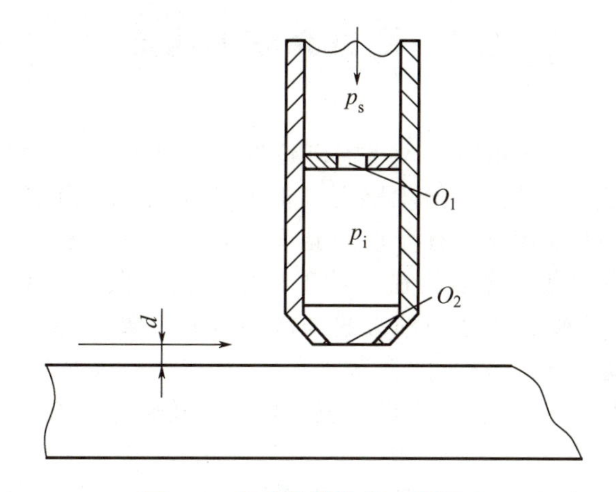

图 1.7　气动比较仪的工作原理

气压测量法对环境条件要求不高，但由于其可压缩性和响应较迟缓，只适宜做静态测试。

4. 电测法

电测法是指将被测机械量信号转换为电信号的测量方法。

目前，机械工程中最普遍使用的测量方法是非电量电测法。这种测量方法精度高、灵敏度高，特别适于动态测试。电测法可以将不同的被测机械量信号转换为相同的电信号，便于用统一的后继仪器进行处理和计算机分析。同时，利用电测法还便于进行远距离测量和控制，甚至可以进行无线遥控测量。图 1.2 所示的例子就是典型的非电量电测法，即加速度传感器将加速度信号转换为电量输出。图 1.8 所示的例子则是表面粗糙度的电测法。可以说，电测法是现代测试技术发展的特点之一。本书重点讲述动态测试中的非电量电测法。

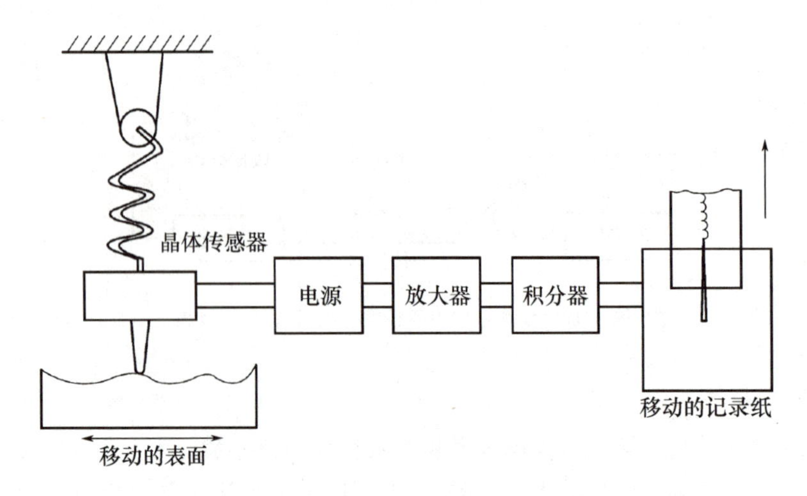

图 1.8　表面粗糙度的电测法

1.4　测试系统的组成

【非电量电测系统的构成】

图 1.2 所示的汽车座椅舒适性性能试验中，为了将加速度计中输出的加速度信号传输给观察者，整个过程就必须力求既不失真，也不受干扰。或者说，要在有严重外界干扰的情况下提取和辨识出信号中所包含的有用信息，就必须在测试工作中对信号做必要的变换、放大等调理。有时还需要选用适当的方式来激励研究对象(信源)，使它处于人为控制的运动状态(如汽车的振动状态)，从而产生表征特征(舒适性信息)的信号(振动加速度)。图 1.2 中的液压振动台就是用于激励研究对象(汽车)的装置，称为激励装置。

据此，**测试系统往往是由许多功能不同的仪器或装置所组成。**加速度测试系统框图如图 1.9 所示。由此也可得到一般的测试系统框图，**它由测量装置、标定装置和激励装置组成，**如图 1.10 所示。

1. 测量装置

测量装置是各种测量仪器和辅助装置的总称。测量装置将在第 4、第 5 及第 7 章中讲述。测量装置包括传感器、信号调理与信号分析仪器、显示与记录仪器三部分，这三部分称为三级。

第一级：检测-传感器级或敏感元件-传感器级；

第二级：中间级或信号调理级；

第三级：终端级或显示-记录级。

传感器感受和拾取被测的非电量信号，并把非电量信号转换为电信号，以便送入后续的仪器进行处理。第 4 章将专门讨论传感器。

信号调理仪也称中间转换电路，其目的是转换传感器送来的信号。该级对信号执行一种或多种基本操作，如实现再转换、放大或衰减、调制与解调、阻抗变换、滤波等处理，

最终使信号变成适合于显示、记录或与计算机外部设备适配的信号。

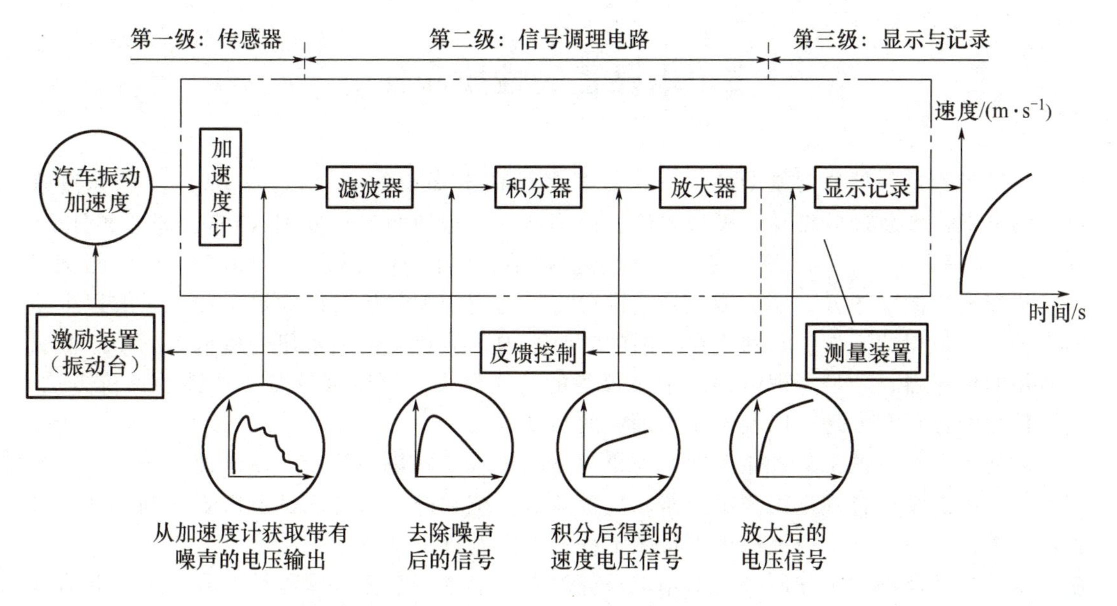

图 1.9　加速度测试系统框图

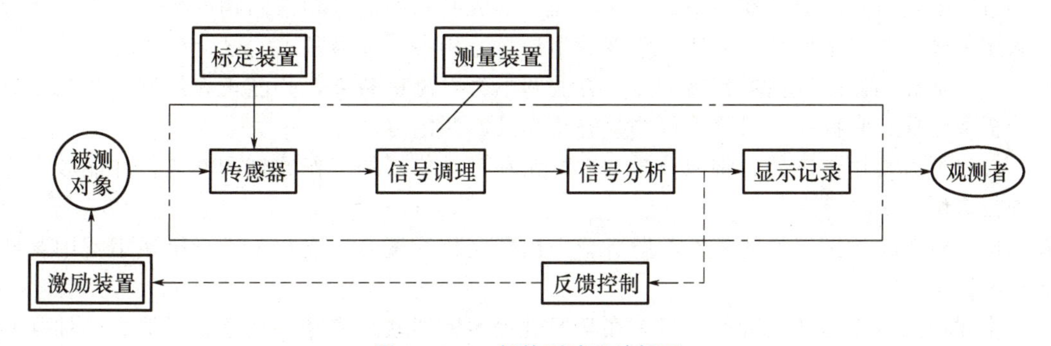

图 1.10　一般的测试系统框图

信号分析仪多指计算机系统或专用数字信号分析仪器，也可以是模拟信号分析仪器。它主要是对信号进行滤波、运算等，以求得信号中有用的特征值。

显示仪、记录仪的作用是提供人的知觉能够理解的信息。

第 5 章专题讨论信号调理仪、信号分析仪及显示仪和记录仪。

2. 标定装置

标定装置用以找到测量装置的输入与输出之间的数量关系。在例 1.2 中，通过间接测量得到的加速度最终可输出为记录纸上的“位移”。记录纸上的“位移”的变化规律与汽车座椅的加速度变化规律一致，这表明可以通过记录纸上的“位移”定性地确定加速度的变化规律。但要定量地确定“位移”与加速度的关系(多少毫米“位移”代表多大的加速度)，就必须对测量系统进行标定，标定所使用的装置称为标定装置。

3. 激励装置

激励装置根据测试内容的需要，使被测对象处于人为的工作状态，产生表征其特征

（信息）的信号。

1.5 本课程的性质和任务

测试工作是一件非常复杂的工作，需要多种科学知识的综合运用。从广义的角度来讲，测试工作涉及试验设计、模型理论、传感器、信号的加工与处理（传输、调理和分析、处理）、误差理论、控制工程、系统辨识和参数估计等内容。从狭义的角度来讲，测试工作是指在选定激励的方式下检测信号，进行信号的调理和分析，以便显示和记录或以电量输出信号、数据的工作。本课程在有限的学时之内，从狭义范围来研究机械工程动态测试中常用的传感器、新型调理电路及记录仪等的工作原理，测试系统基本特性的评价方法，测试信号的分析和处理，以及常见物理量的测试方法。

对高等学校机械工程各相关专业来说，测试技术基础是一门专业基础课。通过学习本课程，学生能掌握合理选用测试仪器、配置测试系统和进行动态测试所需要的基本知识及技能，为进一步学习、研究和处理机械工程技术问题打下基础。

从进行动态测试工作所必备的基本条件出发，学生在学完本课程后应具有下列几方面的知识。

（1）掌握信号的时域和频域的描述方法，形成明确的信号频谱结构的概念；掌握谱分析和相关分析的基本原理和方法；掌握数字信号分析中一些最基本的概念和方法。

（2）掌握测试系统基本特性的评价方法和不失真测试条件，并能正确地进行测试系统的分析和选择；掌握一、二阶系统的动态特性及其测定方法。

（3）了解常用传感器、常用信号调理电路和记录仪器的工作原理和性能，并能较合理地进行选用。

（4）对动态测试工作的基本问题有一个比较完整的概念，能初步进行机械工程中某些参数的测试。

本课程具有很强的实践性，只有在学习过程中密切联系实际，注意物理概念，加强实验，才能真正掌握有关理论，具备一定的试验能力，理解关于动态测试工作的完整概念，初步具有处理实际测试工作的能力。

1.6 测试技术的发展动向

现代科技的发展不断给测试技术提出新的要求，推动测试技术的发展。与此同时，各学科领域的新成就也常常在测试方法和仪器设备的改进中得到体现。测试技术总是从其他相关的学科中吸取营养而得到发展。

近年来，新技术和新材料的兴起更加快了测试技术的蓬勃发展，主要表现在传感器技术的发展和测量方式的多样化两个方面。

1.6.1 传感器技术的发展

传感器是信息之源头，传感技术是测试技术的关键内容之一，当今传感器开发具有以下两方面的发展趋势。

1. 物理型传感器的开发

物理型传感器依据机敏材料本身的物性随被测量的变化实现信号的转换。这类传感器的开发实质上是新材料的开发。目前，应用于传感器开发的机敏材料主要有声发射材料、电感材料、光纤、磁致伸缩材料、压电材料、形状记忆材料、电阻应变材料、X射线感光材料、石墨烯等。这些材料的开发，不仅使可测量大量增加，也使传感器集成化、微型化，以及高性能传感器的出现成为可能。总之，传感器正经历着从机构型为主向以物理型为主的转变过程。

2. 集成化、智能化传感器的开发

随着微电子学、微细加工技术的发展，出现了多种形式集成化的传感器。这类传感器具有智能化功能。将测量电路、微处理器与传感器集成一体的传感器，即将同一功能的多个敏感元件通过集成的方式排列成线型或面型的传感器，成为可同时进行多种参数测量的传感器。

1.6.2　测量方式多样化

1. 多传感器融合技术在工程中的应用

多传感器融合是解决测量过程中信息获取的方法。由于多传感器是以不同的方法、从不同的角度获取信息的，因此可以通过传感器之间的信息融合去伪存真，提高测量信息的准确性。

2. 积木式、组合式测量方法

此类测量方法能有效增加测试系统的柔性，降低测量工作的成本，达到不同层次及不同目标的测试目的。

3. 虚拟仪器

一般来说，将数据采集卡插入计算机空槽中，利用软件在屏幕上生成某种仪器的虚拟面板，在软件引导下进行采集、运算、分析和处理，实现仪器功能并完成测试的全过程，这就是虚拟仪器。数据采集卡与计算机组成仪器通用硬件平台，在此平台基础上调用测试软件完成某种功能的测试任务，即构成该种功能的测试仪器，成为具有虚拟面板的虚拟仪器。在同一平台上，调用不同的测试软件就可构成不同的虚拟仪器，故可方便地将多种测试功能集于一体，实现多功能仪器。例如，若对采集的数据利用软件进行快速傅里叶变换，则构成一台频谱分析仪。虚拟仪器是把测试技术与计算机进行深层次结合而开发出的一种全新仪器结构概念的新一代仪器，是虚拟现实技术在精密测试领域中的典型应用。

小　结

测试是人类认识客观世界的手段之一，是科学研究的基本方法。测试工作是一件非常复杂的工作，需要多种科学知识的综合运用。本课程是一门技术基础课。通过本课程的学习，学生应能合理地选用测试仪器、配置测试系统并初步掌握进行动态测试所需要的基本知识和技能，为进一步学习、研究和处理机械工程技术问题打下基础。

本章主要内容如下。

(1) 测试的含义。测试是具有试验性质的测量，是测量和试验的综合。

(2) 测试方法分类。测量的基本方法分为：直接比较法和间接比较法；静态测试和动态测试。根据信号被传感器变换后的形式不同，又可将测试方法分为电测法和其他非电测法。

(3) 测试系统一般由测量装置、标定装置和激励装置组成。

(4) 本课程的性质和任务。

习　题

1-1　图1.11所示是一种拉力式称重弹簧秤，也是一种常用的质量测量系统。详细讨论该质量测量系统的三级构成。

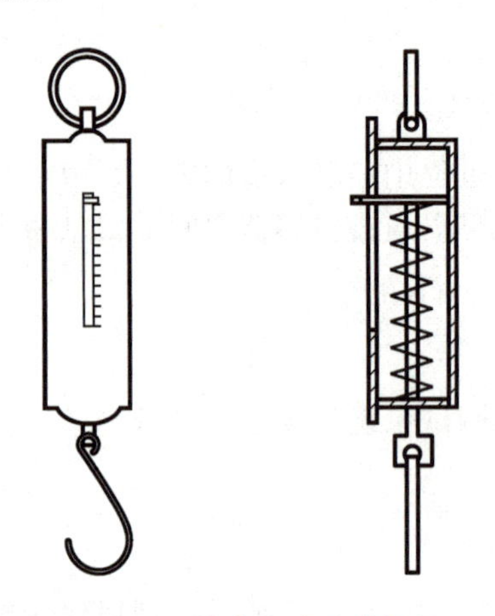

图1.11　拉力式称重弹簧秤

1-2　汞玻璃体温计是一种常用的温度测量系统，详细讨论该温度测量系统的各级构成。

1-3　写一篇关于位移、速度、温度、力或应变测量系统的构成和测量过程的简短报告。

【第1章　测验】

第2章 信号描述及分析

教学提示

根据信号的不同特征，信号有不同的分类方法。采用信号不同“域”的描述，可突出信号的不同特征以满足不同问题的需要。信号的时域描述强调幅值随时间变化的特征；信号的频域描述强调幅值和相位随频率变化的特征。信号的时域描述和频域描述的转换通过傅里叶级数或傅里叶变换来实现。通过数/模转换把模拟信号变为数字信号。离散信号的离散傅里叶变换和信号的傅里叶变换既有联系又有区别。本章重点讲述随机信号的基本概念和主要特征参数；随机信号的幅值域分析及其应用；随机信号在时域中的相关分析，在频域的功率谱分析及其应用。

教学要求

了解信号的不同分类方法及其特点，明确信号的时域描述和频域描述的含义。重点理解信号频谱的概念，包括周期信号的离散频谱和瞬态信号的连续频谱。掌握傅里叶变换的主要性质、几种典型信号的频谱，并能灵活地运用。掌握数字信号的基本知识，理解离散傅里叶变换的图解过程和混叠现象，正确理解和应用采样定理，理解截断、泄漏和窗函数，熟悉常用的窗函数。掌握随机信号的基本概念、主要特征参数及幅值域分析方法。熟练掌握自相关分析和互相关分析方法，掌握自谱和互谱的概念，会分析基本问题。

信息一般可理解为消息、情报或知识。例如，语言文字是社会信息，商品报道是经济信息，在古代烽火是外敌入侵的信息等。从物理学观点出发来考虑，信息不是物质，也不具备能量，但它却是物质所固有的，是其客观存在或运动状态的特征。**信息可以理解为事物的运动状态和方式。**信息和物质、能量一样，是人类不可缺少的一种资源。

信息本身不是物质，不具有能量，但信息的传输却依靠物质和能量。一般来说，**传输信息的载体称为信号，信息蕴含于信号之中。**信息和信号之间的关系举例如下。

（1）古代烽火和现代防空警笛。对于古代烽火，人们观察到的是光信号，而它所蕴含的信息则是“外敌入侵”；对于防空警笛，人们感受到的是声信号，其携带的信息则是“敌机空袭”或“敌机溃逃”。

（2）老师讲课和学生自学。老师讲课时口里发出的是声音信号，是以声波的形式发出的；而声音信号中所包含的信息就是老师正讲授的内容。而学生自学时，通过书上的文字或图像信号获取要学习的内容，这些内容就是这些文字或图像信号承载的信息。

信号具有能量，是某种具体的物理量。信号的变化则反映了所携带信息的变化。

测试工作的目的是获取研究对象中有用的信息，而信息又蕴含于信号之中。可见，测试工作始终都需要与信号打交道，包括信号的获取、信号的调理和信号的分析等。信号的分析包括频谱分析、幅值域分析、相关分析和功率谱分析等，本章将一一进行介绍。

另外，通过测试所获得的信号往往混有各种噪声。噪声的来源可能是由于测试装置本身的不完善，也可能是由于系统中混入的其他输入源。含有各种噪声的信号使得所需要的特征不明显、不突出，甚至难以直接识别和利用。只有在排除干扰并经过必要的处理和分析，消除和修正系统误差之后，才能比较准确地提取信号中所含的有用信息。一般来说，通常把研究信号的构成和特征值的过程称为信号分析，把对信号进行必要的变换以获得所需信息的过程称为信号处理，信号的分析与处理过程是相互关联的。因此，信号分析和处理的过程包括 2 个步骤：分离信号与噪声，提高信噪比；从信号中提取有用的特征信号。

近年来，信号分析发展迅猛，已经形成一门新兴的学科。它对测试技术的发展也产生了极大的推动作用，大幅度地提高了近代测试系统的性能，并扩大了测试技术的应用范围。

2.1 信号的分类与描述

【信号的分类与描述】

2.1.1 信号的分类

为了深入了解信号的物理性质，讨论信号的分类是非常必要的。下面讨论几种常见的信号分类方法。

1. 按信号随时间的变化规律分类

（1）确定性信号与随机信号

根据信号随时间的变化规律不同，信号可以分为确定性信号和随机信号(非确定性信号)。

【确定信号与非确定信号】

① 确定性信号。能明确地用数学关系式描述其随时间变化关系的信号称为确定性信号。例如，一个单自由度无阻尼质量的弹簧振动系统(图 2.1)的位移信号 $x(t)$ 可表示为

$$x(t)=X_0\cos\left(\sqrt{\frac{k}{m}}t+\varphi_0\right) \tag{2-1}$$

式中：X_0 为初始振幅；k 为弹簧刚度系数；m 为质量；t 为时间；φ_0 为初相位。

该信号用图形表达如图 2.2 所示，其中，横坐标为独立变量 t，纵坐标为因变量 $x(t)$，这种图形称为信号的波形。

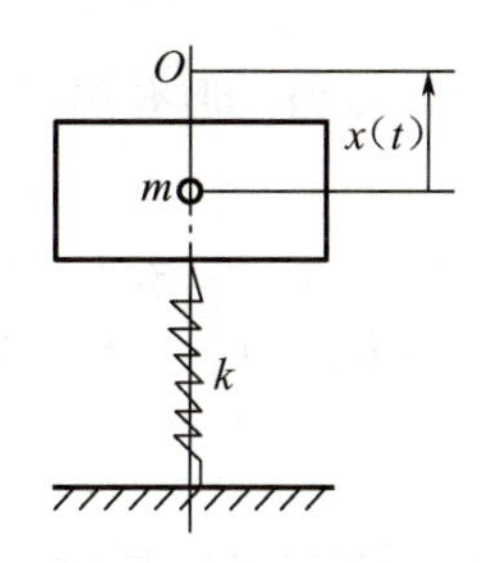

图 2.1　单自由度无阻尼质量的弹簧振动系统

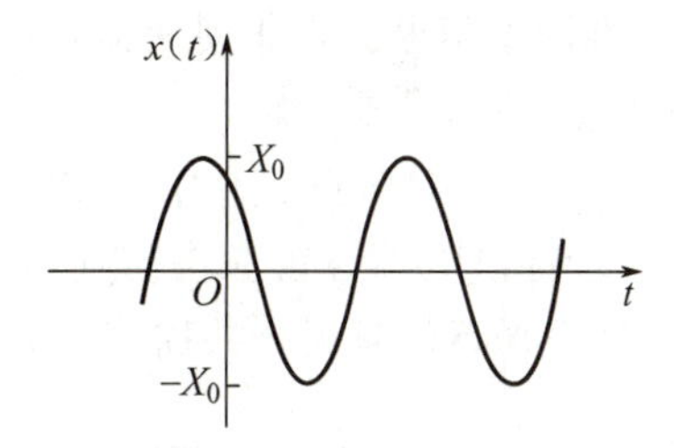

图 2.2　信号的波形

② 随机信号。无法用明确的数学关系式表达的信号称为随机信号。随机信号只能用概率统计方法由过去估计未来或找出某些统计特征量。根据统计特性参数的特点，随机信号可分为平稳随机信号和非平稳随机信号两类。其中，平稳随机信号可进一步分为各态历经随机信号和非各态历经随机信号。

(2) 周期信号与非周期信号

确定性信号可分为周期信号和非周期信号。按一定时间间隔周而复始出现的信号称为周期信号，否则称为非周期信号。

① 周期信号。

周期信号的数学表达式为

$$x(t)=x(t+nT) \tag{2-2}$$

式中：T 为信号的周期，$T=2\pi/\omega=1/f$，$n=\pm1,\pm2,\cdots$；$\omega=2\pi f$，为角频率；f 为频率。周期为 T_0 的三角波信号和方波信号，如图 2.3 所示。

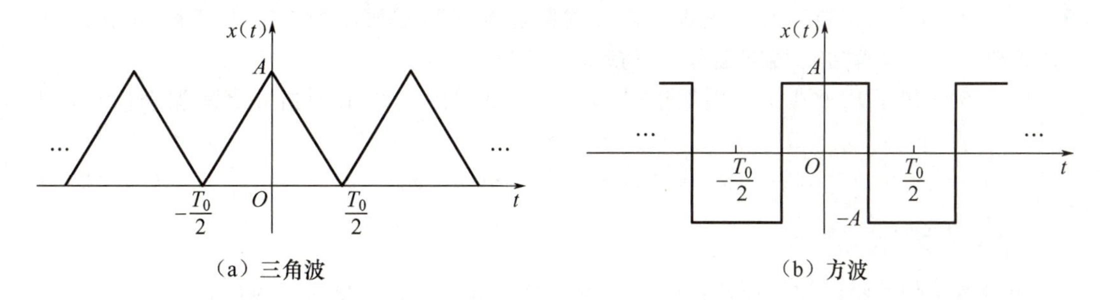

图 2.3　周期为 T_0 的三角波信号和方波信号

显然，式(2-1)表示的信号为周期信号，其角频率为 $\omega=\sqrt{k/m}$，周期为 $T=2\pi/\omega$。这种单一频率的正弦信号或余弦信号称为谐波信号。

由多个乃至无穷多个频率成分叠加而成，叠加后仍存在公共周期的信号称为一般周期信号，如

$$\begin{aligned}x(t)&=x_1(t)+x_2(t)\\&=A_1\cos(2\pi f_1t+\theta_1)+A_2\cos(2\pi f_2t+\theta_2)\\&=10\cos(2\pi\cdot3t+\pi/6)+5\cos(2\pi\cdot2t+\pi/3)\end{aligned} \tag{2-3}$$

$x(t)$由周期信号$x_1(t)$和$x_2(t)$叠加而成，周期分别为$T_1=1/3$、$T_2=1/2$，叠加后信号的周期为T_1和T_2的最小公倍数1，即最小公共周期为1，如图2.4所示。

② 非周期信号。

a. 准周期信号。在非周期信号中，由多个频率成分叠加，但叠加后不存在公共周期的信号称为准周期信号，如

$$x(t)=x_1(t)+x_2(t)=A_1\cos(\sqrt{2}t+\theta_1)+A_2\cos(3t+\theta_2) \tag{2-4}$$

$x(t)$由信号$x_1(t)$和$x_2(t)$叠加而成，两个信号的频率比为无理数，即两个频率没有公约数，则叠加后信号无公共周期，如图2.5所示。

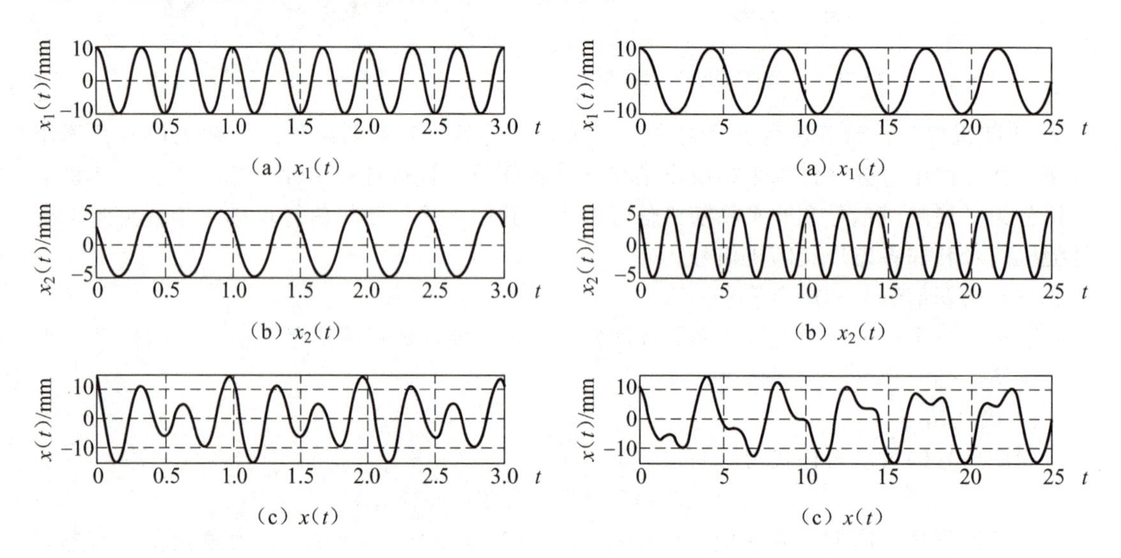

图2.4 两个余弦信号的叠加（有公共周期）　　图2.5 两个余弦信号的叠加（无公共周期）

b. 瞬态信号。在有限时间段内存在，或随着时间的增加而幅值衰减至零的信号，称为瞬态信号，又称瞬变非周期信号或一般非周期信号。

图2.6给出了几个常见非周期信号的例子，其中图2.6(a)为指数衰减振动信号，表示为

$$x(t)=X_0\cdot e^{-at}\cdot\sin(\omega t+\varphi_0) \tag{2-5}$$

2. 按信号幅值随时间变化的连续性分类

根据信号幅值随时间变化的连续性，信号可以分为连续信号与离散信号。

【连续信号与离散信号】

(1) 连续信号。

若信号的独立变量取值连续，则该信号是连续信号，如图2.7(a)、图2.7(b)所示。

(2) 离散信号。

仅仅独立变量连续的信号称为一般连续信号；仅仅独立变量离散的信号称为一般离散信号。信号幅值也可分为连续和离散两种，若信号的幅值和独立变量均连续，则称为模拟信号，如图2.7(a)、图2.7(b)所示；若信号幅值和独立变量均离散，并能用二进制数来表示，则称为数字信号，如图2.7(f)所示，其幅值进行了离散化。数字计算机使用的信号都是数字信号。

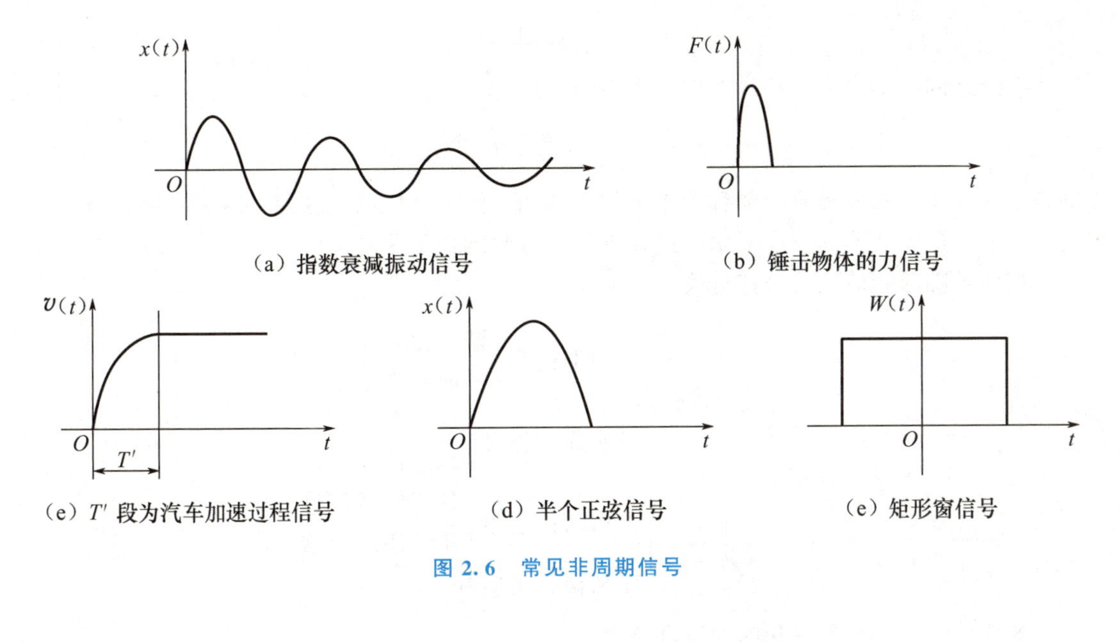

(a) 指数衰减振动信号　(b) 锤击物体的力信号

(e) T′ 段为汽车加速过程信号　(d) 半个正弦信号　(e) 矩形窗信号

图 2.6　常见非周期信号

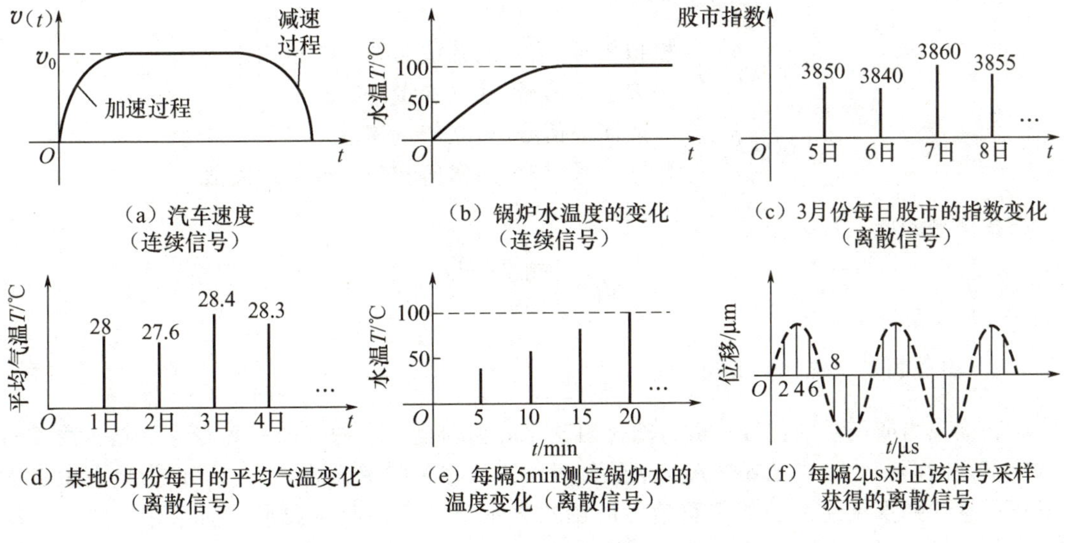

(a) 汽车速度（连续信号）　(b) 锅炉水温度的变化（连续信号）　(c) 3月份每日股市的指数变化（离散信号）

(d) 某地6月份每日的平均气温变化（离散信号）　(e) 每隔5min测定锅炉水的温度变化（离散信号）　(f) 每隔2μs对正弦信号采样获得的离散信号

图 2.7　连续信号与离散信号

3. 按信号的能量特征分类

根据信号用能量或功率表示，信号可以分为能量信号与功率信号。

【能量信号与功率信号】

(1) 能量信号。若信号 $x(t)$ 在 $(-\infty, \infty)$ 内满足

$$\int_{-\infty}^{\infty} x^2(t)\mathrm{d}t < \infty \tag{2-6}$$

则该信号的能量是有限的，称为能量有限信号，简称能量信号。例如，图 2.6 所示的信号都是能量信号。

(2) 功率信号。若信号 $x(t)$ 在 $(-\infty, \infty)$ 内满足

$$\int_{-\infty}^{\infty} - x^2(t)\mathrm{d}t \to \infty \tag{2-7}$$

而在有限区间(t_1, t_2)内的平均功率是有限的，即

$$\frac{1}{t_2 - t_1}\int_{t_1}^{t_2} x^2(t)\mathrm{d}t < \infty \tag{2-8}$$

则该信号为功率有限信号，简称功率信号。例如，图 2.2 中的正弦信号就是功率信号。

综上所述，从不同角度对信号进行分类，可归纳如下。

按信号随时间的变化规律分类

- 信号
  - 确定性信号
    - 周期信号
      - 谐波信号
      - 一般周期信号
    - 非周期信号
      - 准周期信号
      - 瞬态信号
  - 随机信号
    - 平稳随机信号
      - 各态历经信号
      - 非各态历经信号
    - 非平稳随机信号

按信号幅值随时间变化的连续性分类

- 信号
  - 连续信号
    - 模拟信号(信号的幅值与独立变量均连续)
    - 一般连续信号(独立变量连续)
  - 离散信号
    - 一般离散信号(独立变量离散)
    - 数字信号(信号的幅值和独立变量均离散)

按信号的能量特征分类

- 信号
  - 能量信号
  - 功率信号

2.1.2 信号的时域描述和频域描述

直接观测或记录的信号一般为随时间变化的物理量。这种**以时间为独立变量，用信号的幅值随时间变化的函数或图形来描述信号的方法称为时域描述。**式(2-1)为单自由度无阻尼质量的弹簧振动系统的位移信号的函数表示，也可用时域波形来表示，如图 2.2 所示。信号的时域波形是时域描述的一种重要形式。

【时域信号与频域信号】

时域描述简单直观，只能反映信号的幅值随时间变化的特性，而不能明确揭示信号的频率成分。因此，为了研究信号的频率构成和各频率成分的幅值大小及相位关系，需要把时域信号转换为频域信号，即**把时域信号通过数学处理变成以频率 f(或角频率 ω)为独立变量、相应的幅值或相位为因变量的函数表达式或图形来描述，这种描述信号的方法称为信号的频域描述。**例如，若式(2-1)所描述的单自由度无阻尼质量的弹簧振动系统的位移信号为

$$x(t) = A_0\cos(\omega_0 t + \theta_0) = A_0\cos(2\pi f t + \theta_0) = 10\cos(2\pi \cdot 10 \cdot t + \pi/3)$$

那么，其时域信号的波形如图 2.8(a)所示；其频域描述一般用频谱图来表示，如图 2.8(b)、图 2.8(c)所示。

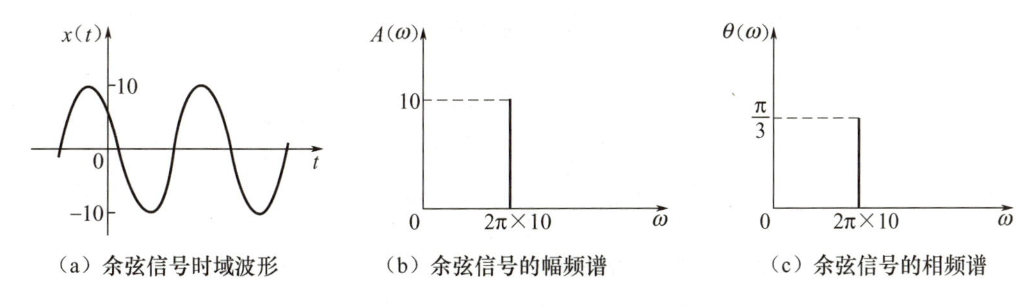

（a）余弦信号时域波形　（b）余弦信号的幅频谱　（c）余弦信号的相频谱

图 2.8　单自由度无阻尼质量的弹簧振动系统的波形和频谱图

信号“域”的不同，是指信号的独立变量不同，或描述信号的横坐标物理量不同。信号在不同域中的描述，使信号的所需特征更为突出，以便满足解决不同问题的需要。信号的时域描述以时间为独立变量，只能反映信号的幅值随时间变化，强调信号的幅值随时间变化的特征。信号的频域描述以角频率或频率为独立变量，反映信号的幅值和初相位随频率变化，强调信号的幅值和相位随频率变化的特征。因此，信号的时域描述直观反映信号随时间变化的情况，频域描述则反映信号的频率组成成分。信号的时域描述和频域描述是信号表示的不同形式，同一信号无论采用哪种描述方法，其含有的信息内容都是相同的，即信号的时域描述转换为频域描述时不增加新的信息。信号的“域”还包括幅值域和时延域。

2.2　周期信号与离散频谱

最简单又最常用的周期信号是谐波信号。**一般周期信号可以利用傅里叶级数展开成多个乃至无穷多个不同频率的谐波信号。**也就是说，一般周期信号是由多个乃至无穷多个不同频率的谐波信号线性叠加而成的。

【周期信号的频谱分析】

2.2.1　周期信号的傅里叶级数的三角函数展开

在有限区间上，任何周期信号 $x(t)$ 只要满足狄利克雷(Dirichlet)条件[①]，都可以展开成傅里叶级数。傅里叶级数的三角函数表达式为

$$x(t) = a_0 + \sum_{n=1}^{\infty}(a_n \cos n\omega_0 t + b_n \sin n\omega_0 t) \tag{2-9}$$

【傅里叶级数的三角函数展开】

式中：a_0 为信号的常值分量；a_n 为信号的余弦分量幅值；b_n 为信号的正弦分量幅值。

a_0、a_n 和 b_n 分别为

① 狄利克雷(Drichlet)条件：信号 $x(t)$ 在一个周期内只有有限个第一类间断点(当 t 从左或右趋向于这个间断点时，函数有左极限值和右极限值)；信号 $x(t)$ 在一周期内只有有限个极大值或极小值；信号在一个周期内是绝对可积分的，即 $\int_{-T_0/2}^{T_0/2} x(t)\mathrm{d}t$ 应为有限值。

$$\begin{cases} a_0 = \dfrac{1}{T_0}\displaystyle\int_{-T_0/2}^{T_0/2} x(t)\mathrm{d}t \\ a_n = \dfrac{2}{T_0}\displaystyle\int_{-T_0/2}^{T_0/2} x(t)\cos n\omega_0 t\mathrm{d}t \\ b_n = \dfrac{2}{T_0}\displaystyle\int_{-T_0/2}^{T_0/2} x(t)\sin n\omega_0 t\mathrm{d}t \end{cases} \tag{2-10}$$

式中：T_0 为信号的周期；ω_0 为信号的基频，即角频率，$\omega_0=2\pi/T_0$，$n=1,2,3,\cdots$。

合并式（2-9）中的同频项，则式（2-9）表示为

$$x(t) = a_0 + \sum_{n=1}^{\infty} A_n \cos(n\omega_0 t + \theta_n) \tag{2-11}$$

式中：信号的幅值 A_n 和初相位角 θ_n 分别为

$$A_n = \sqrt{a_n^2 + b_n^2} \tag{2-12a}$$

$$\theta_n = \arctan(-b_n/a_n) \tag{2-12b}$$

由式(2-11)可以看出，周期信号是由一个或几个乃至无穷多个不同频率的谐波信号叠加而成的。或者说，一般周期信号可以分解为一个常值分量 a_0 和多个成谐波关系的正弦分量之和。因此，一般周期信号的傅里叶级数的三角函数展开是以正(余)弦函数为基本函数簇进行相加获得的。

周期信号的幅值 A_n 随 ω(或 f)的变化关系称为信号的幅频谱，用 $A_n-\omega$(或 A_n-f)表示；周期信号的相位 θ_n 随 ω(或 f)的变化关系称为信号的相频谱，用 $\theta_n-\omega$(或 θ_n-f)表示；$A_n-\omega$（或 A_n-f）和 $\theta_n-\omega$(或 θ_n-f)通称为周期信号的“三角频谱”。$A_n-\omega$(或 A_n-f)和 $\theta_n-\omega$(或 θ_n-f)统称为信号的频谱。因此，信号的频谱就是构成信号的各频率分量的集合，它表征信号的幅值或相位随频率的变化关系，即信号的结构。对信号进行数学变换，获得频谱的过程称为信号的频谱分析。在周期信号的三角频谱中，由于 n 为整数，则相邻频率的间隔 $\Delta\omega=\omega_0=2\pi/T_0$ 或 $\Delta f=f_0=1/T$，即各频率成分都是 ω_0 或 f_0 的整数倍。通常把 ω_0 或 f_0 称为基频，其对应的信号称为基波，而把 $n\omega_0$（$n=2,3,\cdots$）或 nf_0（$n=2,3,\cdots$）的倍频成分 $A_n\cos(n\omega_0 t+\varphi_n)$ 或 $A_n\cos(2\pi nf_0 t+\theta_n)$称为 n 次谐波。

以角频率 ω(或频率 f)为横坐标、幅值 A_n 和 θ_n 为纵坐标所做的图形分别称为周期信号的幅频图和相频图，即 $A_n-\omega$(或 A_n-f)图和 $\theta_n-\omega$(或 θ_n-f)图，它们统称为信号的三角频谱图。基波($n=1$)或 n 次谐波在频谱图中对应一根谱线。在周期信号的频谱图中，谱线是离散的。三角频谱中的角频率 ω 或频率 f 从 $0\sim+\infty$，谱线总是在横坐标的一边，因而三角频谱也称单边谱，其频谱图也称单边频谱图。

【例 2.1】 画出式(2-3)所示信号 $x(t)$的三角频谱图。

解：如图 2.4 所示，$x(t)$由 $x_1(t)$、$x_2(t)$叠加而成，其中，$\omega_1=2\pi f_1=2\pi\cdot 3$，$\omega_2=2\pi f_2=2\pi\cdot 2$，它们的公共最小周期为 $T=1$，频率间隔为 $\Delta\omega=\omega_0=2\pi/T=2\pi$，信号 $x_1(t)$、$x_2(t)$和 $x(t)$的三角频谱图如图 2.9 所示。

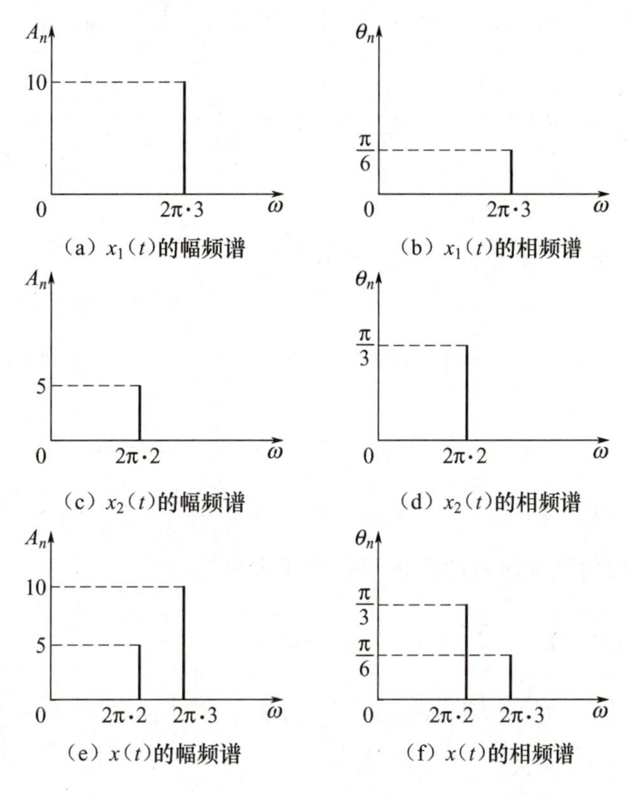

图 2.9 信号 $x_1(t)$、$x_2(t)$和 $x(t)$的三角频谱图

2.2.2 周期函数的奇偶特性

利用函数的奇偶性，可使周期函数(信号)的傅里叶三角函数展开式有较大的简化。

(1) 如果周期函数 $x(t)$是奇函数，即 $x(t)=-x(-t)$，这样傅里叶系数的常值分量 $a_0=0$，余弦分量幅值 $a_n=0$，则傅里叶级数 $x(t)=\sum_{n=1}^{\infty}b_n\sin n\omega_0 t$。

(2) 如果周期函数 $x(t)$是偶函数，即 $x(t)=x(-t)$，这样傅里叶系数的正弦分量幅值 $b_n=0$，则傅里叶级数 $x(t)=a_0+\sum_{n=1}^{\infty}a_n\cos n\omega_0 t$。

【例 2.2】 求图 2.3(a)所示周期性三角波 $x(t)$的傅里叶级数的三角函数展开式及其三角频谱，其中周期为 T_0，幅值为 A。

解： 在 $x(t)$的一个周期中，$x(t)$可表示为

$$x(t)=\begin{cases}A+\dfrac{A}{T_0/2}t & \left(-\dfrac{T_0}{2}\leqslant t\leqslant 0\right)\\ A-\dfrac{A}{T_0/2}t & \left(0\leqslant t\leqslant \dfrac{T_0}{2}\right)\end{cases} \tag{2-13}$$

由于 $x(t)$为偶函数，因此正弦分量幅值 $b_n=0$。而常值分量和余弦分量幅值分别为

$$a_0=\frac{1}{T_0}\int_{-T_0/2}^{T_0/2}x(t)\mathrm{d}t=\frac{1}{T_0}\int_0^{T_0/2}2\left(A-\frac{2At}{T_0}\right)\mathrm{d}t=\frac{A}{2}$$

$$a_n=\frac{2}{T_0}\int_{-T_0/2}^{T_0/2}x(t)\cos n\omega_0 t\mathrm{d}t=\frac{2}{T_0}\int_0^{T_0/2}2\left(A-\frac{2A}{T_0}t\right)\cos n\omega_0 t\mathrm{d}t$$

$$=-\frac{2A}{n^2\pi^2}(\cos n\pi-1)=\frac{4A}{n^2\pi^2}\sin^2\frac{n\pi}{2}=\begin{cases}\dfrac{4A}{n^2\pi^2} & (n=1,3,5,\cdots)\\ 0 & (n=2,4,6,\cdots)\end{cases}$$

则

$$A_n=\sqrt{a_n^2+b_n^2}=|a_n|=\begin{cases}\dfrac{4A}{n^2\pi^2} & (n=1,3,5,\cdots)\\ 0 & (n=2,4,6,\cdots)\end{cases}$$

$$\theta_n=\arctan\left(\frac{-b_n}{-a_n}\right)=\arctan\left(\frac{0}{\dfrac{4A}{n^2\pi^2}}\right)=0\qquad(n=1,2,3,\cdots)$$

当 $n=1$ 时，$A_1=\frac{4A}{\pi^2}$，$\theta_1=0$；当 $n=2$ 时，$A_2=0$，$\theta_2=0$；当 $n=3$ 时，$A_3=\frac{4A}{3^2\pi^2}$，$\theta_3=0$；当 $n=4$ 时，$A_4=0$，$\theta_4=0$；当 $n=5$ 时，$A_5=\frac{4A}{5^2\pi^2}$，$\theta_5=0$；…。根据式(2-11)可知，周期性三角波的傅里叶级数的三角函数展开式为

$$\begin{aligned}x(t)&=a_0+\sum_{n=1}^{\infty}A_n\cos(n\omega_0 t+\theta_n)\\&=\frac{A}{2}+\frac{4A}{\pi^2}\left(\cos\omega_0 t+\frac{1}{3^2}\cos 3\omega_0 t+\frac{1}{5^2}\cos 5\omega_0 t+\cdots\right)\end{aligned}\tag{2-14}$$

其三角频谱图如图 2.10 所示。

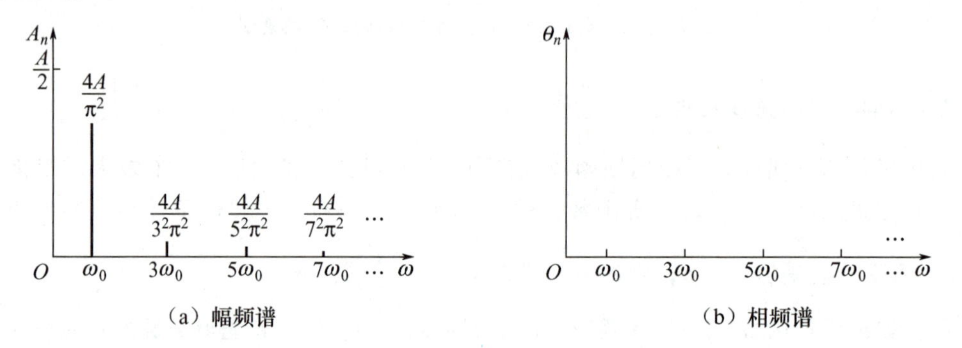

图 2.10　周期性三角波的三角频谱图

【例 2.3】 求图 2.3(b)所示周期性方波 $x(t)$ 的傅里叶级数的三角函数展开式及其三角频谱，其中周期为 T_0，幅值为 A。

解： 在 $x(t)$ 的一个周期中，$x(t)$ 可表示为

$$x(t)=\begin{cases}-A & \left(-\dfrac{T_0}{2}\leqslant t\leqslant-\dfrac{T_0}{4}\right)\\ A & \left(-\dfrac{T_0}{4}\leqslant t\leqslant\dfrac{T_0}{4}\right)\\ -A & \left(\dfrac{T_0}{4}\leqslant t\leqslant\dfrac{T_0}{2}\right)\end{cases}\tag{2-15}$$

由于 $x(t)$ 为偶函数，因此正弦分量幅值 $b_n=0$。同时信号的波形关于时间轴对称，故直流分量 $a_0=0$；余弦分量幅值为

$$a_n=\frac{2}{T_0}\int_{-T_0/2}^{T_0/2}x(t)\cos n\omega_0 t\mathrm{d}t=\frac{4}{T_0}\int_{0}^{T_0/2}x(t)\cos n\omega_0 t\mathrm{d}t$$

$$=\frac{4}{T_0}\cdot\frac{A}{n\omega_0}\left[\sin n\omega_0 t\,\Big|_0^{T_0/4}-\sin n\omega_0 t\,\Big|_{T_0/4}^{T_0/2}\right]$$

$$=\frac{4}{T_0}\cdot\frac{A}{n\cdot 2\pi/T_0}\cdot\left[2\sin\left(n\cdot\frac{2\pi}{T_0}\cdot\frac{T_0}{4}\right)-\sin\left(n\cdot\frac{2\pi}{T_0}\cdot\frac{T_0}{2}\right)\right]$$

$$=\begin{cases}\dfrac{4A}{n\pi}(-1)^{\frac{n-1}{2}} & (n=1,3,5,\cdots)\\ 0 & (n=2,4,6,\cdots)\end{cases}$$

则

$$A_n=\sqrt{a_n^2+b_n^2}=|a_n|=\begin{cases}\dfrac{4A}{n\pi}(-1)^{\frac{n-1}{2}} & (n=1,3,5,\cdots)\\ 0 & (n=2,4,6,\cdots)\end{cases}$$

$$\theta_n=\arctan\left(\frac{-b_n}{a_n}\right)=\arctan\left(\frac{0}{\dfrac{4A}{n\pi}(-1)^{\frac{n-1}{2}}}\right)=\begin{cases}0 & (n=1,5,9,\cdots)\\ \pi & (n=3,7,11,\cdots)\\ 0 & (n=2,4,6,\cdots)\end{cases}$$

根据式（2-11），周期性方波 $x(t)$ 的傅里叶级数展开式为

$$x(t)=a_0+\sum_{n=1}^{\infty}A_n\cos(n\omega_0 t+\theta_n)$$
$$=\frac{4A}{\pi}\left(\cos\omega_0 t-\frac{1}{3}\cos 3\omega_0 t+\frac{1}{5}\cos 5\omega_0 t-\frac{1}{7}\cos 7\omega_0 t+\cdots\right) \tag{2-16}$$

其三角频谱图如图 2.11 所示。

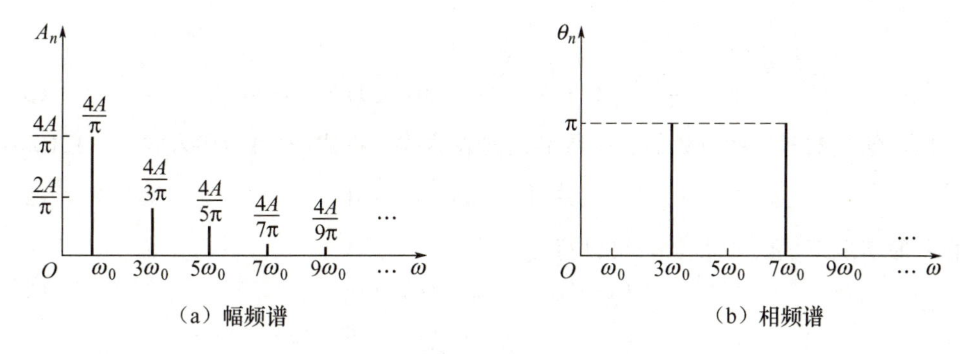

图 2.11 周期性方波的三角频谱图

通过以上的讨论可知，常见周期信号的频谱具有以下特点。

(1) **离散性**。在三角频谱中，每根谱线代表一个谐波成分，谱线的高度代表该谐波成分的幅值或相位的大小。

(2) **谐波性**。每条谱线只有在其基频的整数倍 $n\omega_0$（或 nf_0）的离散点频率处才有值。

(3) **收敛性**。谐波幅值总体随谐波次数的增高而减小，按各自不同的规律收敛。例如在例 2.2 和例 2.3 中，谐波幅值分别按 $\frac{1}{n^2}$ 和 $\frac{1}{n}$ 的级数收敛。

在信号的频谱分析中一般没有必要取那些次数过高的谐波分量。

2.2.3 周期信号的傅里叶级数的复指数函数展开

为了便于数学运算，往往将傅里叶级数写成复指数函数形式。根据欧拉公式

$$e^{\pm j\omega t}=\cos\omega t\pm j\sin\omega t \qquad (j=\sqrt{-1}) \tag{2-17}$$

有

$$\cos\omega t=\frac{1}{2}(e^{-j\omega t}+e^{j\omega t}) \tag{2-18a}$$

$$\sin\omega t=\frac{1}{2}j(e^{-j\omega t}-e^{j\omega t}) \tag{2-18b}$$

因此式（2-9）可改写为

$$x(t)=a_0+\sum_{n=1}^{\infty}\left(\frac{a_n-jb_n}{2}e^{jn\omega_0 t}+\frac{a_n+jb_n}{2}e^{-jn\omega_0 t}\right)$$

令

$$C_0=a_0 \tag{2-19a}$$

$$C_n=\frac{1}{2}(a_n-jb_n) \tag{2-19b}$$

$$C_{-n}=\frac{1}{2}(a_n+jb_n) \tag{2-19c}$$

则

$$x(t)=C_0+\sum_{n=1}^{\infty}C_n e^{jn\omega_0 t}+\sum_{n=1}^{\infty}C_{-n}e^{-jn\omega_0 t}$$

$$=\sum_{n=0}C_n e^{jn\omega_0 t}+\sum_{n=1}^{\infty}C_n e^{jn\omega_0 t}+\sum_{n=-1}^{-\infty}C_n e^{jn\omega_0 t}$$

或

$$x(t)=\sum_{n=-\infty}^{\infty}C_n e^{jn\omega_0 t} \quad (n=0,\pm1,\pm2,\cdots) \tag{2-20}$$

这就是周期信号的傅里叶级数的复指数形式的表达式。将式(2-10)代入式(2-19b)，则

$$C_n=\frac{1}{T_0}\int_{-T_0/2}^{T_0/2}x(t)e^{-jn\omega_0 t}dt \tag{2-21}$$

在一般情况下，C_n 是复数，可以写成

$$C_n=C_{nR}+jC_{nI}=|C_n|e^{j\varphi_n} \tag{2-22}$$

式中

$$|C_n|=\sqrt{C_{nR}^2+C_{nI}^2} \tag{2-23a}$$

$$\varphi_n=\arctan\frac{C_{nI}}{C_{nR}} \tag{2-23b}$$

式中：C_{nR}为复数 C_n 在实轴 Re 上的投影，称为复数 C_n 的实部；C_{nI}为复数 C_n 在虚轴 Im 上的投影，称为复数 C_n 的虚部。C_n 与 C_{-n}共轭，即 $C_n=C_{-n}^*$且 $\varphi_n=-\varphi_n$。

周期信号 C_n 的实部 C_{nR}和虚部 C_{nI}随 ω(或 f)的变化关系分别称为信号的实频谱和虚频谱，并分别用 C_{nR}-ω(或 C_{nR}-f)和 C_{nI}-ω(或 C_{nI}-f)表示；$|C_n|$和 φ_n 随 ω(或 f)的变化关系分别称为信号的幅频谱和相频谱，用$|C_n|$-ω(或$|C_n|$-f)和 φ_n-ω(或 φ_n-f)表示；周期信号的实频谱、虚频谱、幅频谱和相频谱统称为周期信号的频谱。

以角频率 ω(或频率 f)为横坐标，实部 C_{nR}和虚部 C_{nI}为纵坐标所做的图形分别称为周

期信号的实频谱图和虚频谱图，即 $C_{nR}-\omega$(或 $C_{nR}-f$)图和 $C_{nI}-\omega$(或 $C_{nI}-f$)图；而以角频率 ω(或频率 f)为横坐标，$|C_n|$ 和 φ_n 为纵坐标所做的图形分别称为周期信号的双边幅频谱图和双边相频谱图，即 $|C_n|-\omega$（或 $|C_n|-f$)图和 $\varphi_n-\omega$(或 φ_n-f)图。周期信号的实频谱图、虚频谱图、双边幅频谱图和双边相频谱图统称为周期信号的频谱图。

由式(2-20)可知，$n=-\infty\sim+\infty$，则 $\omega=-\infty\sim+\infty$、$f=-\infty\sim+\infty$，因此信号频谱的频率范围为$-\infty\sim+\infty$，即频率是双边的，而不是单边的，故周期信号的傅里叶级数复指数展开的频谱都是双边谱，其对应的频谱图称为双边频谱图。

整合式(2-22)、式(2-19b)和式(2-19c)，可得

$$C_n=\frac{1}{2}(a_n-\mathrm{j}b_n)=|C_n|\mathrm{e}^{\mathrm{j}\varphi_n} \tag{2-24a}$$

$$C_{-n}=\frac{1}{2}(a_n+\mathrm{j}b_n)=|C_n|\mathrm{e}^{-\mathrm{j}\varphi_n} \tag{2-24b}$$

则式(2-20)可表示为

$$\begin{aligned} x(t)&=C_0+\sum_{n=1}^{\infty}C_n\mathrm{e}^{\mathrm{j}n\omega_0 t}+\sum_{n=1}^{\infty}C_{-n}\mathrm{e}^{-\mathrm{j}n\omega_0 t} \\ &=C_0+\sum_{n=1}^{\infty}\left[|C_n|\mathrm{e}^{\mathrm{j}(n\omega_0 t+\varphi_n)}+|C_n|\mathrm{e}^{\mathrm{j}(-n\omega_0 t-\varphi_n)}\right] \end{aligned} \tag{2-25}$$

因此，可把 $C_n(n=0,\pm1,\pm2,\cdots)$看作复平面内的模$|C_n|$为 $A_n/2$、角频率为 ω_0 的一对共轭反向旋转矢量(即向量)。初相角为 φ_n，表示矢量 C_n 对于实轴在 $t=0$ 时刻的位置。矢量旋转的方向可正、可负，因此出现了正频率和负频率。当 $n\omega_0$ 为正时，φ_n 为正值；当 $n\omega_0$ 为负时，φ_n 为负值。图 2.12 所示为负频率的说明。

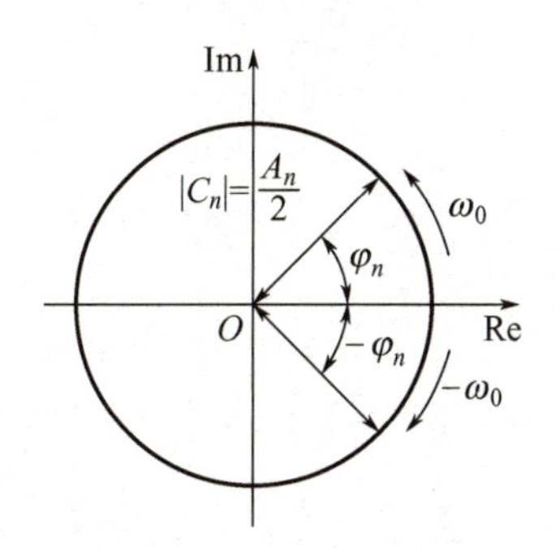

图 2.12 负频率的说明

由此可见，周期信号用复指数形式展开，相当于在复平面内用一系列旋转矢量 $|C_n|\mathrm{e}^{\mathrm{j}(n\omega_0 t\pm\varphi_n)}$来描述，且具有负频率的矢量总是与具有正频率的矢量成对出现。在双边幅频谱中，每对正频率和负频率上谱线的高度$|C_n|$相等，因此幅频谱呈偶对称分布，而双边相频谱总是呈奇对称分布的。

需要注意的是，负频率的出现，仅仅是数学推导的结果，并无实际的物理意义。

2.2.4 傅里叶级数的复指数与三角函数展开的关系

由式(2-19b)和式(2-22)可知

$$C_{nR}=a_n/2 \tag{2-26a}$$

$$C_{nI}=-b_n/2 \tag{2-26b}$$

结合式(2-12a)，式(2-23a)表示为

$$|C_n|=\sqrt{C_{nR}^2+C_{nI}^2}=\sqrt{(a_n/2)^2+(-b_n/2)^2}=A_n/2 \tag{2-27}$$

即双边频谱的幅值$|C_n|$是单边频谱幅值A_n的一半。

由式(2-23b)及式(2-26)可知

$$\varphi_n=\arctan\left(-\frac{b_n}{a_n}\right) \tag{2-28}$$

对比式(2-11)、式(2-12)与式(2-19a)、式(2-26)～式(2-28)可得信号的傅里叶级数的三角函数与复指数函数展开的关系，如表2-1所示。

表2-1　信号的傅里叶级数的三角函数与复指数函数展开的关系

三角函数展开	表达式	复指数展开	表达式
常值分量	$a_0=C_0$	复指数常量	$C_0=a_0$
余弦分量幅值	$a_n=2C_{nR}$	复数C_n的实部	$C_{nR}=a_n/2$
正弦分量幅值	$b_n=-2C_{nI}$	复数C_n的虚部	$C_{nI}=-b_n/2$
振幅	$A_n=2\|C_n\|$	复数C_n的模	$\|C_n\|=A_n/2$
相位	$\theta_n=\arctan(-b_n/a_n)$	相位	$\varphi_n=\arctan(-b_n/a_n)$

【例2.4】 画出正弦信号的频谱图。

解： 由欧拉公式得

$$\sin\omega_0 t=\frac{j}{2}(e^{-j\omega_0 t}-e^{j\omega_0 t})$$

由式(2-18)得

$$\sin\omega_0 t=\sum_{n=-\infty}^{\infty}C_n e^{jn\omega_0 t}=j\,\frac{1}{2}e^{j\cdot(-1)\cdot\omega_0 t}+j\,\frac{-1}{2}e^{j\cdot 1\omega_0\cdot t}$$

结合式(2-20)及式(2-23)，得

在$-\omega_0$处：$C_n=\frac{j}{2}$，$C_{nR}=0$，$C_{nI}=\frac{1}{2}$，$|C_n|=\frac{1}{2}$，$\varphi_n=\frac{\pi}{2}$。

在ω_0处：$C_n=-\frac{j}{2}$，$C_{nR}=0$，$C_{nI}=-\frac{1}{2}$，$|C_n|=\frac{1}{2}$，$\varphi_n=-\frac{\pi}{2}$。

由式(2-27)得$A_n=2|C_n|=1$。这样就可以画出正弦信号的频谱图，如图2.13所示。

正弦函数的实频谱为零，虚频谱关于纵轴奇对称。在利用欧拉公式作转换时，单项的正(余)弦信号用复指数表示就成了两项，而引入了一个$(-n\omega_0)$。作频谱图时，表达三角函数展开的频谱$\sin(n\omega_0 t)$或$\cos(n\omega_0 t)$仅在$n\omega_0$处有一根谱线，如图2.13(f)所示；但在表达复指数形式展开的频谱时，由于$A\sin n\omega_0 t=j\frac{A}{2}(e^{-jn\omega_0 t}-e^{jn\omega_0 t})$或$A\cos n\omega_0 t=\frac{A}{2}(e^{-jn\omega_0 t}+e^{jn\omega_0 t})$，因此在$n\omega_0$和$-n\omega_0$两处各有一根谱线，其幅值为原$\sin n\omega_0 t$或$\cos n\omega_0 t$幅值的一半，如图2.13(d)所示。故用三角函数展开式的频谱称为单边频谱；用复指数形式展开后所得的频谱称为双边频谱。

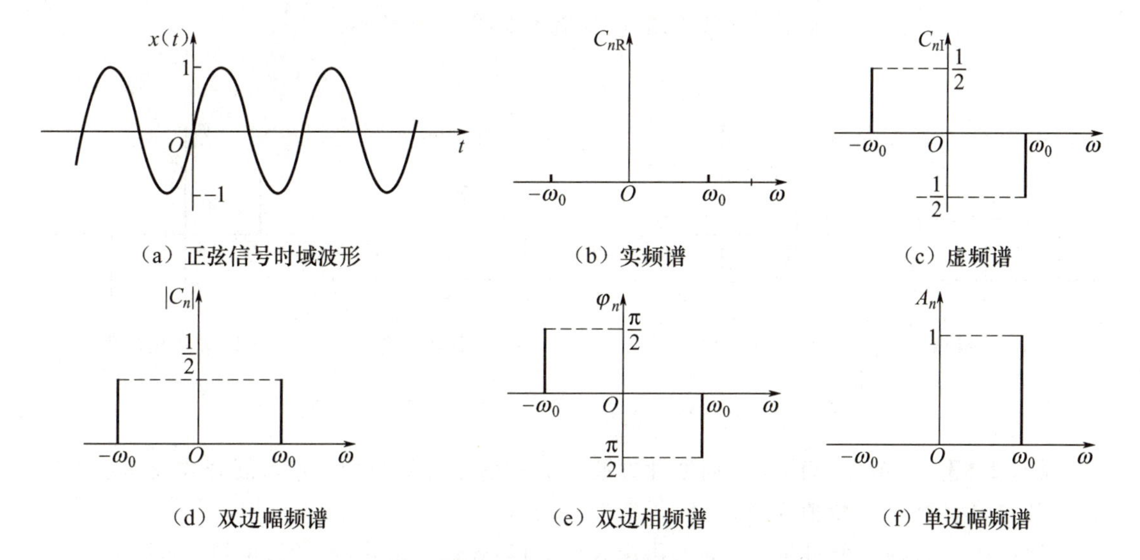

（a）正弦信号时域波形　（b）实频谱　（c）虚频谱

（d）双边幅频谱　（e）双边相频谱　（f）单边幅频谱

图 2.13　正弦信号及其频谱图

【例 2.5】 画出信号 $x(t)=\sqrt{2}\sin(2\pi f_0 t+\pi/4)$的三角频谱和双边频谱图。

解： $x(t)=\sqrt{2}\sin(2\pi f_0 t+\pi/4)=\sqrt{2}\cos(2\pi f_0 t-\pi/4)$，故 $A_n=\sqrt{2}$，$\theta_n=-\pi/4$，因此在频率 f_0 处信号的傅里叶级数的三角函数展开的幅值为$\sqrt{2}$，相角为$-\pi/4$。其三角函数展开的幅频谱和相频谱如图 2.14 所示。

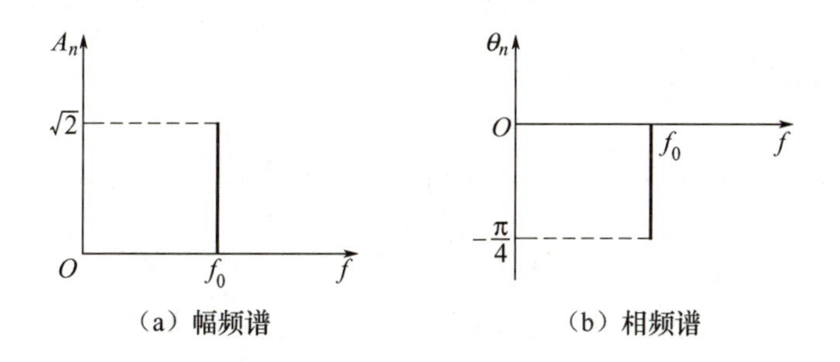

（a）幅频谱　（b）相频谱

图 2.14　信号 $x(t)=\sqrt{2}\sin(2\pi f_0 t+\pi/4)$的三角频谱图

对信号 $x(t)=\sqrt{2}\sin(2\pi f_0 t+\pi/4)$进行三角函数展开并利用欧拉公式得

$$
\begin{aligned}
x(t)&=\sin 2\pi f_0 t+\cos 2\pi f_0 t\\
&=\mathrm{j}\,\frac{1}{2}(\mathrm{e}^{-\mathrm{j}2\pi f_0 t}-\mathrm{e}^{\mathrm{j}2\pi f_0 t})+\frac{1}{2}(\mathrm{e}^{-\mathrm{j}2\pi f_0 t}+\mathrm{e}^{\mathrm{j}2\pi f_0 t})\\
&=\mathrm{j}\,\frac{1}{2}(\mathrm{e}^{\mathrm{j}2\pi(-f_0)t}-\mathrm{e}^{\mathrm{j}2\pi f_0 t})+\frac{1}{2}(\mathrm{e}^{\mathrm{j}2\pi(-f_0)t}+\mathrm{e}^{2\pi f_0 t})\\
&=\left(\frac{1}{2}+\mathrm{j}\,\frac{1}{2}\right)\mathrm{e}^{\mathrm{j}2\pi(-f_0)t}+\left(\frac{1}{2}-\mathrm{j}\,\frac{1}{2}\right)\mathrm{e}^{\mathrm{j}2\pi f_0 t}
\end{aligned}
$$

在 $-f_0$ 处：$C_n=\frac{1}{2}+\mathrm{j}\,\frac{1}{2}$，$C_{nR}=1/2$，$C_{nI}=1/2$，$|C_n|=\sqrt{2}/2$，$\varphi_n=\pi/4$。

在 f_0 处：$C_n=\frac{1}{2}-\mathrm{j}\,\frac{1}{2}$，$C_{nR}=1/2$，$C_{nI}=-1/2$，$|C_n|=\sqrt{2}/2$，$\varphi_n=-\pi/4$。

信号 $x(t)=\sqrt{2}\sin(2\pi f_0 t+\pi/4)$的双边频谱图如图 2.15 所示。

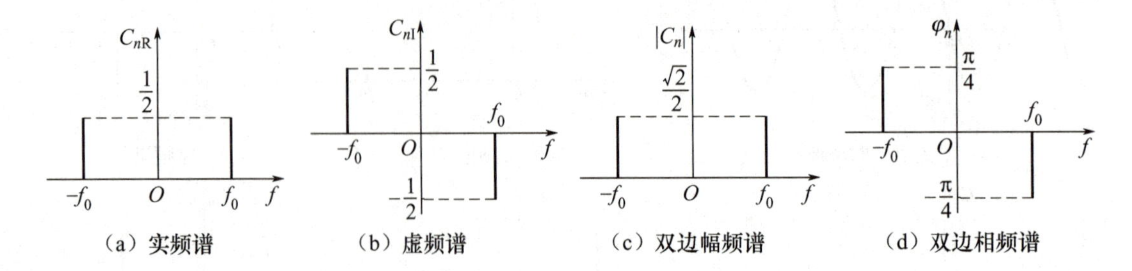

图 2.15 信号 $x(t)=\sqrt{2}\sin(2\pi f_0 t+\pi/4)$的双边频谱图

【例 2.6】 求图 2.3(b)所示周期性方波 $x(t)$的傅里叶级数的复指数展开式及其双边频谱，其中周期为 T_0，幅值为 A。

解：在 $x(t)$的一个周期中，$x(t)$可由式(2-15)表达，由式(2-21)可得

$$
\begin{aligned}
C_n &= \frac{1}{T_0}\int_{-T_0/2}^{T_0/2} x(t)\mathrm{e}^{-\mathrm{j}n\omega_0 t}\mathrm{d}t \\
&= \frac{1}{T_0}\left[\int_{-T_0/2}^{-T_0/4}(-A)\mathrm{e}^{-\mathrm{j}n\omega_0 t}\mathrm{d}t+\int_{-T_0/4}^{T_0/4}A\mathrm{e}^{-\mathrm{j}n\omega_0 t}\mathrm{d}t+\int_{T_0/4}^{T_0/2}(-A)\mathrm{e}^{-\mathrm{j}n\omega_0 t}\mathrm{d}t\right] \\
&= \frac{1}{T_0}\left[\frac{(-A)\,\mathrm{e}^{-\mathrm{j}n\omega_0 t}\big|_{-T_0/2}^{-T_0/4}}{-\mathrm{j}n\omega_0}+\frac{A\,\mathrm{e}^{-\mathrm{j}n\omega_0 t}\big|_{-T_0/4}^{T_0/4}}{-\mathrm{j}n\omega_0}+\frac{(-A)\,\mathrm{e}^{-\mathrm{j}n\omega_0 t}\big|_{T_0/4}^{T_0/2}}{-\mathrm{j}n\omega_0}\right] \\
&= \frac{1}{T_0}\cdot\frac{A}{-\mathrm{j}n\omega_0}\left(-\mathrm{e}^{-\mathrm{j}n\omega_0 t}\big|_{-T_0/2}^{-T_0/4}+\mathrm{e}^{-\mathrm{j}n\omega_0 t}\big|_{-T_0/4}^{T_0/4}-\mathrm{e}^{-\mathrm{j}n\omega_0 t}\big|_{T_0/4}^{T_0/2}\right)
\end{aligned}
$$

由于

$$\mathrm{e}^{-\mathrm{j}n\omega_0 t}\big|_{-T_0/2}^{-T_0/4}=\mathrm{e}^{-\mathrm{j}n\omega_0\left(-\frac{T_0}{4}\right)}-\mathrm{e}^{-\mathrm{j}n\omega_0\left(-\frac{T_0}{2}\right)}=\mathrm{e}^{\mathrm{j}n\frac{\pi}{2}}-\mathrm{e}^{\mathrm{j}n\pi}$$

$$\mathrm{e}^{-\mathrm{j}n\omega_0 t}\big|_{-T_0/4}^{T_0/4}=\mathrm{e}^{-\mathrm{j}n\omega_0\frac{T_0}{4}}-\mathrm{e}^{\mathrm{j}n\omega_0\left(-\frac{T_0}{4}\right)}=\mathrm{e}^{\mathrm{j}n\frac{\pi}{2}}-\mathrm{e}^{\mathrm{j}n\frac{\pi}{2}}$$

$$e^{-\mathrm{j}n\omega_0 t}\big|_{T_0/4}^{T_0/2}=\mathrm{e}^{\mathrm{j}n\omega_0\frac{T_0}{2}}-\mathrm{e}^{\mathrm{j}n\omega_0\frac{T_0}{4}}=\mathrm{e}^{\mathrm{j}n\pi}-\mathrm{e}^{\mathrm{j}n\frac{\pi}{2}}$$

则

$$
\begin{aligned}
C_n &= \frac{1}{T_0}\cdot\frac{A}{-\mathrm{j}n\cdot 2\pi/T_0}\left(-\mathrm{e}^{\mathrm{j}n\frac{\pi}{2}}+\mathrm{e}^{\mathrm{j}n\pi}+\mathrm{e}^{\mathrm{j}n\frac{\pi}{2}}-\mathrm{e}^{\mathrm{j}n\frac{\pi}{2}}-\mathrm{e}^{\mathrm{j}n\pi}+\mathrm{e}^{\mathrm{j}n\frac{\pi}{2}}\right) \\
&= \frac{jA}{2n\pi}\left(-2\mathrm{e}^{\mathrm{j}n\frac{\pi}{2}}+\mathrm{e}^{\mathrm{j}n\pi}-\mathrm{e}^{\mathrm{j}n\pi}+2\mathrm{e}^{\mathrm{j}n\frac{\pi}{2}}\right) \\
&= \frac{\mathrm{j}A}{2n\pi}\left(-2\mathrm{j}\sin\frac{n\pi}{2}+2\mathrm{j}\sin n\pi-2\mathrm{j}\sin\frac{n\pi}{2}\right) \\
&= \frac{\mathrm{j}A}{2n\pi}\left(-4\mathrm{j}\sin\frac{n\pi}{2}\right)=\frac{2A}{n\pi}\sin\frac{n\pi}{2} \\
&= \begin{cases}\dfrac{2A}{|n\pi|} & (n=\pm1,\pm5,\pm9,\cdots)\\[2ex] -\dfrac{2A}{|n\pi|} & (n=\pm3,\pm7,\pm11,\cdots)\\[2ex] 0 & (n=0,\pm2,\pm4,\pm6,\cdots)\end{cases}
\end{aligned}
$$

所以

$$x(t)=\frac{2A}{\pi}\sum_{n=-\infty}^{\infty}\frac{1}{n}\sin\frac{n\pi}{2}\mathrm{e}^{\mathrm{j}n\omega_0 t}\qquad(n=\pm1,\pm3,\pm5,\cdots)$$

而

$$C_n=\begin{cases}\dfrac{2A}{|n\pi|} & (n=\pm1,\pm5,\pm9,\cdots)\\ -\dfrac{2A}{|n\pi|} & (n=\pm3,\pm7,\pm11,\cdots)\\ 0 & (n=0,\pm2,\pm4,\pm6,\cdots)\end{cases}$$

$$C_{nR}=\begin{cases}\dfrac{2A}{|n\pi|} & (n=\pm1,\pm5,\pm9,\cdots)\\ -\dfrac{2A}{|n\pi|} & (n=\pm3,\pm7,\pm11,\cdots)\\ 0 & (n=0,\pm2,\pm4,\pm6,\cdots)\end{cases}$$

$$C_{nI}=0\quad(n=0,+1,+2,+3\cdots)$$

$$\varphi_n=\arctan\frac{C_{nI}}{C_{nR}}=\begin{cases}0 & (n=0,\pm1,\pm2,\pm4,\cdots)\\ \pi & (n=\pm3,\pm7,\pm11,\cdots)\end{cases}$$

周期性方波 $x(t)$ 的双边频谱图如图 2.16 所示。

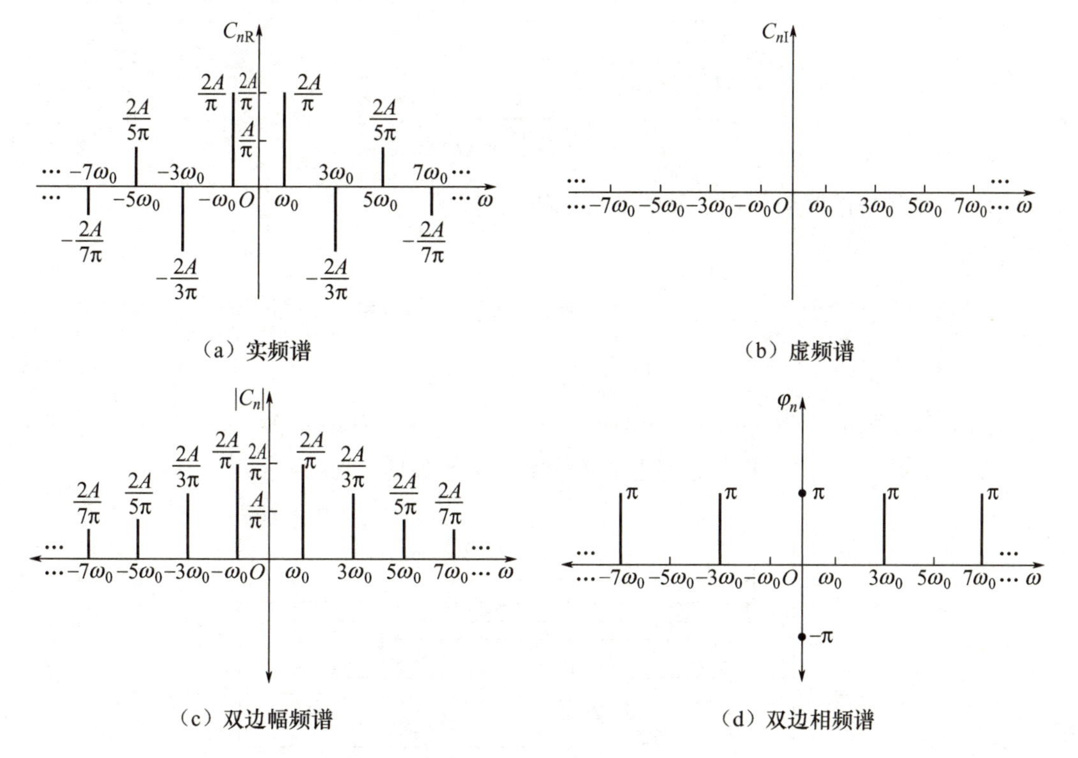

(a) 实频谱　　(b) 虚频谱

(c) 双边幅频谱　　(d) 双边相频谱

图 2.16　周期性方波 $x(t)$ 的双边频谱图

2.2.5　周期信号的强度表述

周期信号的强度通常是以峰值 x_F、绝对均值 $\mu_{|x|}$、有效值 x_{rms} 和平均功率 P_{av} 来表

述的。

1. 峰值 x_F 与峰-峰值 x_{F-F}

峰值 x_F 是指波形上与零线的最大偏离值(图 2.17)，**用于描述信号 $x(t)$ 在时域中出现的最大瞬时幅值，即**

$$x_F = |x(t)|_{\max} \tag{2-29}$$

峰-峰值 x_{F-F} 是指信号在一个周期内的最大幅值与最小幅值之差。

峰值在实际应用中有它的价值。对信号的峰值应该有足够的估计，以便确定测试系统的动态范围，不至于产生削波的现象，从而能真实地反映被测信号的最大值。

2. 均值 μ_x 与绝对均值 $\mu_{|x|}$

周期信号中的均值 μ_x 是指信号在一个周期内幅值对时间的平均，也就是用傅里叶级数展开后的常值分量 a_0，即

$$\mu_x = \frac{1}{T}\int_0^T x(t)\mathrm{d}t \tag{2-30}$$

周期信号全波整流后的均值称为信号的绝对均值 $\mu_{|x|}$，即

$$\mu_{|x|} = \frac{1}{T}\int_0^T |x(t)|\mathrm{d}t \tag{2-31}$$

3. 有效值 x_{rms}

有效值 x_{rms} 是信号的方均根值，即

$$x_{rms} = \sqrt{\frac{1}{T}\int_0^T x^2(t)\mathrm{d}t} \tag{2-32}$$

它记录了信号经历的时间历程，反映了信号的功率大小。

4. 平均功率 P_{av}

有效值的平方为信号的方均值，也就是信号的平均功率 P_{av}，即

$$P_{av} = \frac{1}{T}\int_0^T x^2(t)\mathrm{d}t \tag{2-33}$$

例如，某正弦信号为 $x(t)=A\sin(\omega t+\varphi)$，则 $x_F=A$，$x_{F-F}=2A$，$\mu_x=0$，$\mu_{|x|}=2A/\pi$，$x_{rms}=A/\sqrt{2}$，$P_{av}=A^2/2$。周期信号各强度参数的关系如图 2.17 所示。

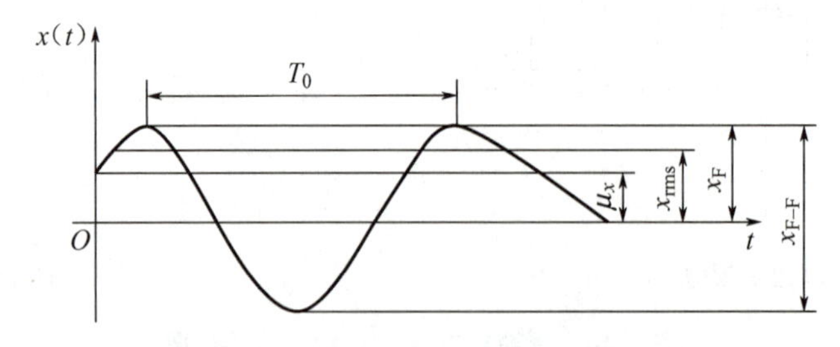

图 2.17 周期信号各强度参数的关系

表 2-2 列举了几种典型周期信号的峰值 x_F、均值 μ_x、绝对均值 $\mu_{|x|}$ 和有效值 x_{rms} 之间的数量关系。

表 2-2　几种典型周期信号的峰值 x_F、均值 μ_x、绝对均值 $\mu_{|x|}$ 和有效值 x_{rms} 之间的数量关系

名称	波形	峰值 x_F	均值 μ_x	绝对均值 $\mu_{\|x\|}$	有效值 x_{rms}
正弦波		A	0	$\frac{2A}{\pi}$	$\frac{A}{\sqrt{2}}$
方波		A	0	A	A
三角波		A	0	$\frac{A}{2}$	$\frac{A}{\sqrt{3}}$
锯齿波		A	$\frac{A}{2}$	$\frac{A}{2}$	$\frac{A}{\sqrt{3}}$

信号的峰值x_F、绝对均值 $\mu_{|x|}$ 和有效值 x_{rms} 的检测，可以用三值电压表和普通的电工仪表来测量；各单项值也可以根据需要用不同的仪表(如示波器、直流电压表等)来测量。

2.3　瞬态信号与连续频谱

除准周期信号之外的非周期信号称为一般非周期信号，也就是瞬态信号。瞬态信号具有瞬变性。例如，锤子敲击力的变化、承载缆绳断裂时的应力变化、热电偶插入加热的液体中温度的变化等信号均属于瞬态信号，如图 2.18 所示。

瞬态信号是非周期信号，可以看作是一个周期(即周期 $T \to \infty$)的周期信号。因此，可以把瞬态信号看作周期趋于无穷大的周期信号。

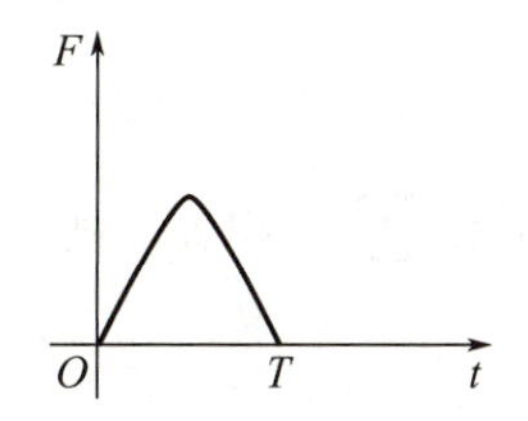

(a) 锤子敲击力的变化

(b) 承载缆绳断裂时的应力变化

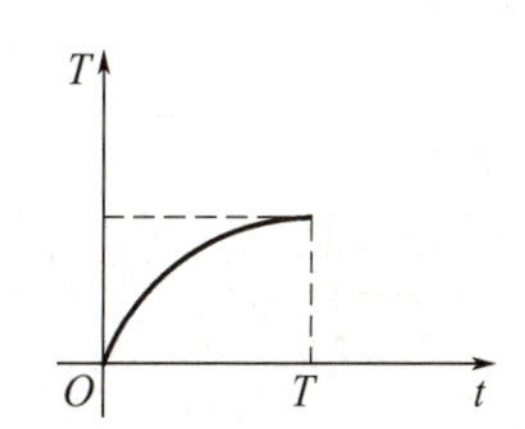

(c) 热电偶插入加热的液体中温度的变化

图 2.18　瞬态信号实例

基于以上观点，可以从周期信号的角度来理解非周期信号并推导其频谱。周期为 T_0 的信号 $x(t)$ 的频谱是离散频谱，相邻谐波之间的频率间隔为 $\Delta\omega=\omega_0=2\pi/T_0$。对于瞬态信号，$T_0\to\infty$ 时，$\omega_0=\Delta\omega\to 0$，这意味着当周期无限扩大时，周期信号频谱谱线间隔在无限缩小，相邻谐波分量无限接近，离散变量 $n\omega_0$ 就变换成连续变量 ω，离散频谱变成了连续频谱，式(2－11)和式(2－20)中的求和运算可用积分运算来取代，所以瞬态信号的频谱是连续的。这时，瞬态信号的频域描述已不能用傅里叶级数展开来描述，而要用傅里叶变换来描述。

2.3.1 傅里叶变换

设有一周期信号 $x(t)$，根据式(2－20)可得，其在 $[-T_0/2, T_0/2]$ 区间内的傅里叶级数的复指数形式表达为

$$x(t)=\sum_{n=-\infty}^{\infty}C_n e^{jn\omega_0 t} \tag{2-34}$$

式中

$$C_n=\frac{1}{T_0}\int_{-T_0/2}^{T_0/2}x(t)e^{jn\omega_0 t}dt \tag{2-35}$$

当 $T_0\to\infty$ 时，积分区间 $[-T_0/2, T_0/2]\to(-\infty,\infty)$；谱线间隔 $\Delta\omega=\omega_0=2\pi/T_0\to d\omega$，离散频率 $n\omega_0\to$ 连续变量 ω，所以式(2－35)变为

$$\lim_{T_0\to\infty}C_nT_0=\int_{-\infty}^{\infty}x(t)e^{j\omega t}dt \tag{2-36}$$

式(2－36)积分后将是 ω 的函数，且一般为复数，用 $X(\omega)$ 表示为

$$X(\omega)=\int_{-\infty}^{\infty}x(t)e^{j\omega t}dt \tag{2-37}$$

式中：$X(\omega)$ 为信号 $x(t)$ 的傅里叶变换，是把非周期信号看成周期趋于无穷大的周期信号来处理的，显然

$$X(\omega)=\lim_{T_0\to\infty}C_nT_0=\lim_{f\to 0}\frac{C_n}{f} \tag{2-38}$$

即 $X(\omega)$ 为单位频宽上的谐波幅值，具有“密度”的含义，故把 $X(\omega)$ 称为瞬态信号的频谱密度函数，简称频谱函数。

由式(2－38)得

$$C_n=\lim_{T_0\to\infty}\frac{X(\omega)}{T_0}=\lim_{\omega_0\to\infty}X(\omega)\frac{\omega_0}{2\pi} \tag{2-39}$$

代入式(2－34)得

$$x(t)=\sum_{n=-\infty}^{\infty}\lim_{\omega_0\to\infty}X(\omega)\frac{\omega_0}{2\pi}e^{jn\omega_0 t} \tag{2-40}$$

当 $T_0\to\infty$ 时，$\omega_0=2\pi/T_0=d\omega$，离散频率 $n\omega_0\to$ 连续变量 ω，求和 $\sum\to$ 积分，则

$$x(t)=\frac{1}{2\pi}\int_{-\infty}^{\infty}X(\omega)e^{j\omega t}d\omega \tag{2-41}$$

$x(t)$ 称为 $X(\omega)$ 的傅里叶逆变换(Inverse Fourier Transform，IFT)或反变换。式(2－37)和式(2－41)构成了傅里叶变换对

$$x(t)\underset{\text{IFT}}{\overset{\text{FT}}{\Leftrightarrow}}X(\omega)$$

一般地，**使用$\overset{FT}{\underset{IFT}{\Leftrightarrow}}$或$\Leftrightarrow$表示信号之间的傅里叶变换及其逆变换之间的关系。**由于$\omega=2\pi f$，因此式(2-37)和式(2-41)可变为

$$X(f)=\int_{-\infty}^{\infty}x(t)\mathrm{e}^{\mathrm{j}2\pi ft}\mathrm{d}t \tag{2-42}$$

$$x(t)=\int_{-\infty}^{\infty}X(f)\mathrm{e}^{\mathrm{j}2\pi ft}\mathrm{d}f \tag{2-43}$$

这就避免了在傅里叶变换中出现$1/2\pi$的常数因子，使公式形式简化。

由式(2-42)可知，非周期信号能够用傅里叶变换来表示，而周期信号可由傅里叶级数式(2-20)来表示。式(2-42)一般是复数形式，可表示为

$$X(f)=\mathrm{Re}X(f)+\mathrm{jIm}X(f)=|X(f)|\mathrm{e}^{\mathrm{j}\varphi(f)} \tag{2-44}$$

式中：$\mathrm{Re}X(f)$为$|X(f)|$的实部；$\mathrm{Im}X(f)$为$X(f)$的虚部；$|X(f)|$为信号$x(t)$的连续幅频谱；$\varphi(f)$为信号$x(t)$的连续相频谱。

$$|X(f)|=\sqrt{[\mathrm{Re}X(f)]^2+[\mathrm{Im}X(f)]^2}$$

$$\varphi(f)=\arctan[\mathrm{Im}X(f)/\mathrm{Re}X(f)]$$

比较周期信号和非周期信号的频谱可知：**首先，非周期信号的幅值$|X(f)|$随f变化是连续的，即为连续频谱，而周期信号的幅值$|C_n|$随f变化是离散的，即为离散频谱；其次，$|C_n|$的量纲和信号幅值的量纲一致，而$|X(f)|$的量纲相当于$|C_n|/f$，为单位频宽上的幅值，即频谱函数。**

【例2.7】 求矩形窗函数$w_{\mathrm{R}}(t)$的频谱。矩形窗函数为

$$w_{\mathrm{R}}(t)=\begin{cases}0 & (t<-T/2)\\ 1 & (-T/2<t<T/2)\\ 0 & (t>T/2)\end{cases} \tag{2-45}$$

其波形如图2.19所示。

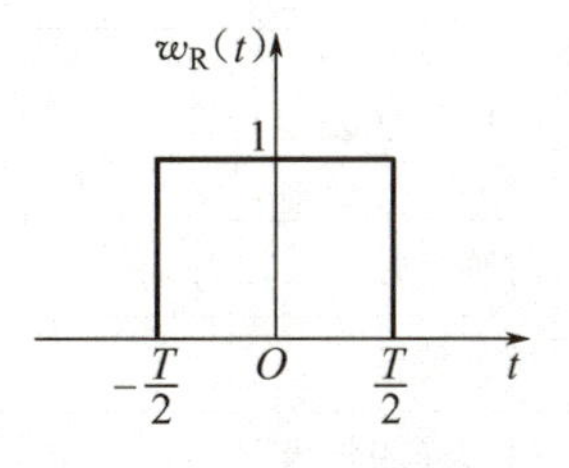

图2.19 矩形窗函数$w_{\mathrm{R}}(t)$的波形

解： 利用式(2-42)，矩形窗函数$w_{\mathrm{R}}(t)$的频谱为

$$\begin{aligned}w_{\mathrm{R}}(f)&=\int_{-\infty}^{\infty}-w_{\mathrm{R}}(t)\mathrm{e}^{\mathrm{j}2\pi ft}\mathrm{d}t\\&=\int_{-\frac{T}{2}}^{\frac{T}{2}}1\cdot\mathrm{e}^{-\mathrm{j}2\pi ft}\mathrm{d}t=\frac{1}{-\mathrm{j}2\pi f}\mathrm{e}^{\mathrm{j}2\pi ft}\Big|_{-\frac{T}{2}}^{\frac{T}{2}}\\&=\frac{1}{-\mathrm{j}2\pi f}(\mathrm{e}^{-\mathrm{j}\pi fT}-\mathrm{e}^{\mathrm{j}\pi fT})=T\frac{\sin\pi fT}{\pi fT}\\&=T\mathrm{sinc}\pi fT\end{aligned} \tag{2-46}$$

式中：通常定义$\mathrm{sinc}x\triangleq\frac{\sin x}{x}$，该函数称为采样函数，也称滤波函数或内插函数。该函数在信号分析中经常使用。$\mathrm{sinc}x$函数的曲线如图2.20所示，其函数值有专门的数学表可查，它以2π为周期并随x的增加而作衰减振荡，$\mathrm{sinc}x$函数为偶函数，在$n\pi(n=0,\pm1,\pm2,\cdots)$处其值为零。

矩形窗函数$w_{\mathrm{R}}(t)$的频谱函数为扩大了T倍的采样函数，只有实部，没有虚部。其幅频谱为

$$|w_{\mathrm{R}}(f)|=T|\mathrm{sinc}\pi fT| \tag{2-47}$$

矩形窗函数$w_{\mathrm{R}}(t)$的双边幅频谱图如图2.21所示。

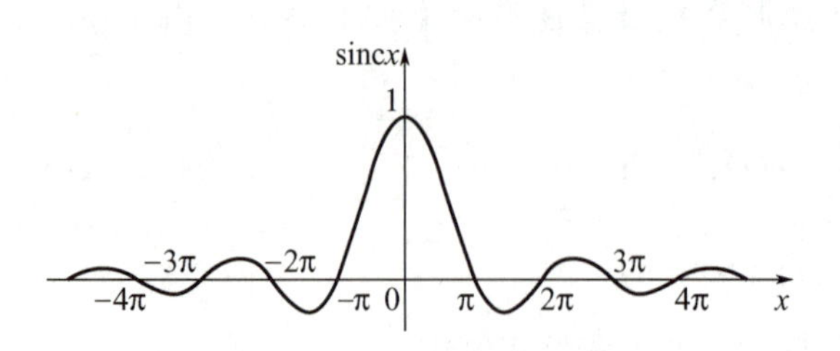

图 2.20　sinc$x$ 函数的曲线

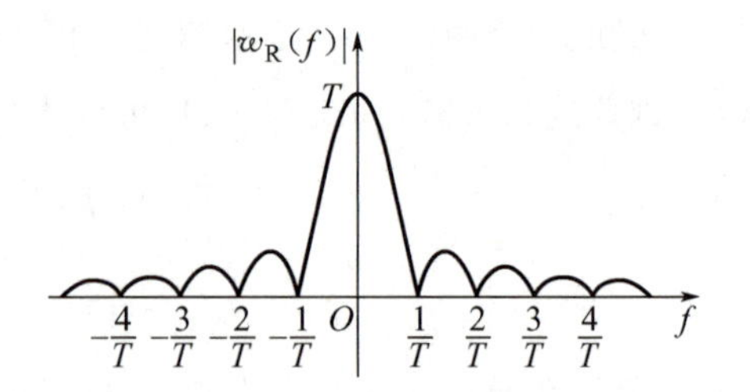

图 2.21　矩形窗函数 $w_R(f)$的双边幅频谱图

【傅里叶变换的主要性质】

2.3.2　傅里叶变换的主要性质

如 2.1.2 节所述，一个信号可以进行时域描述和频域描述。两种描述依靠傅里叶变换来确立彼此一一对应的关系，因此，熟悉傅里叶变换的一些主要性质十分必要。傅里叶变换的主要性质列于表 2-3 中。

表 2-3　傅里叶变换的主要性质

性　质	时　域	频　域
奇偶虚实性	实偶函数	实偶函数
	实奇函数	虚奇函数
	虚偶函数	虚偶函数
	虚奇函数	实奇函数
线性叠加性	$ax(t)+by(t)$	$aX(f)+bY(f)$
对称性	$X(t)$	$x(-f)$
时间尺度改变特性	$x(kt)$	$\frac{1}{\lvert k\rvert}\cdot X\left(\frac{f}{k}\right)$
时移特性	$x(t-t_0)$	$X(f)e^{j2\pi ft_0}$
频移特性	$X(f\pm f_0)$	$x(t)e^{\mp j2\pi f_0 t}$
时域卷积特性	$x_1(t)*x_2(t)$	$X_1(f)X_2(f)$
频域卷积特性	$x_1(t)x_2(t)$	$X_1(f)*X_2(f)$
时域微分特性	$\frac{d^n x(t)}{dt^n}$	$(j2\pi f)^n X(f)$
频域微分特性	$(-j2\pi f)^n x(t)$	$\frac{d^n X(f)}{df^n}$
积分特性	$\int_{-\infty}^{t} x(t)dt$	$\frac{1}{j2\pi f}x(f)$

下面就几项主要性质做一些必要的推导和说明。

1. 奇偶虚实性

一般 $X(\mathrm{j}f)$是实变量 f 的复变函数。它可以表达为

$$X(f)=\int_{-\infty}^{\infty}x(t)\mathrm{e}^{-\mathrm{j}2\pi ft}\mathrm{d}t=\mathrm{Re}X(f)-\mathrm{jIm}X(f) \tag{2-48}$$

式中

$$\mathrm{Re}X(f)=\int_{-\infty}^{\infty}x(t)\cos 2\pi ft\,\mathrm{d}t \tag{2-49}$$

$$\mathrm{Im}X(f)=\int_{-\infty}^{\infty}x(t)\sin 2\pi ft\,\mathrm{d}t \tag{2-50}$$

余弦函数是偶函数，正弦函数是奇函数。由式(2-50) 可知，如果 $x(t)$是实函数，则 $X(f)$一般为具有实部和虚部的复函数，实部为偶函数，即 $\mathrm{Re}X(f)=\mathrm{Re}X(-f)$，虚部为奇函数，即 $X(f)=-\mathrm{Im}(f)$。

如果 $x(t)$为实偶函数，则 $\mathrm{Im}X(f)=0$，而 $X(f)$是实偶函数，即 $X(f)=\mathrm{Re}(f)$。

如果 $x(t)$为实奇函数，则 $\mathrm{Re}X(f)=0$，而 $X(f)$是虚奇函数，即 $X(f)=-\mathrm{jIm}X(f)$。

如果 $x(t)$为虚偶函数，同理可知 $X(f)$为虚偶函数。

如果 $x(t)$为虚奇函数，则 $X(f)$为实奇函数。

了解这个性质，有助于估计傅里叶变换对的相应图形性质，减少不必要的变换计算。

2. 线性叠加性

若信号 $x(t)$和 $y(t)$的傅里叶变换分别为 $X(f)$和 $Y(f)$，则 $ax(t)+by(t)$的傅里叶变换为

$$ax(t)+by(t)\Leftrightarrow aX(f)+bY(f) \tag{2-51}$$

3. 对称性

若 $x(t)\Leftrightarrow X(f)$，则

$$X(t)\Leftrightarrow x(-f) \tag{2-52}$$

傅里叶变换对称性的具体应用如图 2.22 所示。

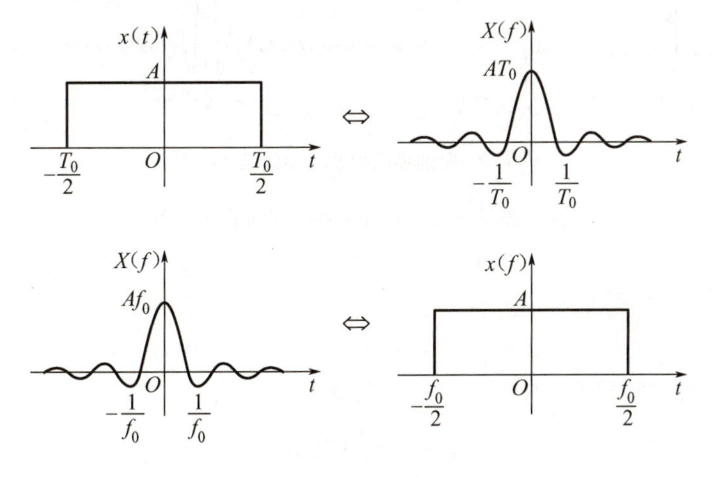

图 2.22 傅里叶变换对称性的具体应用

4. 时间尺度改变特性

在时域信号 $x(t)$ 幅值不变的情况下，若 $x(t) \Leftrightarrow X(f)$，则

$$x(kt) \Leftrightarrow \frac{1}{|k|} \cdot X\left(\frac{f}{k}\right) \tag{2-53}$$

式中：k 为实常数。

式(2-53)表达了信号的时域表示与其频谱之间在时间尺度展缩方面的内在关系，即时域波形的压缩将对应频谱图形的扩展，且信号的持续时间与其占有的频带成反比。信号持续时间压缩 k 倍($k>1$)，则其频宽扩展 k 倍，幅值为原来的 $1/k$，如图 2.23(a)所示；反之亦然，如图 2.23(b)所示。

傅里叶变换的时间尺度改变特性对于测试系统的分析是很有帮助的。例如，把记录好的磁带快速播放，即为时间尺度的压缩，这样可提高处理信号的效率，但所得到的播放信号频带就会加宽。若后处理设备(如放大器、滤波器等)的通频带不够，会导致失真。反之，快录慢放，则播放信号的带宽变窄，对后续处理设备的通频带要求降低，但信号处理效率也随之降低。

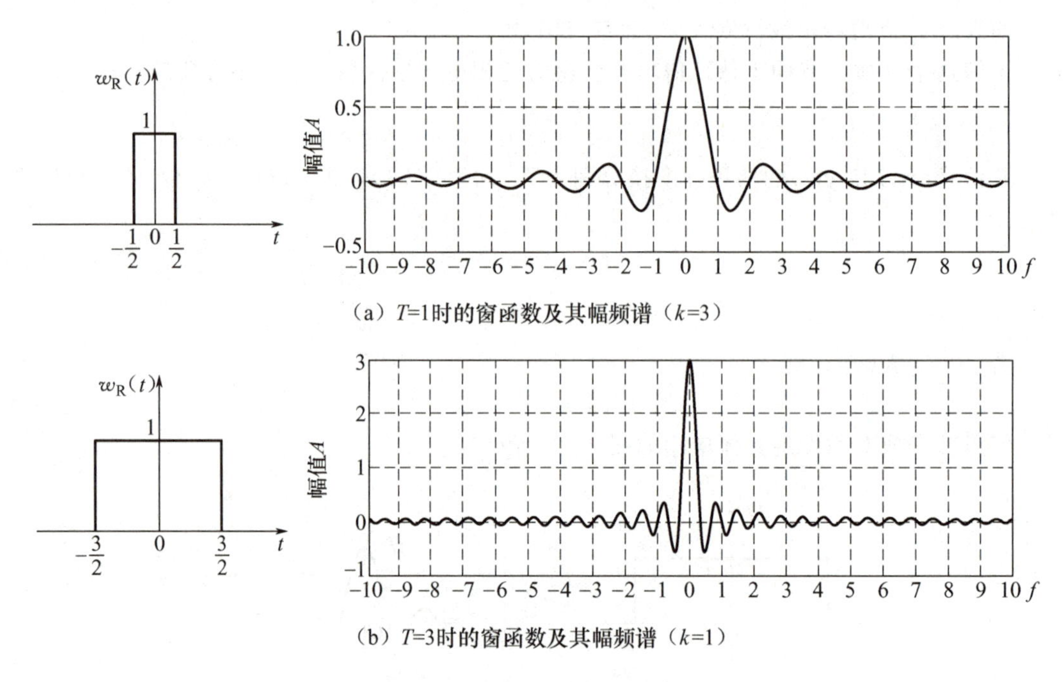

图 2.23 傅里叶变换的时间尺度改变特性

5. 时移特性和频移特性

若

$$x(t) \Leftrightarrow X(f)$$

在时域中信号沿时间轴平移一常值 t_0，则 (时移)

$$x(t-t_0) \overset{\text{对应}}{\Leftrightarrow} X(f)e^{j2\pi f t_0} \tag{2-54}$$

在频域中信号沿频率轴平移一常值 f_0，则(频移)

$$X(f \pm f_0) \Leftrightarrow x(t)e^{\mp j2\pi f_0 t} \tag{2-55}$$

时移特性表明：如果信号在时域中延迟了时间 t_0，则其幅频谱不会改变，而相频谱中各次谐波的相移 $-2\pi f t_0$，与频率成正比。

频域特性表明：如果频谱函数在频率坐标上平移了 f_0，则其代表的信号波形将与频率为 f_0 的正弦信号和余弦信号相乘，即进行了调制(有关信号调制的内容将在本书的第 5 章中介绍)。

6. 卷积特性

对于任意两个函数 $x_1(t)$ 和 $x_2(t)$，它们的卷积定义为

$$x_1(t) * x_2(t) = \int_{-\infty}^{\infty} - x_1(\tau)x_2(t-\tau)\mathrm{d}\tau \tag{2-56}$$

记作 $x_1(t) * x_2(t)$。若

$$x_1(t) \Leftrightarrow X_1(f)$$
$$x_2(t) \Leftrightarrow X_2(f)$$

则

$$\boldsymbol{x_1(t) * x_2(t) \Leftrightarrow X_1(f)X_2(f)} \tag{2-57}$$

$$\boldsymbol{x_1(t)x_2(t) \Leftrightarrow X_1(f) * X_2(f)} \tag{2-58}$$

式(2-57)和式(2-58)表明，两个时域函数卷积的傅里叶变换等于两者傅里叶变换的乘积；而两个时域函数乘积的傅里叶变换等于两者傅里叶变换的卷积。它们分别称为信号的时域卷积特性和频域卷积特性。

7. 微分特性和积分特性

若 $x(t) \Leftrightarrow X(f)$，则将傅里叶逆变换表达式(2-43) 对时间微分可得

$$\boldsymbol{\frac{\mathrm{d}^n x(t)}{\mathrm{d}t^n} \Leftrightarrow (\mathrm{j}2\pi f)^n X(f)} \tag{2-59}$$

将傅里叶变换表达式(2-42)对时间微分可得

$$\boldsymbol{(-\mathrm{j}2\pi f)^n x(t) \Leftrightarrow \frac{\mathrm{d}^n X(f)}{\mathrm{d}f^n}} \tag{2-60}$$

同理可证明

$$\int_{-\infty}^{t} x(t)\mathrm{d}t \Leftrightarrow \frac{1}{\mathrm{j}2\pi f} x(f) \tag{2-61}$$

在振动测试中，如果测得振动系统的位移、速度或加速度中的任一参数，应用微分特性和积分特性就可以获得其他参数的频谱。

2.3.3 几种典型信号的频谱

1. 矩形窗函数的频谱

2.2.1 节中讨论过矩形窗函数的频谱，即在有限时间区间内的幅值为常数的一个窗信号，其频谱延伸至无限频率。矩形窗函数在信号处理中有着重要的应用，在时域中若截取某信号的一段记录长度，则相当于原信号和矩形窗函数的乘积，因而所得频谱将是原信号频域函数和 sinc$x$ 函数的卷积。由于 sinc$x$ 函数的频谱是连续的，频率是无限的，因此信号截取后频谱将是连续的，频率将是无限延伸的。

【参考视频】

2. 单位脉冲函数（δ 函数）及其频谱

（1）δ 函数的定义

在 ε 时间内激发矩形脉冲 $S_\varepsilon(t)$（或三角脉冲、双边指数脉冲，钟形脉冲，如图 2.24 所示）所包含的面积为 1，当 $\varepsilon\to 0$ 时，$S_\varepsilon(t)$ 的极限称为单位脉冲函数，也称 δ 函数，记作 $\delta(t)$，即

$$\lim_{\varepsilon\to 0} S_\varepsilon(t)=\delta(t) \tag{2-62}$$

图 2.25 显示了矩形脉冲与 δ 函数的转换关系。

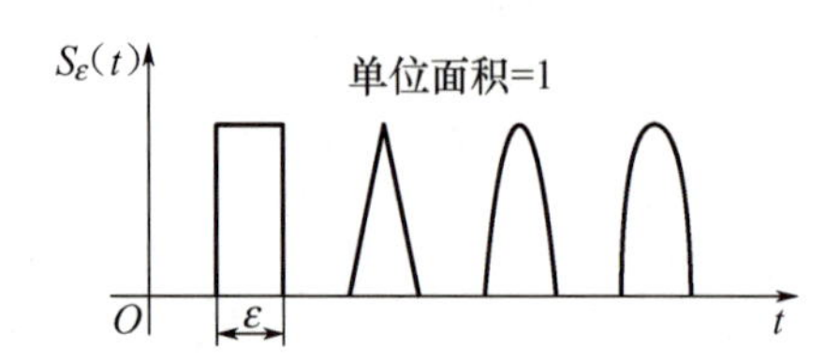

图 2.24 各种单位面积为 1 的脉冲

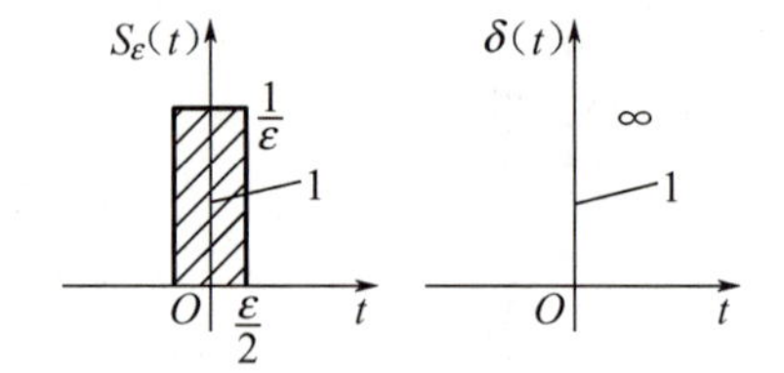

图 2.25 矩形脉冲与 δ 函数的转换关系

从函数极限的角度看

$$\delta(t)=\begin{cases}\infty & (t=0)\\ 0 & (t\neq 0)\end{cases} \tag{2-63}$$

从面积的角度看

$$\int_{-\infty}^{\infty}\delta(t)\mathrm{d}t=\lim_{\varepsilon\to 0}\int_{-\infty}^{\infty}S_\varepsilon(t)\mathrm{d}t=1 \tag{2-64}$$

由式（2-64）可知，当 $\varepsilon\to 0$ 时，面积为 1 的脉冲函数 $S_\varepsilon(t)$ 即为 $\delta(t)$。由于现实中的信号的持续时间不可能为零，因此，δ 函数是一个理想函数，也是一种广义函数，是一种物理不可实现的信号。当 $\varepsilon\to 0$ 时，δ 函数在原点的幅值为无穷大，但其包含的面积为 1，表示信号的能量是有限的。

（2）δ 函数的性质

① 筛选特性。**如果 δ 函数与某一连续信号 $x(t)$ 相乘，则其乘积仅在 $t=0$ 处有值 $x(0)\delta(0)$，其余各点（$t\neq 0$）的乘积均为零，即**

$$\int_{-\infty}^{\infty}x(t)\delta(t)\mathrm{d}t=\int_{-\infty}^{\infty}x(0)\delta(t)\mathrm{d}t=x(0)\int_{-\infty}^{\infty}\delta(t)\mathrm{d}t=x(0) \tag{2-65}$$

同样，对于时延 t_0 的 δ 函数 $\delta(t-t_0)$，只有在 $t=t_0$ 处其乘积不等于零，即

$$\int_{-\infty}^{\infty}x(t)\delta(t-t_0)\mathrm{d}t=x(t_0) \tag{2-66}$$

式（2-65）和式（2-66）所示 δ 函数的筛选特性的图形表达如图 2.26 和图 2.27 所示。时延 t_0 的 δ 函数 $\delta(t-t_0)$ 就是一个采样器，它在 δ 脉冲出现 $t=t_0$ 的时刻把与之相乘的信号 $x(t)$ 在该时刻的值取出来。筛选特性对连续信号的离散采样是十分重要的。

② 卷积特性。**在两个函数的卷积运算过程中，若有一个函数为单位脉冲函数 $\delta(t)$，则卷积运算是一种最简单的卷积积分，即**

$$x(t)*\delta(t)=\int_{-\infty}^{\infty}x(\tau)\delta(t-\tau)\mathrm{d}\tau=x(t)$$

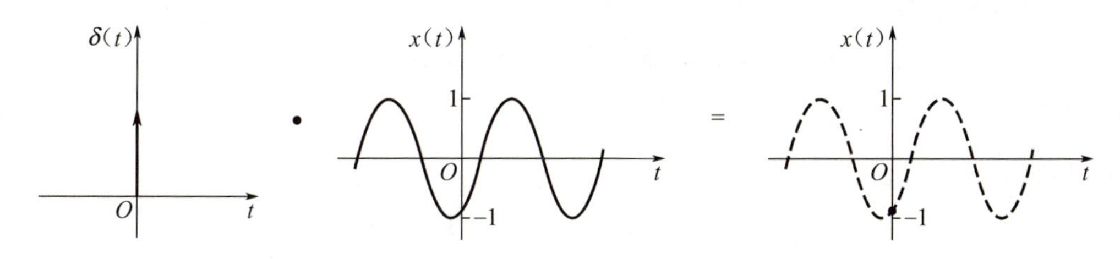

图 2.26 δ 函数的筛选特性($t_0=0$)

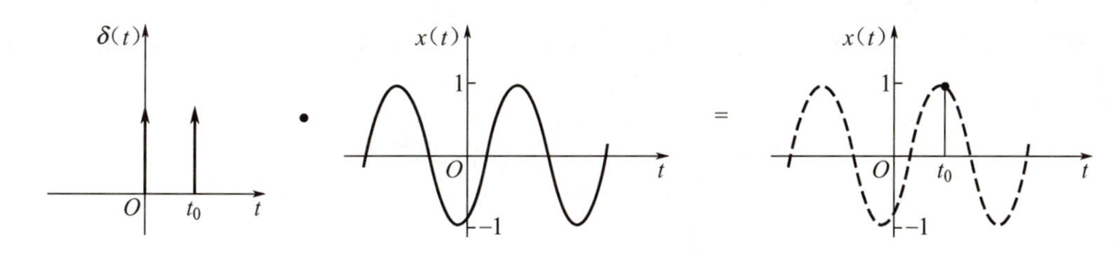

图 2.27 δ 函数的筛选特性($t_0\neq0$)

证明：

$$x(t) * \delta(t) = \int_{-\infty}^{\infty} x(\tau)\delta(t-\tau)\mathrm{d}\tau = x(t)\int_{-\infty}^{\infty}\delta(\tau-t)\mathrm{d}\tau = x(t) \tag{2-67}$$

因此，$x(t)$与$\delta(t)$的卷积等于$x(t)$，其图形表示如图 2.28 所示。

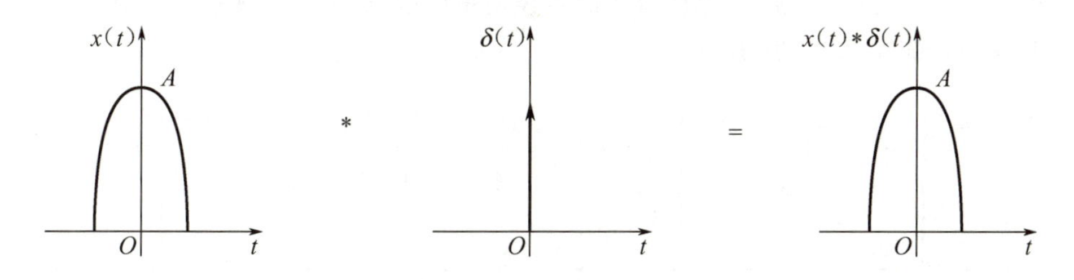

图 2.28 δ 函数的卷积特性($t_0=0$)

同理，脉冲函数$\delta(t\pm t_0)$与函数$x(t)$卷积为

$$x(t) * \delta(t \pm t_0) = \int_{-\infty}^{\infty} x(\tau)\delta(t \pm t_0 - \tau)\mathrm{d}\tau = x(t \pm t_0) \tag{2-68}$$

因此，$x(t)$与$\delta(t\pm t_0)$的卷积等于$x(t\pm t_0)$。可见，函数$x(t)$与δ函数的卷积，结果就是在δ函数出现脉冲的位置上重新绘制$x(t)$的图形，如图 2.29 所示。

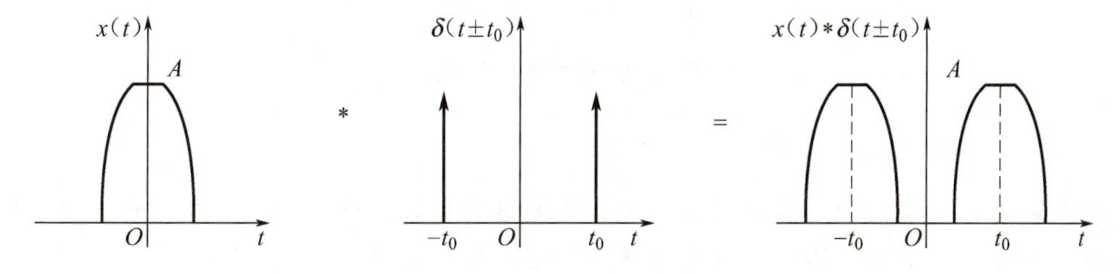

图 2.29 δ 函数的卷积特性($t_0\neq0$)

（3）δ 函数的频谱

对 $\delta(t)$ 进行傅里叶变换，考虑 δ 函数的筛选特性，则

$$\Delta(\mathrm{j}f)=\int_{-\infty}^{\infty}\delta(t)\mathrm{e}^{-\mathrm{j}2\pi ft}\mathrm{d}t=\mathrm{e}^{0}=1 \tag{2-69}$$

其逆变换为

$$\delta(t)=\int_{-\infty}^{\infty}1\cdot\mathrm{e}^{\mathrm{j}2\pi ft}\mathrm{d}f \tag{2-70}$$

因此，时域的单位脉冲函数具有无限宽广的频谱，且在所有的频段上都是等强度的，如图 2.30 所示。这种信号是理想的白噪声。

根据傅里叶变换的对称性、时移特性和频移特性，可以得到如下信号的傅里叶变换对。

$$\begin{array}{ccc} \text{时域} & & \text{频域} \\ \delta(t) & \Leftrightarrow & 1 \\ 1 & \Leftrightarrow & \delta(f) \\ \delta(t-t_0) & \Leftrightarrow & \mathrm{e}^{\mathrm{j}2\pi ft_0} \\ \mathrm{e}^{\mathrm{j}2\pi f_0 t} & \Leftrightarrow & \delta(f-f_0) \end{array} \qquad \begin{array}{r} (2-71\mathrm{a}) \\ (2-71\mathrm{b}) \\ (2-71\mathrm{c}) \\ (2-71\mathrm{d}) \end{array}$$

式(2－71b)表明，直流信号的傅里叶变换就是单位脉冲函数 $\delta(f)$，这说明时域中的直流信号在频域中只含 $f=0$ 的直流分量，而不包含任何谐波成分，如图 2.31 所示。

式(2－71d)左侧时域信号 $x(t)=\mathrm{e}^{\mathrm{j}2\pi f_0 t}$ 为一复指数信号，表示一个单位长度的矢量，以固定的角频率 $2\pi f_0$ 逆时针旋转。复指数信号经傅里叶变换后，其频谱为集中于 f_0 处、强度为 1 的脉冲，如图 2.32 所示。

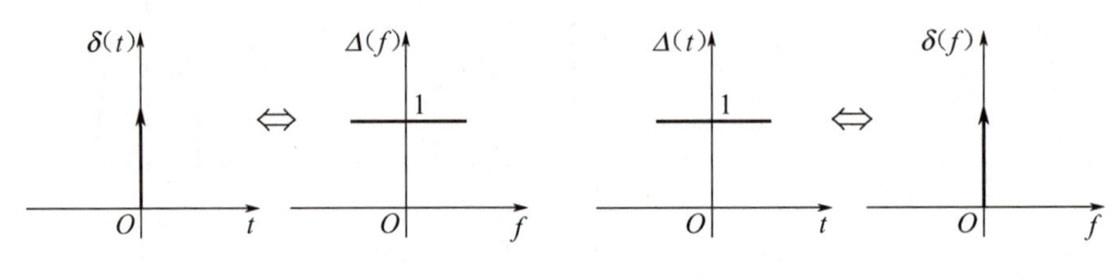

图 2.30　δ 函数及其频谱　　　　**图 2.31　直流信号及其频谱**

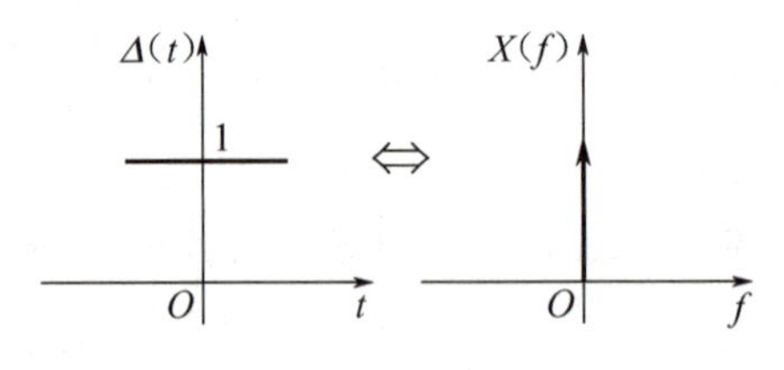

图 2.32　复指数信号及其频谱

3. 正弦信号的频谱及余弦信号的频谱

傅里叶变换要满足狄利克雷条件和函数在无限区间上绝对可积的条件，而正弦信号及余弦信号均不满足后者，因此，在进行傅里叶变换时，必须引入 δ 函数。

由式(2－18)可知

$$\sin 2\pi f_0 t=\frac{\mathrm{j}}{2}(\mathrm{e}^{-\mathrm{j}2\pi f_0 t}-\mathrm{e}^{\mathrm{j}2\pi f_0 t})$$

$$\cos 2\pi f_0 t=\frac{1}{2}(\mathrm{e}^{-\mathrm{j}2\pi f_0 t}+\mathrm{e}^{\mathrm{j}2\pi f_0 t})$$

【正弦信号及余弦信号的频谱】

根据式(2-71d)，得上述两式的傅里叶变换为

$$x(t)=\sin 2\pi f_0 t \Leftrightarrow \frac{\mathrm{j}}{2}[\delta(f+f_0)-\delta(f-f_0)] \tag{2-72}$$

$$y(t)=\cos 2\pi f_0 t \Leftrightarrow \frac{1}{2}[\delta(f+f_0)-\delta(f-f_0)] \tag{2-73}$$

其双边幅频图如图 2.33 所示，比较图 2.33(a)和图 2.13(d)可知，它们的结果是一样的，即利用傅里叶级数的复指数展开的方法和利用傅里叶变换的方法获得的双边幅频图是相同的。

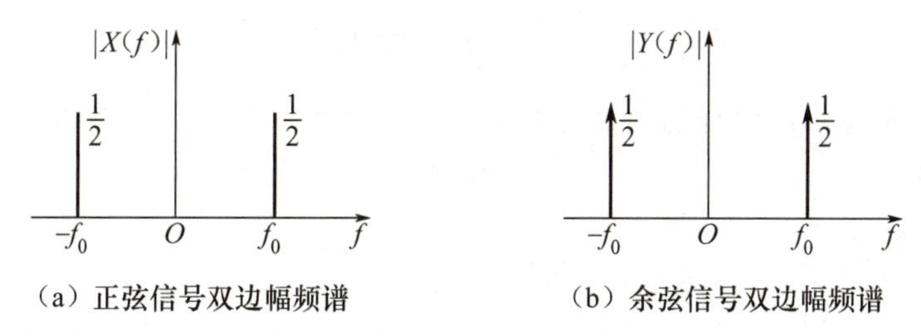

(a) 正弦信号双边幅频谱　　(b) 余弦信号双边幅频谱

图 2.33　正弦信号及余弦信号的双边幅频图

4. 一般周期信号的频谱

一个周期为 T_0 的信号 $x(t)$可用傅里叶级数的复指数形式［式(2-20)］来表示。利用傅里叶变换同样可以获得信号 $x(t)$的频谱。

$$\begin{aligned}X(f)&=\int_{-\infty}^{\infty}x(t)\mathrm{e}^{-\mathrm{j}2\pi ft}\mathrm{d}t\\&=\int_{-\infty}^{\infty}\Big[\sum_{n=-\infty}^{\infty}C_n\mathrm{e}^{-\mathrm{j}n2\pi f_0 t}\Big]\mathrm{e}^{-\mathrm{j}2\pi ft}\mathrm{d}t\\&=\sum_{n=-\infty}^{\infty}C_n\int_{-\infty}^{\infty}\mathrm{e}^{\mathrm{j}2\pi f_0 t}\cdot\mathrm{e}^{-\mathrm{j}2\pi ft}\mathrm{d}t\\&=\sum_{n=-\infty}^{\infty}C_n\delta(f-nf_0)\end{aligned} \tag{2-74}$$

式(2-74)表明，一般周期信号的频谱是一个以 f_0(周期信号的基频)为间隔的脉冲序列，每个脉冲的强度由系数 C_n 确定。

根据上述对正弦信号、余弦信号和一般周期信号的傅里叶变换分析可知，**傅里叶变换不仅适用于非周期信号，同时也适用于周期信号。**

5. 周期单位脉冲序列的频谱

【周期单位脉冲序列的频谱】

等间隔的周期单位脉冲序列也称梳状函数或采样函数［图 2.34(a)］，表示为

$$g(t)=\sum_{n=-\infty}^{\infty}\delta(t-nT_s) \tag{2-75}$$

式中：T_s 为周期；n 为整数，$n=0,\pm1,\pm2,\pm3,\cdots$；$g(t)$为周期函数。根据式(2-74)有

$$g(t)\Leftrightarrow\sum_{n=-\infty}^{\infty}C_n\delta(f-nf_s) \tag{2-76}$$

式中：$f_s=1/T_s$，而系数 C_n 由式(2-21)确定，即

$$C_n=\frac{1}{T_s}\int_{-\frac{T_s}{2}}^{\frac{T_s}{2}}g(t)\mathrm{e}^{-\mathrm{j}2\pi nf_s t}\mathrm{d}t$$

在区间$\left(-\frac{T_s}{2},\ \frac{T_s}{2}\right)$内，$g(t)=\delta(t)$。同时，根据 δ 函数的筛选特性可得

$$C_n=\frac{1}{T_s}\int_{-\frac{T_s}{2}}^{\frac{T_s}{2}}\delta(t)\mathrm{e}^{-\mathrm{j}2\pi nf_s t}\mathrm{d}t=\frac{1}{T_s}=f_s \tag{2-77}$$

因此，周期单位脉冲序列 $g(t)$的频谱 $G(f)$为

$$G(f)=f_s\sum_{n=-\infty}^{\infty}\delta(f-nf_s)=\frac{1}{T_s}\sum_{n=-\infty}^{\infty}\delta\left(f-\frac{n}{T_s}\right) \tag{2-78}$$

可见，周期单位脉冲序列的频谱也是一个周期脉冲序列，其强度和频率间隔均为 f_s，如图 2.34(b)所示。

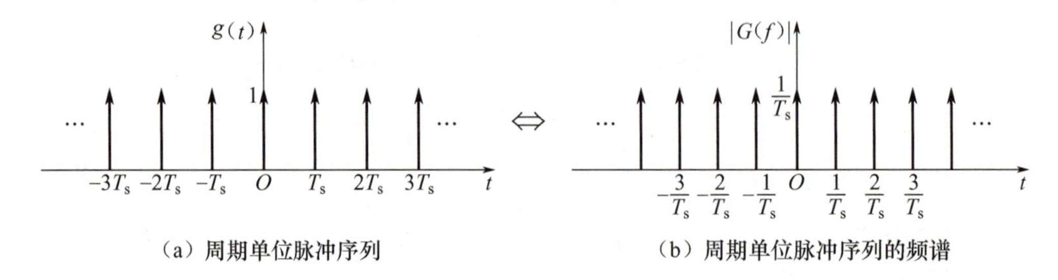

图 2.34　周期单位脉冲序列及其频谱

为了便于查阅，现将常见信号的波形图、时域表达式、频响函数及其频谱图列成表，见表 2-4。

表 2-4　常见信号的波形图、时域表达式、频响函数及其频谱图

$x(t)$		$X(f)$	
波形图	时域表达式	频响函数	频谱图
1, O, t	单位脉冲 $\delta(t)$	1	1, O, f
1, O, t	单位直流 1	$\delta(f)$	1, O, f

续表

$x(t)$		$X(f)$	
波形图	时域表达式	频响函数	频谱图
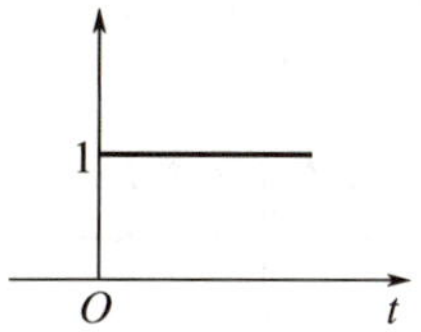	单位阶跃 $u(t)$	$\frac{1}{2}\delta(f)+\frac{1}{\mathrm{j}2\pi f}$	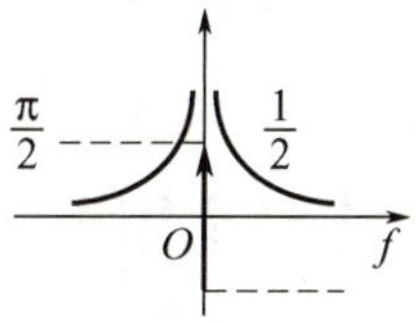
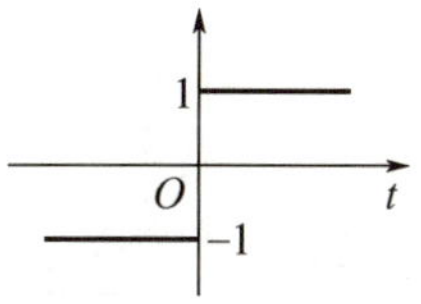	单位符号函数 $\mathrm{sign}(t)$	$\frac{2}{\mathrm{j}2\pi f}$	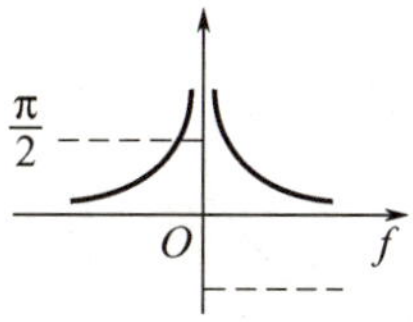
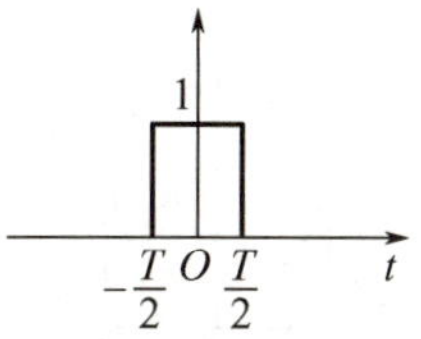	非周期方波 $\begin{cases}1 & \left(\lvert t\rvert\leqslant\frac{T}{2}\right)\\ 0 & \left(\lvert t\rvert>\frac{T}{2}\right)\end{cases}$	$T\mathrm{sinc}\pi fT$	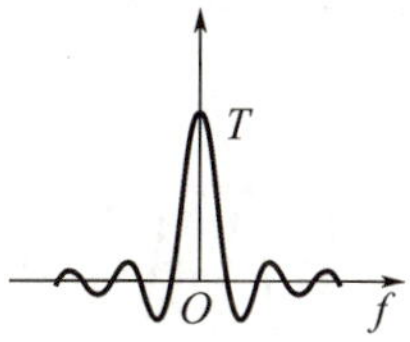
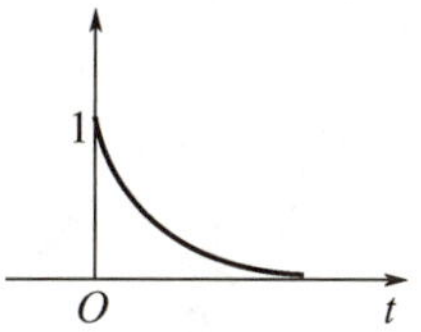	单边指数 $\mathrm{e}^{-\alpha t}u(t)\quad(\alpha>0)$	$\frac{1}{\alpha+\mathrm{j}2\pi f}$	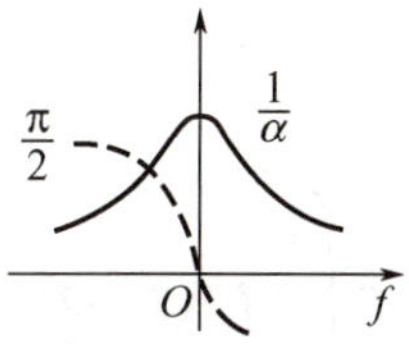
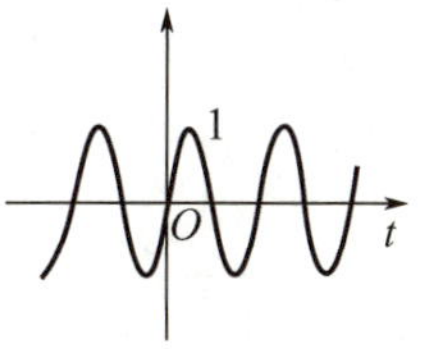	周期正弦 $\sin 2\pi f_0 t$	$\mathrm{j}\,\frac{1}{2}[\delta(f+f_0)-\delta(f-f_0)]$	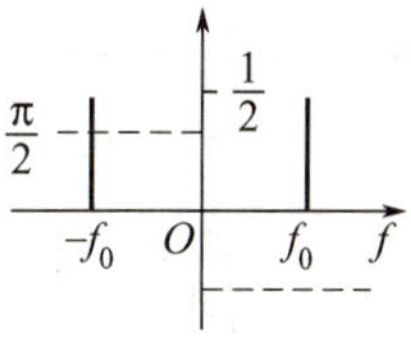
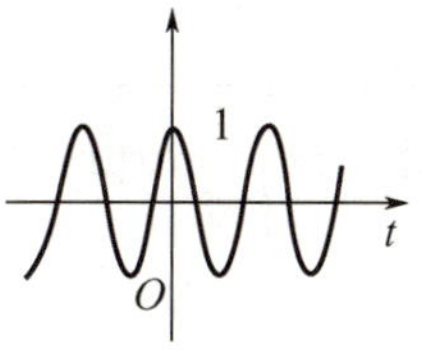	周期余弦 $\cos 2\pi f_0 t$	$\frac{1}{2}[\delta(f+f_0)+\delta(f-f_0)]$	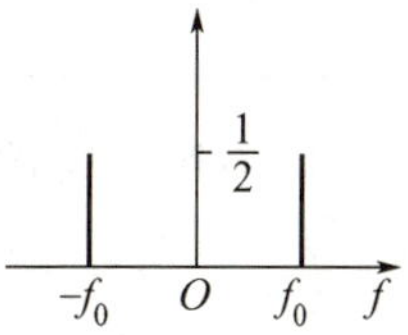
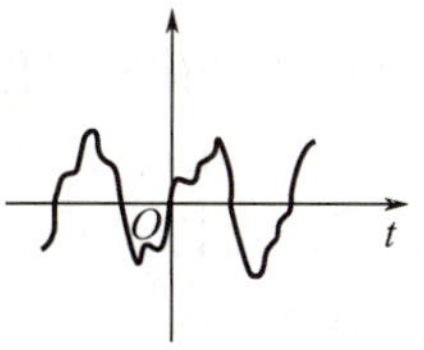	复杂周期信号 $\sum_{n=-\infty}^{\infty}C_n\mathrm{e}^{\mathrm{j}n2\pi f_0 t}$	$\sum_{n=-\infty}^{\infty}C_n\delta(f-nf_0)$	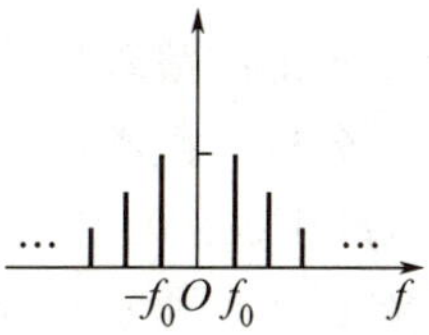

续表

$x(t)$		$X(f)$	
波形图	时域表达式	频响函数	频谱图
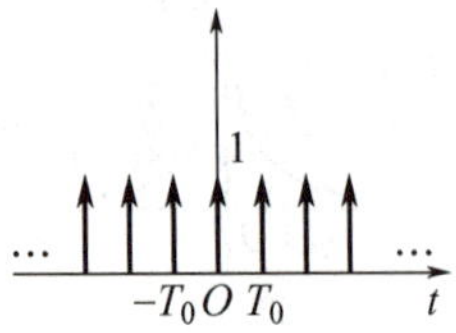	周期单位脉冲序列 $\sum_{n=-\infty}^{\infty}\delta(t-nT_s)$	$\frac{1}{T_s}\sum_{n=-\infty}^{\infty}\delta\left(f-\frac{n}{T_s}\right)$	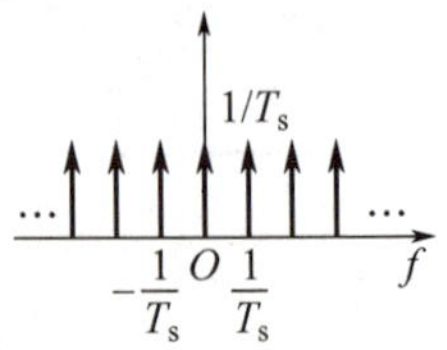
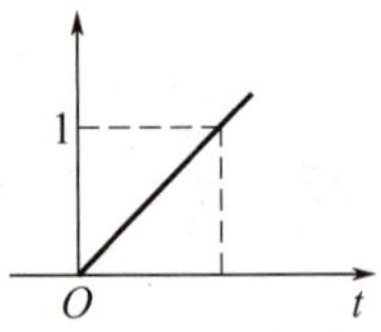	单位斜坡 $t\cdot u(t)$	$\frac{j}{2}\delta^*(f)-\frac{1}{(2\pi f)^2}$	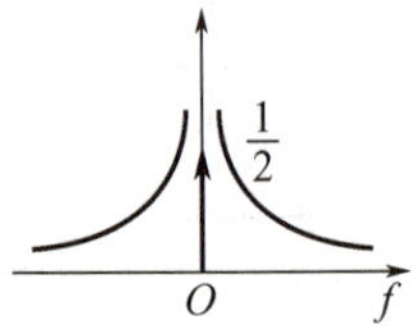
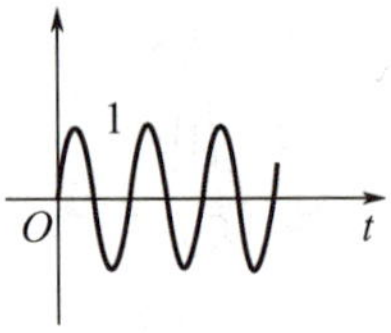	单边正弦 $\sin 2\pi f_0 t\cdot u(t)$	$\frac{j}{4}[\delta(f+f_0)-\delta(f-f_0)]+\frac{f_0}{2\pi(f_0^2-f^2)}$	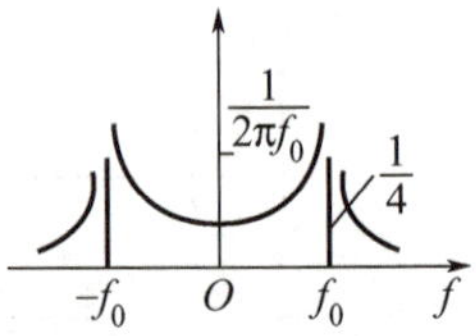
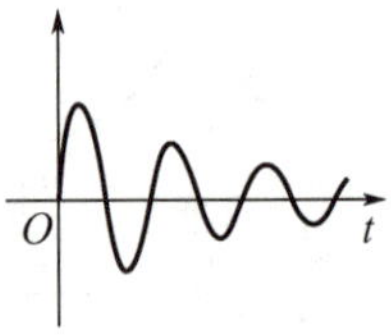	衰减正弦 $e^{-at}\sin 2\pi f_0 t\cdot u(t)$	$\frac{2\pi f_0}{(\alpha+j2\pi f)^2+(2\pi f_0)^2}$	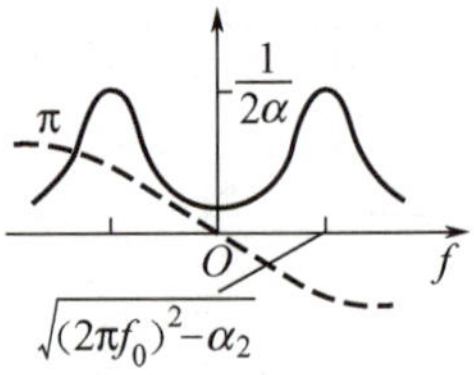
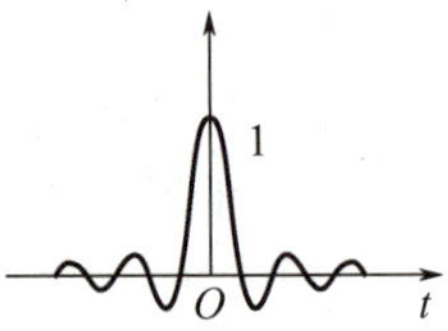	采样函数 $\frac{\sin\Omega t}{\Omega t}$	$\begin{cases}\frac{\pi}{\Omega} & \lvert f\rvert<\Omega \\ 0 & \lvert f\rvert>\Omega\end{cases}$	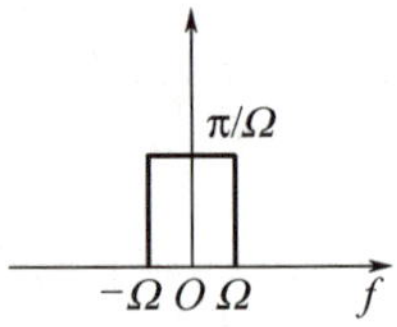

【例 2.8】 如图 2.35(c)所示，求被截取后的余弦信号的频谱函数，该信号时域的表达式为

$$x(t)=\begin{cases}\cos\omega_0 t & \lvert t\rvert<T_0 \\ 0 & \lvert t\rvert>T_0\end{cases} \tag{2-79}$$

示意画出该截取信号 $x_T(t)$的幅频谱图，试分析当 T_0 增大或减小时，幅频谱图有何变化。

分析： 截断就是将无限长的信号乘以有限宽的窗函数，即 $x(t)=w_R(t)\cos\omega_0 t$。因为 $w_R(t)$和 $\cos\omega_0 t$ 为特殊函数，其傅里叶变换 $W_R(f)$和 $X_1(f)$都为已知，所以由傅里叶变换的卷积性质和 δ 函数与其他函数的卷积性质，就可方便地求出 $x(t)$的频谱 $X(f)$。

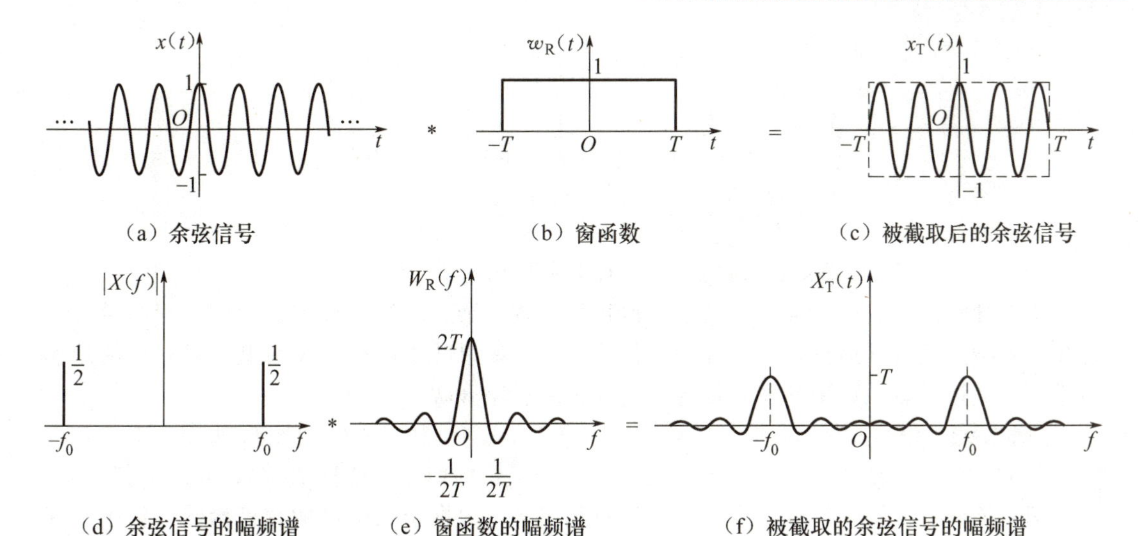

图 2.35 余弦函数被窗函数截取的信号及其频谱图

解 1：令

$$w_{\mathrm{R}}(t)=\begin{cases}1 & (|t|<T_0)\\ 0 & (|t|>T_0)\end{cases}$$

$$x_1(t)=\cos\omega_0 t$$

则

$$x(t)=w_{\mathrm{R}}(t)x_1(t)$$

而

$$w_{\mathrm{R}}(t)\Leftrightarrow W_{\mathrm{R}}(f)=2T_0\,\mathrm{sinc}2\pi fT_0$$

$$x_1(t)\Leftrightarrow X_1(f)=\frac{1}{2}[\delta(f-f_0)+\delta(f+f_0)]$$

由傅里叶变换的卷积特性、δ函数与其他函数的卷积特性可得

$$w_{\mathrm{R}}(t)\cdot x_1(t)\Leftrightarrow W_{\mathrm{R}}(f)*X_1(f)$$

所以

$$\begin{aligned}X(f)&=W_{\mathrm{R}}(f)*X_1(f)\\&=2T_0\,\mathrm{sinc}2\pi fT_0*\frac{1}{2}[\delta(f-f_0)+\delta(f+f_0)]\\&=T_0\,\mathrm{sinc}[2\pi(f-f_0)T_0]+T_0\,\mathrm{sinc}[2\pi(f+f_0)T_0]\end{aligned}$$

$w_{\mathrm{R}}(t)$、$x_1(t)$和$x(t)$的频谱示意图如图 2.35 所示。

傅里叶变换的时间尺度改变特性可知，当T_0增加时，其频谱将变窄，即频带宽度以$f=f_0$为中心变窄，而幅值$|X(f)|$将增高；当T_0减小时，则与上述情况相反。

讨论：本题也可按频谱定义求上述信号的频谱函数。

解 2：在区间$(-T_0,T_0)$内，$x(t)$满足狄利克雷条件，则有

$$X(f)=\int_{-\infty}^{\infty}x(t)\mathrm{e}^{\mathrm{j}2\pi ft}\mathrm{d}t=\int_{-T_0}^{T_0}\cos\omega_0\mathrm{e}^{-\mathrm{j}2\pi ft}\mathrm{d}t$$

$$=\frac{1}{2}\int_{-T_0}^{T_0}(\mathrm{e}^{-\mathrm{j}2\pi f_0 t}+\mathrm{e}^{\mathrm{j}2\pi f_0 t})\mathrm{e}^{-\mathrm{j}2\pi ft}\mathrm{d}t$$

$$= \frac{1}{2}\int_{-T_0}^{T_0} e^{-j2\pi(f+f_0)t}dt + \frac{1}{2}\int_{-T_0}^{T_0} e^{-j2\pi(f-f_0)t}dt$$

$$= \frac{1}{2}\frac{e^{-j2\pi(f+f_0)t}}{j2\pi(f+f_0)t}\Bigg|_{-T_0}^{T_0} + \frac{1}{2}\frac{e^{-j2\pi(f-f_0)t}}{-j2\pi(f-f_0)t}\Bigg|_{-T_0}^{T_0}$$

$$= \frac{T_0\sin 2\pi(f+f_0)T_0}{2\pi(f+f_0)T_0} + \frac{T_0\sin 2\pi(f-f_0)T_0}{2\pi(f-f_0)T_0}$$

$$= T_0\mathrm{sinc}[2\pi(f+f_0)T_0] + T_0\mathrm{sinc}[2\pi(f-f_0)T_0]$$

第 2 种解法虽然可直接求得结果，但积分比较复杂，而第 1 种解法解题过程简单，既避免了繁杂的纯数学运算，又可加深对信号定义、傅里叶变换性质及典型信号频谱的理解与掌握，通过灵活地运用各基本概念，使解题时思路开阔。

【例 2.9】 信号 $x(t)$ 的傅里叶变换为 $X(f)$，$x(t)$ 和 $X(f)$ 的图形如图 2.36(a)、图 2.36(b)所示。试求函数 $f(t)=x(t)(1+\cos 2\pi f_0 t)$ 的傅里叶变换 $F(f)$，并画出其图形。

解： 该题为求两个信号相乘后的频谱及其图形，根据余弦信号的频谱函数和傅里叶变换的卷积性质可方便地求出结果。

由于

$$\cos 2\pi f_0 t \Leftrightarrow \frac{1}{2}[\delta(f+f_0)+\delta(f-f_0)]$$

因此

$$x(t)(1+\cos 2\pi f_0 t) = x(t)+x(t)\cos 2\pi f_0 t \Leftrightarrow X(f)+X(f) * \frac{1}{2}[\delta(f+f_0)+\delta(f-f_0)]$$

而

$$x(t) * \delta(t\pm T) = x(t\pm T)$$

所以

$$F(f) = X(f)+X(f+f_0)/2+X(f-f_0)/2$$

$F(f)$ 的图形如图 2.36(c)所示。

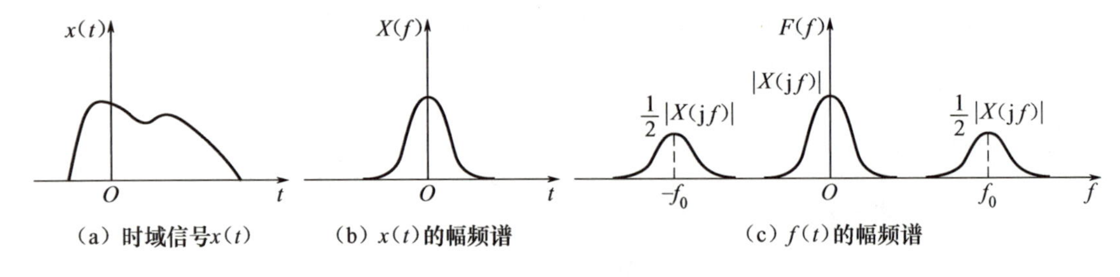

图 2.36 信号 $x(t)$ 及其频谱

讨论： 由上述计算过程可知，为了使解题过程简单明了，熟悉和灵活应用基本概念、性质及典型函数的傅里叶变换结果是非常重要的。

2.4 离散傅里叶变换

傅里叶变换是频谱分析的数学基础，是建立时域信号与频域信号映射关系的有力工具。但历史上很长一段时间内，傅里叶变换的应用是受到限制的，其主要障碍是傅里叶变换的计算需花费大量的时间，特别是数据量较大时，不借助于计算机很难进行。在计算机普遍使用以前，进行频域分析常常采用模拟仪器。模拟仪器价格昂贵、稳定性差、精度差。使用计算机进行信号分析和处理时，需要将模拟信号数字化。而所谓数字信号的分析与处理，实际就是“运算”，它可以通过软件编程在计算机上完成，也可以根据算法选择一种运算结构，设计专用硬件，制成专用芯片完成。数字信号处理具有高度的灵活性、稳定性和高精度，从20世纪60年代开始到现在，其发展十分迅速，在工程界得到广泛应用。

数字信号分析所涉及的内容和理论非常广泛，而离散傅里叶变换(Discrete Fourier Transform,DFT)是其基础。在进行数字信号分析的过程中，如果没有掌握离散傅里叶变换的基本理论，将不能正确应用数字信号分析的有关程序，难以正确操作数字信号分析仪器。数字信号分析的基本理论与模拟信号分析的基本理论是紧密相关的。本书从工程应用的角度出发，利用图解表示的方法介绍数字信号处理中最基本的理论——离散傅里叶变换，学生经过学习可掌握信号数字分析中的一些最基本的理论。

2.4.1 数字信号、模/数转换和数/模转换

由2.1.1节可知，若信号幅值和独立变量均离散，并且用二进制数来表示信号的幅值，则该信号为数字信号。数字信号可数字序列来表示，如001 011 110 111 …。在工程测试中，数字信号一般来自模拟信号，因此需要将模拟信号转换为数字信号，然后进行必要的数据处理，处理后的数字信号常需要还原为模拟信号。模拟信号到数字信号、数字信号到模拟信号的转换分别称为信号的模/数(A/D)转换和数/模(D/A)转换。

A/D转换可分三个步骤完成，其过程如图2.37所示。

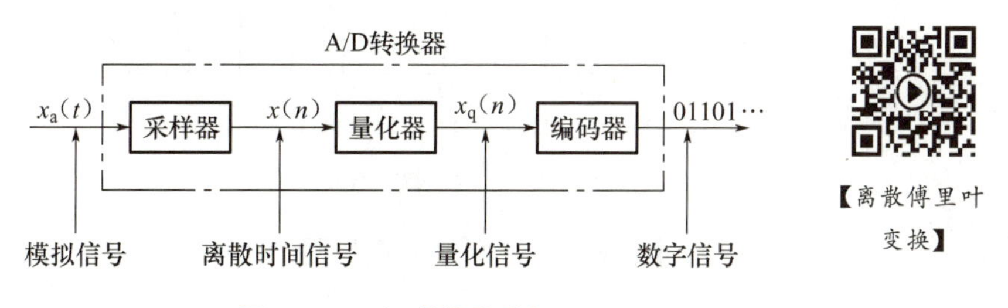

图2.37 A/D转换的过程

(1) 采样：将模拟信号转换为离散时间信号，在各离散时刻上得到连续信号的样值，因此，若$x_a(t)$为采样器的输入，则输出为$x_a(nT_s)\equiv x(n)$，T_s为采样时间间隔，常称为采样间隔或采样周期。

(2) 量化：将离散时间连续幅值的信号$x(n)$变为离散时间离散幅值的数字信号$x_q(n)$。$x(n)$和量化器的输出$x_q(n)$之间的差值称为量化误差。

(3) 编码：将每一个量化值$x_q(n)$用二进制序列表示，便于数字处理。

图2.38分别绘出了模拟信号、离散时间信号和数字信号的例子。

D/A转换是对数字信号进行某种内插方式的处理以连接逐个样值的端点，从而得到近似的模拟信号，近似的程度取决于所采用的内插方式。图2.39表示一种简单的内插方式，称为零阶保持或阶梯近似。可能的近似方式有多种，如线性连接逐个样值对的线性内插，通过三个相邻样值拟合的二次多项式内插等。

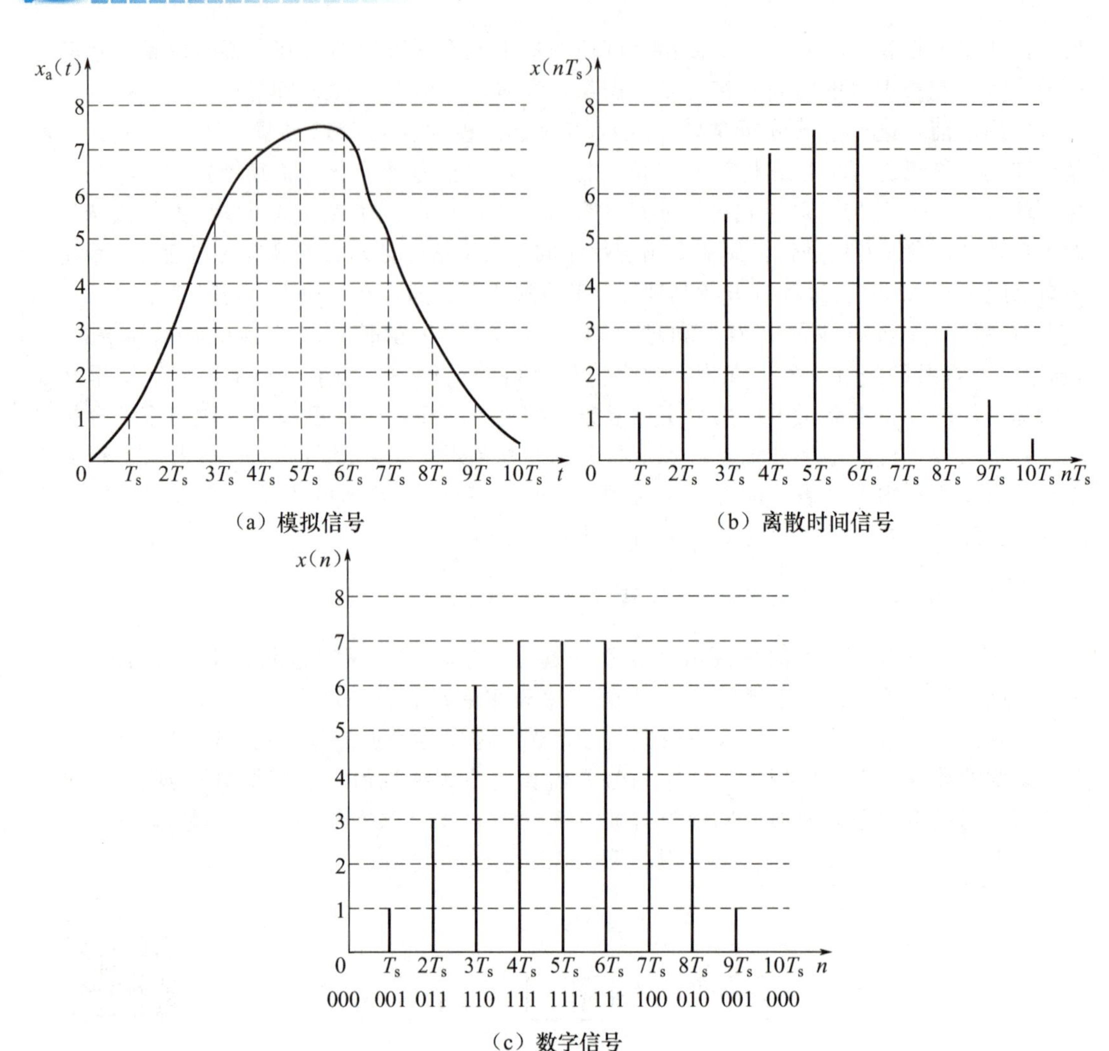

图 2.38 模拟信号、离散时间信号和数字信号

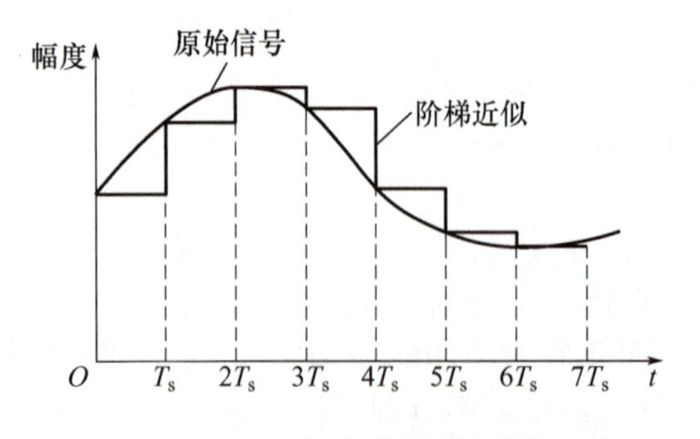

图 2.39 D/A 转换的零阶保持

然而，量化是非可逆的或单向的处理，会引起信号的失真。失真的大小取决于 A/D 转换器的精度。在实际中影响精度选择的因素是成本和采样速度，通常成本随着精度和采

样速度的提高而增加。

2.4.2 离散傅里叶变换的图解表示

对模拟信号进行离散傅里叶变换一般可概括为三个步骤：时域采样、时域截断和频域采样。

1. 时域采样

【时域采样】

模拟信号的采样有多种方法，以周期或均匀采样的方法应用最多，表示为

$$x(n)=x_a(nT_s) \tag{2-80}$$

式中：$x(n)$为采样后的离散时间信号或采样信号，由对模拟信号$x_a(t)$每隔T_s秒采样得到，该过程如图2.40所示。T_s为采样周期，其倒数$1/T_s=f_s$称为采样速度（每秒采样次数）或采样频率（单位为Hz）。

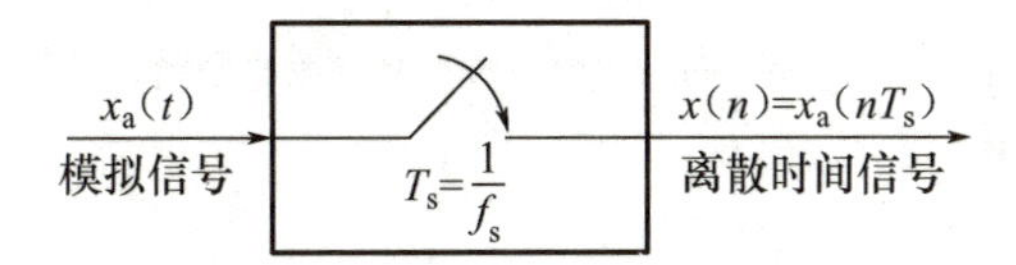

图2.40 模拟信号的周期采样

采样过程可以看作用等间隔的单位脉冲序列去乘模拟信号。这样，各采样点上的信号幅值大小就变成脉冲序列的权值，这些权值将被量化成相应的二进制编码。在数学上，时域采样表示为间隔为T_s的周期脉冲序列$g(t)$乘模拟信号$x(t)$。$g(t)$由式(2-75)表示，即

$$g(t)=\sum_{n=-\infty}^{\infty}\delta(t-nT_s) \qquad n=0,\pm1,\pm2,\pm3,\cdots$$

由δ函数的筛选特性式(2-66)得模拟信号$x(t)$经采样后的采样信号$x_s(nT_s)$为

$$x(t)\cdot g(t)=\int_{-\infty}^{\infty}x(t)\cdot\delta(t-nT_s)\mathrm{d}t=x_s(nT_s) \qquad n=0,\pm1,\pm2,\pm3,\cdots \tag{2-81}$$

采样信号$x_s(nT_s)$在各采样时刻nT_s的幅值为$x(t=nT_s)$。信号的时域采样如图2.41所示。

在时域采样中，采样函数$g(t)$的傅里叶变换由式(2-78)表示，即

$$G(f)=f_s\sum_{n=-\infty}^{\infty}\delta(f-nf_s) \qquad n=0,\pm1,\pm2,\pm3,\cdots$$

由信号的频域卷积特性式(2-58)可知，模拟信号$x(t)$乘以采样函数$g(t)$后的采样信号$x_s(nT_s)$的傅里叶变换，等于$x(t)$的频谱$X(f)$和$g(t)$的频谱$G(f)$的卷积，即

$$x_s(nT_s)=x(t)\cdot g(t)\Leftrightarrow X(f)*G(f) \tag{2-82}$$

由δ函数与其他函数卷积的特性，采样信号$x_s(nT_s)$的频谱$X_s(f)$表示为

$$\begin{aligned}X_s(\mathrm{j}f)&=X(f)*G(f)=X(f)*f_s\sum_{n=-\infty}^{\infty}\delta(f-nf_s)\\&=f_s\sum_{n=-\infty}^{\infty}X(f-nf_s) \qquad n=0,\pm1,\pm2,\pm3,\cdots\end{aligned} \tag{2-83}$$

可以看出，采样信号$x_s(nT_s)$的频谱$X_s(f)$和模拟信号$x(t)$的频谱$X(f)$既有联系又

有区别。将 $f_s\cdot X(f)$依次平移至采样函数 $g(t)$对应的频率序列点 $nf_s(n=0,\pm1,\pm2,\pm3,\cdots)$ 上，然后全部叠加，即可得到采样信号 $x_s(nT_s)$的频谱 $X_s(f)$，其幅值为$X(f)$和 $G(f)$幅值的乘积。时域采样过程中各信号及其频谱如图 2.42 所示。

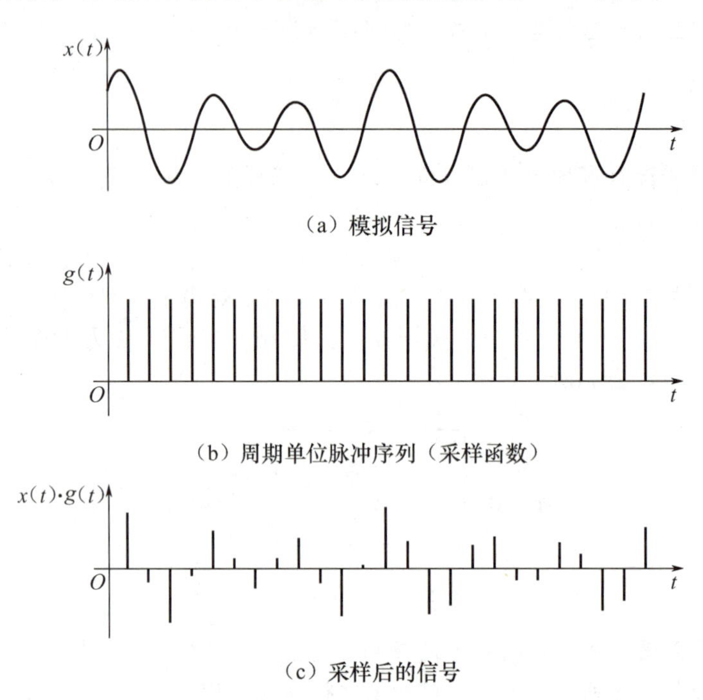

图 2.41　信号的时域采样

由此可见，一个模拟信号经过采样函数采样以后，它的频谱将沿着频率轴每隔一个采样频率 f_s就重复出现一次，即频谱产生了周期延拓，延拓周期为 f_s。由于模拟信号 $x(t)$的频谱 $X(f)$为连续频谱，因此采样信号 $x_s(nT_s)$的频谱 $X_s(f)$为周期性连续频谱。若 $X(f)$的频带大于 $f_s/2$，平移后的图形会发生交叠，如图 2.42(f)中虚线所示。采样信号的频谱是这些平移后图形的叠加，如图 2.42(f)中实线所示。

【时域截断】

2. 时域截断

采样信号 $x_s(nT_s)$理论上为时间无限长的离散序列，即 $n=0,1,2,3,\cdots$，而实际上为了方便存储、分析和处理，只取有限长度的采样序列，所以必须从采样信号的时间序列截取有限长的一段来处理，其余部分视为零而不予考虑。这相当于**把采样信号 $x_s(nT_s)$乘以一个矩形窗函数 $w_R(t)$**，如图 2.43 (a)所示。

$$w_R(t)=\begin{cases}1 & (0\leqslant t\leqslant T)\\ 0 & (t>T)\end{cases} \tag{2-84}$$

窗宽为 T，所截取的时间序列点数为 $N=T/T_s$，N 称为序列长度。采样信号 $x_s(nT_s)$被截取后的信号 $x_{sw}(nT_s)$表示为

$$x_{sw}(nT_s)=x(t)\cdot g(t)\cdot w_R(t)\qquad n=1,2,\cdots,N \tag{2-85}$$

由信号的频域卷积特性式(2-58)可知 $x_{sw}(nT_s)$的频谱为

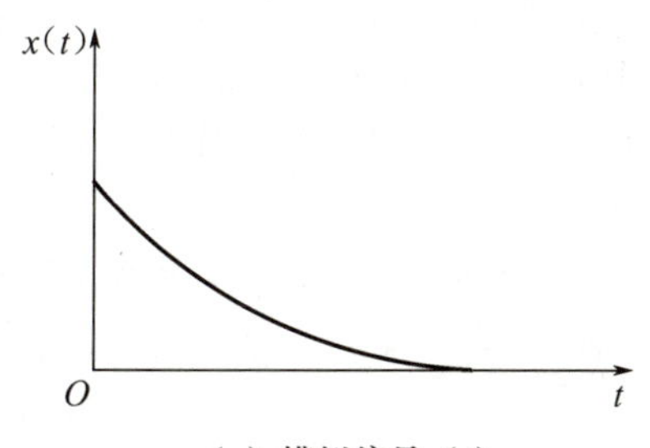

(a) 模拟信号$x(t)$

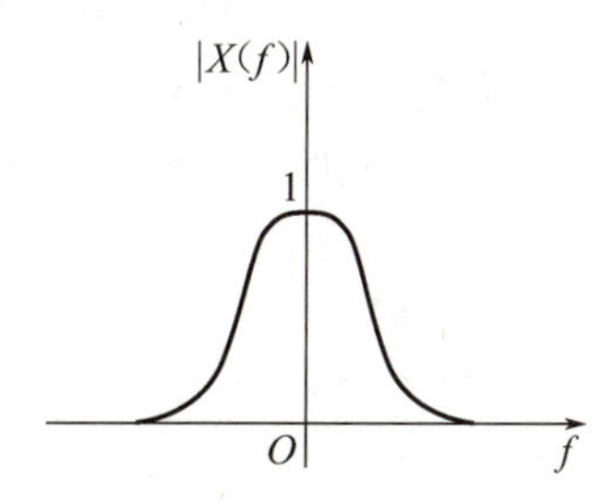

(b) 模拟信号$x(t)$的频谱$X(f)$

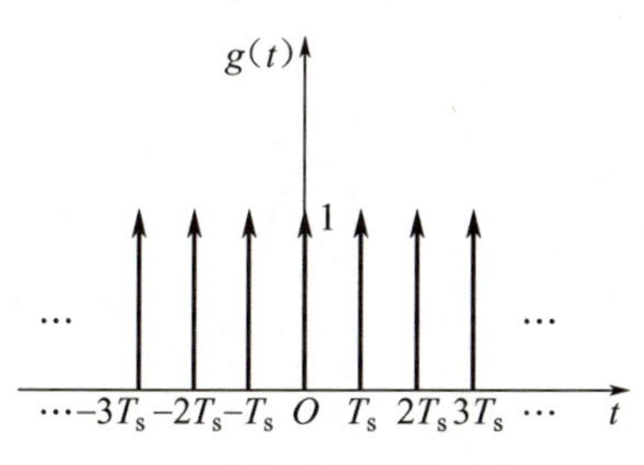

(c) 采样函数$g(t)$

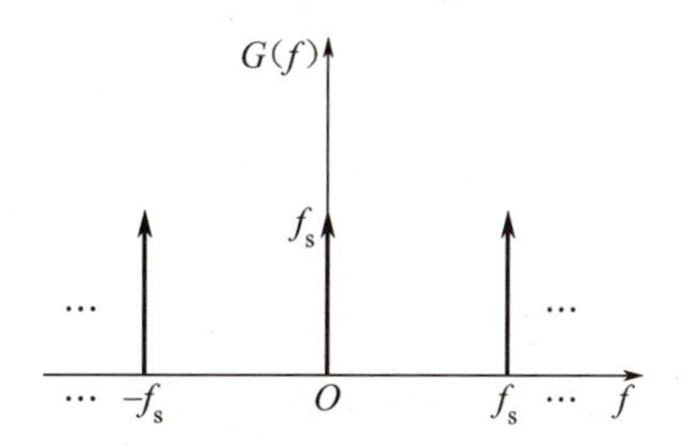

(d) 采样函数$g(t)$的频谱$G(f)$

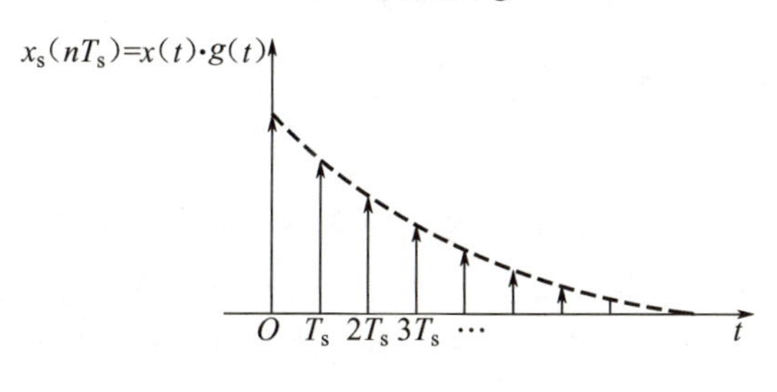

(e) 采样信号$x_s(nT_s)$

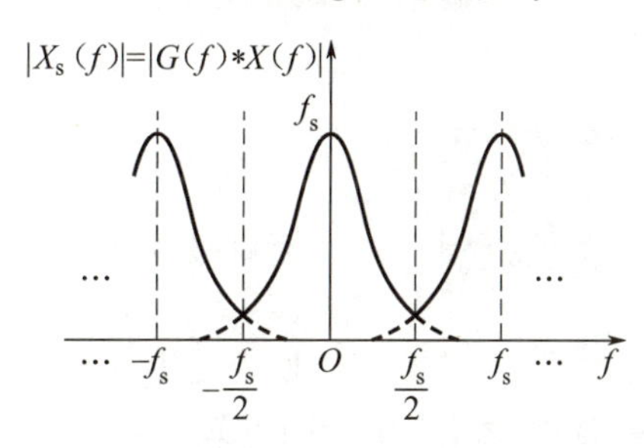

(f) 采样信号$x_s(nT_s)$的频谱$X_s(f)$

图 2.42 时域采样过程中各信号及其频谱

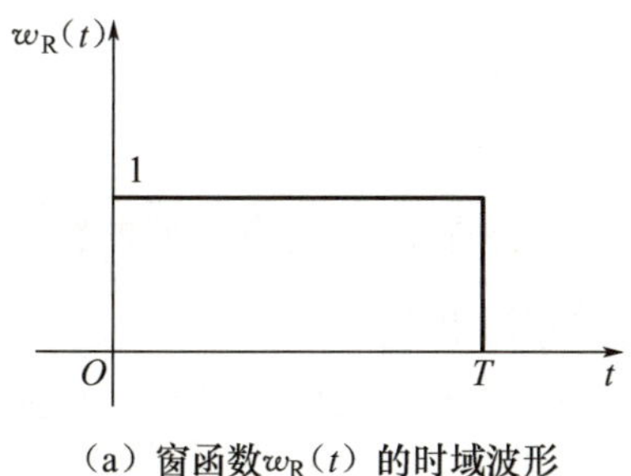

(a) 窗函数$w_R(t)$ 的时域波形

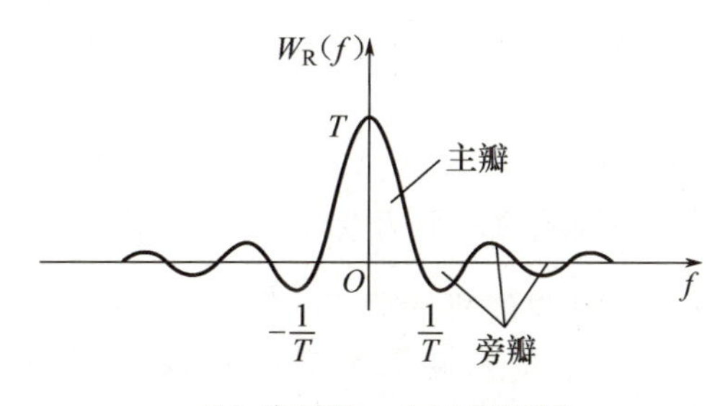

(b) 窗函数$w_R(t)$的幅频谱

图 2.43 窗函数及其幅频谱

$$x_{sw}(nT_s)=x(t)\cdot g(t)\cdot w_R(t)\Leftrightarrow X(f)*G(f)*W_R(f)=X_{sw}(f) \tag{2-86}$$

窗函数 $w_R(t)$的幅频谱 $W_R(f)$为

$$W_R(f)=T\frac{\sin\pi fT}{\pi fT}=T\mathrm{sinc}\pi fT \tag{2-87}$$

由式(2-87)可见，该幅频谱为 sinc 函数，如图 2.43(b)所示。其频谱中间部分为主瓣，两侧为旁瓣。$x_{sw}(nT_s)$信号及其幅频谱$x_{sw}(f)$如图2.44所示。由于采样信号$x_s(nT_s)$的频谱$X_s(f)$为周期性连续频谱，而$x_{sw}(f)$为$X_s(f)$和$W_R(f)$的卷积，因此，$x_{sw}(nT_s)$的频谱$X_{sw}(f)$也为周期性连续频谱。同时，由于窗函数频谱的主瓣和旁瓣的作用，使得$x_{sw}(f)$和$X_s(f)$相比多了一些皱纹波。

皱纹波的存在及其大小与窗函数的宽度T有关，宽度T越大，其频谱主瓣就越窄，形状越尖。当$T\to\infty$时，sinc函数就是δ函数，此时$x_{sw}(f)$和$X_s(f)$的幅频谱就相同了，即当$T\to\infty$时，图2.44(b)变为图2.42(e)。

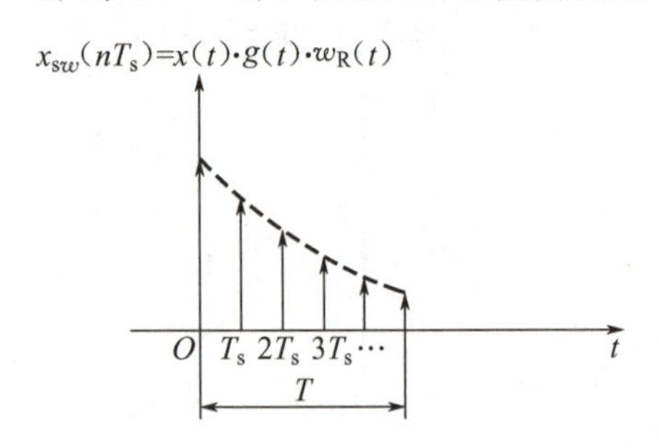

（a）截断后的采样信号$x_{sw}(nT_s)$

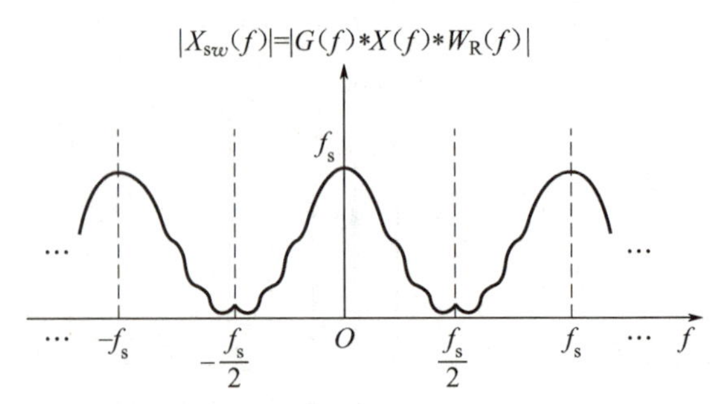

（b）截断后的采样信号$x_{sw}(nT_s)$的幅频谱$X_{sw}(f)$

图2.44 时域采样截断后的信号及其幅频谱

【频域采样】

3. 频域采样

经过时域采样和截断处理，模拟信号$x(t)$变成了有限长的离散时间序列$x_{sw}(nT_s)$，$n=1,2,\cdots,N$。而从频域上看，$x_{sw}(nT_s)$的幅频谱$X_{sw}(f)$仍为周期性连续频谱。**但计算机或数字信号处理仪只能处理离散数据，因此，需要对$X_{sw}(f)$进行频域采样。**

理论上频域采样是对周期性连续频谱$X_{sw}(f)$乘以周期序列脉冲函数［图2.45(a)］

$$D(f)=\frac{1}{T}\sum_{n=-\infty}^{+\infty}\delta\left(f-n\frac{1}{T}\right) \tag{2-88}$$

其时域函数［图2.45(b)］表示为

$$d(t)=\sum_{n=-\infty}^{+\infty}\delta(t-nT) \tag{2-89}$$

频域采样在频域的一个周期$f_s=\frac{1}{T_s}$中输出N个数据点，故输出的频率序列的频率间隔$\Delta f=f_s/N=1/(T_sN)=1/T$。$X_{sw}(f)$经频域采样后的实际输出为

$$X_{sw}(f)_p=X_{sw}(f)\cdot D(f)=[X(f)*G(f)*W_R(f)]\cdot D(f) \tag{2-90}$$

由信号的卷积特性可知，与$X_{sw}(f)_p$相对应的时域信号为

$$x_{sw}(t)_p=[x(t)\cdot g(t)\cdot w_R(t)]*d(t) \tag{2-91}$$

频域采样形成$X_{sw}(f)$频域的离散化，相应地把时域信号周期化了，因而$x_{sw}(t)_p$是一个周期信号，如图2.46所示。

从以上过程可以看出，原来希望获得模拟信号的频谱，由于计算机的数据是序列长度为N的离散时间信号$x_{sw}(nT_s)$，计算机输出的是$X_{sw}(f)_p$，而不是$X(f)$，因此用$X_{sw}(f)_p$来近似$X(f)$。处理过程中的每一个步骤——采样、截断、离散傅里叶变换计算都会引起失真或误差。

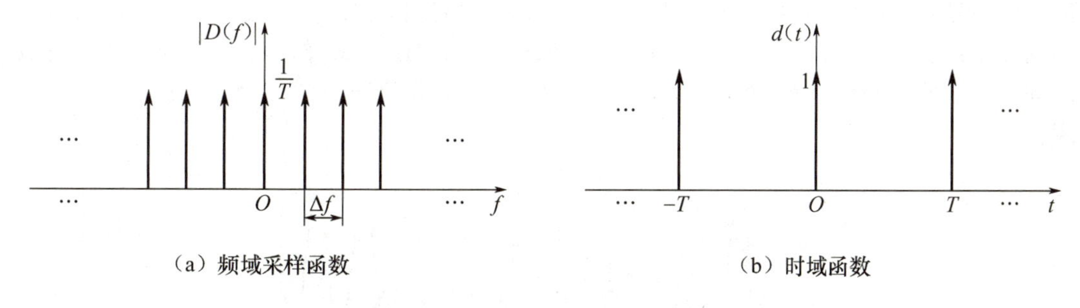

图 2.45 频域采样函数及其时域函数

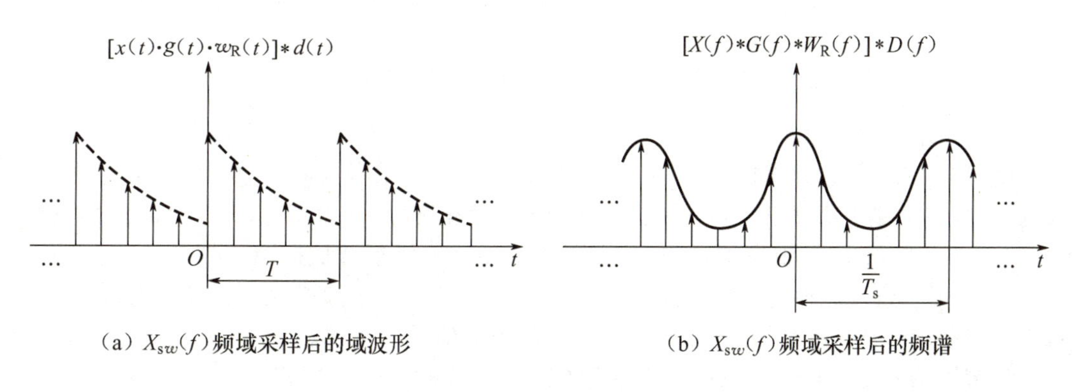

图 2.46 $X_{sw}(f)$频域采样后的时域和频域表示

图 2.46 解释了离散傅里叶变换的演变过程。从最后的结果可以看出，信号经时域及频域的离散化导致了对时域和频域的周期化处理。离散傅里叶变换实际上是把一个有限长序列作为周期序列的一个周期来处理。

2.4.3 频率混叠和采样定理

采样间隔的选择是一个重要的问题。采样间隔 T_s太小(即采样频率 f_s高)，则对定长的时间记录来说其数字序列就很长(即采样点数多)，使计算工作量增大；如果数字序列长度一定，则只能处理很短的时间历程，可能产生很大的误差。若采样间隔太大(即采样频率 f_s低)，则可能丢失有用的信息。

【例 2.10】 对模拟信号 $x_1(t)=10\sin(2\pi\cdot10t)$和 $x_2(t)=10\sin(2\pi\cdot50t)$进行采样处理，采样间隔 $T_s=1/40$，即采样频率 $f_s=40\text{Hz}$。试比较两信号采样后的离散时间信号的状态。

解： 因为采样频率 $f_s=40\text{Hz}$，则

$$t=nT_s$$

$$x_1(nT_s)=10\sin\left(2\pi\frac{10}{40}nT_s\right)=10\sin\left(\frac{\pi}{2}nT_s\right)$$

$$x_2(nT_s)=10\sin\left(2\pi\frac{50}{40}nT_s\right)=10\sin\left(\frac{5\pi}{2}nT_s\right)=10\sin\left(\frac{\pi}{2}nT_s\right)$$

因此，$x_1(nT_s)=x_2(nT_s)$。在图形上，模拟信号 $x_1(t)$和 $x_2(t)$在采样点上的瞬时值(图 2.47 中的“×”点)完全相同，即获得了相同的离散时间信号。这样，从采样结果(离

散时间信号)上看，就不能分辨出离散时间信号来自模拟信号 $x_1(t)$ 还是 $x_2(t)$。也就是说，不同频率的模拟信号 $x_1(t)$ 和 $x_2(t)$ 在采样频率 $f_s=40\text{Hz}$ 下采样，得到没有区别的离散时间信号，即产生了信号的不确定性。这样，从时域的角度来看便造成了频率混叠现象。

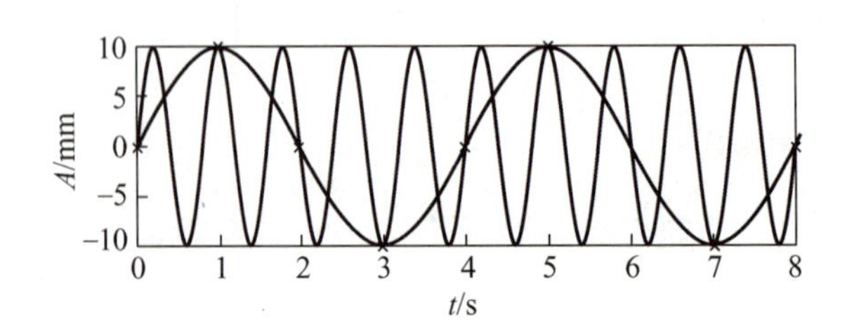

图 2.47　频率混叠现象

(1) 频率混叠

由图 2.42 可知，设模拟信号 $x(t)$ 为带限信号，如果采样间隔 T_s 太大(即采样频率 f_s 太低)，频率平移距离过小，则 $x(t)$ 的频谱 $X(f)$ 移至 $nf_s(n=0,\pm1,\pm2,\pm3,\cdots)$ 处的频谱 $f_s\cdot X(f)$ 就会有一部分相互交叠［图 2.42(d)］，使新合成的 $X(f)*G(f)$ 图形与 $f_s\cdot X(f)$ 不一致，这种现象称为混叠。混叠发生后，改变了原来频谱的部分幅值，这样就不可能准确地从采样信号 $x_s(t)$ 中恢复原来的模拟信号 $x(t)$ 了。

设带限信号 $x(t)$ 的最高频率 f_c 为有限值，以采样频率 $f_s=1/T_s\geqslant2f_c$ 进行采样，那么采样信号 $x_s(t)$ 的频谱 $X_s(f)=X(f)*G(f)$ 就不会发生混叠，如图 2.48 所示，其中 $f_s/2$ 称为折叠频率。如果将该频谱通过一个中心频率为零($f=0$)、带宽为 $\pm f_s/2$ 的理想低通滤波器，就可以把原信号完整的频谱取出来，这才有可能从采样信号中准确地恢复原信号的波形。

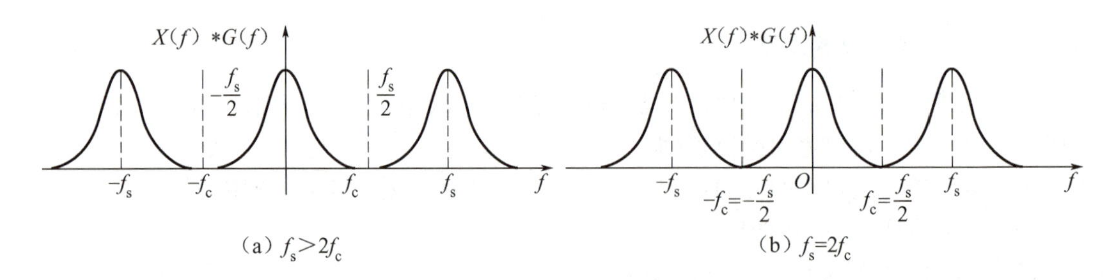

图 2.48　不发生混叠的条件

如果模拟信号 $x(t)$ 为无限带宽信号，即信号的最高频率 $f_{cmax}\to\infty$，则无论采样频率 f_s 多大，采样信号 $x_s(t)$ 的频谱 $X_s(f)$ 都会出现混叠。$X_s(f)$ 中凡超过折叠频率 $f_s/2$ 的频谱部分都将每隔 f_s 叠加在一起，出现混叠。

(2) 采样定理

为了避免信号的频率混叠，以便采样后仍能准确地恢复原信号，采样频率 f_s 必须不小于信号最高频率 f_c 的 2 倍，即 $f_s\geqslant2f_c$，这就是采样定理。在实际工作中，采样频率一般应选择被处理信号中最高频率的 3～4 倍以上。

如果确知测试信号中的高频成分是由噪声干扰引起的，为满足采样定理并不使数据过长，常在信号采样前使用低通滤波器先进行滤波预处理，人为降低信号中的最高频率 f_c。这种滤波器称为抗混滤波器。由于抗混滤波器不可能有理想的截止频率 f_c，在 f_c之后总会有一定的过渡带，因此，要绝对不产生混叠实际上是不可能的，工程上只能保证足够的精度。如果只对某一频带感兴趣，那么可用低通滤波器或带通滤波器滤掉其他频率成分，这样就可以避免混叠并减少信号中其他成分的干扰。

【例 2.11】 对模拟信号 $x(t)=x_1(t)+x_2(t)=10\sin(2\pi\cdot 10t)+10\sin(2\pi\cdot 50t)$ 以 $f_s=120\text{Hz}$ 进行采样，试分析采样信号 $x_s(nT_s)$的频谱 $X_s(f)$，并画出示意图。

解： 模拟信号 $x(t)$在±10Hz、±50Hz 处有谱线，谱线的高度为 $10/2=5$，其频谱 $|X(f)|$如图 2.49(a)所示。因采样频率 $f_s=120\text{Hz}$，则采样函数 $g(t)$的频谱 $|G(f)|$如图 2.49(b)所示，其在 $n\cdot f_s=120\cdot n(\text{Hz})$ $(n=0,\pm1,\pm2,\cdots)$ 处有谱线，谱线的高度为 120。采样信号 $x_s(nT_s)$的频谱 $|X_s(f)|$如图 2.49(c)所示，其频谱为把 $|X(f)|$的图形分别平移到 $n\cdot f_s$ 处，谱线的高度为 $5\times120=600$。

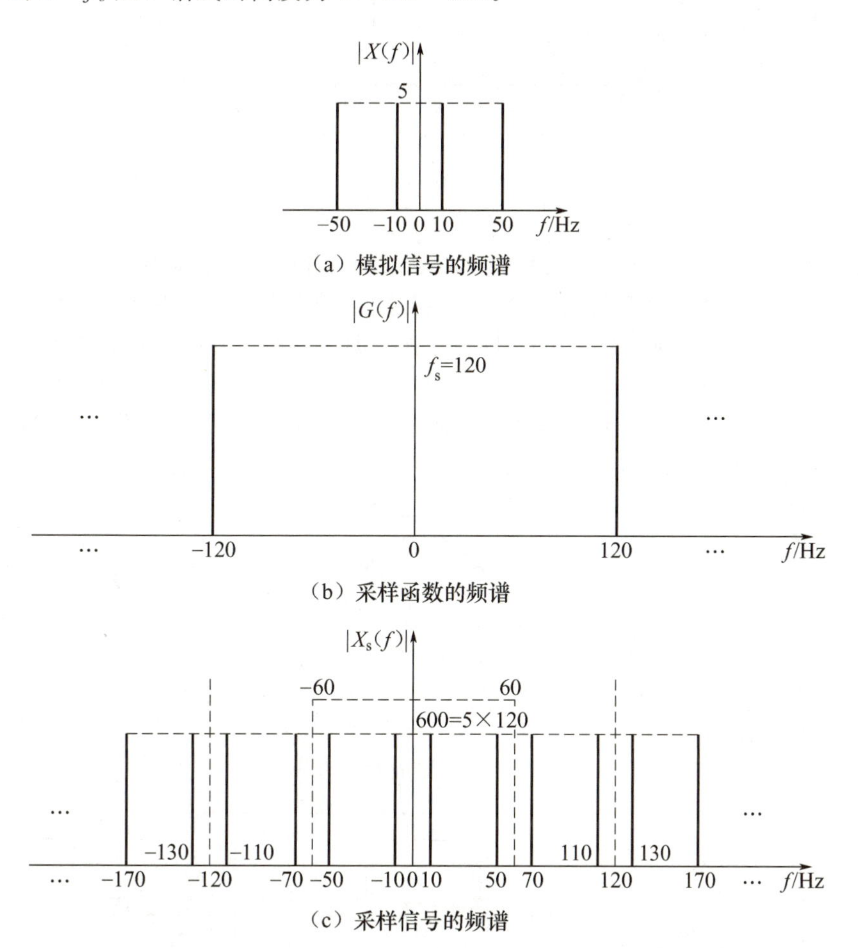

图 2.49 模拟信号、采样函数及采样信号的频谱

2.4.4 量化和量化误差

模拟信号经采样后在时间上已离散，但其幅值仍为连续的模拟电压值。量化是对信号

的幅值量化，就是将模拟信号 $x(t)$ 在 nT_s 时刻采样的电压幅值 $x(nT_s)$ 变成离散的二进制数码，其二进制数码只能表达有限个相应的离散电平(即量化电平)。

【量化和量化误差】

把采样信号 $x(nT_s)$ 经过舍入或者截尾的方法变为只有有限个有效数字的数，这一过程称为量化。 若信号 $x(t)$ 可能出现的最大值为 A，将其分为 D 个间隔，则每个间隔的长度 $R=A/D$，R 称为量化增量(或量化步长)。**当采样信号 $x(nT_s)$ 落在某一小间隔内，经过舍入或者截尾的方法而变为有限值时，则产生量化误差，** 如图 2.50 所示。

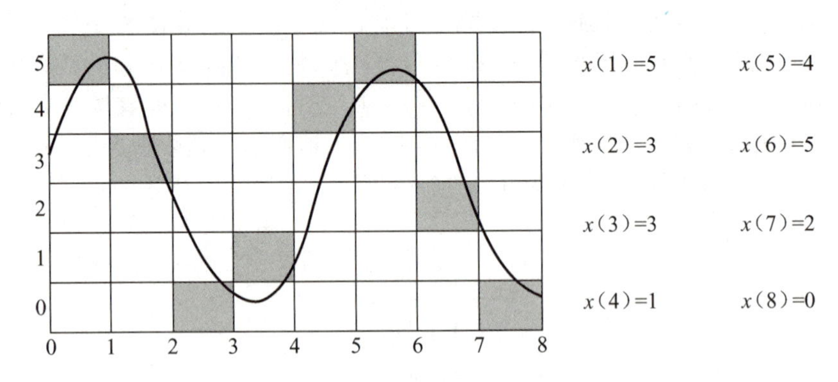

图 2.50　信号的 $D=6$ 等分量化过程

一般又把量化误差看成模拟信号作数字处理时的可加噪声，故而其又称舍入噪声或截尾噪声。**量化增量 R 越大，则量化误差越大。量化增量的大小一般取决于计算机 A/D 转换卡的位数。** 例如，8 位二进制为 $2^8=256$，即量化电平 R 为所测信号最大电压幅值的 1/256。

【例 2.12】 将幅值为 $A=1000$ 的谐波信号按 6、8、18 等分量化，求其量化后的曲线。

解： 图 2.51(a)是谐波信号，图 2.51(b)～图 2.51(d)分别是 6 等分、10 等分和 18 等分的量化结果。对比图 2.51(b)～图 2.51(d)可知，等分数越小，R 越大，量化误差越大。

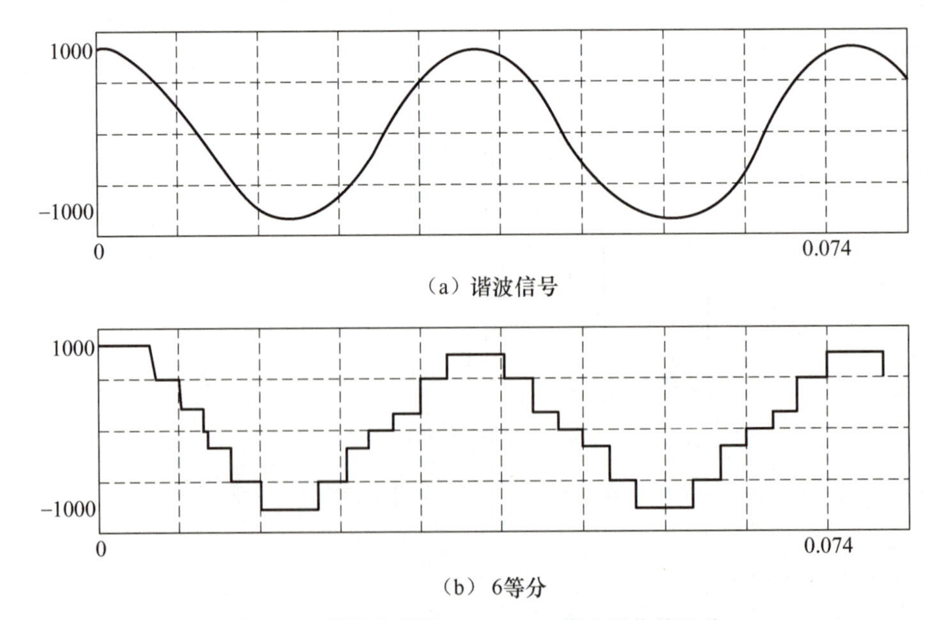

图 2.51　谐波信号按 6、10、18 等分量化的误差

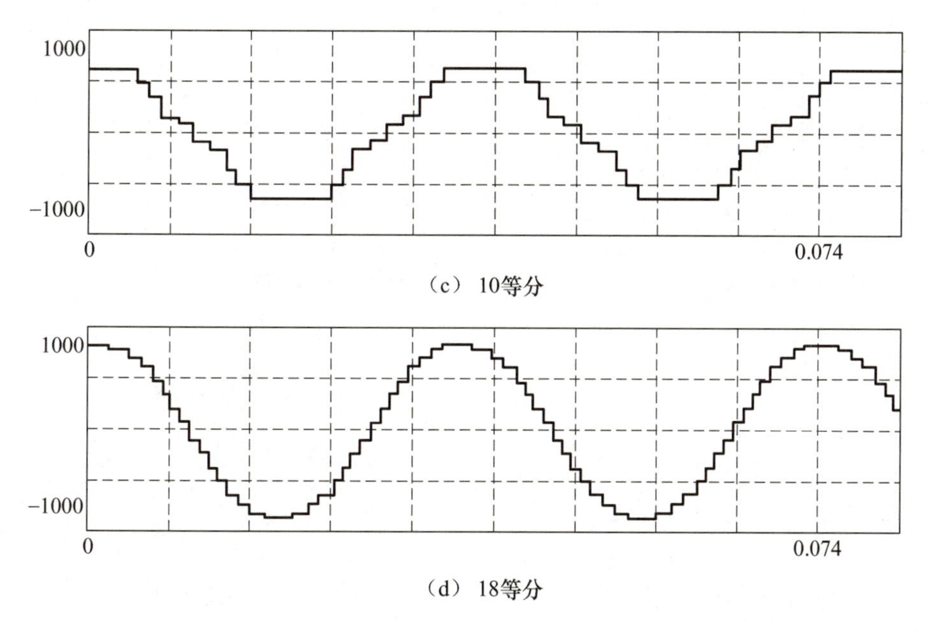

（c） 10等分

（d） 18等分

图 2.51 谐波信号按 6、10、18 等分量化的误差(续)

2.4.5 截断、泄漏和窗函数

1. 截断、泄漏和窗函数的概念

信号的长度可能很长甚至是无限的，而计算机所能处理的数据长度是有限的，因此只能从信号中提取其中一段来考察分析，并以此来考察整个信号历程，这称为时域截断或"加窗"。"窗"的意思是指透过"窗口"人们能够"看到"外景(原始信号)的一部分，而把"窗口"以外的信号均视为零。由局部来估计全体，会丢失一些信息，从而给原信号的频谱带来误差。

【例 2.13】 分析正弦信号截断前后信号的频谱。

解： 图 2.52 给出了正弦信号截断前后信号的频谱，图 2.52(f)中频谱交错的部分引起了混叠。将截断信号的频谱 $X_T(f)$与原始信号的频谱 $X(f)$相比较可知，它已不是原来的两条谱线，而是两段振荡的连续谱。这表明原来的信号被截断以后，其频谱发生了畸变，原来正弦信号的能量集中在$\pm f_0$处，截断后在$\pm f_0$ 附近出现了一些原来没有的频谱分量。这相当于把原来集中的能量分散到附近的频带范围了，这种现象称为频谱能量泄漏，由此而引起的误差称为泄漏误差。能量泄漏给原来的频谱带来失真，出现了"假频"，即原来没有频率成分的地方也出现了谱线。信号截断以后产生能量泄漏现象是必然的。

如果增大截断长度 T，即矩形窗口加宽，则窗函数的频谱 $W_R(f)$将被压缩变窄($1/T$减小)。虽然从理论上讲，其频谱范围仍为无限宽，但实际上中心频率以外的频率分量衰减较快，因而泄漏误差将减小。当窗口宽度 T 趋于无穷大时，$W_R(f)$将变为 $\delta(f)$函数，而 $\delta(f)$与 $X(f)$的卷积仍为 $X(f)$。这说明，如果窗口无限宽，即信号不截断，就不会出现"假频"，不存在泄漏误差，

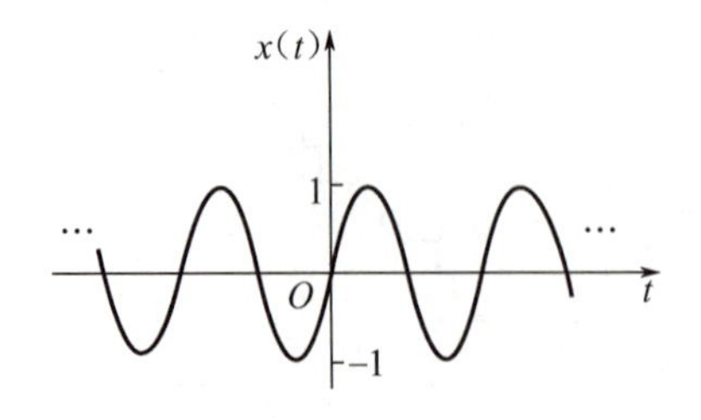

（a）未被截断的正弦信号

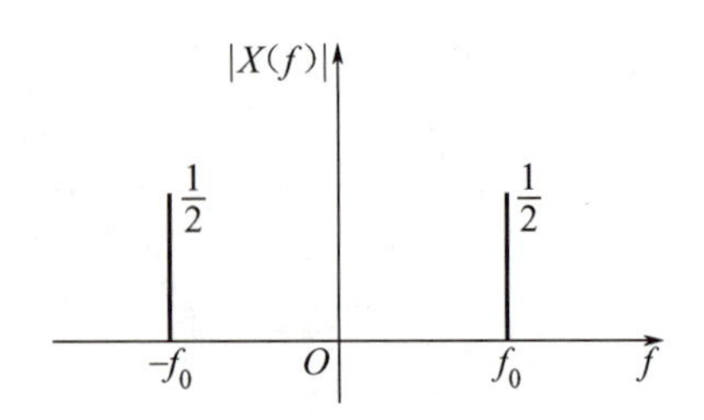

（b）未被截断的正弦信号的频谱

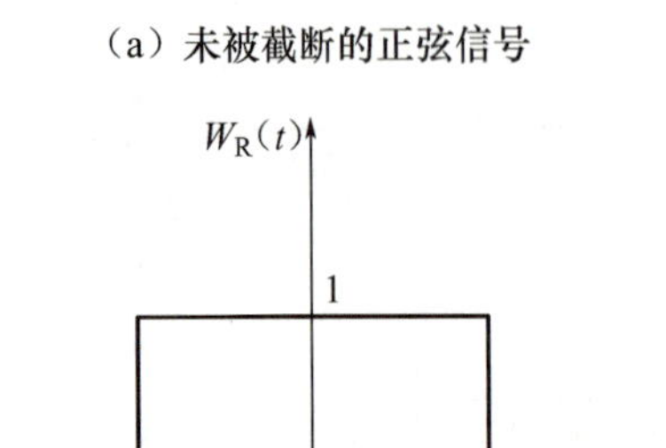

（c）矩形窗函数

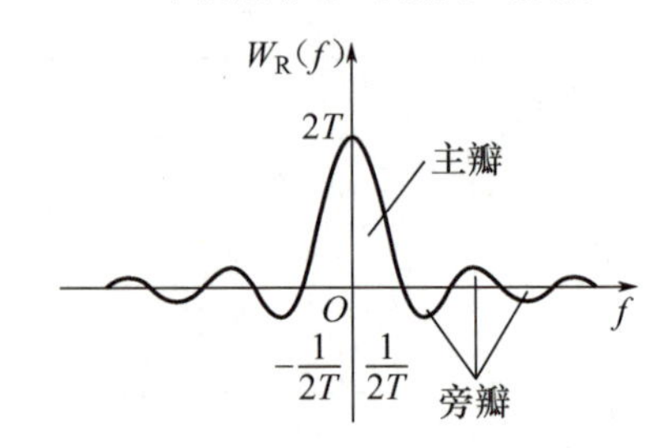

（d）矩形窗函数的频谱

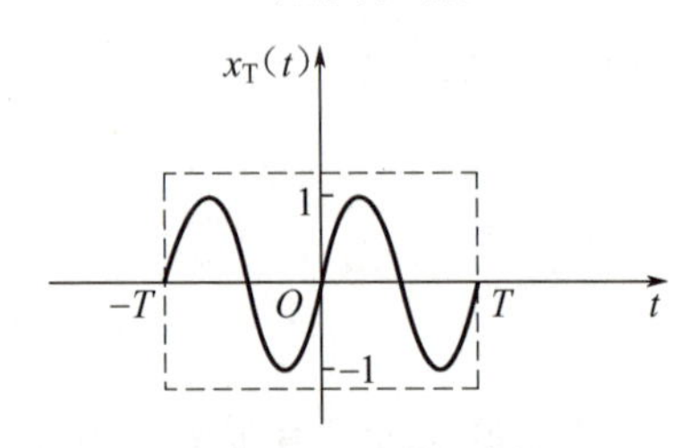

（e）截断后的正弦信号

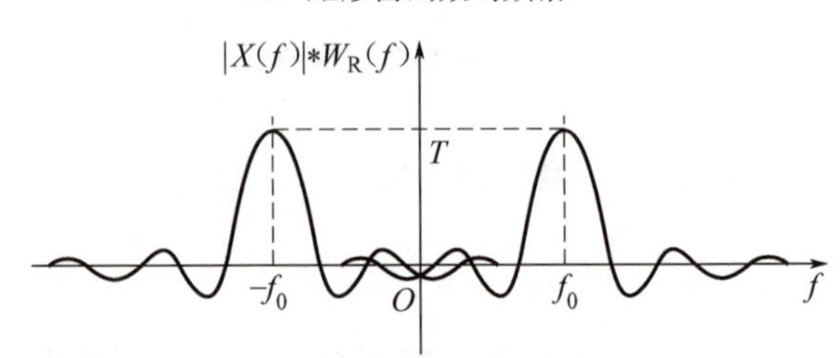

（f）截断后的正弦信号的频谱

图 2.52　信号截断与泄漏

由上述分析可知，为了减少频谱能量泄漏，可以增加窗函数的宽度。例如使用矩形窗、增加采样长度，可以使得 sinc 函数的主瓣变窄，旁瓣向主瓣密集；另外还可采用适当的窗函数对信号进行截断。一个好的窗函数的主要表现为频谱的主瓣突出，旁瓣衰减大。实际上二者往往不可兼得，要视具体需要选用。由于不可能无限增加窗函数的长度(即增加采样长度)，因此，在信号长度一定的情况下，适当增加窗函数的长度可以减少频谱能量泄漏。

2. 频率分辨力、栅栏效应和整周期截取

频率采样间隔 Δf 是频率分辨力的指标。此间隔越小，频率分辨力越高。前文曾经指出，在利用离散傅里叶变换将有限时间序列变换成相应的频谱序列的情况下，Δf 和分析的时间信号长度 T 的关系是

$$\Delta f=f_s/N=1/(T_sN)=1/T \tag{2-92}$$

这种关系是离散傅里叶变换算法固有的特征。这种关系往往加剧频率分辨力和计算工作量的矛盾，而谱线的位置为

$$f=k\frac{1}{T}=k\frac{f_s}{N} \tag{2-93}$$

即在基频 $1/T$ 的整数倍上才有谱线，离散谱线之间的谱线显示不出来。这样即使是重要的频率成分也可能被忽略，如同栅栏一样，一部分景物被栅栏所遮挡，故称栅栏效应。不管是时域采样还是频域采样，都有相应的栅栏效应。时域采样就是"摘取"采样点上对应的模拟信号的样值，如满足采样定理要求，栅栏效应不会有什么影响。而对频域的栅栏效应，频率采样间隔 Δf 越小，频率分辨力越高，被"挡住"的频域成分越少。

根据采样定理，若所感兴趣的最高频率为 f_c，则最低采样频率 f_s 应大于 $2f_c$。根据式(2-92)，在 f_s 选定后，要提高频率分辨力就必须增加数据点数 N，从而急剧地增加计算工作量。解决此项矛盾有两条途径。一条途径是在离散傅里叶变换的基础上，采用"频率细化技术(ZOOM)"，其基本思路是在处理过程中只提高感兴趣的局部频段中的频率分辨力，以此来减少计算工作量。另一条途径则是改用其他把时域序列变换为频谱序列的方法。

在分析简谐信号的场合下，需要了解某特定频率 f_0 的幅值，希望离散傅里叶变换谱线落在频率 f_0 上。单纯减小 Δf，并不一定会使谱线落在频率 f_0 上。从离散傅里叶变换的原理来看，谱线落在频率 f_0 处的条件是 $f_0/\Delta f$ 为整数。考虑到 $\Delta f=1/T$ 是分析时长 T 的倒数，简谐信号的周期 T_0 是其频率 f_0 的倒数，因此只有截取的信号长度 T 正好等于信号周期的整数倍时，才可能使分析谱线落在简谐信号的频率上，才能获得准确的频谱。显然这个结论适用于所有周期信号。

因此，对周期信号实行整周期截断是获得准确频谱的先决条件。从概念上来说，离散傅里叶变换的效果相当于将时窗内信号向外周期延拓。若事先按整周期截断信号，则延拓后的信号将和原信号完全重合，无任何畸变。反之，延拓后将在 $t=kT$(k 为某个整数)交接处出现间断点，波形和频谱都发生畸变。

3. 几种常见的窗函数

(1) 实际应用的窗函数

① 幂窗。幂窗即采用时间变量的某种幂次的函数，如矩形、三角形、梯形或其他时间 t 的高次幂。

② 三角窗。三角窗即三角函数窗，由正弦函数或余弦函数等组合成复合函数，如汉宁（Hanning）窗、海明（Hamming）窗等。

③ 指数窗。指数窗即指数函数窗，采用指数时间函数(如 e^{-St})的形式，如高斯窗等。

(2) 几种常用窗函数的性质和特点

① 矩形窗。矩形窗属于时间变量的零次幂窗，函数形式为式(2-45)或式(2-84)，相应频谱为式(2-46)或式(2-86)。式(2-45)和式(2-84)窗的长度相同，后者对前者进行了时移，矩形窗的时域波形如图 2.19 或图 2.43(a)或图 2.52(c)所示，相应频谱如图 2.19 或图 2.43(b)或图 2.52(d)所示。矩形窗使用最多，一般所说的不加窗实际上是使信号通过矩形窗。矩形窗的优点是主瓣比较集中，缺点是旁瓣较大，并有负旁瓣，导致变换中带进了高频干扰和泄漏，甚至出现负谱现象。在需要获得精确频谱主峰的所在频率，而对幅值精度要求不高的情况下，可选用矩形窗。

② 三角窗。三角窗也称费杰(Fejer)窗，是幂窗的一次方形式，其定义为

$$w(t)=\begin{cases}1-\dfrac{2}{T}|t| & (|t|<T/2)\\ 0 & (|t|\geqslant T/2)\end{cases} \tag{2-94}$$

相应的频谱为

$$W(f)=\frac{T}{2}\left[\frac{\sin\frac{\pi fT}{2}}{\frac{\pi fT}{2}}\right]^2=\frac{T}{2}\operatorname{sinc}^2\frac{\pi fT}{2} \tag{2-95}$$

三角窗的时域波形及其频谱如图 2.53 所示。三角窗与矩形窗相比，主瓣宽约等于矩形窗的 2 倍，但旁瓣小，而且无负旁瓣。

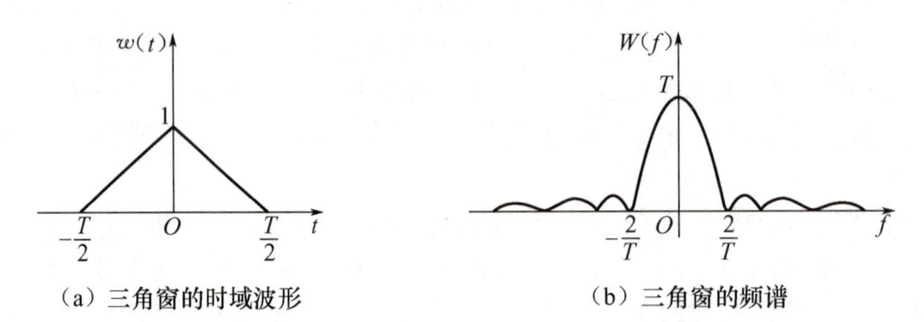

图 2.53　三角窗的时域波形及其频谱

③ 汉宁窗。汉宁窗又称升余弦窗，其时域表达式为

$$w(t)=\begin{cases}\frac{1}{2}+\frac{1}{2}\cos\frac{\pi t}{T} & (|t|<T/2)\\ 0 & (|t|\geqslant T/2)\end{cases} \tag{2-96}$$

相应的频谱为

$$\begin{aligned}W(f)&=\frac{T\sin\pi fT}{2\pi fT}+\frac{T}{4}\left\{\frac{\sin[\pi(f+1/T)T]}{\pi(f+1/T)T}+\frac{\sin[\pi(f-1/T)T]}{\pi(f-1/T)T}\right\}\\&=\frac{T}{2}\operatorname{sinc}\pi fT+\frac{T}{4}\operatorname{sinc}\left[\pi\left(f+\frac{1}{T}\right)T\right]+\frac{1}{4}\operatorname{sinc}\left[\pi\left(f-\frac{1}{T}\right)T\right]\end{aligned} \tag{2-97}$$

汉宁窗的时域波形及其频谱如图 2.54 所示。与矩形窗相比，汉宁窗的旁瓣小得多，因而泄漏也少得多，但是汉宁窗的主瓣较宽。

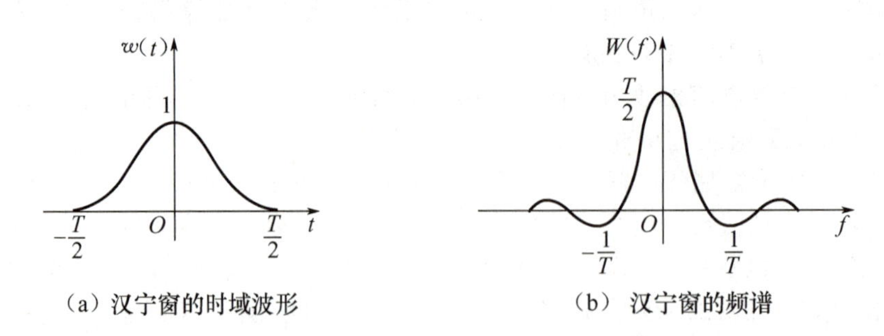

图 2.54　汉宁窗的时域波形及其频谱

④ 海明窗。海明窗又称改进的汉宁窗，其本质上和汉宁窗一样，只是系数不同，其时域表达式为

$$w(t)=\begin{cases}0.54+0.46\cos\frac{2\pi t}{T} & (|t|\leqslant T/2)\\ 0 & (|t|>T/2)\end{cases} \tag{2-98}$$

相应的频谱为

$$W(f)=0.54T\frac{\sin\pi fT}{\pi fT}+0.23T\left\{\frac{\sin[\pi(f+1/T)]}{\pi(f+1/T)}+\frac{\sin[\pi(f-1/T)]}{\pi(f-1/T)}\right\}$$
$$=0.54T\text{sinc}\pi fT+0.23T\text{sinc}\left[\pi\left(f+\frac{1}{T}\right)T\right]+\frac{1}{4}\text{sinc}\left[\pi\left(f-\frac{1}{T}\right)T\right] \quad (2-99)$$

海明窗比汉宁窗消除旁瓣的效果要好一些，而且主瓣稍窄，但是旁瓣衰减较慢是不利的方面。适当地改变系数，可得到不同特性的窗函数。

实际的信号处理中常用单边窗函数。若以开始测量的时刻作为 $t=0$，截断长度为 T，$0\leqslant t<T$，这等于把双边窗函数进行了时移。根据傅里叶变换的性质，时域的时移，对应的频域相移而幅值绝对值不变。因此，以单边窗函数截断信号所产生的泄漏误差与以双边窗函数截断信号而产生的泄漏相同。

选择窗函数时应考虑被分析信号的性质与处理要求。如果仅要求精确读出主瓣曲率而不考虑幅值精度，则可选用主瓣宽度比较窄而便于分辨的矩形窗，如测量物体的自振频率等。如果分析窄带信号，且有较强的干扰噪声，则应选用旁瓣幅度小的窗函数，如汉宁窗、三角窗等。对于随时间按指数衰减的函数，可采用指数窗来提高信噪比。

2.5 随机信号

2.5.1 随机信号的基本概念

【随机信号】

随机信号具有随机性，每次观测的结果都不尽相同，任一观测值都只是在其变动范围中可能产生的结果之一，因此不能用明确的数学关系式来描述，但其变动服从统计规律，只能用概率和统计的方法来描述信号。

对随机信号按时间历程所作的各次长时间的观测记录称为样本函数，记作 $x_i(t)$，在有限区间内的样本函数称为样本记录。在同等试验条件下，全部样本函数的集合(总体)就是随机过程，记作$\{x(t)\}$，即

$$\{x(t)\}=\{x_1(t),x_2(t),\cdots,x_i(t),\cdots\} \quad (2-100)$$

图2.55所示为随机过程与样本函数。随机过程的各种平均值(如均值、方差、均方值和均方根值等)，是按集合平均来计算的。集合平均的计算不是沿某个样本的时间轴进行的，而是在集合中某时刻 t_i 对所有样本的观测值进行平均。单个样本沿其时间历程进行平均的计算称为时间平均。

随机过程中，其统计特性参数不随时间变化的过程称为平稳随机过程，否则为非平稳随机过程。在平稳随机过程中，若任一单个样本函数的时间平均统计特性等于该过程的集合平均统计特性，则该过程就是各态历经随机过程。工程上所遇见的很多随机信号都具有各态历经性（即遍历性）。有的信号虽不是严格的各态历经，但也可作为各态历经过程来处理。事实上，一般的随机过程需要有足够多的样本来描述它，而要进行大量的观测来获得足够多的样本函数是非常困难甚至是不可实现的。因此，实际测试中常以一个或几个有限长度的样本记录来推断和估计被测对象的整个随机过程，以其时间平均代替集合平均。本书对随机过程的讨论仅限于各态历经随机过程的范围。

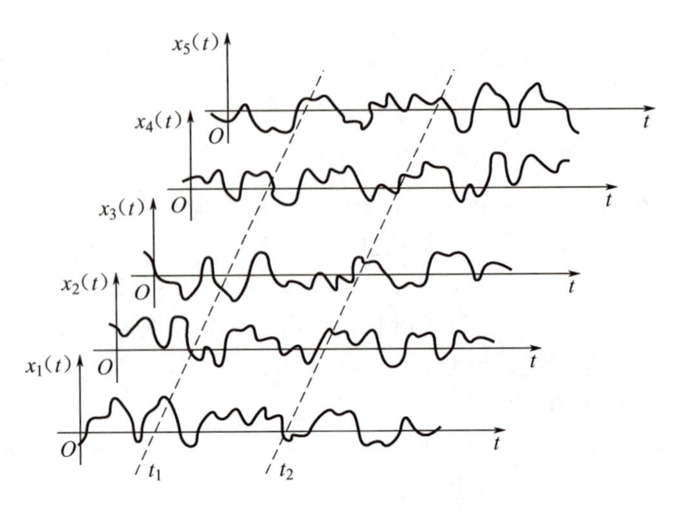

图 2.55 随机过程与样本函数

2.5.2 随机信号的主要特征参数

描述各态历经随机过程的主要特征参数如下。①均值、方差、均方值：描述信号强度方面的特征；②概率密度函数：描述信号在幅值域中的特征；③自相关函数：描述信号在时延域中的特征；④功率谱密度函数：描述信号在频域中的特征。

在实际的信号分析中，往往还需要描述两个或两个以上各态历经随机信号之间的相互依赖程度，通常通过联合概率密度函数、互相关函数、互谱密度函数和相干函数等联合统计特性参数来描述。

下面将介绍均值、方差、均方值和概率密度函数。有关自相关函数和功率谱密度函数将在第 2.6 节和 2.7 节中予以介绍。

1. 均值、方差和均方值

(1) 均值

均值表示信号的常值分量，各态历经信号的均值为

$$\mu_x = \lim_{T\to\infty}\frac{1}{T}\int_0^T x(t)\,\mathrm{d}t \tag{2-101}$$

式中：$x(t)$为样本函数；T 为观测时间。

(2) 方差

方差描述随机信号的波动分量(交流分量)，是 $x(t)$偏离均值的平方的均值，即

$$\sigma_x^2 = \lim_{T\to\infty}\frac{1}{T}\int_0^T [x(t)-\mu_x]^2\,\mathrm{d}t \tag{2-102}$$

事实上，为了便于分析处理，可以从不同角度将信号分解为简单的信号分量之和。如图 2.56 所示，信号 $x(t)$可分解为直流分量 $x_\mathrm{D}(t)$和交流分量 $x_\mathrm{A}(t)$之和。直流分量通过信号的均值描述，而交流分量可通过信号的方差或其正平方根即标准差来描述。

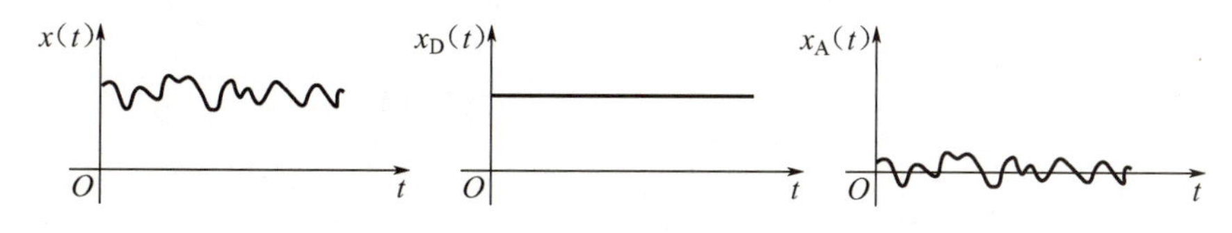

图 2.56 信号的时域分解

（3）均方值

均方值用来描述随机信号的强度，是 $x(t)$ 平方的均值，代表随机信号的平均功率，即

$$\psi_x^2=\lim_{T\to\infty}\frac{1}{T}\int_0^T x^2(t)\mathrm{d}t \tag{2-103}$$

若将均方值开根号，就为均方根值，也称有效值，即

$$x_{\mathrm{fms}}=\sqrt{\frac{1}{T}\int_0^{\infty} x^2(t)\mathrm{d}t}=\psi_x \tag{2-104}$$

均方根值是动态特性的平均能量(功率)的一种表达，在一些振动强度国家标准中常采用。

由式(2－101)～式(2－103)可得均值、方差和均方值之间的关系为

$$\sigma_x^2=\psi_x^2-\mu_x^2 \tag{2-105}$$

当均值 $\mu_x=0$ 时，则 $\sigma_x^2=\psi_x^2$，即方差等于均方值。

实际测试中以有限长的样本函数来估计总体的特性参数，其估计值通过在符号上方加注^来区分，即

$$\hat{\mu}_x=\frac{1}{T}\int_0^T x(t)\mathrm{d}t \tag{2-106}$$

$$\hat{\sigma}_x^2=\frac{1}{T}\int_0^T[x(t)-\mu_x]^2\mathrm{d}t \tag{2-107}$$

$$\hat{\psi}_x^2=\frac{1}{T}\int_0^T x^2(t)\mathrm{d}t \tag{2-108}$$

2. 概率密度函数

随机信号的概率密度函数表示信号幅值落在指定区间内的概率。设某一信号的样本函数 $x(t)$(图 2.57)，在观测时间 T 内，信号 $x(t)$ 的幅值落在 $[x,x+\Delta x]$ 区间内的总时间为 T_x，则

$$T_x=\Delta t_1+\Delta t_2+\Delta t_3+\cdots+\Delta t_n=\sum_{i=1}^N\Delta t_i \tag{2-109}$$

当样本函数 $x(t)$ 的记录时间 $T\to\infty$ 时，T_x/T 的比值就是幅值落在 $[x,x+\Delta x]$ 区间内的概率，即

$$P[x<x(t)\leqslant(x+\Delta x)]=\lim_{T\to\infty}\frac{T_x}{T} \tag{2-110}$$

定义随机信号的概率密度函数为

$$p(x)=\lim_{\Delta x\to 0}\frac{P[x<x(t)\leqslant(x+\Delta x)]}{\Delta x}=\lim_{\Delta x\to 0}\frac{1}{\Delta x}\lim_{T\to\infty}\frac{T_x}{T} \tag{2-111}$$

而有限时间记录 T 内的概率密度函数可由式(2－112)估计。

$$p(x)=\frac{T_x}{T\cdot\Delta x} \tag{2-112}$$

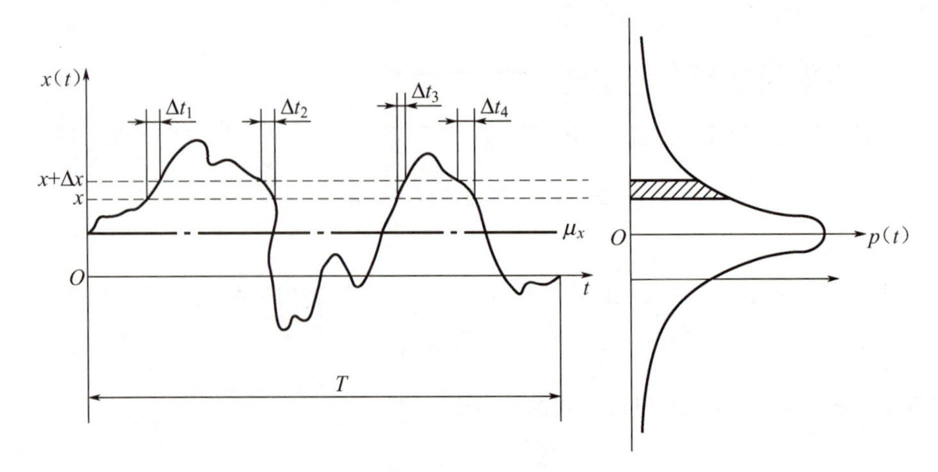

图 2.57　概率密度函数的说明

概率密度函数提供了随机信号沿幅值域分布的信息，是随机信号的主要特性参数之一。不同的信号具有不同的概率密度函数图形，可以借此来识别信号的性质。图 2.58 所示为五种常见随机信号(假设这些信号的均值为零)及其概率密度函数图形。

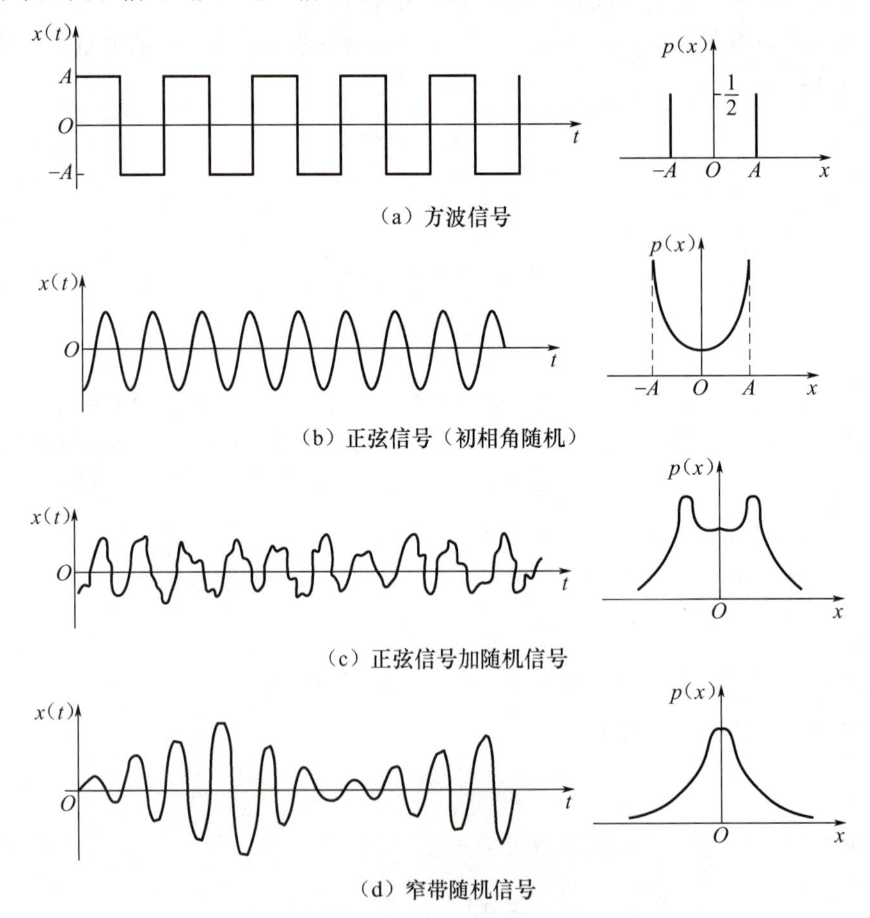

图 2.58　五种常见随机信号及其概率密度函数图形

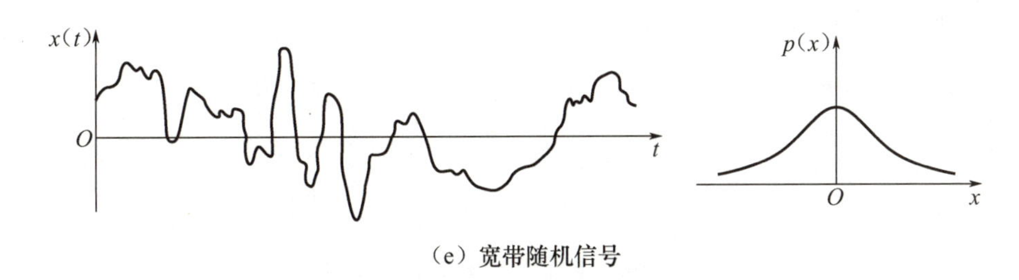

(e) 宽带随机信号

图 2.58 五种常见随机信号及其概率密度函数图形(续)

2.6 相关分析

在测试结果的分析中，相关分析法是一个非常重要的概念。描述相关概念的相关函数有着许多重要的性质，这些重要的性质使得相关函数在测试工程技术中得到了广泛应用，形成了专门的相关分析的研究和应用领域。

2.6.1 自相关分析

【相关分析及应用1】

1. 自相关函数的定义

若 $x(t)=y(t)$，$y(t+\tau)\to x(t+\tau)$，得到 **$x(t)$的自相关函数为**

$$R_x(\tau)=\lim_{T\to\infty}\frac{1}{T}\int_0^T x(t)x(t+\tau)\mathrm{d}t \tag{2-113}$$

图 2.59 所示为 $x(t)$和 $x(t+\tau)$的波形。

【相关分析及应用2】

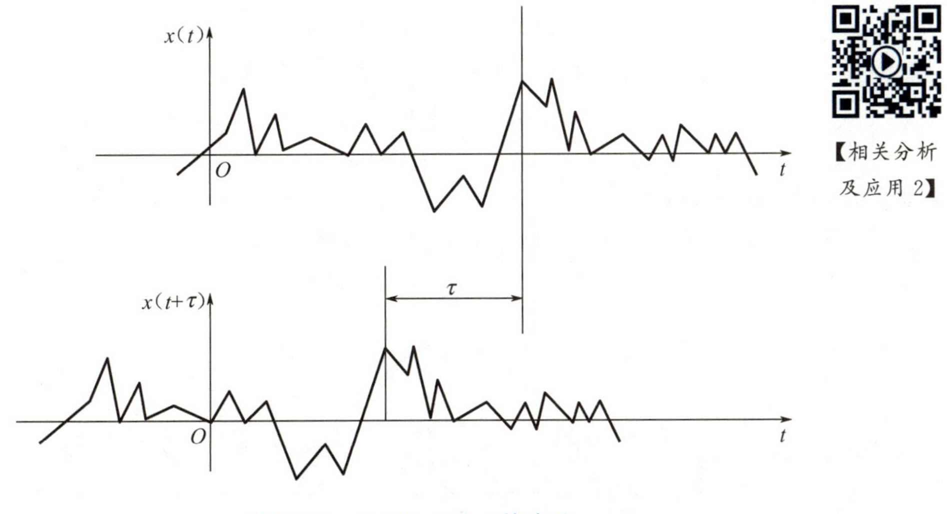

图 2.59 $x(t)$和 $x(t+\tau)$的波形

对于有限时间序列的自相关函数，用式(2-114)进行估计。

$$\hat{R}_x(\tau)=\frac{1}{T}\int_0^T x(t)x(t+\tau)\mathrm{d}t \tag{2-114}$$

2. 自相关函数的性质

（1）**$R_x(\tau)$为实偶函数**，即 $R_x(\tau)=R_x(-\tau)$。

由于

$$\begin{aligned}R_x(-\tau)&=\lim_{T\to\infty}\int_0^T x(t+\tau)x(t+\tau-\tau)\mathrm{d}(t+\tau)\\&=\lim_{T\to\infty}\int_0^T x(t+\tau)x(t)\mathrm{d}(t+\tau)\\&=\lim_{T\to\infty}\int_0^T x(t)x(t+\tau)\mathrm{d}t\\&=R_x(\tau)\end{aligned}$$

即 $R_x(\tau)=R_x(-\tau)$，又因为 $x(t)$为实函数，所以**自相关函数 $R_x(\tau)$为实偶函数。**

（2）时延 τ 值不同，$R_x(\tau)$不同。**当 $\tau=0$ 时，$R_x(\tau)$的值最大，并等于信号的均方值 ψ_x^2。**

$$R_x(0)=\lim_{T\to\infty}\frac{1}{T}\int_0^T x(t)x(t+0)\mathrm{d}t=\lim_{T\to\infty}\frac{1}{T}\int_0^T x^2(t)\mathrm{d}t=\sigma_x^2+\mu_x^2=\psi_x^2 \quad (2-115)$$

则

$$\rho_x(0)=\frac{R_x(0)-\mu_x^2}{\sigma_x^2}=\frac{\mu_x^2+\sigma_x^2-\mu_x^2}{\sigma_x^2}=\frac{\sigma_x^2}{\sigma_x^2}=1 \quad (2-116)$$

这说明变量 $x(t)$本身在同一时刻的记录样本完全呈线性关系，是完全相关的，其自相关系数为1。

（3）**$R_x(\tau)$的取值范围为 $\mu_x^2-\sigma_x^2\leqslant R_x(\tau)\leqslant\mu_x^2+\sigma_x^2$。**

由于

$$R_x(\tau)=\rho_x(\tau)\sigma_x^2+\mu_x^2 \quad (2-117)$$

同时，由 $|\rho_{xy}|\leqslant 1$ 得

$$\mu_x^2-\sigma_x^2\leqslant R_x(\tau)\leqslant\mu_x^2+\sigma_x^2 \quad (2-118)$$

（4）**当 $\tau\to\infty$时，$x(t)$和 $x(t+\tau)$之间不存在内在联系，彼此无关**，即

$$\rho_x(\tau\to\infty)\to 0 \quad (2-119)$$

$$R_x(\tau\to\infty)\to\mu_x^2 \quad (2-120)$$

如果均值 $\mu_x=0$，则 $R_x(\tau)\to 0$。

根据以上性质，自相关函数的可能图形如图2.60所示。

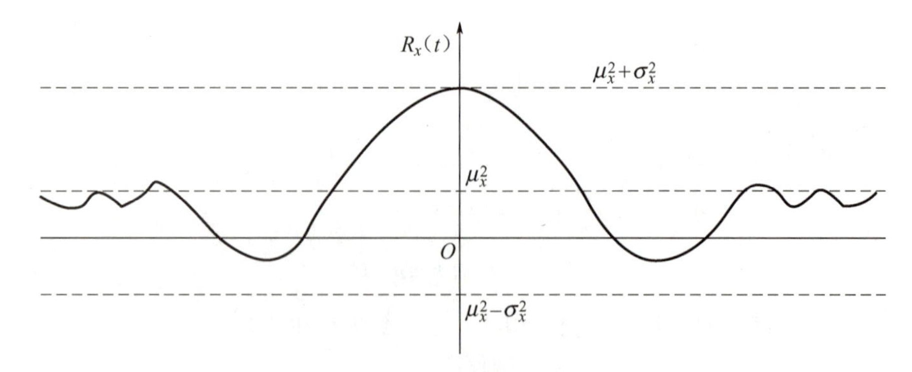

图2.60　自相关函数的可能图形

（5）当信号 $x(t)$ 为周期函数时，自相关函数 $R_x(\tau)$ 也是同频率的周期函数，但是不保留原信号 $x(t)$ 的相位信息。

若周期函数为 $x(t)=x(t+nT)$，则其自相关函数为

$$\begin{aligned}R_x(\tau+nT)&=\frac{1}{T}\int_0^T x(t+nT)x(t+nT+\tau)\mathrm{d}(t+nT)\\&=\frac{1}{T}\int_0^T x(t)x(t+\tau)\mathrm{d}t\\&=R_x(\tau)\end{aligned}\tag{2-121}$$

【例 2.14】 求正弦函数 $x(t)=x_0\sin(\omega t+\varphi)$ 的自相关函数。

解： 此处初始相角 φ 是一个随机变量，由于存在周期性，因此各种平均值可以用一个周期内的平均值计算。

根据自相关函数的定义

$$\begin{aligned}R_x(\tau)&=\lim_{T\to\infty}\frac{1}{T}\int_0^T x(t)x(t+\tau)\mathrm{d}t=\frac{1}{T_0}\int_0^T x_0^2\sin(\omega t+\varphi)\sin[\omega(t+\tau)+\varphi]\mathrm{d}t\\&=\frac{x_0^2}{2T_0}\int_0^{T_0}\{\cos[\omega(t+\tau)+\varphi-(\omega t+\varphi)]-\cos[\omega(t+\tau)+\varphi+(\omega t+\varphi)]\}\mathrm{d}t\\&=\frac{x_0^2}{2\mathrm{T}_0}\int_0^{T_0}[\cos\omega\tau-\cos(2\omega t+\omega\tau+2\varphi)]\mathrm{d}t\\&=\frac{x_0^2}{2T_0}\int_0^{T_0}\cos\omega\tau\,\mathrm{d}t-\frac{x_0^2}{T_0}\int_0^{T_0}\cos(2\omega t+\omega\tau+2\varphi)\mathrm{d}t\\&=\frac{x_0^2}{2}\cos\omega\tau\end{aligned}$$

式中：T_0 为正弦函数的周期，$T_0=2\pi/\omega$，即

$$R_x(\tau)=\frac{x_0^2}{2}\cos\omega\tau\tag{2-122}$$

可见，正弦函数的自相关函数是一个余弦函数，在 $\tau=0$ 时具有最大值 $\frac{x_0^2}{2}$，如图 2.61 所示。它保留了变量 $x(t)$ 的幅值信息 x_0 和频率信息 ω，但丢掉了初始相位信息 φ。

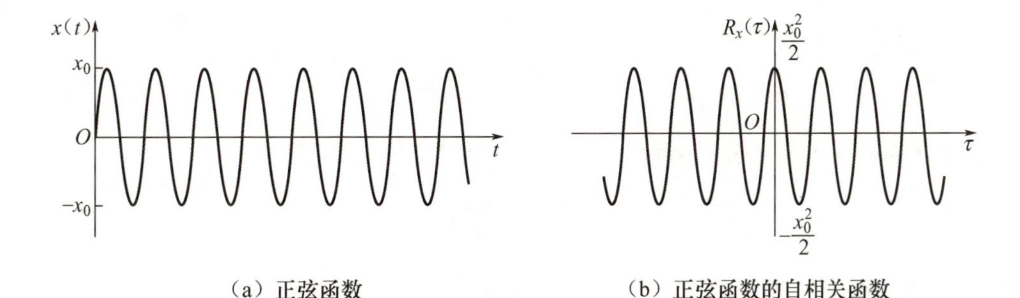

（a）正弦函数　　（b）正弦函数的自相关函数

图 2.61　正弦函数及其自相关函数

【例 2.15】 如图 2.62 所示，用轮廓仪对一机械加工表面的粗糙度检测信号 $a(t)$ 进行自相关分析，得到了其相关函数 $R_a(\tau)$。试根据 $R_a(\tau)$ 分析造成机械加工表面的粗糙度的原因。

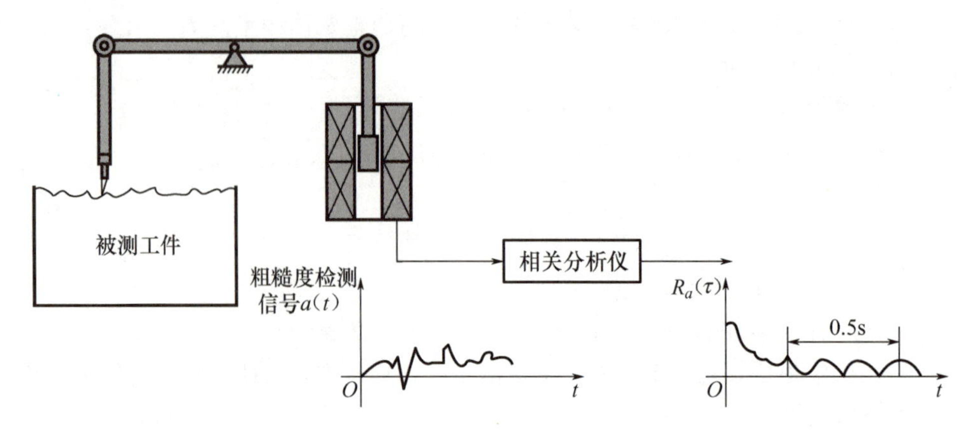

(a)粗糙度检测信号$a(t)$的波形　　(b)$a(t)$的自相关函数$R_a(\tau)$的波形

图 2.62　表面粗糙度的相关检测法

解： 观察 $a(t)$的自相关函数 $R_a(\tau)$，发现 $R_a(\tau)$呈周期性，这说明造成粗糙度的原因之一是某种周期因素。从自相关函数图可以确定周期因素的频率为

$$f=\frac{1}{T}=\frac{1}{0.5/3}\text{Hz}=6\text{Hz}$$

对加工该工件的机械设备中的各个运动部件的运动频率（如电动机的转速、拖板的往复运动次数、液压系统的油脉动频率等）进行测算和对比分析可知，运动频率与6Hz接近的部件的振动，就是造成该粗糙度的主要原因。

2.6.2　互相关分析

1. 互相关函数的定义

若 $x(t)$和 $y(t)$为两个不同的信号，则 $R_{xy}(\tau)$称为函数 $x(t)$与 $y(t)$的互相关函数，即

$$R_{xy}(\tau) = \lim_{T\to\infty}\frac{1}{T}\int_0^T x(t)y(t+\tau)\mathrm{d}t \tag{2-123}$$

可得相应的互相关系数为

$$\rho_{xy}(\tau)=\frac{R_{xy}(\tau)-\mu_x\mu_y}{\sigma_x\sigma_y} \tag{2-124}$$

对于有限序列的互相关函数，用式(2-125)进行估计。

$$\hat{R}_{xy}(\tau) = \frac{1}{T}\int_0^T x(t)y(t+\tau)\mathrm{d}t \tag{2-125}$$

2. 互相关函数的性质

(1) 互相关函数是可正、可负的实函数。因为 $x(t)$和 $y(t)$均为实函数，$R_{xy}(\tau)$也应当为实函数。在 $\tau=0$ 时，由于 $x(t)$和 $y(t)$可正、可负，故 $R_{xy}(\tau)$的值可正、可负。

(2) 互相关函数是非奇函数、非偶函数，而且 $R_{xy}(\tau)=R_{yx}(-\tau)$。对于平稳随机过程，在 t 时刻从样本采样计算的互相关函数应与 $t-\tau$ 时刻从样本采样计算的互相关函数一致，即

$$
\begin{aligned}
R_{xy}(\tau) &= \lim_{T\to\infty}\frac{1}{T}\int_0^T x(t)y(t+\tau)\mathrm{d}t = \lim_{T\to\infty}\frac{1}{T}\int_0^T x(t-\tau)y(t-\tau+\tau)\mathrm{d}(t-\tau) \\
&= \lim_{T\to\infty}\frac{1}{T}\int_0^T x(t-\tau)y(t)\mathrm{d}t = \lim_{T\to\infty}\frac{1}{T}\int_0^T y(t)x[t+(-\tau)]\mathrm{d}t \\
&= R_{xy}(-\tau)
\end{aligned}
\tag{2-126}
$$

式(2-126)表明，互相关函数不是偶函数，也不是奇函数，$R_{xy}(\tau)$与$R_{yx}(-\tau)$在图形上对称于纵坐标轴，如图2.63所示。

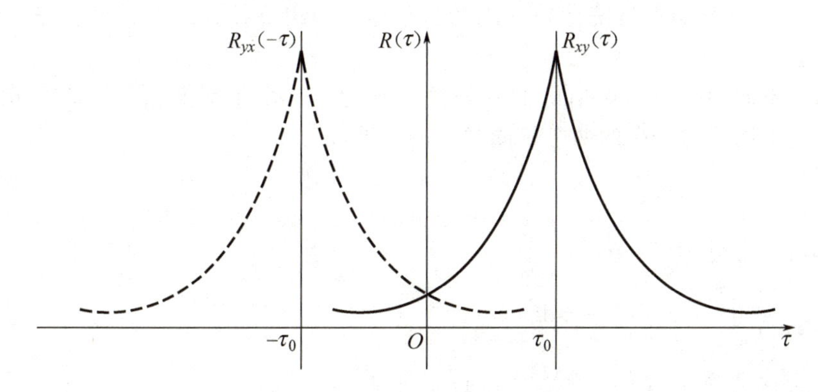

图2.63 互相关函数的对称性

(3) $R_{xy}(\tau)$的峰值不在$\tau=0$处。$R_{xy}(\tau)$的峰值偏离原点的位置τ_0反映了两信号时移的大小，如图2.64所示。在τ_0时，$R_{xy}(\tau)$出现最大值，它反映$x(t)$、$y(t)$之间主传输通道的滞后时间。

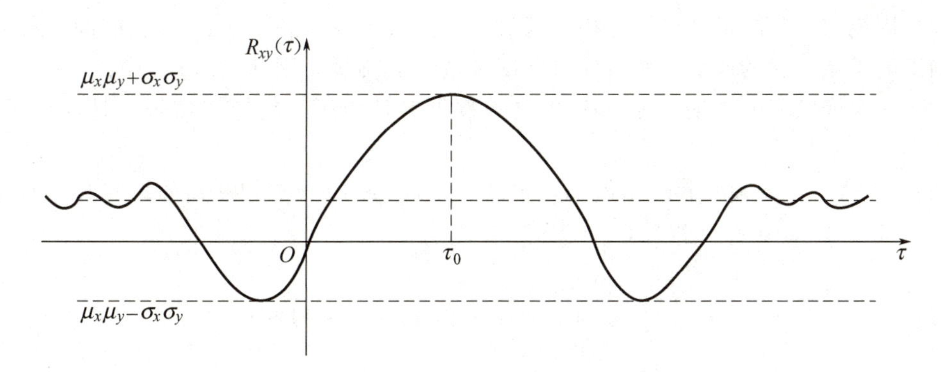

图2.64 互相关函数曲线

(4) 互相关函数的取值范围。由式(2-124)得

$$R_{xy}(\tau)=\mu_x\mu_y+\rho_{xy}(\tau)\sigma_x\sigma_y \tag{2-127}$$

结合$|\rho_{xy}|\leqslant 1$，可得图2.64所示的互相关函数的取值范围是

$$\mu_x\mu_y-\sigma_x\sigma_y\leqslant R_{xy}(\tau)\leqslant\mu_x\mu_y+\sigma_x\sigma_y \tag{2-128}$$

(5) 两个统计独立的随机信号，当均值为零时，$R_{xy}(\tau)=0$。将随机信号$x(t)$和$y(t)$表示为其均值和波动分量之和的形式，即

$$x(t)=\mu_x+\Delta x(t)$$
$$y(t)=\mu_y+\Delta y(t)$$

则

$$y(t+\tau)=\mu_y+\Delta y(t+\tau)$$

$$\begin{aligned}R_{xy}(\tau)&=\lim_{T\to\infty}\frac{1}{T}\int_0^T x(t)y(t+\tau)\mathrm{d}t=\lim_{T\to\infty}\frac{1}{T}\int_0^T[\mu_x+\Delta x(t)][\mu_y+\Delta y(t+\tau)]\mathrm{d}t\\&=\lim_{T\to\infty}\frac{1}{T}\int_0^T[\mu_x\mu_y+\mu_x\Delta y(t+\tau)+\mu_y\Delta x(t)+\Delta x(t)\Delta y(t+\tau)]\mathrm{d}t\\&=R_{\Delta x\Delta y}(\tau)+\mu_x\mu_y\end{aligned}$$

因为信号 $x(t)$ 与 $y(t)$ 是统计独立的随机信号，所以 $R_{\Delta x\Delta y}(\tau)=0$，$R_{xy}(\tau)=\mu_x\mu_y$。当 $\mu_x=\mu_y=0$ 时，$R_{xy}(\tau)=0$。

(6) 两个不同频率的周期信号的互相关函数为零。由于周期信号可以用谐波信号合成，因此取两个周期信号中的两个不同频率的谐波成分

$$x(t)=A_0\sin(\omega_1 t+\theta)$$

$$y(t)=B_0\sin(\omega_2 t+\theta+\varphi)$$

进行相关分析，可得

$$\begin{aligned}R_{xy}(\tau)&=\lim_{T\to\infty}\frac{1}{T}\int_0^{T_0}x(t)y(t+\tau)\mathrm{d}t\\&=\frac{1}{T_0}\int_0^{T_0}A_0B_0\sin(\omega_1 t+\theta)\sin[\omega_2(t+\tau)+\theta-\varphi]\mathrm{d}t\\&=\frac{A_0B_0}{2T_0}\int_0^{T_0}\{\cos[(\omega_2-\omega_1)t+(\omega_2\tau-\varphi)]-\cos[(\omega_2+\omega_1)t+(\omega_2\tau+2\theta-\varphi)]\}\mathrm{d}t\\&=0\end{aligned}$$

(7) 两个不同频率的正余弦函数不相关。证明同上。

(8) 周期信号与随机信号的互相关函数为零。由于随机信号 $y(t+\tau)$ 在时间 $t\to t+\tau$ 内并无确定的关系，它的取值显然与任何周期函数 $x(t)$ 无关，因此 $R_{xy}(\tau)=0$。

(9) 两个同频率的周期信号的互相关函数仍然是同频率的周期信号，且保留了相位信息。

【例 2.16】 求 $x(t)=x_0\sin(\omega t+\theta)$，$y(t)=y_0\sin(\omega t+\theta+\varphi)$ 的互相关函数 $R_{xy}(\tau)$。

解：

$$\begin{aligned}R_{xy}(\tau)&=\lim_{T\to\infty}\frac{1}{T}\int_0^T x(t)y(t+\tau)\mathrm{d}t\\&=\frac{1}{T_0}\int_0^{T_0}x_0y_0\sin(\omega t+\theta)\sin[\omega(t+\tau)+\theta-\varphi]\mathrm{d}t\\&=\frac{x_0y_0}{2}\cos(\omega\tau-\varphi)\end{aligned}\tag{2-129}$$

由此可见，与自相关函数不同，两个同频率的谐波信号的互相关函数不仅保留了两个信号的幅值信息 x_0 及 y_0、频率信息 ω，而且保留了两信号的相位信息 φ。

3. 典型信号间的互相关函数的曲线图形

对图 2.65 所示的几种典型信号的互相关函数的结果进行观察和分析可以得到以下结论。

(1) 图 2.65(a)是同频率的谐波信号间的互相关函数曲线。谐波 1 的频率 $f_1=150\text{Hz}$，谐波 2 的频率 $f_2=150\text{Hz}$，两者的相位不同。相关以后的函数频率 $f_{12}=150\text{Hz}$，这表明同频率的正弦波与正弦波相关，仍旧得到同频率的正弦波，同时保留了相位差 φ。

(2) 图 2.65(b)所示是当一个 $f_1=150\text{Hz}$ 的正弦波与基波频率为 50Hz 的方波做相关时，相关图形仍旧是正弦波。这是因为，通过傅里叶变换可知，方波是由 1、3、5、…无穷次谐波叠加构成，当基波频率为 50Hz，其 3 次谐波频率为 150Hz，因此可与正弦波相关。这也可以解释为什么图 2.65(c)中三角波与正弦波相关后也是正弦波的现象。

(3) 图 2.65(d)是不同频率的两个信号的相关结果。随机函数白噪声与正弦波不相关，其互相关函数为零。

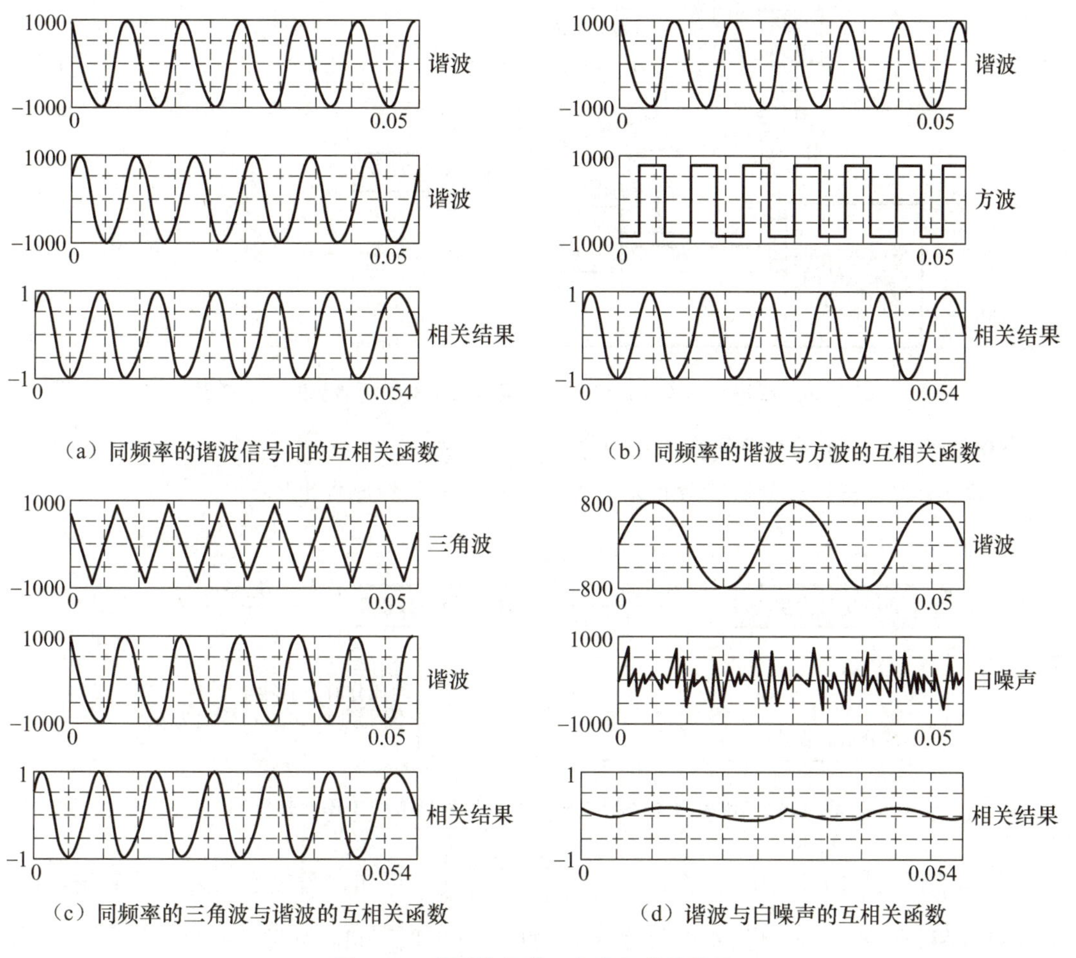

图 2.65 典型信号的互相关函数的结果

4. 互相关函数的应用

互相关函数的上述性质在工程中具有重要的应用价值。

(1) 在混有周期成分的信号中提取特定的频率成分

【例 2.17】 在噪声背景下提取有用信息。

图 2.66 所示为利用互相关分析仪消除噪声的机床主轴振动测试系统框图。对某一线性系统(图 2.66 所示的机床)进行激振试验，所测得的振动响应信号中常常会含有很强的噪声干扰。根据线性系统的频率保持特性，只有与激振频率相同的频率成分才可能是由激

振引起的响应，其他成分均是干扰。为了在噪声背景下提取有用信息，只需将激振信号和所测得的响应信号进行互相关分析，并根据互相关函数的性质，就可得到由激振引起的响应的幅值和相位差，消除噪声干扰的影响。如果改变激振频率，就可以求得相应的信号传输通道构成的系统的频率响应函数。

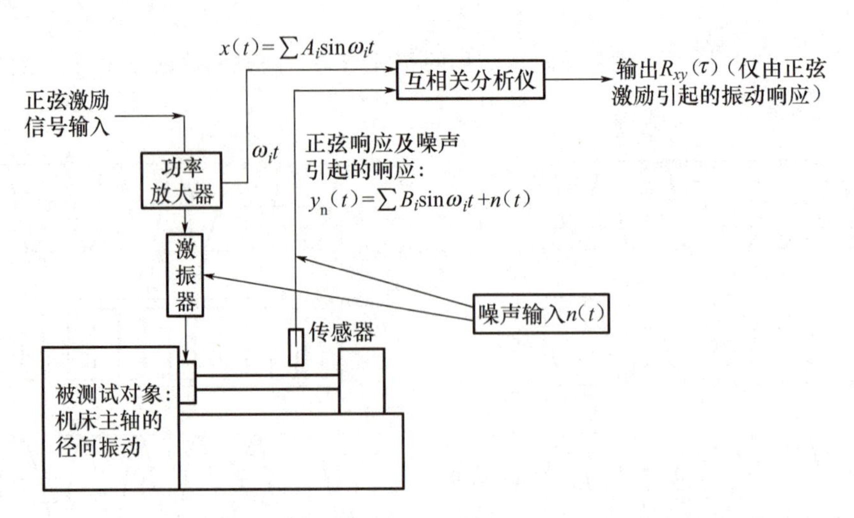

图 2.66　利用互相关分析仪消除噪声的机床主轴振动测试系统框图

【例 2.18】　利用相关分析法分析复杂信号的频谱。

图 2.67 为利用相关分析法分析复杂信号的频谱的工作原理框图。

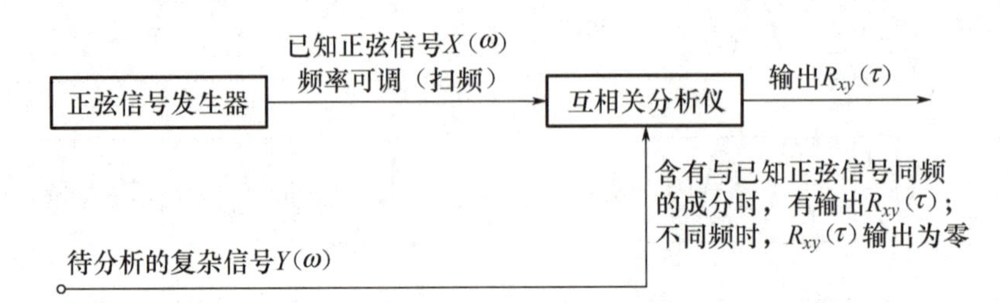

图 2.67　利用相关分析法分析复杂信号频谱的工作原理框图

根据测试系统的频谱定义 $H(\omega)=\dfrac{Y(\omega)}{X(\omega)}=\dfrac{Y_0\mathrm{e}^{\mathrm{j}(\omega t+\varphi)}}{Z_0\mathrm{e}^{\mathrm{j}\omega t}}$ 可知，当改变送入测试系统（这里就是指互相关分析仪）的已知正弦信号 $X(\omega)$ 的频率（由低频到高频进行扫描）时，其相关函数输出就表征了被分析信号所包含的频率成分及所对应的幅值大小，即获得了被分析信号的频谱。

（2）线性定位和相关测速

【例 2.19】　利用相关分析法确定深埋地下的输油管裂损位置，以便开挖维修。

如图 2.68 所示，漏损处 K 可视为向两侧传播声音的声源，在两侧管道上分别放置传感器 1 和传感器 2。因为放置传感器的两点相距漏损处距离不等，则漏油的声响传至两个传感器的时间就会有差异，在互相关函数图上 $\tau=\tau_\mathrm{m}$ 处有最大值，这个 τ_m 就是时差。设 s 为两个传感器的安装中心线至漏损处的距离，v 为声音在管道中的传播速度，则

$$s=\frac{1}{2}v\tau_{\mathrm{m}}$$

用 τ_{m} 来确定漏损处的位置，即线性定位问题，其定位误差为几十厘米。该方法也可用于弯曲的管道。

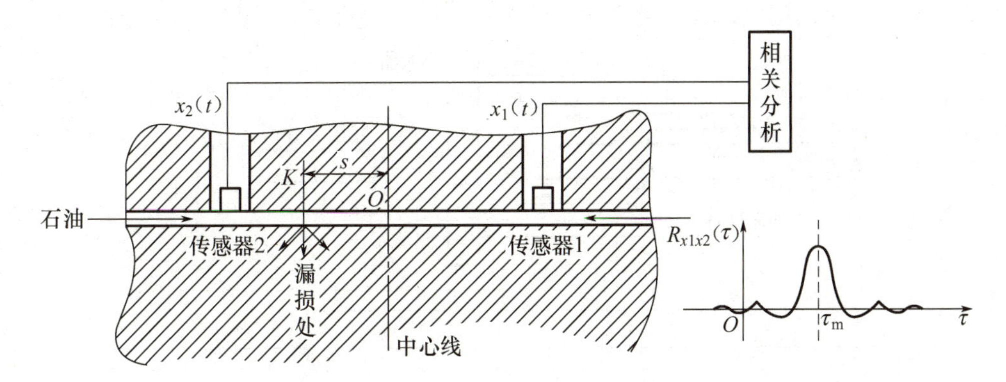

图 2.68 利用相关分析法进行线性定位实例

【例 2.20】 利用互相关分析法在线测量热轧钢带运动速度。

图 2.69 所示是利用互相关分析法在线测量热轧钢带运动速度的实例。在沿钢板运动的方向上相距 L 处的下方，安装两块凸透镜和两个光电池。当热轧钢带以速度 v 移动时，热轧钢带表面反射光经透镜分别聚焦在相距 L 的两个光电池上。反射光强弱的波动，通过光电池转换成电信号。再把这两个电信号进行互相关分析，通过可调延时器测得互相关函数出现最大值所对应的时间 τ_m。由于钢带上任一截面 P 经过 A 点和 B 点时产生的信号 $x(t)$和 $y(t)$是完全相关的，可以在 $x(t)$与 $y(t)$的互相关曲线上产生最大值，因此热轧钢带的运动速度为

$$v=\frac{1}{\tau_m}$$

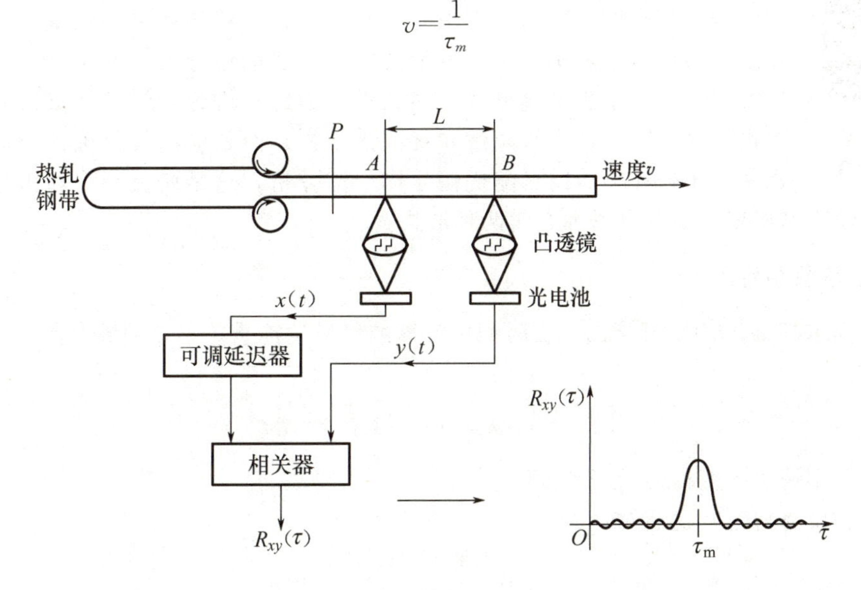

图 2.69 利用互相关分析法在线测量热轧钢带运动速度的实例

【例 2.21】 利用互相关函数进行设备的不解体故障诊断。

若要检查一辆小汽车驾驶人座位的振动是由发动机引起的还是由后桥引起的，可在发动机、驾驶人座位及后桥上布置加速度传感器，如图 2.70 所示，然后将输出信号放大并进行互相关分析。可以看到，发动机与驾驶人座位的相关性较差，而后桥与驾驶人座位的互相关较大，因此，可以认为驾驶人座位的振动主要是由汽车后桥的振动引起的。

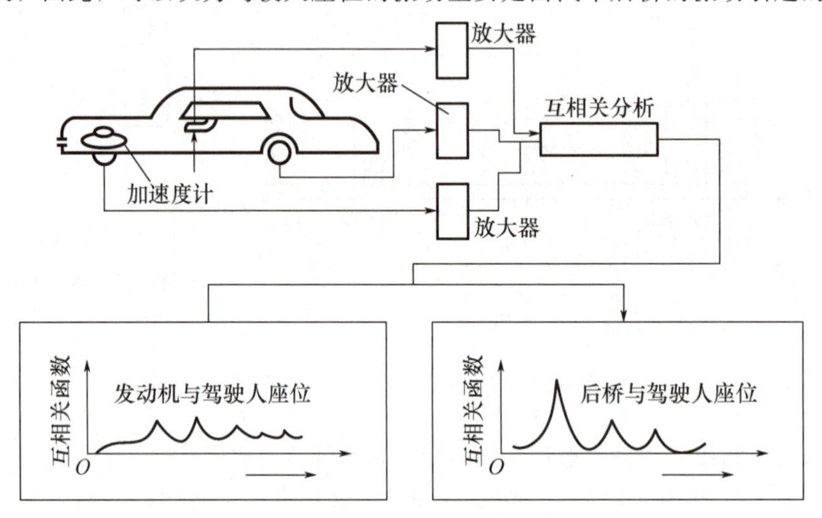

图 2.70 车辆振动传递途径的识别

2.7 功率谱分析

【功率谱分析及应用】

在 2.2 节及 2.3 节中讨论了周期信号和瞬态信号的时域波形与频域的幅频谱及相频谱之间的对应关系，并了解到频域描述可反映信号频率结构组成。然而对于随机信号，由于其样本曲线的波形具有随机性，而且是时域无限信号，不满足傅里叶变换条件，因此从理论上讲，随机信号不能直接进行傅里叶变换作幅频谱和相频谱分析，而是应用具有统计特征的功率谱密度函数在频域内对随机信号作频谱分析，这是研究平稳随机过程的重要方法。功率谱密度函数分自谱和互谱两种形式。

2.7.1 巴塞伐尔定理

巴塞伐尔(Paseval)定理指出，在时域中计算的信号总能量等于在频域中计算的信号总能量，即

$$\int_{-\infty}^{\infty} x^2(t)\mathrm{d}t = \int_{-\infty}^{\infty} |X(f)|^2 \mathrm{d}f \tag{2-130}$$

该定理可以用傅里叶变换的卷积来证明。

证明：设有傅里叶变换对

$$x_1(t) \Leftrightarrow X_1(f)$$
$$x_2(t) \Leftrightarrow X_2(f)$$

根据频域卷积定理有

$$\int_{-\infty}^{\infty} x_1(t)x_2(t)\mathrm{e}^{-2\pi f_0 t}\mathrm{d}t = \int_{-\infty}^{\infty} X_1(f)X_2(f_0 - f)\mathrm{d}f$$

令 $f_0=0$，$x_1(t)=x_2(t)=x(t)$，则

$$\int_{-\infty}^{\infty} x^2(t)\mathrm{d}t = \int_{-\infty}^{\infty} X(f)X(-f)\mathrm{d}f$$

式中：$x(t)$是实函数，则 $X(-f)=X(f)$，所以

$$\int_{-\infty}^{\infty} x^2(t)\mathrm{d}t = \int_{-\infty}^{\infty} X(f)X(f)\mathrm{d}f = \int_{-\infty}^{\infty} |X(f)|^2\mathrm{d}f$$

式中：$|X(f)|^2$ 称为能谱，是沿频率轴的能量分布密度。

2.7.2 相干函数

相干函数是用来评价测试系统的输入信号与输出信号之间的因果关系的函数，即通过相干函数判断系统中输出信号的功率谱中有多少是所测输入信号所引起的响应，其定义为

$$\gamma_{xy}^2(f)=\frac{|S_{xy}(f)|^2}{S_x(f)S_y(f)} \quad 0\leqslant\gamma_{xy}^2(f)\leqslant 1 \tag{2-131}$$

$\gamma_{xy}^2(f)=0$，表示输出信号与输入信号不相干；$\gamma_{xy}^2(f)=1$，表示输出信号与输入信号完全相干。而 $0<\gamma_{xy}^2(f)<1$ 时，则可能有三种情况：①测试系统有外界噪声干扰；②输出 $y(t)$是输入 $x(t)$和其他输入的综合输出；③联系 $x(t)$和 $y(t)$的线性系统是非线性的。

若系统为线性系统，可得

$$\gamma_{xy}^2(f)=\frac{|S_{xy}(f)|^2}{S_x(f)S_y(f)}=\frac{|H(f)S_x(f)|^2}{S_x(f)S_y(f)}=\frac{S_y(f)S_x(f)}{S_x(f)S_y(f)} \tag{2-132}$$

式(2-132)表明，对于线性系统，输出完全是由输入引起的响应。

【例 2.22】 船用柴油机润滑油泵压油管振动和压力脉动间的相干分析。图 2.71 所示是船用柴油机润滑油泵压油管振动 $x(t)$和压力脉动 $y(t)$间的相干分析结果。其中，润滑油泵转速为 $n=781\text{r/min}$，油泵齿轮的齿数为 $z=14$，测得压油管压力脉动信号 $y(t)$和压油管振动信号 $x(t)$，压油管压力脉动的基频为

$$f_0=\frac{nz}{60}=182.23\text{Hz}$$

由图 2.71 可以看到，当 $f=f_0=182.23\text{Hz}$ 时，$\gamma_{xy}^2(f)\approx 0.9$；当 $f=2f_0=361.12\text{Hz}$ 时，$\gamma_{xy}^2(f)\approx 0.37$；当 $f=3f_0=546.54\text{Hz}$ 时，$\gamma_{xy}^2(f)\approx 0.8$；当 $f=4f_0=722.24\text{Hz}$ 时，$\gamma_{xy}^2(f)\approx 0.75$；……。齿轮引起的各次谐频对应的相干函数值都很大，而其他频率对应的相干函数值都很小，由此可见，油管的振动主要是由压油管压力脉动引起的。从 $x(t)$和 $y(t)$的自谱图也明显可见压油管压力脉动的影响。

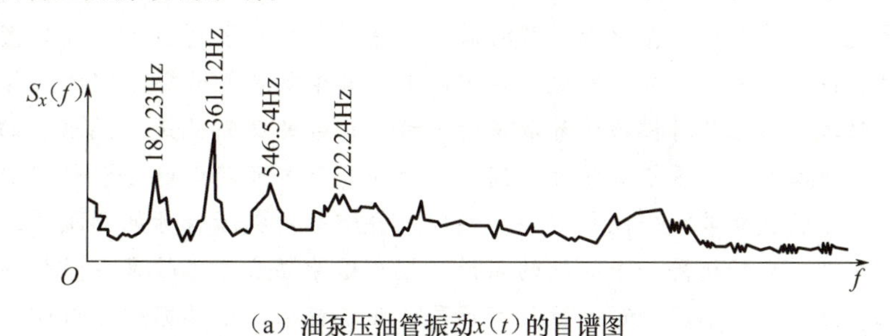

(a) 油泵压油管振动$x(t)$的自谱图

图 2.71 船用柴油机润滑油泵压油管振动 $x(t)$和压力脉动 $y(t)$间的相干分析结果

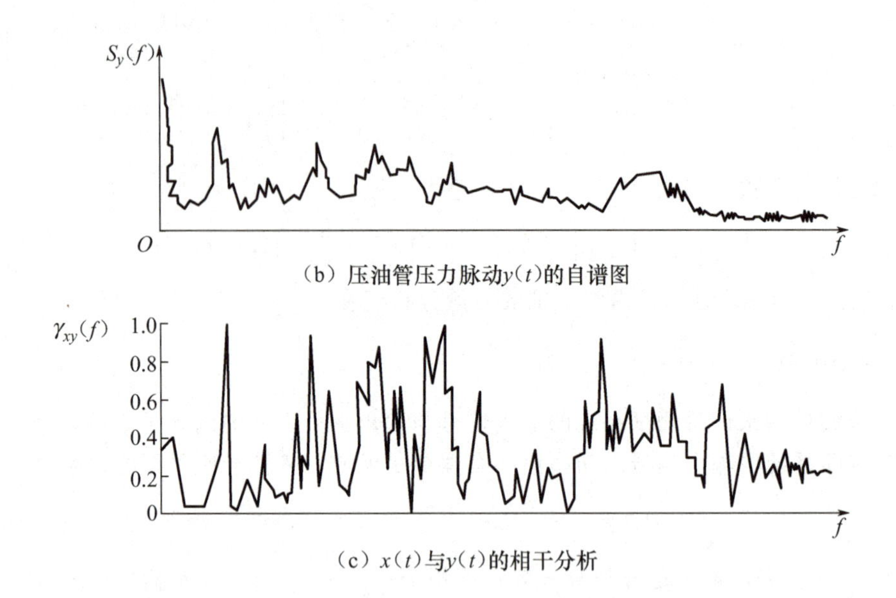

（b）压油管压力脉动$y(t)$的自谱图

（c）$x(t)$与$y(t)$的相干分析

图 2.71　船用柴油机润滑油泵压油管振动 $x(t)$ 和压力脉动 $y(t)$ 间的相干分析结果（续）

小　　结

根据信号的不同特征，信号有不同的分类方法。采用信号“域”的描述方法可以突出信号不同的特征。信号的时域描述以时间为独立变量，其强调信号的幅值随时间变化的特征；信号的频域描述以角频率或频率为独立变量，其强调信号的幅值和相位随频率变化的特征。

周期信号一般可以利用傅里叶级数进行展开，包括三角函数展开和复指数展开。利用周期信号的傅里叶级数展开可以获得其离散频谱。常见周期信号的频谱具有离散性、谐波性和收敛性。

把非周期信号看作周期趋于无穷大的周期信号，有助于理解非周期信号的频谱。利用傅里叶变换可以获得非周期信号的连续频谱，理解、掌握并能灵活运用频谱函数的含义、傅里叶变换的主要性质和典型信号的频谱具有重要意义。

对于周期信号，同样可以利用傅里叶变换获得其离散频谱，该频谱和利用傅里叶级数的复指数展开的方法获得的频谱是一样的。

模拟信号通过时域采样、量化和编码可获得数字信号。离散傅里叶变换的图解过程包括时域采样、时域截断和频域采样。时域采样中，采样频率要满足采样定理才能保证信号不产生频率混叠。时域截断就是对模拟信号加窗的过程，信号的截断就是将无限长的信号乘以有限宽的窗函数。窗函数是无限带宽信号，因此信号的截断不可避免地会引起混叠，产生频谱能量泄漏，增加窗长度能够减小能量泄漏。频域采样就是对截断信号的周期性连续频谱乘以周期序列脉冲函数，从而获得一个周期的频谱。模拟信号幅值量化时存在量化误差，量化增量越大，量化误差越大。不同的窗函数具有不同的频谱特性，应根据被分析信号的特点和要求选择合适的窗函数。

幅值域分析、相关分析和功率谱分析是随机信号分析处理的重要手段，主要包括：随机信号的基本概念及其主要特征参数，随机信号的幅值域分析方法；自相关的概念及性质，自相关函数；互相关的概念及性质，互相关函数；随机信号的功率谱分析，自谱和互谱的概念和应用；相干函数的定义及取值含义。

习　题

2-1　某时间函数 $f(t)$ 的时域波形及其频谱如图 2.72 所示，已知函数 $x(t)=f(t)\cos\omega_0 t$，设 $\omega_0>\omega_m$［ω_m 为 $f(t)$ 中最高频率分量的角频率］，试画出 $x(t)$ 和 $x(t)$ 的双边幅频谱 $X(\mathrm{j}\omega)$ 的示意图形。当 $\omega_0<\omega_m$ 时，$X(\mathrm{j}\omega)$ 的图形会出现什么样的情况？

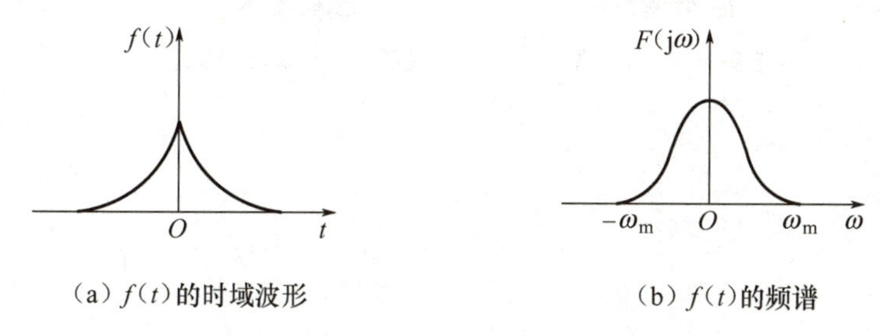

图 2.72　某时间函数 $f(t)$ 的时域波形及其频谱

2-2　图 2.73 所示的周期三角波的一个周期的数学表达式为

$$x(t)=\begin{cases}A+\dfrac{4A}{T}t & \left(-\dfrac{T}{2}<t<0\right)\\ A-\dfrac{4A}{T}t & \left(0<t<\dfrac{T}{2}\right)\end{cases}$$

求出傅里叶级数的三角函数展开式并画出单边频谱图。

2-3　图 2.74 所示为某信号的自相关函数示意图，试确定该信号是什么类型的信号，并在图中表示 $\psi_x^2=?$，$\mu_x=?$

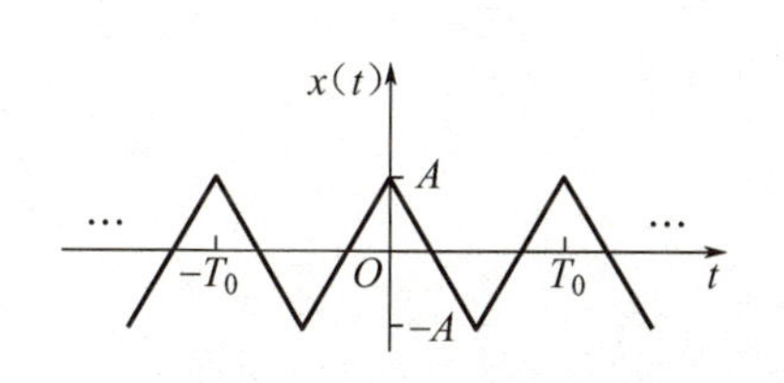

图 2.73　周期三角波

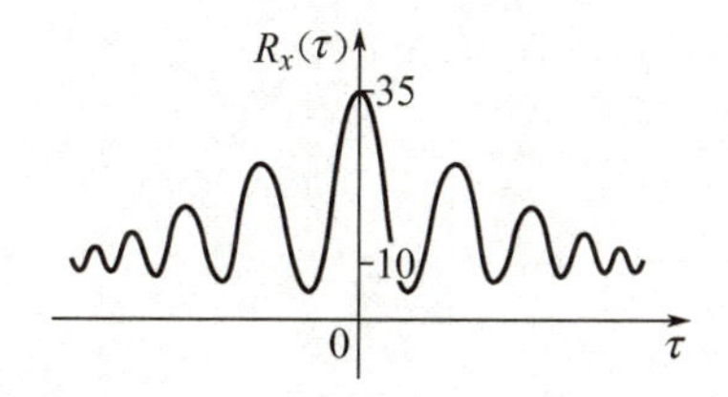

图 2.74　题 2-3 中自相关函数示意图

2-4　测得某一信号的相关函数示意图如图 2.75 所示，试问：

(1) 图 2.75 所示图形是 $R_x(\tau)$ 图形还是 $R_{xy}(\tau)$ 图形？说明原因。

(2) 可以获得该信号的哪些信息？

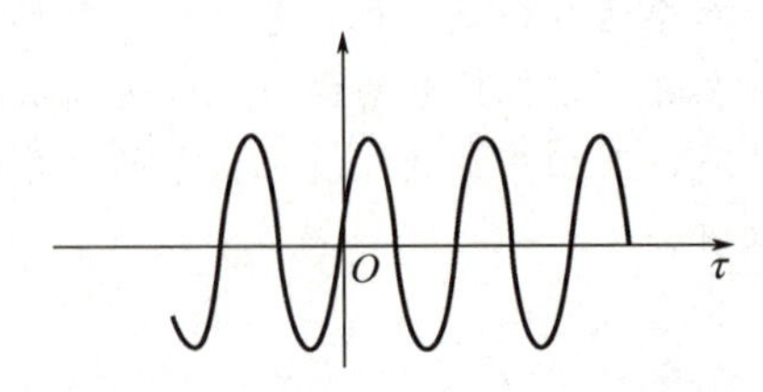

图 2.75　题 2－4 中相关函数示意图

2－5　求自相关函数 $R_x(\tau)=e^{-2a\tau}\cos 2\pi f_0\tau(a>0)$ 的自谱密度函数，并画出它们的图形。

【第 2 章　测验】

【第 2 章　课后作业】

第3章 测试系统的基本特性

研究测试系统的特性是为了使测试系统尽可能真实地反映被测物理量，实现不失真测试，同时也是为了客观评价已有测试系统性能的优劣。

本章重点讲解具备哪些特性的系统才能满足不失真的要求。

掌握测试系统的传递函数、频响函数和权函数三种描述方法之间的关系。频响函数的描述方法是学习的重点。

正确理解和应用测试系统的不失真条件，掌握对一阶系统和二阶系统的特征参数测定的实验方法。

掌握测试系统的基本特性及描述方法。

了解测试系统的静态特性和动态特性的基本描述参数。

掌握测试系统不失真的测试条件。

熟练掌握典型一阶系统和二阶系统的动态特性及动态参数测试的实验方法。

了解测试系统的选用要求。

在进行物理量测试时，被测的物理量需要经过检测传感、信号调理、信号处理、显示记录及存储后才能提供给观测者。整个测试过程中用到的各种装置和仪器，组成图 1.10 所示非电量电测法的基本测试系统。

【模拟驾驶汽车测试系统】

测试的内容、目的和要求不同，测试系统相应会有很大差别。例如，简单的温度测试只需要一个液柱式温度计，而对于模拟驾驶汽车测试系统及机床动刚度的测试系统，则不但需要图 1.10 所示的各个装置，而且每个装置又将由多种仪器组合，构成相当复杂的测试系统。另外，本章所说的测试系统，既可以是指整个较复杂的测试系统，也可以是指测试系统中的各个小环节，如一个传感器、一个记录仪或某个仪器中的一个简单的 RC 滤波电路单元等。为了正确地描述或反映被测的物理量，使输出信号和输入信号之间差别最小(即输出信号能够反映输入信号的绝大部分特征信息)，获取测试系统的特性就显得尤为重要。

3.1 系统的输入/输出关系与系统特性

【系统的输入/输出及测试系统】

通常，测试系统是指为完成某种物理量的测量而由具有某一种或多种变换特性的物理装置构成的总体。在测试系统中，将被测的量称为输入量 $x(t)$，而将经测试系统传输或变换后的物理量称为输出量 $y(t)$。构成测试系统的物理装置的物理性质和特性不同，会使同样功能的装置具有不同的使用特性。例如，使用弹簧秤对静止物体进行测量时，就是一种比例装置，它将重量转换成与之成比例的线性位移，如图 3.1(a)所示，即输入(重量)、输出(弹簧位移)和弹簧特性 k 三者之间满足关系：

$$y(t)=kx(t)$$

【用弹簧秤测量力】

式中：k 为弹簧刚度系数。但弹簧秤不能称快速变化的重量值，而同样具有比例放大功能的由电子放大器构成的测量系统就可以检测快速变化的物理量。为什么会产生这种使用上的差异？简单地说，这是由于构成两种测量系统的物理装置的物理结构的性质不同。弹簧秤是一种机械装置，电子放大器是一种电子装置，这种由测试装置自身的物理结构所决定的测试系统对信号传递变换的影响特性称为测试系统的传递特性，简称系统的传递特性或系统的特性。

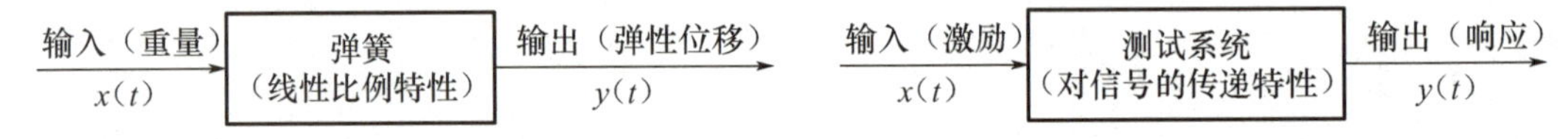

图 3.1　系统特性和输入/输出的关系

测试系统与输入/输出的关系可以用图 3.1(b)的形式来表示，并可用数学的方法描述三者之间的关系，从而便于定量地研究系统特性。测试系统特性分析通常可以应用于以下三个问题领域。

(1) **系统辨识**：由测量得到的输入量与输出量推断系统的特性。

(2) **系统反求**：由已知的系统特性和测得的输出量推断导致该输出量对应的输入量。

(3) **系统预测**：由已知的系统特性和测得的输入量推断估计输出量。

从测量的角度来看，输入 $x(t)$是要测的未知量，测试人员根据分析可供观测的输出量 $y(t)$来判断输入量。但输入 $x(t)$经过测试系统时，由于测试系统的传递特性的影响和外界各种干扰的侵入，难免会使 $x(t)$产生不同程度的失真，即输出 $y(t)$是输入 $x(t)$在经过测试系统传递和外界干扰双重影响后的一种结果。

外界的干扰一般是随机干扰，与输出 $y(t)$没有必然的逻辑关系。而由测试装置自身的物理结构所决定的测试系统的特性对输入 $x(t)$的影响及造成的 $x(t)$的失真则是可以认知的，是可以掌控的，因此输入 $x(t)$和输出 $y(t)$与测试系统特性有着本质的逻辑关系。只要掌握了测试系统的特性，就能找出正确的使用方法将失真控制在允许的范围之内，并对失真的大小做出定量分析。或者说，只有掌握了测试系统的特性，才能根据测试要达到的要求来合理地选用测试仪器。

本章所要讨论的是测试系统的输入、特性和输出三者的关系，测试系统静态特性、动态特性的评价和特性参数的测定方法，以及如何正确地选用仪器设备来组成合理的测试系统。

3.1.1 理想测试系统——线性时不变系统

对于测试系统来说，希望最终观察到的输出信号能确切地反映被测量。也就是说，理想的测试系统应该是每一个输入量都有一个单一的输出量与之一一对应，而且输出与输入之间还应当是线性关系，即具有单值的、确定的输入/输出关系。

测试系统的输入 $x(t)$和输出 $y(t)$之间可以用下列常系数线性微分方程来描述，即

$$\begin{aligned}&a_n\frac{\mathrm{d}^n y(t)}{\mathrm{d}t^n}+a_{n-1}\frac{\mathrm{d}^{n-1}y(t)}{\mathrm{d}t^{n-1}}+\cdots+a_1\frac{\mathrm{d}y(t)}{\mathrm{d}t}+a_0y(t)\\&=b_m\frac{\mathrm{d}^m x(t)}{\mathrm{d}t^m}+b_{m-1}\frac{\mathrm{d}^{m-1}x(t)}{\mathrm{d}t^{m-1}}+\cdots+b_1\frac{\mathrm{d}x(t)}{\mathrm{d}t}+b_0x(t)\end{aligned} \tag{3-1}$$

若该方程的系数 $a_n,a_{n-1},\cdots,a_1,a_0$ 和 $b_m,b_{m-1},\cdots,b_1,b_0$ 均为常数，则被描述的系统就是线性时不变系统(定常系统)，这种测试系统能满足上述对测试系统的要求，是理想的测试系统。当 $n=1$ 时，称该系统为一阶系统；当 $n=2$ 时，称该系统为二阶系统。这两个系统是常见的测试系统。

线性时不变系统具有如下一些主要性质。

(1) **叠加特性。**若 $x_1(t)\rightarrow y_1(t)$，$x_2(t)\rightarrow y_2(t)$，则

$$[x_1(t)\pm x_2(t)]\rightarrow[y_1(t)\pm y_2(t)] \tag{3-2}$$

叠加特性表明同时作用于系统的几个输入量所引起的特性，等于各个输入量单独作用时引起的输出之和。这也表明了线性系统的各个输入量所产生的响应过程互不影响。因此，求线性系统在复杂输入情况下的输出，可以转化为把复杂输入分成许多简单的输入分量，分别求出各简单分量输入时所对应的输出，然后求这些输出之和。

(2) **比例特性。**若 $x(t)\rightarrow y(t)$，则对于任意常数 a，有

$$ax(t)\rightarrow ay(t) \tag{3-3}$$

比例特性又称均匀性(或称齐次性)，它表明当输入增加时，其输出也以输入增加的同样比例增加。

(3) **微分特性。**若 $x(t)\rightarrow y(t)$，则

$$\frac{\mathrm{d}x(t)}{\mathrm{d}t}\rightarrow\frac{\mathrm{d}y(t)}{\mathrm{d}t} \tag{3-4}$$

微分特性表明，系统对输入微分的响应等同于对原信号输出的微分。

(4) **积分特性。**若 $x(t)\rightarrow y(t)$，则

$$\int_0^t x(t)\mathrm{d}t\rightarrow\int_0^t y(t)\mathrm{d}t \tag{3-5}$$

积分特性表明，如果系统的初始状态为零，则系统对输入积分的响应等同于原输入响应的积分。

(5) **频率不变性(频率保持性)。**它表明系统的输入为某一频率的简谐(正弦或余弦)信号 $x(t)=X_0\mathrm{e}^{\mathrm{j}\omega t}$ 时，则系统的输出将有且也只能有与该信号同一频率的信号 $y(t)=Y_0\mathrm{e}^{\mathrm{j}(\omega t+\varphi_0)}$。

线性时不变系统的频率不变性在动态测试中具有重要的作用。例如，已经知道测试系统是线性的，其输入信号的频率也已知，那么，在测得的输出信号中就只有与输入信号频率相同的成分才可能是由输入引起的响应，其他的频率成分应该是噪声干扰。利用这一特性可以采用相应的滤波技术将有用的信息提取出来。

3.1.2 实际测试系统线性近似

可用常系数线性微分方程来描述的线性时不变系统，是一种理想化的测试系统，而实际上大多数物理系统都很难达到理想化。实际测试系统与理想系统相比具有如下差异。

(1) 实际测试系统通常不可能在较大的工作范围内完全保持线性，而只能在一定的工作范围内和一定的误差允许范围内近似地作为线性处理。

(2) 严格说来，系统常系数线性微分方程中的系数 $a_n,a_{n-1},\cdots,a_1,a_0$ 和 $b_m,b_{m-1},\cdots,b_1,b_0$ 在许多实际测试系统中都是随时间而缓慢变化的微变量。例如，材料的弹性模量，电子元器件的电阻、电容等，都会受温度的影响而随时间产生微量变化。但在工程上，在满足一定的精度条件下，认为多数常见的物理系统中的系数 $a_n,a_{n-1},\cdots,a_1,a_0$ 和 $b_m,b_{m-1},\cdots,b_1,b_0$ 是时不变的常数，即把时微变系统处理为线性时不变系统。

(3) 常见的实际物理系统，在描述其输入/输出关系的微分方程中，各项系数中的 m 和 n 的关系，一般情况下都是 $m<n$，并且通常其输入只有一项 $b_0x(t)$。

3.2 测试系统的静态特性

【测试系统的静态特性】

测试系统的静态特性是指在静态测量情况下描述实际测量系统与理想线性时不变系统的接近程度。此时，测试系统的输入 $x(t)$ 和输出 $y(t)$ 都是不随时间变化的常量(或变化极慢，在所观察的时间间隔内可忽略其变化而视作常量)，因此可知式(3-1)中的输入和输出各微分项均为零，那么式(3-1)就变为

$$y=\frac{b_0}{a_0}x=Sx \tag{3-6}$$

式(3-6)表明，理想的静态量的测试系统的输出与输入之间呈单调、线性比例关系，即斜率 S 是常数。

但实际的测试系统并非理想的线性时不变系统，二者之间存在差别，**所以常用灵敏度、非线性度和回程误差等主要定量指标来表征实际的测试系统的静态特性。**

3.2.1 灵敏度

灵敏度表征的是测试系统对输入信号变化的一种反应能力。一般情况下，当系统的输

入 x 有一个微小增量 Δx 时，将引起系统的输出 y 也发生相应的微量变化 Δy，则定义该系统的灵敏度为 $S=\frac{\Delta y}{\Delta x}$。对于静态测量，若系统的输入/输出特性为线性关系，则有

$$S=\frac{\Delta y}{\Delta x}=\frac{y}{x}=\frac{b_0}{a_0}=\text{常数} \tag{3-7}$$

可见，静态测量时测试系统的静态灵敏度(又称绝对灵敏度)等于拟合直线的斜率。而对于非线性测试系统，其灵敏度就是该系统特性曲线的斜率，用 $S=\lim\limits_{\Delta x\to 0}\frac{\Delta y}{\Delta x}=\frac{\mathrm{d}y}{\mathrm{d}x}$来表示系统的灵敏度。灵敏度的量纲取决于输入/输出的量纲。

若测试系统的输出和输入具有不同的量纲时，灵敏度是有单位的。例如，某位移传感器在位移变化 1mm 时，输出电压变化 200mV，则该传感器的灵敏度 $S=200\text{mV/mm}$。也有些仪器的灵敏度与定义相反，它描述在给定指示量的变化下被测量的变化情况。例如，某笔式记录仪的灵敏度 $S=0.05\text{V/cm}$，则表示输出量(位移)变化 1cm 时，输入量(被测量)变化 0.05V。

若测试系统的输出和输入同量纲时，则常用“放大倍数”一词来替代“灵敏度”。例如，一个最小刻度值为 0.001mm 的千分表，若其刻度间隔为 1mm，则放大倍数为 1mm/0.001mm，即 1000 倍。

以上仅在被测量变化时考虑了灵敏度的变化。实际上在被测量不变的情况下，由于外界环境条件等因素的变化，也可能引起系统输出的变化，最后表现为灵敏度的变化。其根源往往是这些条件因素的变化导致了式(3-7)中系数 a_0、b_0 发生了变化(时变)的缘故。例如，温度引起电测量仪器中电子元件(如电阻阻值)参数的变化等。由此引起的系统灵敏度的变化称为“灵敏度漂移”，通常以输入不变的情况下每小时内输出的变化量来衡量。显然，性能良好的测试系统，其灵敏度漂移应当是极小的。

在选择测试系统的灵敏度时，要充分考虑其合理性，因为系统的灵敏度和系统的量程及固有频率相互制约。一般来说，系统的灵敏度越高，其测量范围往往越窄，稳定性也往往越差。

3.2.2 非线性度

非线性度是指系统的输入/输出之间保持线性关系的一种度量指标。在静态测量中，通常用实验的方法获取系统的输入/输出关系曲线，并称为标定曲线。由标定曲线采用拟合方法得到的输入/输出之间的线性关系，称为拟合直线。非线性度就是标定曲线偏离其拟合直线的程度，如图 3.2 所示。作为静态特性参数，非线性度是采用在测试系统的标称输出范围(全量程)A 内，标定曲线与该拟合直线的最大偏差 B_{max} 与 A 的比值，即

$$\text{非线性度}=\frac{B_{max}}{A}\times 100\% \tag{3-8}$$

拟合直线常用的拟合原则：拟合所得的直线，一般应通过 $x=0$，$y=0$ 点，并要求该拟合直线与标定曲线间的最大偏差 B_{max} 为最小。根据上述原则，往往是采用最小二乘法来进行拟合，即令 $\sum\limits_i B_i^2$ 最小。有时在比较简单且要求不高的情况下，也可以采用平均法来进行拟合，即以偏差 $|B_i|$ 的平均值作为拟合直线与标定曲线的接近程度。

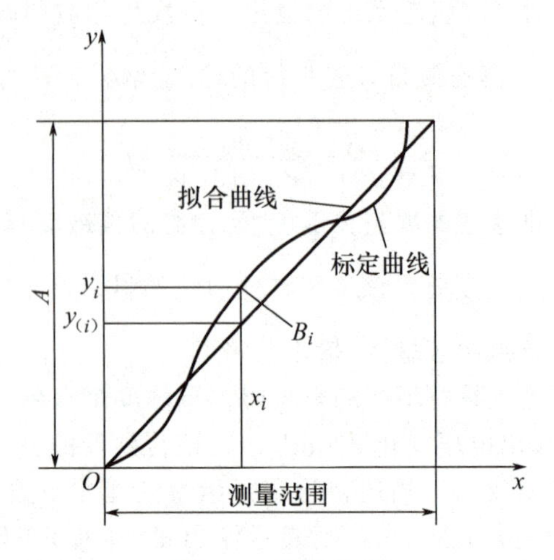

图 3.2　非线性度

3.2.3　回程误差

回程误差也称滞差或滞后量，表征测试系统在全量程范围内，输入量递增变化(由小变大)中的定度曲线和递减变化(由大变小)中的标定曲线二者静态特性不一致的程度。它是判别实际测试系统与理想系统特性差别的一项指标参数。如图 3.3 所示，理想的测试系统对于某一个输入量应当只有单值的输出，然而对于实际的测试系统，当输入信号由小变大，然后又由大变小时，对应于同一个输入量有时会出现数值不同的输出量。在测试系统的全量程 A 范围内，不同输出量中差值最大者($h_{\max}=y_{2i}-y_{1i}$)与全量程 A 之比，定义为系统的回程误差，即

$$回程误差=\frac{h_{\max}}{A}\times 100\% \tag{3-9}$$

【精密压力表回程误差校验】

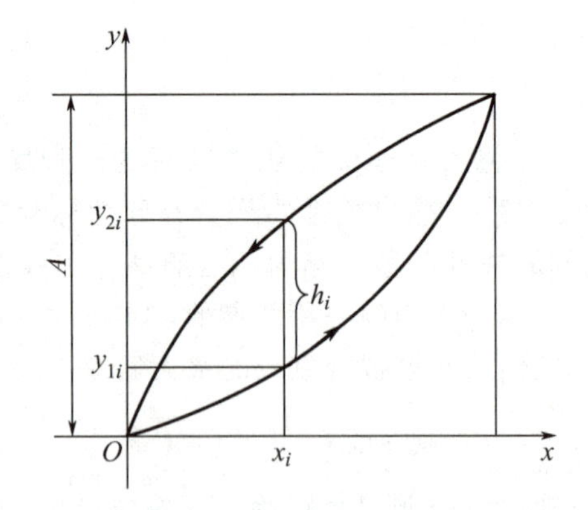

图 3.3　回程误差

回程误差主要由摩擦、间隙、材料的受力变形或磁滞等因素引起，也可能反映仪器不工作区(死区)的存在。不工作区是指输入变化对输出无影响的范围。

3.3 测试系统动态特性的数学描述及其物理意义

测试系统的动态特性是指输入随时间快速变化时，系统的输出随输入的变化而变化的关系。在输入变化时，人们所观察到的输出不仅受到研究对象动态特性的影响，也受到测试系统动态特性的影响。

例如，人们都知道在测量体温时，需要将体温计放在腋下保持足够的时间，才能把体温计的读数看成人体的温度，否则，若将体温计一接触腋下就拿出来读数，其结果必然与人体实际温度有很大差异。其原因是体温计这种测试系统本身的特性造成了输出滞后于输入，这说明测量结果的正确与否与人们是否了解测量装置(这里指体温计)的动态特性有很大的关系。又如，之所以不用千分表指针的最大偏摆量来作为振动位移幅值的量度，是因为千分表由质量-弹簧系统构成的机构动态特性太差。磁电式速度计和加速度计的机械部分虽然也是质量-弹簧系统，但经过适当的设计就可以用于在规定频率范围的振动位移、速度、加速度的测量，呈现出良好的动态特性。

【测试系统的动态特性】

可见，对用于动态测量的测试系统，必须对其动态特性有清楚的了解。否则，根据所得的输出是无法正确地确定所要测定的输入量的。因为一般来说，当测试系统输入是随时间变化的动态信号 $x(t)$时，其相应的输出 $y(t)$或多或少总是与 $x(t)$不一致，两者之间的差异即为动态误差。研究测试系统的动态特性，有利于了解动态输出与输入之间的差异及影响差异大小的因素，以便于减小动态误差。

一般来说，在所考虑的测量范围内，实际的测试系统总是被处理为线性时不变系统，因而总可以用式(3-1)所示的常系数线性微分方程来描述系统与输入/输出的关系。但为了研究和运算的方便，常通过拉普拉斯变换在复数域 S 中建立其相应的传递函数，并在频域中用传递函数的特殊形式——频率响应，在时域中用传递函数的拉普拉斯逆变换——权函数，以利于更简便、明了地描述测试系统的动态特性。

3.3.1 传递函数

当线性系统的初始条件为零，即在考察时刻以前，其输入量、输出量及各阶导数均为零，且测试系统的输入 $x(t)$和输出 $y(t)$在 $t>0$ 时均满足狄利克雷条件，则**定义输出 $y(t)$的拉普拉斯变换 $Y(s)$与输入 $x(t)$的拉普拉斯变换 $X(s)$之比为系统的传递函数，并记为 $H(s)$**，即

$$H(s)=\frac{Y(s)}{X(s)}=\frac{\int_0^{\infty}y(t)\mathrm{e}^{-st}\mathrm{d}t}{\int_0^{\infty}x(t)\mathrm{e}^{-st}\mathrm{d}t} \tag{3-10}$$

式中：s 为拉普拉斯算子，是复变数，即 $s=a+\mathrm{j}b$，且 $a\geqslant 0$。通过拉普拉斯变换的性质可以推导出线性系统的传递函数表达式。

根据拉普拉斯变换的微分性质

$$\begin{cases}L[y(t)]=Y(s)\\L[y'(t)]=s\cdot Y(s)\\\quad\vdots\\L[y^n(t)]=s^n\cdot Y(s)\end{cases}\tag{3-11}$$

在初始值为零的条件下对式(3－1)进行拉普拉斯变换，得

$$(a_n\cdot s^n+a_{n-1}\cdot s^{n-1}+\cdots+a_1\cdot s+a_0)Y(s)$$
$$=(b_m\cdot s^m+b_{m-1}\cdot s^{m-1}+\cdots+b_1\cdot s+b_0)X(s)$$

所以

$$H(s)=\frac{Y(s)}{X(s)}=\frac{b_m\cdot s^m+b_{m-1}\cdot s^{m-1}+\cdots+b_1\cdot s+b_0}{a_n\cdot s^n+a_{n-1}\cdot s^{n-1}+\cdots+a_1\cdot s+a_0}\tag{3-12}$$

式中：s 为拉普拉斯算子；$a_n, a_{n-1}, \cdots, a_1, a_0$ 和 $b_m, b_{m-1}, \cdots, b_1, b_0$ 是由**测试系统的物理参数**决定的常系数。从式(3－12)可知，传递函数以代数式的形式表征了系统对输入信号的传输、转换特性。它包含了瞬态和稳态时间响应的全部信息。而式(3－1)则是以微分方程的形式表征系统对输入/输出信号的关系。由于 m 总是小于 n，因此分母中 s 的幂次 n 便代表了系统微分方程的阶数。$n=1$ 时，$H(s)$为一阶系统的传递函数；$n=2$ 时，$H(s)$为二阶系统的传递函数。传递函数具有如下主要特点。

(1) **$H(s)$中的分母完全由系统的结构决定。**这是由于传递函数中的极点取决于分母的根，因此，系统的本征特性(如固有频率、阻尼率等)只取决于系统的结构，而与输入/输出无关。

(2) **$H(s)$中的分子只与输入(激励)点的位置、激励方式、所测变量及测点的布置情况有关，**反映系统与外界之间的关系。

(3) **$H(s)$以代数式的形式来表示，它只反映系统对输入的响应特性，而与具体的物理结构无关。**例如，简单的弹簧-质量-阻尼系统和 RLC 振荡电路，它们是完全不同的两个物理系统，但却都属于二阶系统，可以用同一形式的传递函数来描述，并且具有相似的响应特性。

(4) $H(s)$虽和输入无关，但其描述的系统对任意一个确定的输入 $x(t)$都可确定地给出相应的输出 $y(t)$。

3.3.2 频率响应与频响曲线

1. 频率响应

传递函数是在复数域中描述和考察系统的特性。在已知传递函数 $H(s)$的情况下，令 $H(s)$中拉普拉斯算子 s 的实部为零，即取 $a=0$，$b=\omega$，则拉普拉斯算子变为 $s=\mathrm{j}\omega$，传递函数式(3－12)则变为

$$H(\mathrm{j}\omega)=\frac{Y(\mathrm{j}\omega)}{X(\mathrm{j}\omega)}=\frac{b_m\cdot(\mathrm{j}\omega)^m+b_{m-1}\cdot(\mathrm{j}\omega)^{m-1}+\cdots+b_1\cdot(\mathrm{j}\omega)+b_0}{a_n\cdot(\mathrm{j}\omega)^n+a_{n-1}\cdot(\mathrm{j}\omega)^{n-1}+\cdots+a_1\cdot(\mathrm{j}\omega)+a_0}\tag{3-13}$$

这种特殊形式的传递函数 $H(j\omega)$通常称为系统的频率响应，**频率响应是在频域中描述和考察系统特性的。**很显然，频率响应 $H(\mathrm{j}\omega)$就是系统在初始值为零的情况下，输出 $y(t)$的傅里叶变换与输入 $x(t)$的傅里叶变换之比。

2. 频率响应的物理意义

若式(3－1)所描述的线性系统，其输入是频率为 ω 的正弦信号 $x(t)=X_0\cdot\mathrm{e}^{\mathrm{j}\omega t}$，那么，

在稳定状态下，根据线性系统的频率保持特性，该系统的输出仍然会是一个频率为 ω 的正弦信号，只是其幅值和相位与输入有所不同，因而其输出可写成

$$y(t)=Y_0 \cdot e^{j(\omega t+\varphi)}$$

式中：Y_0 和 φ 为未知量。

输入和输出及其各阶导数分列如下。

$$\begin{array}{ll|ll} x(t) & =X_0 \cdot e^{j\omega t} & y(t) & =Y_0 \cdot e^{j(\omega t+\varphi)} \\ \dfrac{dx(t)}{dt} & =(j\omega) \cdot X_0 \cdot e^{j\omega t} & \dfrac{dy(t)}{dt} & =(j\omega) \cdot Y_0 \cdot e^{j(\omega t+\varphi)} \\ \dfrac{d^2x(t)}{dt^2} & =(j\omega)^2 \cdot X_0 \cdot e^{j\omega t} & \dfrac{d^2y(t)}{dt} & =(j\omega)^2 \cdot Y_0 \cdot e^{j(\omega t+\varphi)} \\ \vdots & & \vdots & \\ \dfrac{d^nx(t)}{dt^n} & =(j\omega)^n \cdot X_0 \cdot e^{j\omega t} & \dfrac{d^ny(t)}{dt} & =(j\omega)^n \cdot Y_0 \cdot e^{j(\omega t+\varphi)} \end{array}$$

将各阶导数的表达式代入式(3-1)，得

$$\begin{aligned} &[a_n \cdot (j\omega)^n+a_{n-1} \cdot (j\omega)^{n-1}+\cdots+a_1 \cdot (j\omega)+a_0] \cdot Y_0 \cdot e^{j(\omega t+\varphi)} \\ =&[b_m \cdot (j\omega)^m+b_{m-1} \cdot (j\omega)^{m-1}+\cdots+b_1 \cdot (j\omega)+b_0] \cdot X_0 \cdot e^{j\omega t} \end{aligned}$$

于是有

$$\frac{b_m \cdot (j\omega)^m+b_{m-1} \cdot (j\omega)^{m-1}+\cdots+b_1 \cdot (j\omega)+b_0}{a_n \cdot (j\omega)^n+a_{n-1} \cdot (j\omega)^{n-1}+\cdots+a_1 \cdot (j\omega)+a_0}=\frac{Y_0 \cdot e^{j(\omega t+\varphi)}}{X_0 \cdot e^{j\omega t}}=\frac{y(t)}{x(t)} \tag{3-14}$$

式(3-14)的左边与式(3-13)的右边是完全一样的。这说明式(3-14)也是系统的频率响应，它表达了系统的动态特性。而从式(3-14)的右边来看，频率响应也就是当频率为 ω 的正弦信号作为某一线性系统的激励(输入)时，该系统在稳定状态下的输出和输入之比(不需要进行拉普拉斯变换)。因此，频率响应可以视为测试系统对简谐信号的传输特性。

频率响应的这种物理意义，给研究测试系统的动态特性带来了方便，即不必先列出系统的微分方程再用拉普拉斯变换的方法求一般化的传递函数 $H(s)$，也不必对微分方程用傅里叶变换的方法来求特殊形式的传递函数 $H(j\omega)$——频率响应，而可以通过谐波激励实验的方法来求取研究对象的动态特性。即用不同频率的已知正弦信号作为研究对象的激励信号，只要测得系统的响应 $y(t)$，便可以获得该系统的频率响应 $H(j\omega)$。尽管用对微分方程进行拉普拉斯变换的方式来求传递函数非常简单，但是很多实际工程系统中很难完整地列出微分方程，通常只能通过实验方法来确定系统的动态特性，所以频率响应具有很实用的价值。需要注意的是，频率响应描述的是系统的简谐信号输入和其稳态输出的关系，因此，在测量系统频率响应时，必须在系统响应达到稳态时才测量。

3. 频响曲线

频率响应 $H(j\omega)$是复数，可以用复指数形式来表达，也可以写成实部和虚部之和，即

$$H(j\omega)=A(\omega)e^{j\varphi(\omega)}=\mathrm{Re}(\omega)+j\mathrm{Im}(\omega) \tag{3-15}$$

式中：$\mathrm{Re}(\omega)$为复数 $H(j\omega)$的实部，$\mathrm{Im}(\omega)$为复数 $H(j\omega)$的虚部，都是频率 ω 的实函数。

$\mathrm{Re}(\omega)-\omega$ 图形和 $\mathrm{Im}(\omega)-\omega$ 图形分别称为系统的实频特性曲线和虚频特性曲线。
$A(\omega)$是频率响应 $H(j\omega)$的模，即

$$A(\omega)=|H(\mathrm{j}\omega)|=\sqrt{[\mathrm{Re}(\omega)]^2+[\mathrm{Im}(\omega)]^2}=\frac{Y_0(\omega)}{X_0(\omega)} \tag{3-16}$$

频率响应 $H(\mathrm{j}\omega)$的模 $A(\omega)$表达了系统的输出对输入的幅值比随频率变化的关系，称为幅频特性。$A(\omega)-\omega$ 图形称为幅频特性曲线。

$\varphi(\omega)$是频率响应 $H(\mathrm{j}\omega)$的幅角，即

$$\varphi(\omega)=\angle|H(\mathrm{j}\omega)|=\arctan\frac{\mathrm{Im}(\omega)}{\mathrm{Re}(\omega)}$$

它表达了系统的输出对输入的相位差随频率的变化关系，称为相频特性。$\varphi(\omega)-\omega$ 图形称为相频特性曲线。

在实际作图时，有时也常以自变量 ω(或 f)取对数标尺，而因变量则取分贝(dB)数，即作 $20\lg A(\omega)-\lg\omega$ 图和 $\varphi(\omega)-\lg\omega$ 图，分别称为**对数幅频曲线**和**对数相频曲线**，两者统称为伯德(Bode)图。

若在复平面内作一矢量，其长度为 $H(\mathrm{j}\omega)$的模 $A(\omega)$，矢量与实轴正向的夹角为 $H(\mathrm{j}\omega)$的幅角 $\varphi(\omega)$［以逆时针方向为 $\varphi(\omega)$角的正向］。当 ω 在$[0,\infty)$区间变化时，矢量端点的轨迹称为测试系统的**幅相频率曲线**，又称奈奎斯特(Nyquist)图。图 3.4 所示就是当系统的频率响应为 $H(\mathrm{j}\omega)=\dfrac{1}{1+\mathrm{j}\omega\tau}$时的幅相频率曲线实例($\tau$ 为常数)，也就是一阶系统的奈奎斯特图。

上述不同形式的图形，统称为系统的频率响应曲线(简称频响曲线)。用幅频和相频特性这一组曲线，或实频和虚频这一组曲线，或用奈奎斯特图，都可以全面地表达系统的动态特性。一般情况下，**幅频曲线和相频曲线是常用的频响曲线**。

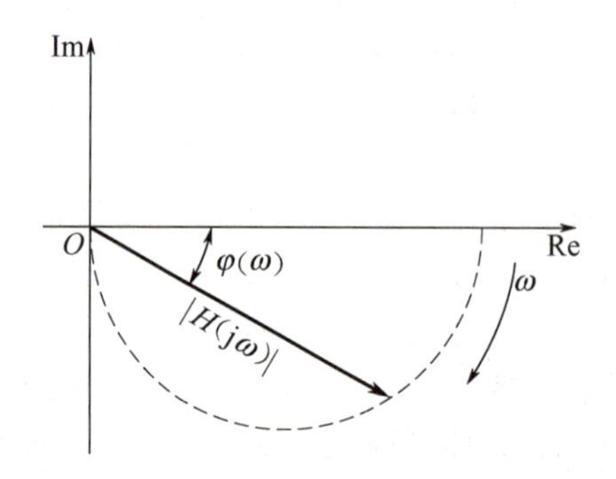

图 3.4　系统的频率响应为 $H(\mathrm{j}\omega)=\dfrac{1}{1+\mathrm{j}\omega\tau}$时的幅相频率曲线

【例 3.1】 已知某测试系统的传递函数 $H(s)=\dfrac{1}{1+0.5s}$，当输入信号分别为 $x_1=\sin\pi t$，$x_2=\sin 4\pi t$ 时，试分别求系统稳态输出，并比较它们的幅值和相位变化。

解：令 $s=\mathrm{j}2\pi f$，求得测试系统的频率响应为

$$H(\mathrm{j}2\pi f)=\frac{1}{1+\mathrm{j}\times0.5\times2\pi f}=\frac{1-\mathrm{j}\pi f}{1+(\pi f)^2}$$

$$A(f)=\frac{1}{\sqrt{1+\pi^2 f^2}}$$

$$\varphi(f)=-\mathrm{argtan}\pi f$$

信号 x_1：

$$f_1=0.5\text{Hz};\ A(f_1)=0.537;\ \varphi(f_1)=-57.52°$$

信号 x_2：

$$f_2=2\text{Hz};\ A(f_2)=0.157;\ \varphi(f_2)=-80.96°$$

有

$$y_1(t)=0.537\sin(\pi t-57.52°)$$
$$y_2(t)=0.157\sin(4\pi t-80.96°)$$

讨论：该测试系统是一阶系统，其幅频特性：在 $f_1=0.5$Hz 时，对信号的幅值的衰减率为 0.537；在 $f_2=2$Hz 时，对信号的幅值的衰减率为 0.157。所以，当频率为 0.5Hz 的信号 x_1 经过该测试系统后，幅值由 1 衰减为 0.537；而信号 x_2 经过该测试系统后，幅值由 1 衰减为 0.157。同理可分析测试信号的频率对信号相位的影响。此例表明，测试系统的动态特性(幅频特性和相频特性)对输入信号的幅值和相位的影响是可以通过输入、系统的动态特性(幅频特性和相频特性)及输出三者之间的关系进行分析的。

3.3.3 权函数

【权函数】

由系统的传递函数 $H(s)=\dfrac{Y(s)}{X(s)}$，可得

$$Y(s)=H(s)\cdot X(s) \tag{3-17}$$

若以 $h(t)$ 表示传递函数 $H(s)$ 的拉普拉斯逆变换，并称其为权函数，即

$$h(t)=L^{-1}[H(s)] \tag{3-18}$$

则对式(3-17) 取拉普拉斯逆变换，并根据拉普拉斯变换的卷积特性可得

$$y(t)=h(t)*x(t) \tag{3-19}$$

式(3-19)表明：系统的响应(输出)等于权函数 $h(t)$ 与激励(输入) $x(t)$ 的卷积。可见，权函数 $h(t)$ 与传递函数 $H(s)$[或频率响应 $H(j\omega)$]一样，也反映了系统的输入/输出关系，因而也可以用来表征系统的动态特性。

从纯数学的角度来看，$h(t)$ 是 $H(s)$ 的拉普拉斯逆变换；而从物理意义的角度来看，如果某线性系统的输入为单位脉冲函数 $\delta(t)$，则根据式(3-19)，该系统的输出应当是 $y(t)=h(t)*\delta(t)$。根据第 2 章所述 δ 函数与其他函数卷积的性质，可知卷积的结果是简单地将其他函数的图形搬移到脉冲函数的坐标位置上，因而有 $y_0(t)=h(t)*\delta(t)=h(t)$。这表明，**权函数 $h(t)$ 等于系统的输入为单位脉冲函数 $\delta(t)$ 时的响应 $y_0(t)$，因此，权函数 $h(t)$ 也称单位脉冲响应函数。**

思考题：为什么还可以用单位阶跃响应函数或单位斜坡函数来表征系统的动态特性？

【思考题答案】

权函数的物理意义及脉冲函数、阶跃函数和斜坡函数之间的关系，为系统动态特性的研究提供了除用稳态正弦试验法求取系统动态特性函数(频率响应)以外的新的途径，即仍然采用试验的方法，对系统进行脉冲、阶跃或斜坡等瞬态信号激励。只要测得系统对这些瞬态信号的响应，就可以获得系统的动态特性。尤其是对于阶跃响应，由于阶跃信号比较容易产生，因此在系统特性的测定中比较常用。

特别应该注意的是，权函数 $h(t)$(或阶跃响应函数和斜坡响应函数)是在时域中通过瞬态响应过程来描述系统的动态特性；频率响应 $H(j\omega)$ 是在频域中通过对不同频率的正弦激

励，以在稳定状态下的系统响应特性来描述系统的动态特性(它不能反映响应的过渡过程)；而传递函数 $H(s)$ 描述系统的特性则具有普遍意义，它既反映了系统响应的稳态过程，也反映了系统响应的过渡过程。由于测试工作总是力求在系统的响应达到稳态阶段再进行(以期获得较好的测试结果)，故在测试技术中常用频率响应来描述系统的动态特性。

3.3.4 测试系统中环节的串联与并联

一个实际的测试系统通常都是由若干个环节组成的，测试系统的传递函数与各个环节的传递函数之间的关系取决于各环节的连接形式。如图 3.5 所示，若系统由多个环节串联，且后面的环节对前一环节没有影响，各环节本身的传递函数为 $H_i(s)$，则系统的总传递函数为

$$H(s) = \prod_{i=1}^{n} H_i(s)$$

相应地，系统的频率响应为

$$\left.\begin{aligned} H(j\omega) &= H_1(j\omega) \cdot H_2(j\omega) \cdots H_n(j\omega) \\ A(\omega) &= A_1(\omega) \cdot A_2(\omega) \cdots A_n(\omega) \\ \varphi(\omega) &= \varphi_1(\omega) + \varphi_2(\omega) + \cdots + \varphi_n(\omega) \end{aligned}\right\} \tag{3-20}$$

若系统由多个环节并联而成，如图 3.6 所示，则类似地有

$$H(s) = \sum_{i=1}^{n} H_i(s)$$

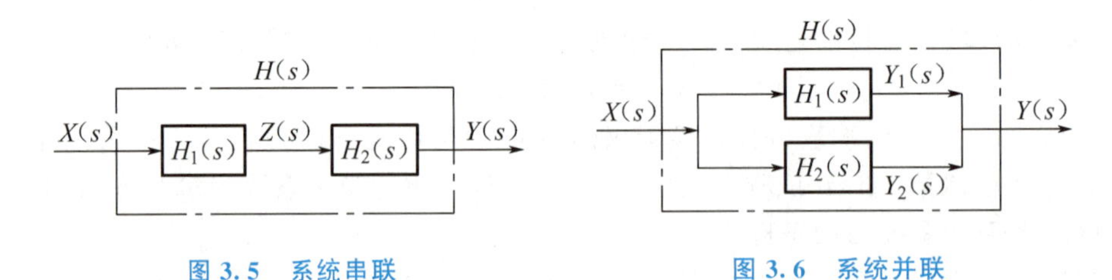

图 3.5 系统串联　　　　图 3.6 系统并联

当系统的传递函数分母中 s 的幂次 $n>2$ 时，系统称为高阶系统。由于一般的测试系统总是稳定的，且 s 的极点具有负实数，也就是说，式(3-12)所描述的传递函数，其分母总可以分解成为 s 的一次和二次实系数因式，即

$$a_n \cdot s^n + a_{n-1} \cdot s^{n-1} + \cdots + a_1 \cdot s + a_n = a_n \prod_{i=1}^{r}(s+p_i) \cdot \prod_{i=1}^{(n-r)/2}(s^2 + Q_i s + K_i) \tag{3-21}$$

故式(3-15)可改写为

$$H(s) = \sum_{i=1}^{r} \frac{a_i}{s+p_i} + \sum_{i=1}^{(n-r)/2} \frac{\beta_i s + r_i}{s^2 + Q_i s + K_i} \tag{3-22}$$

式(3-22)表明：**任何一个高阶系统，总可以把它看成若干个一阶系统和二阶系统的并联。**所以，研究一阶系统和二阶系统的动态特性，具有非常普遍的意义。

【例 3.2】 利用图 3.7 所示测试系统测量某物理系统的相频特性，试从 A、B、C 三路信号中正确地选择两个接入相位计，并说明原因(假设两电荷放大器型号相同，有一致的相频特性)。

分析： 图 3.7 所示系统要求相位计测出的物理系统相频特性不受测试系统中其他装置的影响。因此，选择接入相位计的二路信号得到的相位差应仅仅是被测物理系统的相移。图中各路信号的输出可看成由若干装置串联而成的信号传输通道产生的结果，该信号传输通道就是一个测试小系统。根据串联装置的相移特性即可求出正确答案。

解： 串联系统的相移为各环节相移之和。各路信号的相移为

$$\varphi_A = \varphi_S + \varphi_N + \varphi_I + \varphi_F + \varphi_P + \varphi_a + \varphi_q$$

$$\varphi_B = \varphi_S + \varphi_N + \varphi_I + \varphi_F + \varphi_q$$

$$\varphi_C = \varphi_S$$

则 $\varphi_A - \varphi_B = \varphi_P + \varphi_a$。因为 $\varphi_a \approx 0$，所以 $\varphi_A - \varphi_B = \varphi_P$。故应选择 A、B 两路信号接入相位计。各下角标含义：S—信号发生器，N—功率放大器，I—激振器，F—力传感器，P—物理系统，a—加速度计，q—电荷放大器。

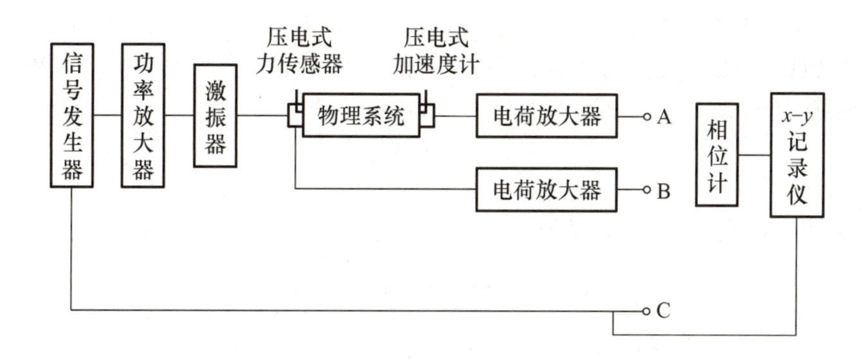

图 3.7 某物理系统的相频特性的测试系统

3.4 系统实现动态测试不失真的条件

【动态测试不失真的条件】

测试的目的是应用测试系统精确地获取被测的特征量或参数的原始信息，然而事实上并不是所有测试系统都能毫无条件地做到这一点。这就要求**测试系统的输出信号能够真实、准确地反映出被测对象的信息。这种测试称为不失真测试。**

一个测试系统，在什么条件下才能保证测量的准确性？观察图 3.8 中的输入信号 $x(t)$，测试系统的输出 $y(t)$可能出现以下的三种情况。

(1) 最理想的情况。输出波形与输入波形完全一致，只有幅值按比例常数 A_0 进行放大，即输出与输入之间满足

$$y(t) = A_0 x(t) \tag{3-23}$$

(2) 输出波形与输入波形相似的情况。输出不但按比例常数 A_0 对输入进行了放大，而且还相对于输入滞后了时间 t_0，即满足

$$y(t) = A_0 x(t - t_0) \tag{3-24}$$

(3) 失真情况。输出与输入完全不一样，产生了波形畸变。显然，这是测试系统不希

望出现的情况。

【信号的无失真传输】

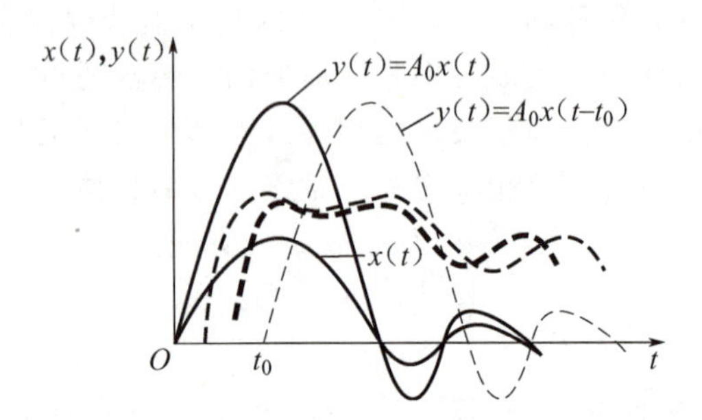

图 3.8　测试系统不失真的条件

测试系统具有怎样的动态特性才不会产生测试失真? 很显然，系统在进行动态测试时，理想状态是满足第一种情况，一般也应当满足第二种情况，则可求得测试系统的幅频特性和相频特性在满足不失真测试要求时应具有的条件。由此分别对式(3－23)和式(3－24)做傅里叶变换，得

$$Y(\mathrm{j}\omega)=A_0X(\mathrm{j}\omega)$$

$$Y(\mathrm{j}\omega)=A_0\mathrm{e}^{\mathrm{j}t_0\omega}X(\mathrm{j}\omega)$$

要满足第一种不失真测试情况，系统的频率响应为

$$H(\mathrm{j}\omega)=\frac{Y(\mathrm{j}\omega)}{X(\mathrm{j}\omega)}=A_0=A_0\mathrm{e}^{\mathrm{j}\cdot 0} \tag{3－25}$$

而要满足第二种不失真测试情况，系统的频率响应为

$$H(\mathrm{j}\omega)=\frac{Y(\mathrm{j}\omega)}{X(\mathrm{j}\omega)}=A_0\mathrm{e}^{\mathrm{j}\cdot(-t_0\omega)} \tag{3－26}$$

从式(3－25)和式(3－26)可以看出，系统要实现动态测试不失真，其幅频特性和相频特性应满足下列条件：

$$A(\omega)=A_0 \quad (A_0\ 为常数) \tag{3－27}$$

$$\varphi(\omega)=0 \quad (理想条件) \tag{3－28}$$

或

$$\varphi(\omega)=-t_0\omega \quad (t_0\ 为常数) \tag{3－29}$$

式(3－27)表明，测试系统实现动态测试不失真的幅频特性曲线应当是一条平行于 ω 轴的直线。式(3－28)和式(3－29)则分别表明，系统实现动态测试不失真的相频特性曲线应是与水平坐标重合的直线(理想条件)或是一条通过坐标原点的斜直线，如图 3.9 所示。

图 3.9　理想不失真条件

任何一个测试系统都不可能在无限宽广的频带范围内满足不失真的测试条件，通常将由于 $A(\omega)$ 不等于常数所引起的失真称为**幅值失真**，由 $\varphi(\omega)$ 与 ω 之间的非线性关系而引起的失真称为**相位失真**。在测试过程中要根据不同的测试目的，合理地利用测试系统不失真的条件，否则会得到相反的结果。例如，测试的结果用来作为反馈控制信号，输出对输入的时间滞后则有可能破坏系统的稳定性，因此通常需要对输出信号在幅值和相位上进行适当的处理之后，才能用作反馈信号。

应当指出，上述动态测试不失真的条件是针对系统的输入为多频率成分构成的复杂信号而言的。对于单一成分的正弦型信号的测量，尽管系统由于其幅频特性曲线不是水平直线或相频特性曲线与 ω 不呈线性，致使不同频率的正弦信号作为输入时，其输出的幅值误差和相位差会有所不同，但只要知道了系统的幅频特性和相频特性，就可以求得输入某个具体频率的正弦信号时系统输出与输入的幅值比和相位差，因此仍可以精确地获得输入信号的波形。所以，对于简单周期信号的测量，从理论上讲，对上述动态测试不失真的条件可以不作严格要求。但应当注意的是，**尽管系统的输入在理论上也许只有简单周期信号，但实际上仍然可能有不可预见的随机干扰存在，这些干扰仍然会引起响应失真。**一般来说，为了实现动态测试不失真，都要求系统满足 $A(\omega)=A_0$ 和 $\varphi(\omega)=0$ 或 $\varphi(\omega)=-t_0\omega$ 的条件。

由于测试系统通常是由若干个测试环节组成的，因此只有保证所使用的每一个测试环节都满足不失真的测试条件，才能使最终的输出信号不失真。

【例 3.3】 图 3.10 为某一测试装置的幅频特性曲线和相频特性曲线。当输入信号为 $x_1(t)=A_1\sin\omega_1 t+A_2\sin\omega_2 t$ 时，输出信号不失真；当输入信号为 $x_2(t)=A_1\sin\omega_1 t+A_4\sin\omega_4 t$ 时，输出信号失真。试分析上述说法是否正确？

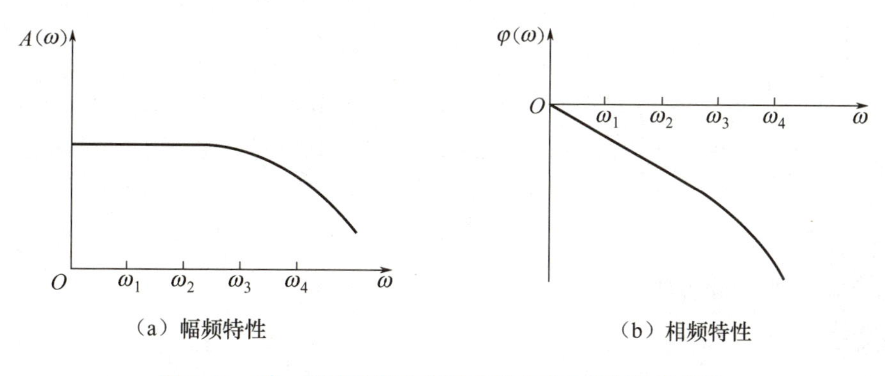

（a）幅频特性　　（b）相频特性

图 3.10 某一测试装置的幅频特性曲线和相频特性曲线

解： 根据测试系统实现不失真测试的条件，若要输出波形精确地与输入波形一致而没有失真，则装置的幅频特性、相频特性应分别满足

$$A(\omega)=A_0 \qquad \varphi(\omega)=-t_0\omega$$

由图 3.10 可以看出，当输入信号的频率 $\omega\leqslant\omega_2$ 时，装置的幅频特性 $A(\omega)=A_0$（为常数），且相频曲线为线性；而当 $\omega\geqslant\omega_3$ 时，幅频曲线下跌且相频曲线呈非线性。因此在输入信号的频率 $\omega\leqslant\omega_2$ 时，能保证输出不失真。而在 $x_2(t)$ 中，有 $\omega=\omega_4$，所以，题中的结论是正确的。

3.5 常见测试系统的频率响应特性

由于比较常见的测试系统是一阶系统和二阶系统，而高阶测试系统由若干个一阶系统和二阶系统并联而成，因此本节主要讨论一阶系统和二阶系统的频率响应特性。

3.5.1 一阶系统

【一阶系统】

图 3.11 所示是一支液柱式温度计。液柱式温度计是一个典型的一阶系统。以 $T_i(t)$表示温度计的输入信号(即被测温度)，以 $T_o(t)$表示温度计的输出信号(即示值温度)，则输入与输出的关系为

$$RC\frac{\mathrm{d}T_o(t)}{\mathrm{d}t}+T_o(t)=T_i(t) \tag{3-30}$$

式中：R 为传导介质的热阻；C 为温度计的热容量。

式(3-30)表明，液柱式温度计的系统微分方程是一阶微分方程，可认为该温度计是一个一阶测试系统。

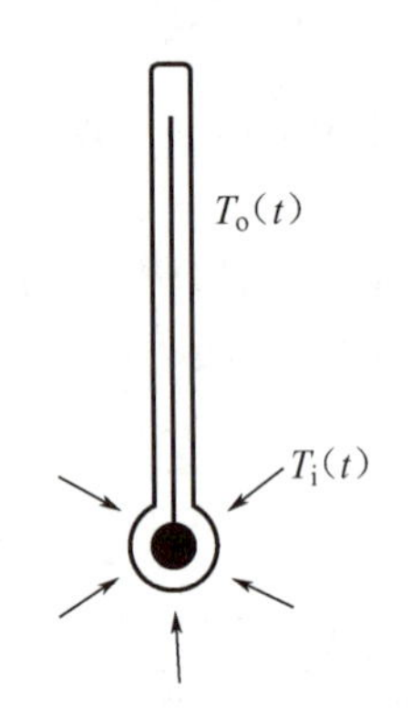

图 3.11　液柱式温度计

对式(3-30)两边做拉普拉斯变换，并令 $\tau=RC$(τ 为温度计时间常数)，则有

$$\tau sT_o(s)+T_o(s)=T_i(s)$$

整理得温度计系统的传递函数为

$$H(s)=\frac{T_o(s)}{T_i(s)}=\frac{1}{1+\tau s}$$

用 jω 替换 s，可得到温度计系统的频率响应为

$$H(\mathrm{j}\omega)=\frac{1}{1+\mathrm{j}\omega\tau}$$

可见，液柱式温度计的传递特性具有一阶系统特性。

下面从一般意义上分析一阶系统的频率响应特性。一阶系统微分方程的通式为

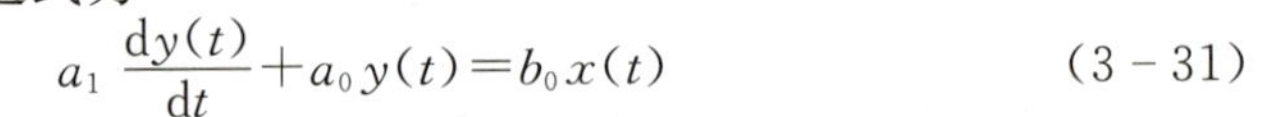

$$a_1\frac{\mathrm{d}y(t)}{\mathrm{d}t}+a_0y(t)=b_0x(t) \tag{3-31}$$

【用温度计测量液体的温度】

用 a_0 除各项，得

$$\frac{a_1}{a_0}\frac{\mathrm{d}y(t)}{\mathrm{d}t}+y(t)=\frac{b_0}{a_0}x(t)$$

式中：$\frac{a_1}{a_0}$具有时间量纲，称为时间常数，常用符号 τ 来表示；$\frac{b_0}{a_0}$是系统的静态灵敏度 S[见式(3-7)]。在线性系统中，S 为常数，由于 S 的大小仅表示输出与输入之间(输入为静态量时)放大的比例关系，并不影响对系统动态特性的研究，因此，为了方便分析，通常采用灵敏度归一处理的方法，即令 $S=\frac{b_0}{a_0}=1$。

灵敏度归一处理后，一阶系统的微分方程为

$$\tau\frac{\mathrm{d}y(t)}{\mathrm{d}t}+y(t)=x(t) \tag{3-32}$$

对式(3-32)做拉普拉斯变换，得

$$\tau sY(s)+Y(s)=X(s) \tag{3-33}$$

则一阶系统的传递函数为

$$H(s)=\frac{Y(s)}{X(s)}=\frac{1}{\tau s+1} \tag{3-34}$$

其频率响应为

$$\begin{cases} H(j\omega)=\dfrac{1}{j\omega\tau+1}=\dfrac{1}{1+(\omega\tau)^2}-j\dfrac{\omega\tau}{1+(\omega\tau)^2} \\ A(\omega)=\sqrt{[\mathrm{Re}(\omega)]^2+[\mathrm{Im}(\omega)]^2}=\dfrac{1}{\sqrt{1+(\omega\tau)^2}} \\ \varphi(\omega)=\arctan\dfrac{\mathrm{Im}(\omega)}{\mathrm{Re}(\omega)}=-\arctan(\omega\tau) \end{cases} \tag{3-35}$$

式中：$\varphi(\omega)$为负值，表示系统输出信号的相位滞后于输入信号的相位。一阶系统的幅频特性曲线和相频特性曲线如图 3.12 所示。

【幅频特性曲线实验】

从一阶系统的幅频特性曲线来看，与动态测试不失真的条件(图 3.12)对比，显然在整个范围内它不满足 $A(\omega)$为水平直线的要求。

对于实际的测试系统，要完全满足理论上的动态测试不失真条件几乎是不可能的，只能要求在接近不失真的测试条件的某一频段范围内，幅值误差不超过某一限度。**一般在没有特别指明精度要求的情况下，系统只要是在幅值误差不超过 5%(即在系统灵敏度归一处理后，$A(\omega)$值不大于 1.05 或不小于 0.95)的频段范围内工作，就认为可以满足动态测试要求。**

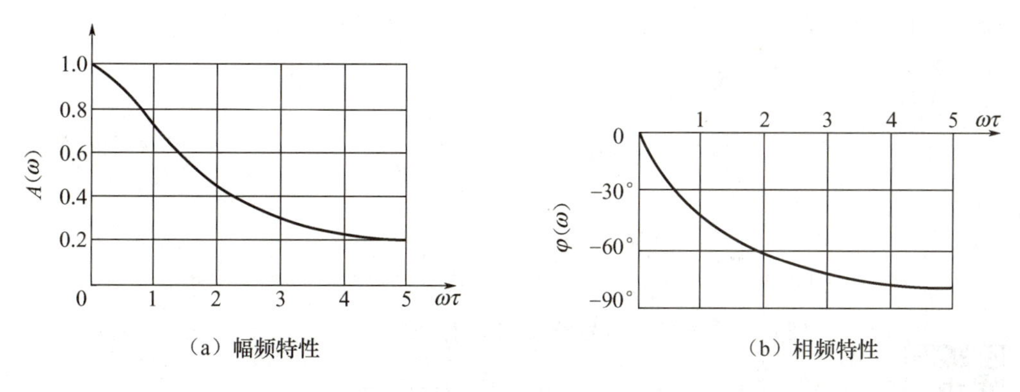

(a) 幅频特性　　(b) 相频特性

图 3.12　一阶系统的幅频特性曲线和相频特性曲线

一阶系统当 $\omega=1/\tau$ 时，$A(\omega)=0.707(-3\text{dB})$，相位滞后 45°，通常称 $\omega=1/\tau$ 为一阶系统的转折频率。只有当 $\omega\ll 1/\tau$ 时，幅频特性才接近于 1，才可以不同程度地满足动态测试要求。在幅值误差一定的情况下，τ 越小，则系统的工作频率范围越大。或者说，在被测信号的最高频率成分 ω 一定的情况下，τ 越小，则系统输出的幅值误差越小。

从一阶系统的相频特性曲线来看，同样也只有在 $\omega\ll 1/\tau$ 时，相频特性曲线接近于一条过零点的斜直线，可以不同程度地满足动态测试不失真条件，而且也同样是 τ 越小，系统的工作频率范围越大。

综合上述分析，可以得出结论：**反映一阶系统的动态性能的指标参数是时间常数 τ，原则上 τ 越小越好。**

一阶系统在测量装置中比较常见。例如，用于测量温度的热电偶，图 3.13(a)所示的常用的 *RC* 低通滤波器，还有图 3.13(b)所示的弹簧阻尼机械系统，都属于一阶系统。

【例 3.4】 用一个一阶系统作 100Hz 正弦信号测试。(1)如果要求限制振幅误差在 5%以内，则时间常数 τ 应取多少？(2)若用具有该时间常数的同一系统作 50Hz 信号的测试，此时的振幅误差和相角差各是多少？

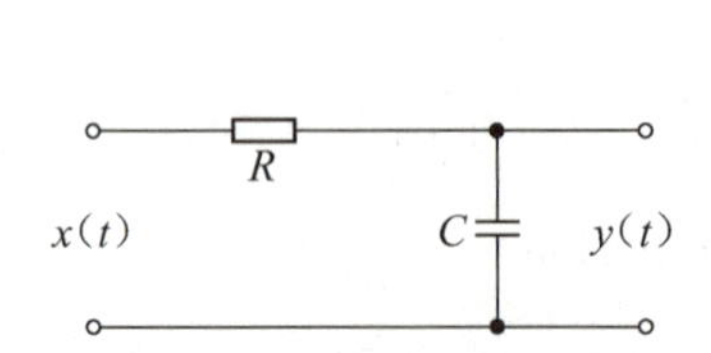

(a) RC低通滤波器（电气一阶系统）

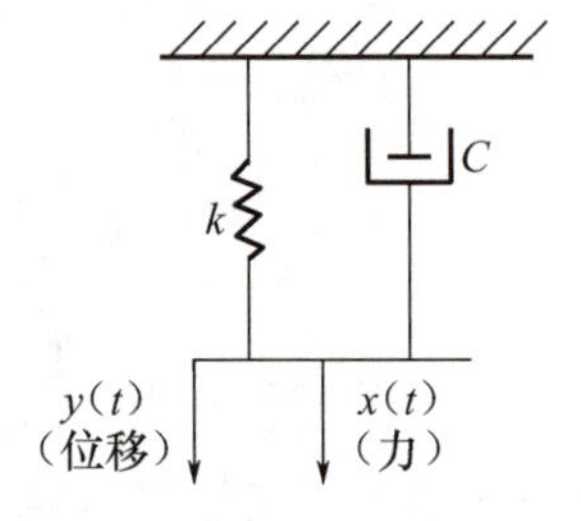

(b) 弹簧阻尼机械系统（机械一阶系统）

图 3.13 一阶系统

分析：测试系统对某一信号测量后的幅值误差应为

$$\delta=\left|\frac{A_1-A_0}{A_1}\right|=|1-A(\omega)|$$

其相角差即相位移为 φ，对一阶系统，若设 $S=1$，则其幅频特性和相频特性分别为

$$A(\omega)=\frac{1}{\sqrt{(\omega\tau)^2+1}},\varphi(\omega)=\arctan(-\omega\tau)$$

解：(1) 因为 $\delta=|1-A(\omega)|$，故当 $|\delta|\leqslant 0.05$ 时，即要求 $1-A(\omega)\leqslant 0.05$，所以 $1-\frac{1}{\sqrt{(\omega\tau)^2+1}}\leqslant 0.05$，化简得

$$(\omega\tau)^2\leqslant\frac{1}{0.95^2}-1=0.108$$

则

$$\tau\leqslant\sqrt{0.108}\cdot\frac{1}{2\pi f}=\sqrt{0.108}\cdot\frac{1}{2\pi\times 100}\mathrm{s}=5.23\times 10^{-4}\mathrm{s}$$

(2) 当作 50Hz 信号测试时，有

【思考题】

$$\delta=1-\frac{1}{\sqrt{(\omega\tau)^2+1}}=1-\frac{1}{\sqrt{(2\pi f\tau)^2+1}}$$

$$=1-\frac{1}{\sqrt{(2\pi\times 50\times 5.23\times 10^{-4})^2+1}}=1-0.9868=1.32\%$$

$$\varphi=\arctan(-\omega\tau)=\arctan(-2\pi f\tau)=\arctan(-2\pi\times 50\times 5.23\times 10^{-4})=-9^\circ 19'50''$$

思考：试进一步分析该一阶系统的动特性参数 τ 和工作频率 f 对测量误差的影响。

3.5.2 二阶系统

【二阶系统】

图 3.14 所示的动圈式显示仪振子是一个典型二阶系统。在笔式记录仪和光线示波器等动圈式振子中，通电线圈在永久磁场中受到电磁转矩 $k_i i(t)$ 的作用，在产生指针偏转运动时，偏转的转动惯量会受到扭转阻尼转矩 $C\frac{\mathrm{d}\theta}{\mathrm{d}t}$和弹性回复转矩 $k_\theta\theta(t)$的作用，根据牛顿第二定律，这个系统的输入/输出关系可以用二阶微分方程描述。

$$J\frac{\mathrm{d}^2\theta(t)}{\mathrm{d}t^2}+C\frac{\mathrm{d}\theta(t)}{\mathrm{d}t}+k_\theta\theta(t)=k_i i(t) \tag{3-36}$$

式中：$i(t)$为输入动圈的电流信号；$\theta(t)$为振子（动圈）的角位移输出信号；J 为振子转

动部分的转动惯量；C 为阻尼系数，包括空气阻尼、电磁阻尼、油阻尼等；k_θ 为游丝的扭转刚度；k_i 为电磁转矩系数，与动圈绕组在气隙中的有效面积、匝数和磁感应强度等有关。

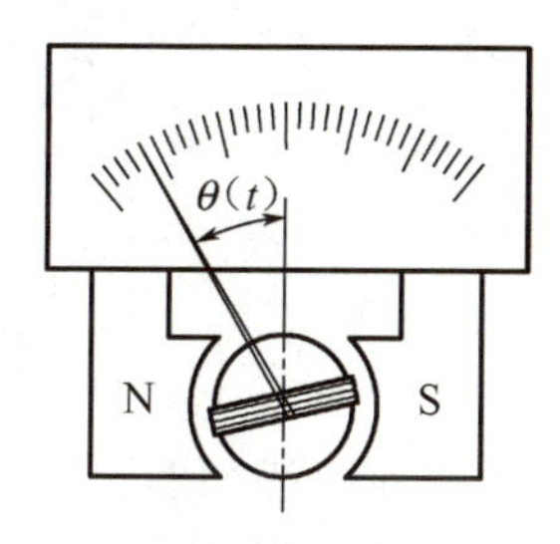

图 3.14 动圈式显示仪振子的工作原理

对式(3-36)进行拉普拉斯变换，整理得到对应的振子系统的传递函数，即

$$H(s)=\frac{\theta(s)}{I(s)}=\frac{\frac{k_i}{J}}{s^2+\frac{C}{J}s+\frac{k_\theta}{J}}=S\frac{\omega_n^2}{s^2+2\xi\omega_n s+\omega_n^2}$$

式中：$\omega_n=\sqrt{k_\theta/J}$，为系统的固有频率；$\xi=C/2\sqrt{k_\theta J}$，为系统的阻尼率；$S=k_i/k_\theta$，为系统的灵敏度。

下面分析典型的二阶系统的频率响应特性。

一般二阶系统的微分方程的通式为

$$a_2\frac{d^2y(t)}{dt^2}+a_1\frac{dy(t)}{dt}+a_0y(t)=b_0x(t) \tag{3-37}$$

进行灵敏度归一处理后，式(3-37)可写成

$$\frac{a_2}{a_0}\frac{d^2y(t)}{dt^2}+\frac{a_1}{a_0}\frac{dy(t)}{dt}+y(t)=x(t)$$

若令系统固有频率 $\omega_n=\sqrt{\frac{a_0}{a_2}}$，系统的阻尼率 $\xi=\frac{a_1}{2\sqrt{a_0a_2}}$，则

$$\frac{a_2}{a_0}=\frac{1}{\omega_n^2},\quad \frac{a_1}{a_0}=\frac{2\xi}{\omega_n}$$

于是式(3-37)经灵敏度归一处理后可进一步改写为

$$\frac{1}{\omega_n^2}\frac{d^2y(t)}{dt^2}+\frac{2\xi}{\omega_n}\frac{dy(t)}{dt}+y(t)=x(t)$$

对上式两边进行拉普拉斯变换，得

$$\frac{1}{\omega_n^2}s^2Y(s)+\frac{2\xi}{\omega_n}sY(s)+Y(s)=X(s)$$

故二阶系统的传递函数为

$$H(s)=\frac{1}{\frac{1}{\omega_n^2}s^2+\frac{2\xi}{\omega_n}s+1}=\frac{\omega_n^2}{s^2+2\xi\omega_n s+\omega_n^2} \tag{3-38}$$

二阶系统的频率响应为

$$
\begin{cases}
H(\mathrm{j}\omega)=\dfrac{1}{1-\left(\dfrac{\omega}{\omega_{\mathrm{n}}}\right)^{2}+\mathrm{j}2\xi\left(\dfrac{\omega}{\omega_{\mathrm{n}}}\right)} \\
A(\omega)=\dfrac{1}{\sqrt{\left[1-\left(\dfrac{\omega}{\omega_{\mathrm{n}}}\right)^{2}\right]^{2}+\left[2\xi\left(\dfrac{\omega}{\omega_{\mathrm{n}}}\right)\right]^{2}}} \\
\varphi(\omega)=-\arctan\dfrac{2\xi\left(\dfrac{\omega}{\omega_{\mathrm{n}}}\right)}{1-\left(\dfrac{\omega}{\omega_{\mathrm{n}}}\right)^{2}}
\end{cases}
\tag{3-39}
$$

二阶系统的幅频特性曲线和相频特性曲线如图3.15所示。注意，这是经过灵敏度归一处理后所做的曲线，实际测试系统的灵敏度 S 往往不是1，因而幅频特性表达式 $A(\omega)$ 的分子应为 S。

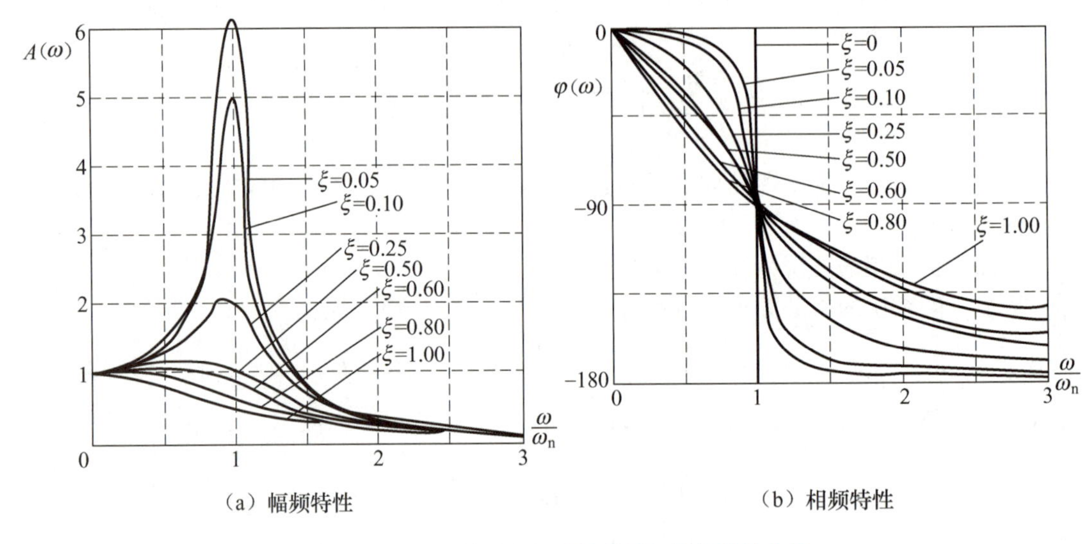

(a) 幅频特性　　(b) 相频特性

图 3.15　二阶系统的幅频特性曲线与相频特性曲线

从二阶系统的幅频特性曲线和相频特性曲线来看，影响系统特性的主要参数是频率比 $\dfrac{\omega}{\omega_{\mathrm{n}}}$ 和阻尼率 ξ。只有在 $\dfrac{\omega}{\omega_{\mathrm{n}}}<1$ 并靠近坐标原点的一段，$A(\omega)$ 比较接近水平直线，$\varphi(\omega)$ 也近似与 ω 呈线性关系，可以做动态不失真测试。若测试系统的固有频率 ω_{n} 较高，相应地 $A(\omega)$ 的水平直线段也较长一些，系统的工作频率范围便更大一些。另外，当系统的阻尼率 ξ 在0.7左右时，$A(\omega)$ 的水平直线段也会相应地长一些，$\varphi(\omega)$ 与 ω 之间也在较宽频率范围内更接近线性。当 ξ 为0.6～0.8时，可获得较合适的综合特性。

计算表明，当 $\xi=0.7$ 时，$\dfrac{\omega}{\omega_{\mathrm{n}}}$ 为0～0.58，$A(\omega)$ 的变化不超过5%，同时 $\varphi(\omega)$ 也接近于过坐标原点的斜直线。可见，**二阶系统的主要动态性能指标参数是系统的固有频率 ω_{n} 和阻尼率 ξ 两个参数。**

注意，对于二阶系统，当 $\dfrac{\omega}{\omega_{\mathrm{n}}}=1$ 时，$A(\omega)=\dfrac{1}{2\xi}$，若系统的阻尼率很小，则输出幅值将

急剧增大，**故$\frac{\omega}{\omega_n}=1$时，系统发生共振**。共振时，振幅增大的情况和阻尼率ξ成反比，且不管其阻尼率为多大，系统输出的相位总是滞后输入90°。另外，当$\frac{\omega}{\omega_n}>2.5$以后，$\varphi(\omega)$接近于180°，$A(\omega)$也接近于一条水平直线段(但输出比输入小)，若在信号处理中采用移相器(能够对波的相位进行调整的一种装置)或减去固定相位差的方法，也可望在某一频段范围内实现动态测试不失真。

【弹簧减震】

在常见测量装置中，压电式加速度传感器、光线示波器振子、*RLC*电路(图3.16)和常见的质量-弹簧-阻尼系统(图3.17)等都属于二阶系统。

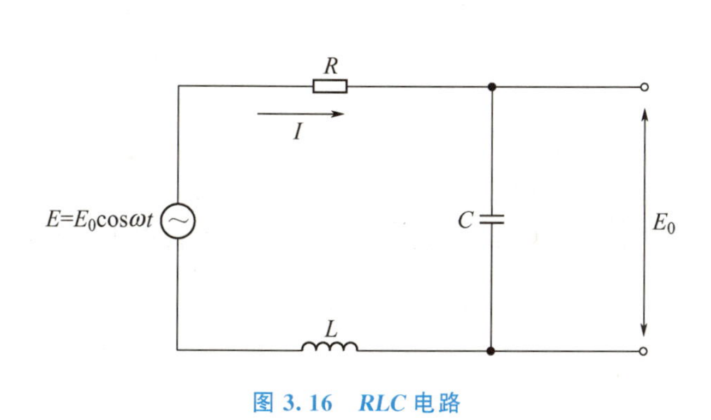

图3.16 *RLC*电路

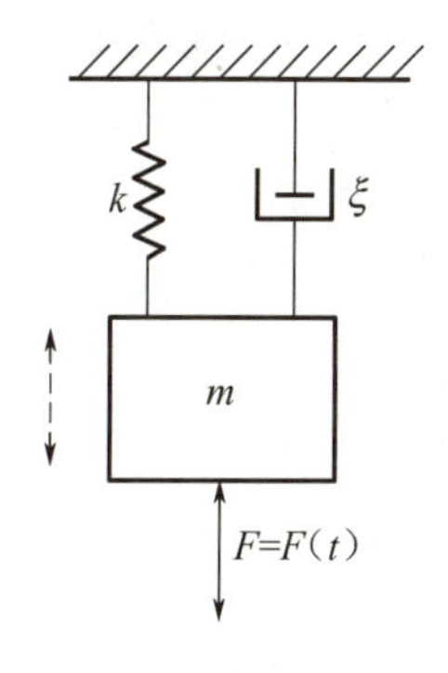

图3.17 质量-弹簧-阻尼系统

3.6 测试系统动态特性的测试

任何一个测试系统，在使用前或者使用一段时间后都需要对测量的可靠性进行验证，即需要通过实验的方法来确定系统的输入/输出关系，这个过程称为标定。要使测量结果精确可靠，所采用的经过校准的“标准”输入量，其误差应是系统测量结果要求误差的1/5～1/3或更小。定期校准实际上就是要测定系统的特性参数。

【测试系统动态特性的测试】

对于系统静态特性的测定，在静态特性一节中已有所涉及，这里只叙述系统动态特性参数的测试。

3.6.1 稳态响应法

稳态响应法就是对系统施以频率各不相同但幅值不变的已知正弦激励，对于每一种频率的正弦激励，在系统的输出达到稳态后测量出输出与输入的幅值比和相位差，这样，在激励频率ω由低到高依次改变时，便可获得系统的幅频特性曲线和相频特性曲线。

1. 测定一阶系统的参数

对于一阶系统，在测出了幅频特性曲线和相频特性曲线后(图3.12)，可以通过式(3-40)来直接求出一阶系统的动态特性参数(时间常数τ)。

$$\begin{cases} A(\omega)=\dfrac{1}{\sqrt{1+(\omega\tau)^2}} \\ \varphi(\omega)=-\arctan\omega\tau \end{cases} \tag{3-40}$$

2. 测定二阶系统的参数

对于二阶系统，在测得了系统的幅频特性曲线(图 3.18)和相频特性曲线之后，从理论上讲可以很方便地用相频特性曲线来确定其动态特性参数 ω_n 和 ξ。因为在 $\omega=\omega_n$ 处，输出的相位总是滞后输入 90°，该点的斜率直接反映了 ξ 的大小。但由于要准确地测量相角比较困难，因此通常都是通过其幅频特性曲线来估计其动态特性参数 ω_n 和 ξ。对于 $\xi<1$ 的系统，在最大响应幅值处的频率 ω_r(图 3.18)与系统的固有频率 ω_n 存在如下关系：

$$\omega_r=\omega_n\sqrt{1-2\xi^2} \tag{3-41}$$

故在确定了系统的 ξ 之后，便有

$$\omega_n=\frac{\omega_r}{\sqrt{1-2\xi^2}} \tag{3-42}$$

只要测得了幅频曲线的峰值 $A(\omega_r)$ 和频率为零时的幅频特性值 $A(0)$，便可根据下式来确定 ξ。

$$\frac{A(\omega_r)}{A(0)}=\frac{1}{2\xi\sqrt{1-\xi^2}} \tag{3-43}$$

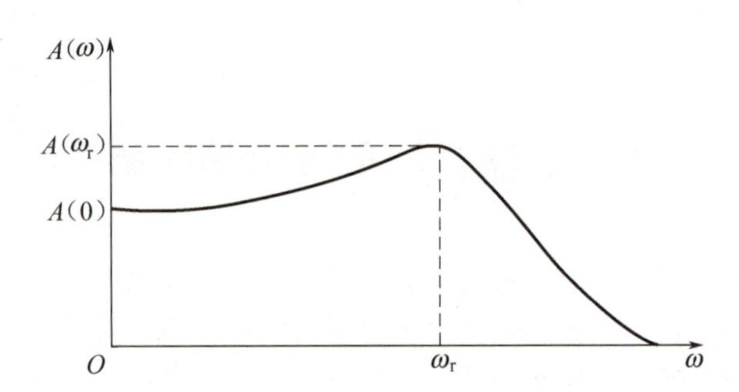

图 3.18　利用幅频特性曲线求二阶系统的动态特性参数

3.6.2　脉冲响应法

对于二阶系统，如果它是机械装置，**通常可采用脉冲响应法来求取其动态特性参数：最简单的测定方法就是用一个大小适当的锤子敲击一下装置，同时记录下响应信号(图 3.19)**，因为锤子的敲击相当于给系统输入一个脉冲信号。图 3.19 所示为用脉冲响应法求二阶系统的动态特性参数。当 $\xi<1$ 时，二阶系统的脉冲响应为

$$y_\delta(t)=\frac{\omega_n}{\sqrt{1-\xi^2}}e^{-\xi\omega_n t}\sin(\sqrt{1-\xi^2}\,\omega_n t) \tag{3-44}$$

式(3-44)描述的是一个幅值按指数形式衰减的正弦振荡，其振幅为

$$A=\frac{\omega_n}{\sqrt{1-\xi^2}}e^{-\xi\omega_n t} \tag{3-45}$$

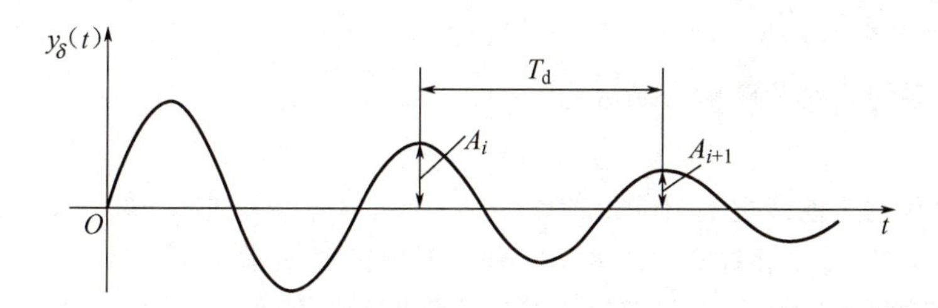

图 3.19 用脉冲响应法求二阶系统的动态特性参数

振荡频率为

$$\omega_d=\omega_n\sqrt{1-\xi^2} \tag{3-46}$$

振荡周期为

$$T_d=\frac{2\pi}{\omega_d}=\frac{2\pi}{\omega_n\sqrt{1-\xi^2}} \tag{3-47}$$

只要从响应曲线中测得相邻两振幅的值 A_i 和 A_{i+1}，并令对数衰减率为

$$\delta=\ln\frac{A_i}{A_{i+1}}$$

由于

$$\frac{A_i}{A_{i+1}}=\frac{\dfrac{\omega_n}{\sqrt{1-\xi^2}}e^{-\xi\omega_n t_i}}{\dfrac{\omega_n}{\sqrt{1-\xi^2}}e^{-\xi\omega_n(t_i+T_d)}}=e^{\xi\omega_n T_d}$$

故有

$$\delta=\ln\frac{A_i}{A_{i+1}}=\xi\omega_n T_d=\xi\omega_n\frac{2\pi}{\omega_n\sqrt{1-\xi^2}}=\frac{2\pi\xi}{\sqrt{1-\xi^2}} \tag{3-48}$$

整理后得

$$\xi=\frac{\delta}{\sqrt{4\pi^2+\delta^2}} \tag{3-49}$$

在对实际的系统进行测定时，由于其阻尼率 ξ 较小，相邻两个振幅峰值的变化不明显，故往往测出相隔 n 个振幅峰值之间的对数衰减率 δ_n。这时有

$$\delta_n=\ln\frac{A_i}{A_{i+n}}=n\delta \tag{3-50}$$

故有

$$\xi=\frac{\dfrac{\delta_n}{n}}{\sqrt{4\pi^2+\left(\dfrac{\delta_n}{n}\right)^2}} \tag{3-51}$$

在确定了系统的阻尼率 ξ 之后，再根据响应曲线上的振荡周期求出系统的振荡频率 ω_d，便可利用 $\omega_d=\omega_n\sqrt{1-\xi^2}$ 求得系统的固有频率。

3.6.3 阶跃响应法

阶跃响应法是较常用的测定系统动态特性的一种方法。

1. 测定一阶系统参数

对于一阶系统，其阶跃响应函数为

$$y_u(t)=1-e^{-\frac{t}{\tau}} \tag{3-52}$$

测出了阶跃响应曲线之后(图 3.20)，可以**取输出值为稳态值的63%所对应时间或取输出值为稳态值的95%所对应时间的1/3作为系统的时间常数 τ**。不过，由于这样求取的 τ 值未涉及响应的全过程(仅仅只取决于某些个别的瞬时值)，因此所得结果的可靠性较差。为了获得更可靠的结果，可以采用下述方法来确定时间常数 τ。

将一阶系统的阶跃响应函数改写为 $1-y_u(t)=e^{-\frac{t}{\tau}}$，两边同时取对数，有

$$\ln[1-y_u(t)]=-\frac{t}{\tau} \tag{3-53}$$

式(3-53)表明，$\ln[1-y_u(t)]$与时间 t 呈线性关系。因此，在测得了 $y_u(t)$曲线后，进一步做出 $\ln[1-y_u(t)]$与 t 的关系曲线(图 3.21)后，就可以求出时间常数

$$\tau=\frac{\Delta t}{\Delta\ln[1-y_u(t)]} \tag{3-54}$$

用这种方法求得的时间常数 τ，由于考虑了瞬态响应的全过程(即过渡过程和稳态过程)，因此可靠性更高。另外，根据 $\ln[1-y_u(t)]$-t 曲线与直线的密合程度，还可以判断系统同一阶线性系统的符合程度。

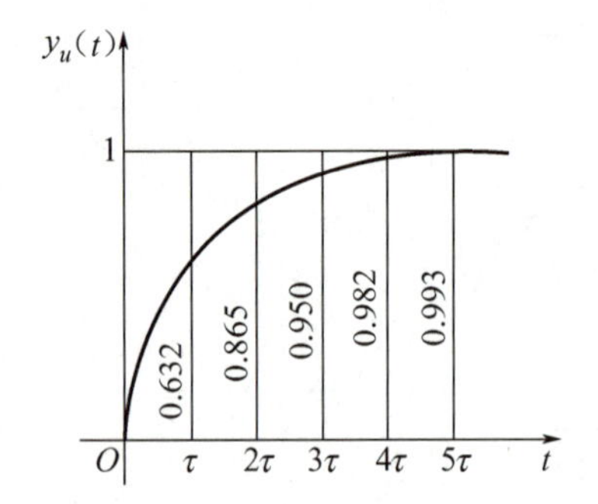

图 3.20 一阶系统的单位阶跃响应曲线

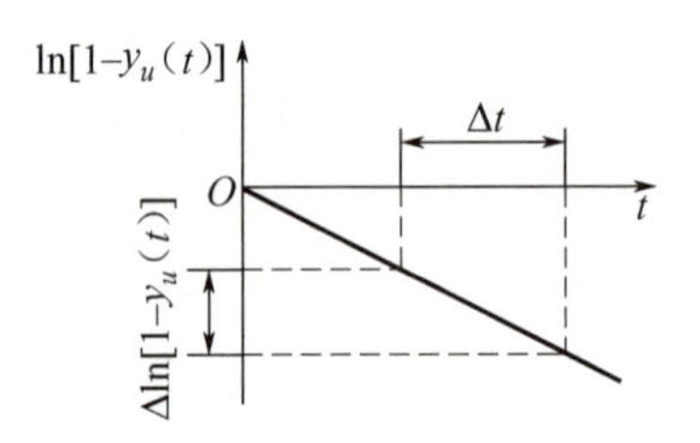

图 3.21 $\ln[1-y_u(t)]$与 t 的关系曲线

2. 测定二阶系统参数

对于二阶系统，其阶跃响应为

$$y_u(t)=1-\frac{1}{\sqrt{1-\xi^2}}e^{-\xi\omega_n t}\sin(\sqrt{1-\xi^2}\,\omega_n t+\varphi) \tag{3-55}$$

式中

$$\varphi=\arctan\sqrt{\frac{1-\xi^2}{\xi^2}}$$

可见，典型的二阶欠阻尼系统的阶跃响应是在稳态值 1 的基础上加一个以 $\omega_n\sqrt{1-\xi^2}$ 为角频率的衰减振荡。确定系统的阻尼率与固有频率的方法有以下两种。

(1) 利用阶跃响应的最大超调量 M_{max} 来估计(图 3.22)。从理论上讲，按照求极值的方法，可根据式(3-55)求出最大超调量 M_{max} 所对应的时间为 $t=\pi/\omega_d$，将其代入式(3-55)，

便可得 $M_{\max}$ 与阻尼率 ξ 的关系为

$$M_{\max}=e^{-\frac{\pi\xi}{\sqrt{1-\xi^2}}} \tag{3-56}$$

整理后得

$$\xi=\sqrt{\frac{1}{\left(\frac{\pi}{\ln M_{\max}}\right)^2+1}} \tag{3-57}$$

求得阻尼后，可利用系统的响应振荡频率 $\omega_d=\omega_n\sqrt{1-\xi^2}$ 来求得系统的固有频率。

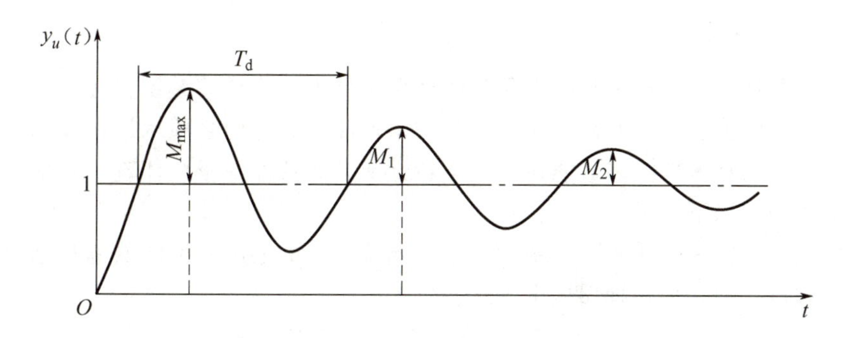

图 3.22 欠阻尼二阶系统的阶跃响应

应当注意，式(3-57)是在灵敏度归一的情况下求得的关系式，而实际系统灵敏度未归一处理，这时应将实测的最大超调量值除以灵敏度 S 后，再作为 $M_{\max}$ 代入式(3-57)来计算 ξ 值。

(2) 与利用脉冲响应法求二阶系统动态特性参数的方法一样，根据 n 个相隔超调量的值求出其对数衰减率 $\delta_n=\ln\frac{M_i}{M_{i+n}}$，然后代入式 $\xi=\frac{\delta_n/n}{\sqrt{4\pi^2+\left(\frac{\delta_n}{n}\right)^2}}$ 和 $\omega_d=\omega_n\sqrt{1-\xi^2}$，求得系统的阻尼率 ξ 与固有频率 ω_n。

【例 3.5】 对一个典型二阶系统输入一个脉冲信号，从响应的记录曲线上测得其振荡周期为 4ms，第 3 个和第 11 个振荡的单峰幅值分别为 12mm 和 4mm，试求该系统的固有频率 ω_n 和阻尼率 ξ。

解： 输出波形的对数衰减率为

$$\frac{\delta_n}{n}=\frac{\ln(12/4)}{8}=0.1373265$$

振荡频率为

$$\omega_d=\frac{2\pi}{T_d}=\frac{2\pi}{4\times10^{-3}}\text{rad/s}=1570.796\text{rad/s}$$

该系统的阻尼率为

$$\xi=\frac{\delta_n/n}{\sqrt{4\pi^2+(\delta_n/n)^2}}=\frac{0.1373265}{\sqrt{4\pi^2+0.1373265^2}}=0.02185$$

该系统的固有频率为

$$\omega_n=\frac{\omega_d}{\sqrt{1-\xi^2}}=\frac{1570.796}{\sqrt{1-0.02185^2}}\text{rad/s}=1571.171\text{rad/s}$$

3.7 组成测试系统应考虑的因素

选择测试仪器设备组成测试系统，其根本出发点是要满足测试的目的和要求。但要做到技术上合理、经济上节约，则必须考虑一系列因素的影响，**其中最主要的因素是技术性能指标、经济指标、使用的环境条件**，以及环节互联的负载效应与适配条件。

1. 技术性能指标

测试系统的技术性能指标是指在限定的使用条件下，能描述系统特性、保证测试精度要求的各种技术数据。一般的测试仪器，其技术性能指标都用多项术语在技术说明书上加以描述，所描述的技术性能多数能在其静态特性或动态特性中予以体现。目前最常用的技术性能指标主要有以下几项。

（1）精度、精密度和准确度。精度是指由测试系统的输出所反映的测量结果和被测真值相符合的程度，通常用某种误差来表示。例如：

$$\text{绝对误差}=\text{测量结果}-\text{被测真值}$$

$$\text{相对误差}=\frac{\text{绝对误差}}{\text{被测真值}}\times 100\%$$

$$\text{引用误差}=\frac{\text{绝对误差}}{\text{测量范围的上限值(满量程值)}}\times 100\%$$

严格地说，被测真值虽然客观存在，却无法确知，因此通常都是以经过标定的精度高一级的仪器对同一输入量的输出值来替代真值，这一替代称为约定真值。

一般都是用测试仪器的最大引用误差来标称仪器的精度等级。例如，精度为1级、读数为0～100mA的电流表，就是指在全量程100mA内绝对误差不超过100mA×1%＝1mA。应当注意，如果用该表来测10mA以内的电流，其相对误差可能超过10%，而若用该表来测90mA的电流，则其相对误差只有1.1%(1/90)。可见，在使用以引用误差来表征精度等级的仪器时，应当避免在全量程(对某个使用量程而言)的1/3以下量程范围内工作，以免产生较大的相对误差。

在研究测量误差时，还经常用到精密度和准确度。精密度是精度的一个组成部分，**测试仪器的精密度也称示值的重复性，它反映测量结果中随机误差大小的程度，即反映在相同条件下多次重复测量中，测量结果互相接近、相互密集的程度。**通常用误差限来表示，可用或然误差($\pm 0.6745\sigma$)、标准差$\pm\sigma$或$\pm 3\sigma$来表示，分别意味着当重复测量次数$n\to\infty$时，将有50%、68.3%和99.7%的测定值落在$\bar{x}\pm 0.6745\sigma$、$\bar{x}\pm\sigma$和$\bar{x}\pm 3\sigma$之中(σ为标准差，$\bar{x}$为被测值的平均值)。准确度是指测量结果中的系统误差大小的程度，以偏度误差来描述。

精度综合反映系统误差和随机误差。精密度高，但准确度差时，其精度不会高；反之，准确度好，精密度差时，其精度也不会高。只有在经过标定和校准，确认可以大大减小甚至接近消除系统误差的情况下，其精度和精密度的高低才有可能统一。

（2）分辨力和分辨率。分辨力是指仪器可能检测到的输入信号的最小变化的能力。分辨率是指用分辨力除以仪器测量范围的上限值(仪器的满量程值)，用百分数来表示。

(3) 测量范围。测量范围是指能够正常工作的被测量的量值范围。静态测量只要求有幅值范围；动态测量不仅要注意仪器的幅值范围，同时还必须充分注意仪器所能使用的频率范围。测量范围的增大往往会导致灵敏度的下降，这一现象在测试工作中必须加以注意。

(4) 示值稳定性。示值稳定性包括温漂和零漂。温漂是指仪器在允许的使用温度范围内示值随温度的变化而变化的量。零漂是指仪器开机一段时间后零点的变化情况。减小零漂影响的一个有效措施是按照仪器使用说明书的规定，开机预热一定的时间后再进行仪器的调零和测量。

【差分放大器克服零点漂移(温漂)的原理】

2. 测试系统的经济指标

从经济的角度来考虑测试系统，首先是以能达到测试要求为准则，不应盲目地采用超过测试目的所要求精度的仪器。这是因为仪器的精度若提高一个等级，则仪器的成本费用将会急剧地上升。另外，当需要用多台仪器来组成测试系统时，所有的仪器都应该选用同等精度。误差理论分析表明，由若干台仪器组成的系统，其测量结果的精度取决于精度最低的那台仪器。

然而，有时对于一些特别重要的测试，为了保证测试的可靠性，往往采取两套测量装置同时工作。这虽然增加了仪器费用的开支，从局部看似乎是不经济的做法，但从整体来看，则反而可能是一种经济的做法。对于测试系统的经济指标，必须要全面衡量才能得出较恰当的结果。

3. 使用的环境条件

在选择仪器设备组成测试系统时，还必须考虑其使用环境，主要从温度、振动和介质三个方面全面考虑环境对仪器的影响。例如，温度的变化会产生热胀冷缩效应，会使仪器的结构受到热应力甚至改变元件的特性，往往使许多仪器的输出发生变化，过低或过高的温度还有可能使仪器或其元件变质、失效甚至受到破坏等。又如，过大的加速度将使仪器受到不应有的惯性力作用，导致输出的变化甚至仪器的损坏。在带腐蚀性的介质中或原子辐射的环境中工作的仪器也往往容易受到损坏。因此，必须针对不同的工作环境选用合适的仪器，同时也必须充分考虑采取必要的措施对其加以保护。

4. 环节互联的负载效应与适配条件

实际的测试系统通常都是由各环节串联(有时也出现并联)而成的。例如，首先可以认为是被测对象与测量装置的串联，而测量装置又由传感器，信号调理电路，显示、记录仪器等串联而成。当一个环节连接到另一个环节上并发生能量交换时，连接点的物理参量就会变化，且两个环节也都不再简单地保留其原传递函数，而是共同形成一个整体系统的新的传递函数，系统会保留其组成环节的主要特征。例如，在一个简单的单自由度振动系统的质量块 m 上安装一个质量为 m_c 的传感器，这将导致单自由度振动系统的固有频率下降。例中的附加质量 m_c 虽不是耗能负载，但它参与了振动，改变了系统中的动能与势能的转换，因而改变了系统的固有频率。这种现通常称为负载效应。

在选择测量装置组成测试系统时，必须考虑各个环节互联时所产生的负载效应，分析在接入所选的测量仪器后对原研究对象的影响及各仪器之间的相互影响，尽可能让各环节之间适配。

两个一阶系统互联时的适配条件必须是 $\tau_2 \ll \tau_1$。一般地，应选用 $\tau_2 \ll 0.3\tau_1$。若用二阶测量装置去测量时间常数为 τ 的一阶系统，除测量装置的阻尼率 ξ 应选为 0.6～0.8 外，其固有频率也应选用高于研究对象的转折频率 $(1/\tau)$ 5 倍以上才能较好地满足适配条件。二阶系统的互联与适配尽量做到足够精确地近似的情况下，选择测量装置时要尽量根据被测对象的特征进行慎重考虑。只要认真地考虑环节间的互联和适配问题，再根据动态测试不失真条件，综合考虑测试系统的特性要求，就不难获得工程上所要求的测试结果。

小　　结

测试是为了准确地了解被测物理量。被测物理量经过测试系统的各个变换环节传递获得的观测输出量是否真实地反映了被测物理量，这与测试系统的特性有着密切关系。本章重点讨论测试系统的基本特性。

理想测试系统的特点包括叠加性、比例特性、微分特性、积分特性和频率保持性等。

测试系统的静态特性指标分为灵敏度、非线性度和回程误差。

测试系统动态特性的描述分为传递函数、频响函数和权函数及三者之间的关系。重点是理解和掌握频率响应、幅频特性曲线和相频特性曲线的物理意义和应用场景。

测试系统动态不失真测试的频率响应特性：$A(\omega)=A_0$ 和 $\varphi(\omega)=0$ 或 $\varphi(\omega)=-t_0\omega$ 的条件。

常见一阶系统、二阶系统的频率响应特性及满足动态测试不失真的特征参数条件。

测试系统动态特性参数的测试方法包括稳态响应法、脉冲响应法和阶跃响应法。

习　　题

1. 问答题

3-1　某装置对单位阶跃的响应如图 3.23 所示，试问：(1)该系统可能是什么系统？(2)如何根据该曲线识别该系统的动态特性参数？

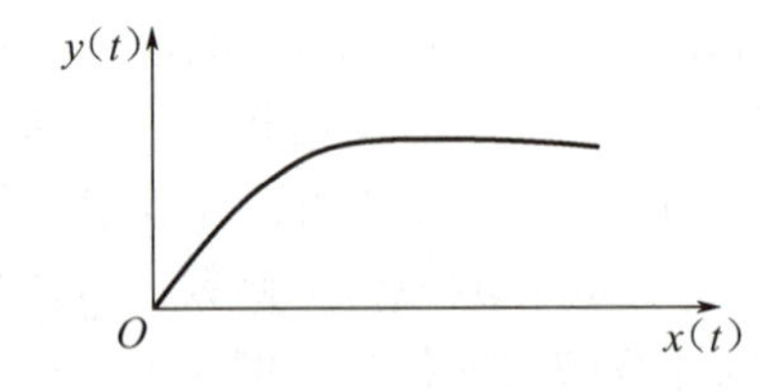

图 3.23　某装置对单位阶跃的响应

3-2　在结构及工艺允许的条件下，为什么通常都希望将二阶测试装置的阻尼率 ξ 定在 0.7 附近？

3-3　二阶系统可直接用相频特性 $\varphi(\omega)=90°$ 所对应的频率 ω 作为系统固有频率 ω_n 的估计，这种估计值与系统的阻尼率 ξ 是否有关？为什么？

2. 计算题

3－4　若压电式力传感器的灵敏度为90pC/MPa，电荷放大器的灵敏度为0.05V/pC，若压力变化为25MPa，为使记录笔在记录纸上的位移不大于50mm，则笔式记录仪的灵敏度应选多大?

3－5　用时间常数为2s的一阶装置测量烤箱内的温度，箱内的温度近似地按周期为160s做正弦规律变化，且温度在500～1000℃内变化，试求该装置所指示的最大值和最小值。

3－6　已知某测试系统传递函数 $H(s)=\frac{1}{1+0.5s}$，当输入信号分别为 $x_1=\sin\pi t$，$x_2=\sin4\pi t$ 时，试分别求系统稳态输出，并比较它们的幅值变化和相位变化。

【第3章　测验】

第4章 常用传感器

传感器是测试系统中的第一级，是感知和拾取被测信号的元器件，用来采集环境数据。传感器的性能直接影响测试系统的测量精度。

本章主要讲述常规传感器的分类、各种传感器的工作原理和传感器的输入/输出特性等基本内容，并介绍各种传感器的应用场合和实例。

了解传感器的类型，熟练掌握常用的电阻传感器、电容传感器、电感传感器、压电传感器、磁电传感器、磁敏传感器、光纤光栅传感器的工作原理和输入/输出特性。

通过对各种传感器原理和应用实例的学习，深入理解和掌握传感器对信号的敏感及变换的机制，理解和掌握各种不同工作原理的传感器的使用要求和场合。

4.1 概　　述

【概述】

传感器是测试系统的第一级，是一种检测装置，能够感知和拾取被测信号。在现代生活、生产及科学试验中，各种各样的传感器在各种系统中得到广泛应用。例如图 4.1 中，智能电视的光敏二极管对遥控器发出的红外线进行检测并转换为电信号以控制相应器件的通断；音响设备的传声器(俗称话筒、麦克风)则是将声音这种物理量转换为相应电信号(电压)的装置，它们是日常生活中常见的传感器的例子。

【红外遥控控制原理】

【自动识别水面高度，3分钟发明智能报警器!】

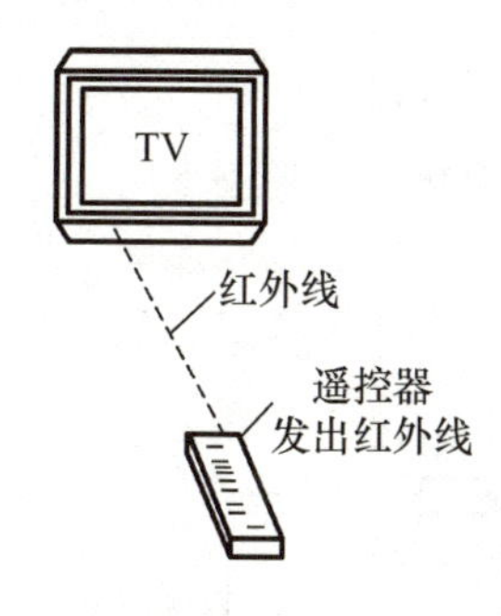

(a) 智能电视用光敏二极管检测出红外线

(b) 使用传声器得到放大器输入端的声音信号（电压）

图 4.1 日常生活中常见的传感器

4.1.1 传感器的定义

《传感器通用术语》GB/T 7665—2005 中对传感器的定义：能感受被测量并按照一定的规律转换成可用输出信号的器件或装置，通常由敏感元件和转换元件组成。敏感元件指传感器中能直接感受或响应被测量的部分；转换元件指传感器中能将敏感元件感受或响应的被测量转换成适于传输或测量的电信号部分。由于电信号是易于传输、检测和处理的物理量，因此过去通常将非电量转换为电量的器件或装置称为传感器。

获得传感器信号(电压或电流的变化)的方法有两种：一是开关传感器直接将转轴的转速转换为开关量电信号的变化，如图 4.2(a)所示；二是将水位、压力、流量等物理量转换为模拟量电信号的变化，如图 4.2(b)所示。图 4.2(c)所示为传感器在一个微型计算机测控系统中的应用。可见，传感器在非电量电测系统中有两个作用：一是敏感作用，即感受并拾取被测对象的信号；二是转换作用，即将感受的被测信号(一般是非电量)转换为易于检测和处理的电信号，以便后接仪器的接收和处理。

综上所述，在工程测试中，传感器是测试系统的第一个环节，它把诸如温度、压力、流量、应变、位移、速度、加速度等信号转换为电信号(如电流、电压)或电参数信号(如电阻、电容、电感等)，然后通过转换和传输进行记录或显示。因此传感器的性能如动态特性、灵敏度、线性度等都会直接影响整个测试过程的精度。

传感器不但在测试系统中广泛应用，而且在现代信息工程、自动控制、仪器仪表和自动化系统等领域也广泛应用。显然，自动化程度越高，系统对传感器的依赖性就越大。由于传感器对系统的功能起决定性作用，因此国内外都将传感器技术列为尖端技术。

传感器主要依赖于构成传感器的敏感元件的物理效应(如光电效应、压电效应、热电效应等)和物理原理(如电感原理、电容原理和电阻原理等)进行信息转换并具有不同的功能。随着传感材料的开发和物理效应的发现，具有不同结构、功能、特性和用途的各种传感器必将大量涌现。

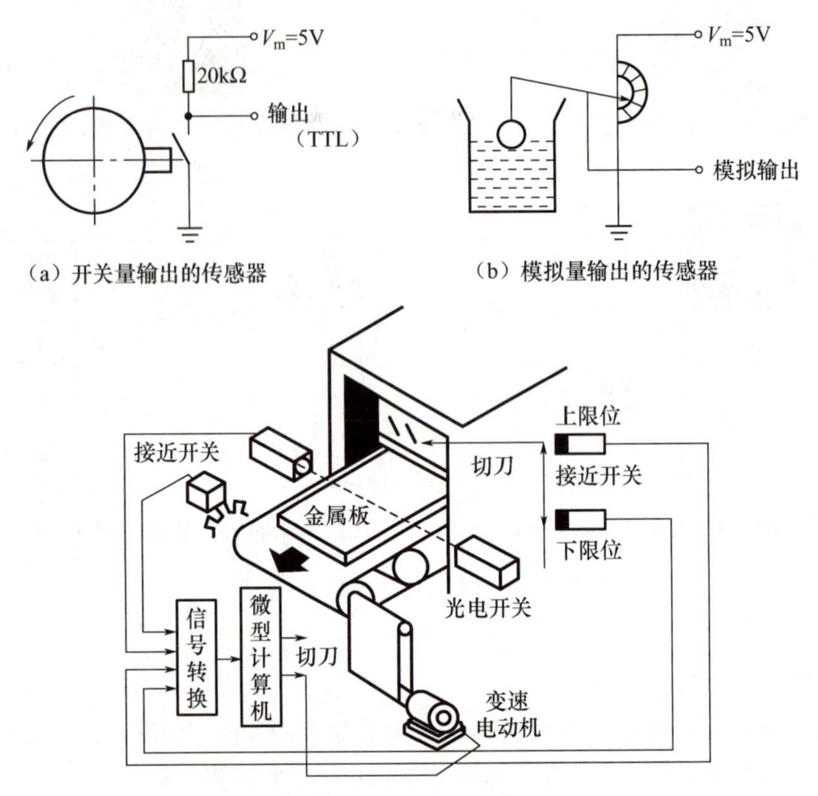

图 4.2　传感器信号

4.1.2　传感器的分类及性能要求

1. 按被测量分类

传感器按被测量的不同(表 4-1)可以分为温度传感器、流量传感器、位移传感器、速度传感器等。

表 4-1　传感器按被测量分类

被测量类别	被　测　量
热工量	温度、热量、比热容；压力、压差、真空度；流量、流速、风速
机械量	位移(线位移、角位移)、尺寸、形状；力、力矩、应力；质量；转速、线速度；振动幅值、频率、加速度、噪声
物性和成分量	气体化学成分、液体化学成分；酸碱度(pH)、盐度、浓度、黏度、密度、相对密度
状态量	颜色、透明度、磨损量、材料内部裂纹或缺陷、气体泄漏、表面质量

2. 按传感器元件的作用机理分类

传感器对信息的获取主要是基于各种物理的、化学的及生物的现象或效应。根据不同的作用机理，传感器分为电阻传感器、电容传感器、电感传感器、压电传感器、光电传感器、磁电传感器、磁敏传感器等。表 4-2 所示为传感器元件的作用机理。

表 4-2 传感器元件的作用机理

序号	作用机理	序号	作用机理
1	电阻	8	谐振
2	电感	9	霍尔
3	电容	10	超声
4	磁电	11	同位素
5	热电	12	电化学
6	压电	13	微波
7	光电(包括红外、光导纤维)	—	—

通过这种分类方法对一种敏感元件的敏感原理进行研究，就可以制造出多种用途的传感器。

例如，利用电阻传感器元件的敏感原理可以制造出电阻式位移传感器、电阻式压力传感器、电阻式温度计等。这种分类方法类别少，每一类传感器具有同样的敏感元件，其后的变换和测量电路也基本相同，便于研究和学习。

3. 按能量传递方式分类

如前所述，传感器是一种能量转换和传递的器件。按能量传递方式不同，传感器分为**能量控制型传感器、能量转换型传感器及能量传递型传感器**。

(1) 能量控制型传感器。能量控制型传感器在感受被测量以后，只改变自身的电参数(如电阻、电感、电容等)，本身不起换能的作用，但能对传感器提供的能量起控制作用。使用这种传感器时必须加上外部辅助电源，才能完成将上述电参数进一步转换为电量(如电压或电流)的过程。例如，电阻传感器可将被测的物理量(如位移等)转换为自身电阻的变化，如果将电阻传感器接入电桥中，这个电阻电参数的变化就可以控制电桥中的供桥电压幅值的变化，完成被测量到电量的转换过程。

(2) 能量转换型传感器。能量转换型传感器具有换能功能，能将被测的物理量(如速度、加速度等)直接转换为电量(如电流、电压)输出，而不需借助外加辅助电源，传感器本身犹如发电机一样，故有时也把这类传感器称为发电型传感器。磁电式传感器、压电式传感器、热电式传感器等均属这种类型。

(3) 能量传递型传感器。能量传递型传感器是在某种能量发生器与接收器进行能量传递过程中实现敏感检测功能的传感器，如超声波换能器必须有超声发生器和接收器。核辐射检测器、激光器等都属于能量传递型传感器。实际上它们是一种间接传感器。

4. 传感器的性能要求

无论何种类型的传感器，作为检测系统的首要环节，通常都必须具有快速、准确、可靠而又能经济地实现信号转换的性能，具体如下。

（1）传感器的工作范围或量程应足够大，具有一定的过载能力。

（2）与检测系统匹配性好，转换灵敏度高：要求其输出信号与被测输入信号成确定关系，且比值要大。

（3）精度适当，且稳定性高：传感器的静态特性与动态特性的准确度能满足要求，并长期稳定。

（4）反应速度快，工作可靠性高。

（5）适应性和适用性强：动作能量小，对被检测对象的状态影响小，内部噪声小，不易受外界干扰的影响，使用安全，易于维修和校准，寿命长，成本低等。

实际应用中传感器往往很难同时满足这些性能要求，应根据使用目的、使用环境、被测对象状况、精度要求和信号处理等方面全面综合考虑。

下面按变换原理分类来分别介绍工业中常用传感器的转换原理、基本结构和应用。

4.2 电阻传感器

【电阻传感器】

电阻传感器是一种将被测的非电物理量转换为电阻值变化的传感器。 导体的电阻 R 与其电阻率 ρ 及长度 l 成正比、与截面积 A 成反比，即

$$R=\rho\frac{l}{A} \tag{4-1}$$

电阻传感器的原理就是由被测物理量(如压力、温度、流量等)引起式中 ρ、l、A 中任意一个或几个量的变化来使电阻 R 发生改变。

4.2.1 电位器

电位器是将机械位移转换为与之成一定关系的电阻输出的传感器，广泛应用于各种电气设备中。 图 4.3 所示为多圈型圆形电位器的工作原理。当转动滑块沿圆柱状的电阻材料滑动时，输出电阻与滑块在电阻材料间的转动角度成正比。给电阻体施加一个固定的电压时，由滑块位置分压的输出电压，可由电阻材料的总电阻与滑块至固定端的电阻之比求得

$$E_{\text{out}}=E_{\text{in}}\frac{R_0}{R_A} \tag{4-2}$$

式中：E_{out} 为输出电压(V)；E_{in} 为外加固定电压(V)；R_0 为固定端至滑块的电阻(Ω)；R_A 为材料的总电阻(Ω)。

假设电位器的最大转动角度为 θ_f，滑块的当前角度(位移量)为 θ，则输出电压 E_{out} 为

$$E_{\text{out}}=E_{\text{in}}\frac{\theta}{\theta_f} \quad (0\leqslant\theta\leqslant\theta_f) \tag{4-3}$$

电位器中的电阻材料可以采用金属电阻丝、炭膜、导电塑料、陶瓷电阻等材料。根据用途的不同，可变电阻分多种规格，阻值为 100Ω～100kΩ。

由于电位器的阻值相对较大，因此在精度要求较高的检测电路中，常常需要采用高输入阻抗的差动放大器进行阻抗变换。

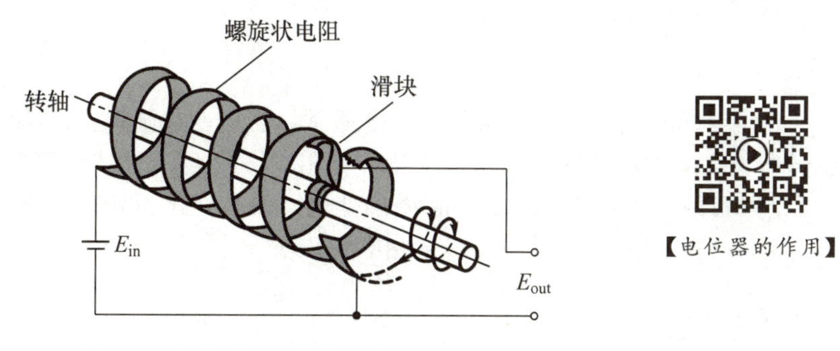

图 4.3 多圈型圆形电位器的工作原理

4.2.2 应变式电阻传感器

应变式电阻传感器是以电阻应变片为转换元件的电阻式传感器，其基本结构包括弹性敏感元件、电阻应变片、补偿电阻和外壳等组成部分，可根据具体测量要求设计成多种结构形式。

1. 应变式电阻传感器的工作原理——应变效应

应变式电阻传感器的敏感元件是电阻应变片。电阻应变片是在用苯酚、环氧树脂等绝缘材料浸泡过的玻璃基板上，粘接直径约为 0.025mm 的金属丝或金属箔制成，如图 4.4 所示。

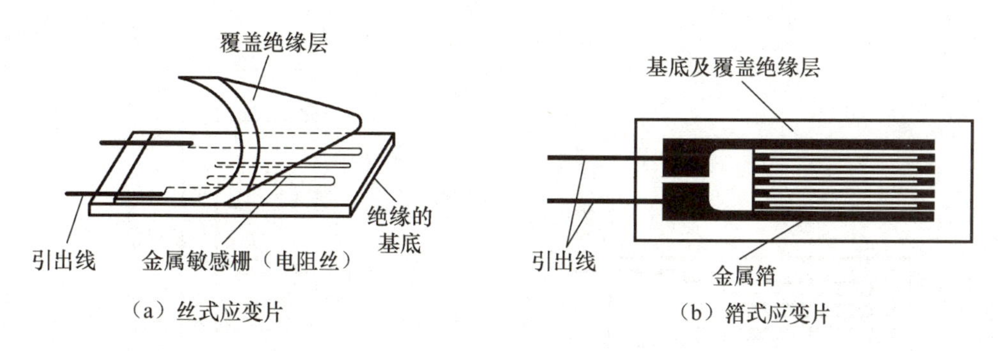

图 4.4 粘接式应变片

电阻应变片的敏感量是应变。金属受到拉伸作用时，在长度方向发生伸长变形的同时会在径向发生收缩变形。金属的伸长量与原来长度之比称为应变。利用金属应变量与其电阻变化量成正比的原理制成的器件称为金属电阻应变片。**金属导体或半导体在外力作用下产生机械变形而引起导体或半导体的电阻值发生变化的物理现象称为应变效应**。图 4.5 所示为电阻丝式应变片的应变效应。

【应变片粘贴】

应变片变形时，从引线上测出的电阻值也会相应地变化。只要应变片的材料选择得当，就可以使应变片因变形而产生的应变(应变片的输入)和它的电阻的变化值(应变片的输出)成线性关系。如果把应变片粘贴在弹性结构体上，当弹性体受外力作用而成比例地变形(在弹性范围内)时，应变片也随之变形，所以可通过应变片电阻的大小来检测外力的大小。

设应变片在不受外力作用时的初始电阻值为

$$R=\rho\frac{l}{A} \tag{4-4}$$

轴向和横向的应变的定义如图4.6所示。当应变片随弹性结构受力变形后，应变片电阻丝的长度 l 及截面积 A 都发生变化，电阻率 ρ 也会由于晶格的变化而有所改变。l、A、ρ 三个因素的变化必然导致电阻值 R 的变化，设其变化为 $\mathrm{d}R$，则有

$$\begin{aligned}\frac{\mathrm{d}R}{R}&=\varepsilon+2\nu\varepsilon+\lambda E\varepsilon\\&=(1+2\nu+\lambda E)\varepsilon\end{aligned} \tag{4-5}$$

式中：$\varepsilon=\frac{\mathrm{d}l}{l}$ 为导体轴向相对变形，称为纵向应变；ν 为泊松系数；E 为导线材料的弹性模量；λ 为压阻系数，与材质有关。当导体材料确定后，ν、λ 和 E 均为常数，则式(4-5)中的 $(1+2\nu+\lambda E)$ 也是常数，这表明应变片电阻的相对变化率 $\frac{\mathrm{d}R}{R}$ 与应变 ε 之间是线性关系，应变片的灵敏度为

$$S=\frac{\mathrm{d}R/R}{\varepsilon}=1+2\nu+\lambda E \tag{4-6}$$

由此，式(4-5)也可写为

$$\frac{\mathrm{d}R}{R}=S\varepsilon \tag{4-7}$$

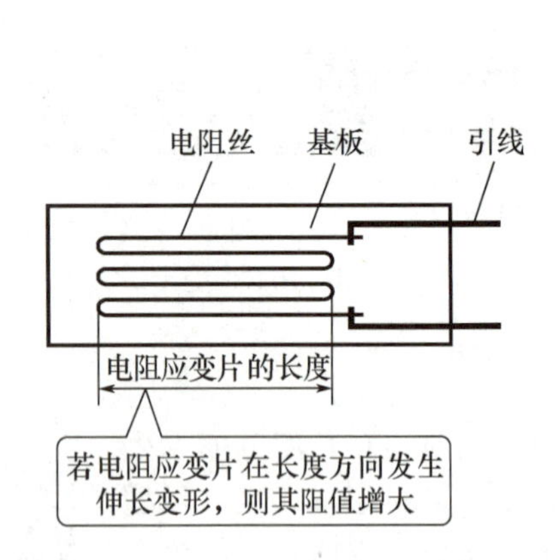

图4.5 电阻丝式应变片的应变效应

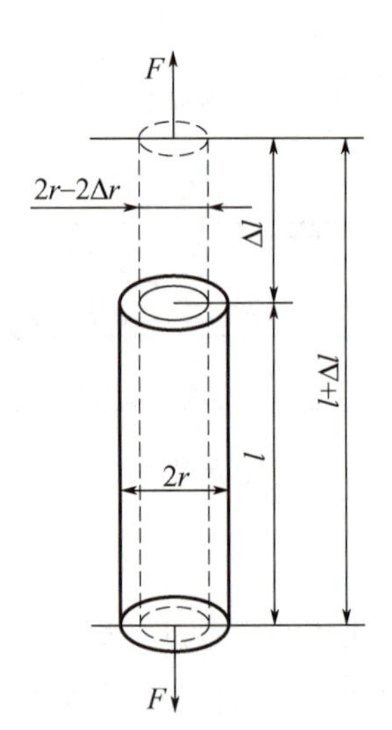

图4.6 轴向和横向的应变的定义

对于金属电阻应变片，其电阻的变化主要是由电阻丝的几何变形所引起时，从式(4-6)可知，其灵敏度 S 主要取决于 $(1+2\upsilon)$ 项，λE 项很小，可忽略。金属电阻应变片的灵敏度 S 为1.7～4.6。而对半导体应变片，由于其压阻系数 λ 及弹性模量 E 都比较大，因此其灵敏度主要取决于 λE 项，而其几何变形引起的电阻的变化则很小，可忽略。半导体应变片的灵敏度 S 为60～170，比金属丝式电阻应变片的灵敏度要高50～70倍。

2. 应变片的种类和结构

应变片主要分为金属电阻应变片和半导体应变片两类。常用的金属电阻应变片有丝式、箔式和薄膜式三种。前两种为粘接式应变片(图 4.4)，由绝缘的基底、覆盖绝缘层和具有高电阻系数的金属敏感栅或金属箔及引出线四部分组成。

金属薄膜式应变片是采用真空镀膜(如蒸发或沉积等)方式将金属材料在基底材料(如表面有绝缘层的金属，有机绝缘材料，或玻璃、石英、云母等无机材料)上制成一层很薄的敏感电阻膜(膜厚在 0.1μm 以下)而构成的一种应变片。

半导体应变片是利用半导体材料的压阻效应工作的。压阻效应是指对某些半导体材料在某一晶轴方向施加外力时，它的电阻率 ρ 就会发生变化的现象。半导体应变片有体式、薄膜式和扩散式三种(图 4.7)。

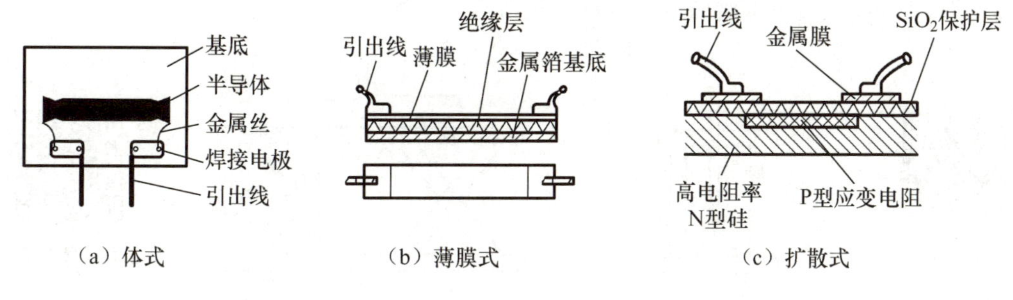

图 4.7 半导体应变片

3. 应变式电阻传感器的应用

如图 4.8 所示，电阻应变片在使用时通常将其接入测量电桥（对角线接有检流计 G)，以便将电阻的变化转换为电压量输出(详见第 5 章)。

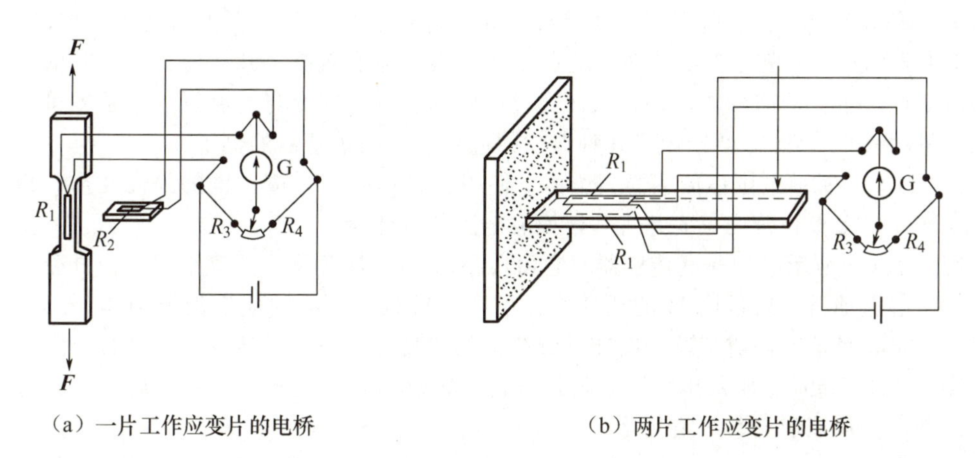

图 4.8 应变片的测量电桥

金属电阻应变片构成的这种电桥称为惠斯顿电桥。利用金属电阻应变片的单臂电桥构成力学量传感器时，可以采用电桥的一个桥臂为一片金属电阻应变片、其他桥臂为固定电阻的方法[图 4.8(a)]；也可以采用在电桥上用两片(或四片)金属电阻应变片组成的桥路结构，以此提高传感器的测量精度[图 4.8(b)]。采用两片金属电阻应变片组成检测电路时，由于有两片金属电阻应变片产生应变，因此可以得到单片应变片电路的两倍输出电压。采用四片金属电阻应变片组成检测电路时，则可以得到四倍于单片应变片电路的输出电压。此外，有的检测还采用具有温度补偿功能的金属电阻应变片替换固定电阻，以此提高电路的测量精度。

应变式电阻传感器的应用主要有两个方面。

(1) 直接测定结构的应力或应变

为了研究机械、建筑、桥梁等结构的某些部位或所有部位工作状态下的受力变形情况，往往将不同形状的应变片贴在结构的预定部位，直接测得这些部位的拉应力、压应力及弯矩等，为结构设计、应力校核、构件破坏及机器设备的故障诊断提供实验数据或诊断信息。在图 4.9(a)中，立柱受力后产生应变，贴在立柱上的应变片就可检测到这种应变；同样道理，图 4.9(b)中桥梁的应变也可直接由应变片测出。

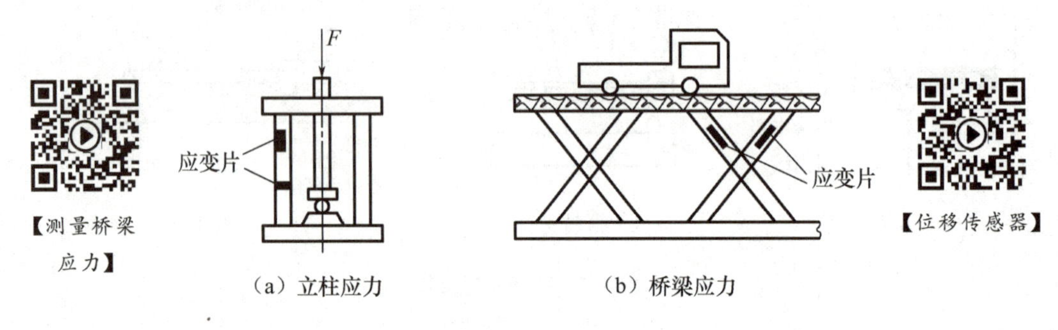

(a) 立柱应力　　(b) 桥梁应力

图 4.9　构件应力测定

(2) 多种用途的应变传感器

用应变片贴于弹性元件上制成的传感器可测量各种能使弹性元件产生应变的物理量，如压力、流量、位移、加速度等。这时被测的物理量使弹性元件产生与之成正比的应变，这个应变再由应变片转换为其自身电阻的变化。根据应变效应可知，应变片电阻的相对变化与应变片所感受的应变成比例，从而通过电阻与应变、应变与被测量的关系即可测得被测物理量的大小。图 4.10 给出了几种典型的应变式电阻传感器的例子。

图 4.10(a)所示是位移传感器。位移 x 使板弹簧产生与之成比例的弹性变形，板弹簧上的应变片感受板弹簧的应变并将其转换成电阻的变化量。

图 4.10(b)所示是加速度传感器。它由质量块 M、悬臂梁、基座组成。当外壳与被测振动体一起振动时，质量块 M 的惯性力作用在悬臂梁上，梁的应变与振动体(外壳)的加速度在一定频率范围内成正比，贴在悬臂梁上的应变片把应变转换成为电阻的变化。

图 4.10(c)所示是质量传感器。质量引起金属盒的弹性变形，贴在金属盒上的应变片也随之变形，从而引起其电阻变化。

图 4.10(d)、图 4.10(e)所示是压力传感器。压力使膜片变形，应变片也相应变形，产生应变，使其电阻发生变化。

图 4.10(f)所示是转矩传感器。转矩使扭杆轴产生扭转变形，应变片也相应变形，产生应变，使其电阻发生变化。

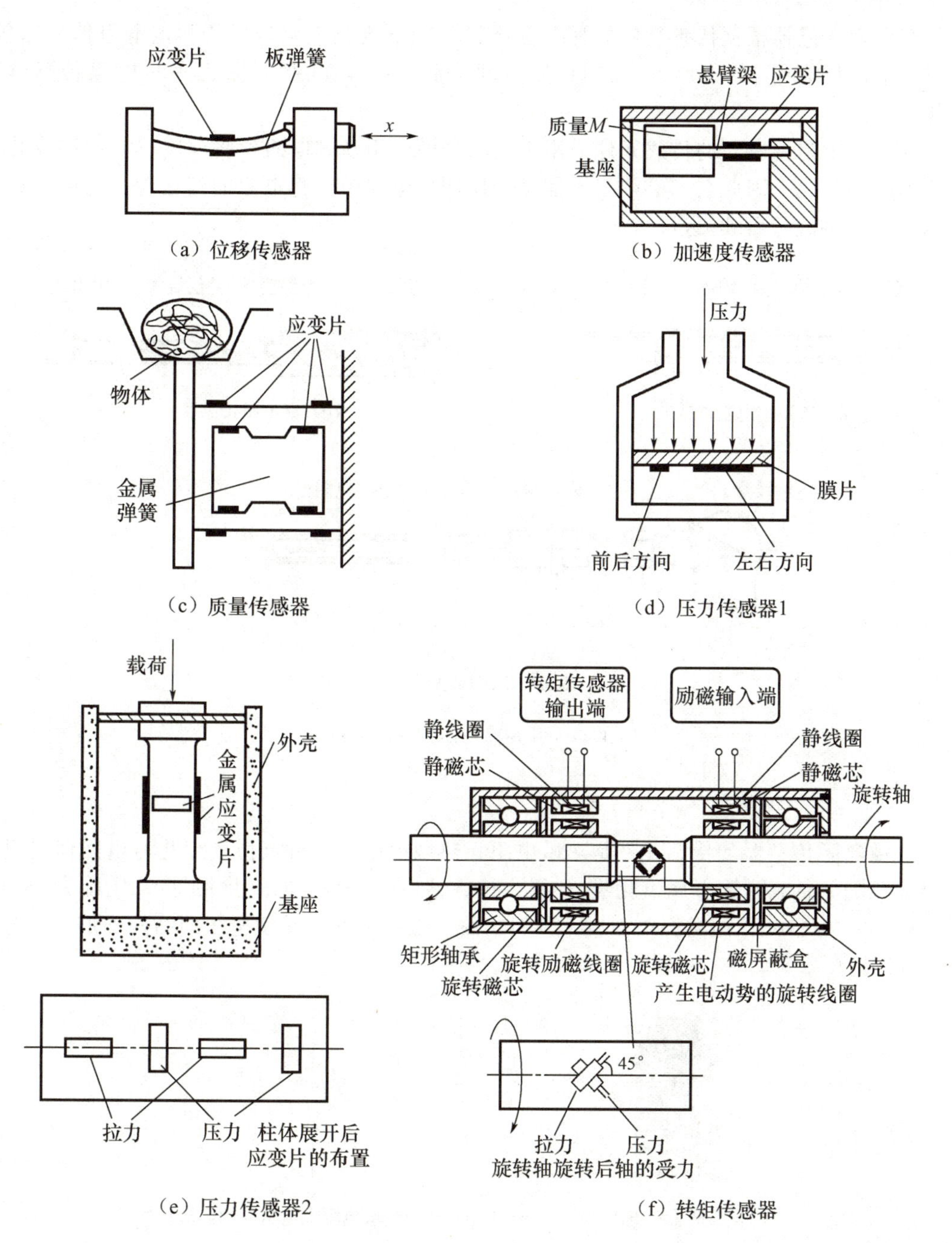

图 4.10 应变式电阻传感器应用举例

【用光敏电阻控制 LED 灯的闪烁频率小实验】

4.2.3 其他电阻传感器

1. 热电阻传感器

利用导电物体电阻率随本身温度变化而变化的温度电阻效应制成的传感器称为热电阻传感器。它用于检测温度或与温度有关的参数。

热电阻传感器根据传感元件的材料性质的不同分为铂电阻传感器和铜电阻传感器等，在工业上广泛应用于－200～＋500℃的温度检测。图 4.11 所示是几种热电阻传感器的结构。

这些热电阻传感器的传感元件采用不同材料的电阻丝，电阻丝将温度(热量)的变化转变为电阻的变化。因此它们必须接入信号转换调理电路中，将电阻的变化转换为电流或电压的变化，再进行后续测量。

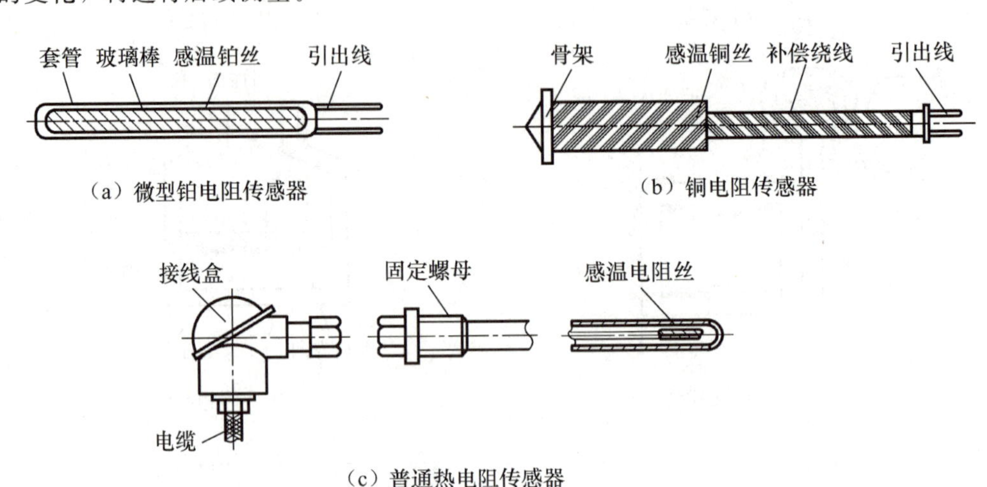

(a) 微型铂电阻传感器　(b) 铜电阻传感器

(c) 普通热电阻传感器

图 4.11　几种热电阻传感器的结构

2. 热敏电阻传感器

热敏电阻传感器的传感元件是热敏电阻。热敏电阻是一种当温度变化时电阻值能呈现敏感变化的元件，它由金属氧化物(如锰、镍、钴、铁、铜等的氧化物)按一定配方压制成型，经 1000～1500℃高温烧结而成，其引出线一般是银线。热敏电阻的结构外形及符号如图 4.12 所示。

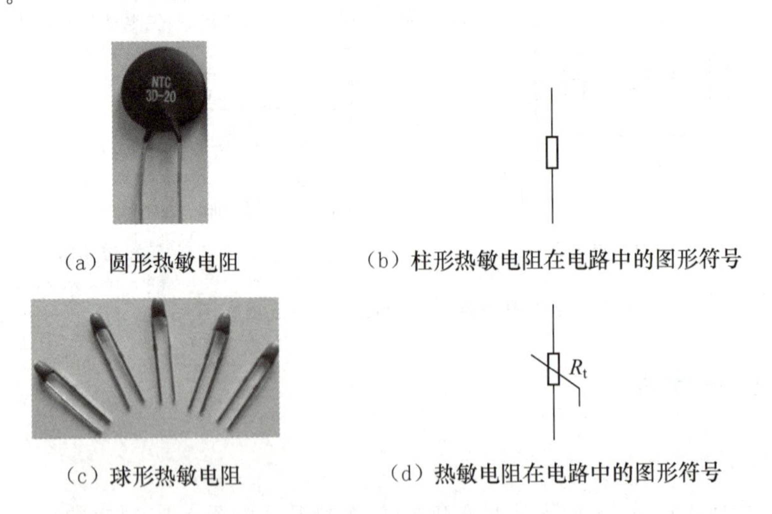

(a) 圆形热敏电阻　(b) 柱形热敏电阻在电路中的图形符号

(c) 球形热敏电阻　(d) 热敏电阻在电路中的图形符号

图 4.12　热敏电阻的结构外形及符号

根据热敏电阻温度特性的不同，可将热敏电阻分为以下三种类型。

（1）负温度特性热敏电阻(NTC 型)，其阻抗随温度升高而下降。

（2）正温度特性热敏电阻(PTC 型)，当温度超过某一温度后其阻抗急剧增大。

（3）临界温度特性热敏电阻(CTC 型)，当温度超过某一温度后其阻抗急剧减小。

这三种热敏电阻的温度特性曲线如图 4.13 所示。在温度测量方面，多采用负温度特性热敏电阻。热敏电阻是非线性元件，它的温度-电阻关系是指数关系，通过热敏电阻的电流和热敏电阻两端的电压不服从欧姆定律。

按形状的不同，热敏电阻可以分为球形、圆形、柱形三种，每种类型都有多种规格。在国家标准中，可以互换的热敏电阻都有标准规定。

热敏电阻的连接方法如图 4.14 所示。在根据阻值求解被测物体温度时，需要根据热敏电阻的温度特性曲线进行对数运算。若将阻抗变化的电压变化信号进行 A/D 转换后，由微型计算机完成这种数据处理，会使温度的计算变得非常简单。热敏电阻的测量温度的计算式为

$$\frac{1}{T}=\frac{1}{B}\ln\frac{R}{R_0}+\frac{1}{T_0} \tag{4-8}$$

式中：T 为被测温度(K)；R 为被测温度下的阻值(Ω)；B 为热敏常数；R_0 为基准温度下的阻值(Ω)；T_0 为基准温度(热力学温度，单位为 K)。

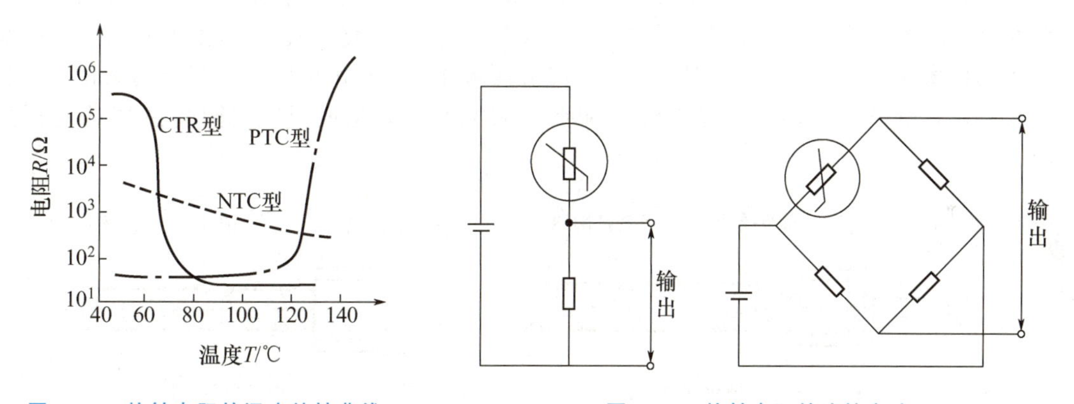

图 4.13 热敏电阻的温度特性曲线

图 4.14 热敏电阻的连接方法

热敏电阻组成的传感器可用于液体、气体、固体，以及海洋、高空、冰川等领域的温度测量。测量温度一般为−10～+400℃，也可以做到−200～+10℃和 400～1000℃。热敏电阻因具有温度电阻系数大、形小体轻、热惯性大、结构简单、价格经济等优点而被广泛采用。

3. 光敏电阻传感器

有些半导体材料(如硫化镉)在黑暗的环境下电阻值非常大，但当受到光照射时其电阻值就显著减小。它的变化机理：当材料受到光线照射时，若光子能量大于半导体原子中的电子飞跃价带所需要的能量，价带中的电子吸收一个光子后就可以跃迁到导带，激发出电子-空穴对，从而增大了导电性能，使电阻值减小，并且照射光线越强，电阻值变得越小；光照停止，自由电子与空穴逐渐复合，半导体材料又恢复原电阻值。

光敏电阻的特点：具有很高的灵敏度，光谱响应的范围很大，可以从紫外区到红外区，而且体积小，性能比较稳定，价格比较低廉。

光敏电阻的种类很多，一般都由金属硫化物、硒化物和碲化物组成。不同材料制成的光敏电阻的性能差异很大。由于光敏电阻的输入/输出特性的线性度很差，因此不宜用作测试元件，这是光敏电阻的主要缺点。光敏电阻的结构非常简单，在光敏半导体材料的两端装上电极即成。光敏电阻主要用作自动控制中的开关元件。如图 4.15 所示，将光敏电阻与电阻 R 串联后接上电源，当光敏电阻不受光照时，光敏电阻的阻值很大而不导通，在电阻 R 两端没有电压输出；当光敏电阻接受光照后，光敏电阻的阻值明显减小，光敏电阻导通，在电阻 R 两端产生电压输出，从而起到了“关”和“开”的作用。

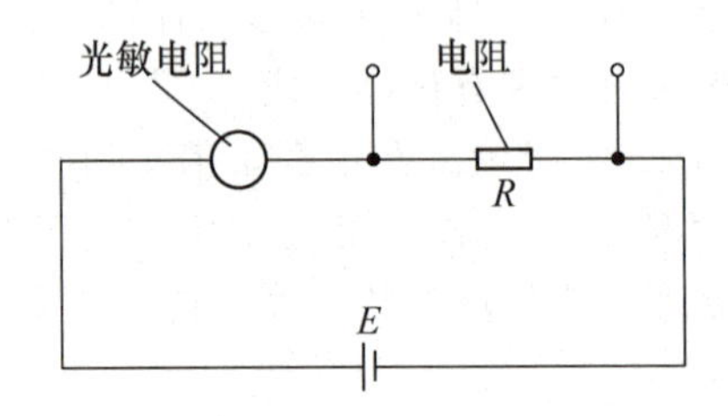

图 4.15　光敏电阻作开关的原理

4. 湿敏电阻传感器

湿敏电阻传感器是一种检测空气湿度(水分)的传感器。它能将湿度的变化转换为电阻的变化。制作湿敏电阻的敏感材料主要是金属氧化物(如氧化锂)。当湿度变化时，会引起金属氧化物的电阻发生变化，其原因是此类金属氧化物能在水中电离。当金属氧化物吸收水分后，其电离程度增大、导电性增加而电阻减小。氧化锂湿敏电阻传感器的结构如图 4.16 所示。

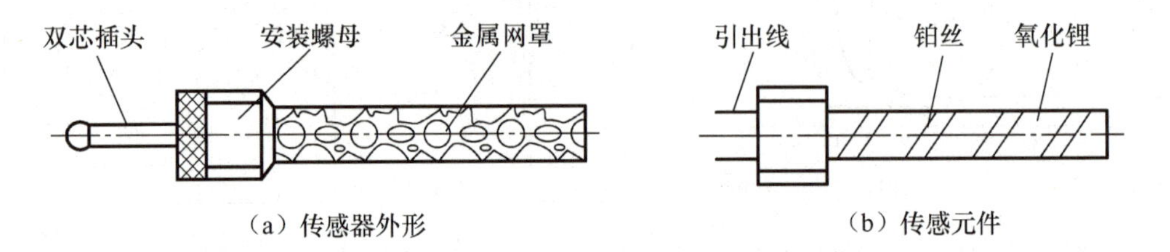

(a) 传感器外形　　(b) 传感元件

图 4.16　氧化锂湿敏电阻传感器的结构

湿敏电阻由绝缘材料做骨架，上面绕以两根平行的铂丝组成一对引出线。氧化锂涂层涂在平行的铂丝之间，涂层的电阻由两根铂丝电极引出。当氧化锂涂层的水汽分压低于周围的水汽分压时，将从空气中吸收水分，其电阻值随之减小；反之，当氧化锂涂层中水汽分压高于周围空气的水汽分压时，氧化锂涂层将向周围空气扩散水分而电阻值随之增大，从而实现将湿度转换为电阻的功能。

4.3　电容传感器

电容传感器是以各种类型的电容器为传感元件，将被测物理量转换为电容量的变化来实现测量的一种传感器，其输出是电容的变化量。

4.3.1 电容传感器的转换原理

【电容传感器】

电容传感器的转换原理可用图4.17所示的平板电容器来说明。平板电容器的电容为

$$C=\frac{\varepsilon A}{\delta}=\frac{\varepsilon_0\varepsilon_r A}{\delta} \tag{4-9}$$

式中：C为电容量(F)；ε为两块极板间介质的介电常数；A为极板的有效覆盖面积(m^2)；δ为极板间距(m)；ε_0为真空的介电常数，$\varepsilon_0=8.85\times10^{-12}$F/m；$\varepsilon_r$为两极板间介质的相对介电常数，对于空气介质，$\varepsilon_r\approx1$。

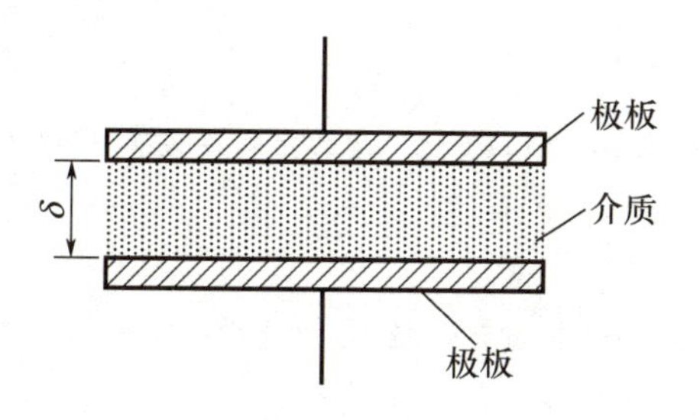

【电容传感器的工作原理】

图4.17 平板电容器

由式(4-9)知，当被检测参数(如位移、压力等)使ε、A和δ变化时，都能引起电容器电容量的变化，从而实现对被测参数到电容的变换。在实际应用中，通常使ε、A和δ三个参数中的两个保持不变，只改变其中的一个参数使电容产生变化，所以电容式传感器可分为以下三种。

1. 极距变化型电容传感器

极距变化型电容传感器的结构和特性如图4.18所示。由图4.18(a)可知，当电容器的两平行板的重合面积及介质不变，而动板因受被测量控制而移动时，极板间距δ发生改变，引起电容器电容量的变化，达到将被测参数转换为电容量变化的目的。若电容器的极板面积为A，初始极板间距为δ_0，极板间介质的介电常数为ε，则电容器的初始电容量为

$$C_0=\frac{\varepsilon A}{\delta_0} \tag{4-10}$$

当初始极板间距δ_0减小$\Delta\delta$，则电容量增加ΔC，其电容量为

$$C=C_0+\Delta C=\frac{\varepsilon A}{\delta_0-\Delta\delta}=C_0\frac{1}{1-\dfrac{\Delta\delta}{\delta_0}}$$

当$\dfrac{\Delta\delta}{\delta_0}\ll1$时，可认为满足以下线性关系。

$$\frac{\Delta C}{C_0}=\frac{\Delta\delta}{\delta_0}\qquad\left(\frac{\Delta\delta}{\delta_0}\ll1\right) \tag{4-11}$$

但是从图4.18(b)可见，$\Delta\delta$与ΔC之间是非线性关系，要减小非线性误差，必须缩小测量范围$\Delta\delta$。测量范围一般取0.1微米至数百微米。对于精密的电容传感器，$\dfrac{\Delta\delta}{\delta_0}\ll\dfrac{1}{100}$，它的灵敏度近似为

$$S=\frac{d(\Delta C)}{d(\Delta\delta)}=\frac{C_0}{\delta_0}=\varepsilon A_0 \tag{4-12}$$

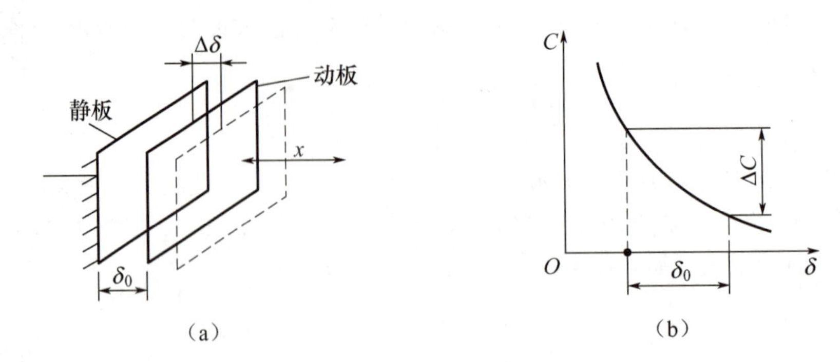

图 4.18　极距变化型电容传感器的结构和特性

2. 面积变化型电容传感器

按极板相互覆盖的方式不同，面积变化型电容传感器分为直线位移型和角位移型两种。

(1) 直线位移型电容传感器

图 4.19(a)所示为平面线位移型电容传感器，当动板沿 x 方向移动时，相互覆盖面积变化，电容量也随之改变，其输出特性为

$$C=\frac{\varepsilon bx}{\delta} \tag{4-13}$$

式中：ε 为介电常数；b 为极板宽度；x 为位移；δ 为极板间距。其灵敏度为

$$S=\frac{dC}{dx}=\frac{\varepsilon b}{\delta}=常数 \tag{4-14}$$

图 4.19(b)所示为单边圆柱体线位移型电容传感器，动板(圆柱)与定板(圆筒)相互覆盖，其电容量为

$$C=\frac{2\pi\varepsilon x}{\ln\dfrac{D}{d}} \tag{4-15}$$

式中：d 为圆柱外径；D 为圆筒孔径。当覆盖长度 x 变化时，电容量 C 发生变化。其灵敏度为

$$S=\frac{dC}{dx}=\frac{2\pi\varepsilon}{\ln\dfrac{D}{d}}=常数$$

可见，面积变化型线位移传感器的输出(电容的变化 dC)与其输入(电容传感器极板覆盖面积的改变)是呈线性关系的。

(2) 角位移型电容传感器

图 4.19(c)所示为角位移型电容传感器，当动板有一转角时，动板与定板之间相互覆盖面积就发生变化，导致电容量变化。由于覆盖面积为

$$A=\frac{\alpha r^2}{2}$$

式中：α 为覆盖面积对应的中心角；r 为极板半径。因此电容量为

$$C=\frac{\varepsilon\alpha r^2}{2\delta}$$

其灵敏度为

$$S=\frac{\mathrm{d}C}{\mathrm{d}\alpha}=\frac{\varepsilon r^2}{2\delta}=常数$$

可见，角位移型电容传感器的输入（电容极板的角位移 $\mathrm{d}\alpha$）与输出（电容量的变化 $\mathrm{d}C$）呈线性关系。

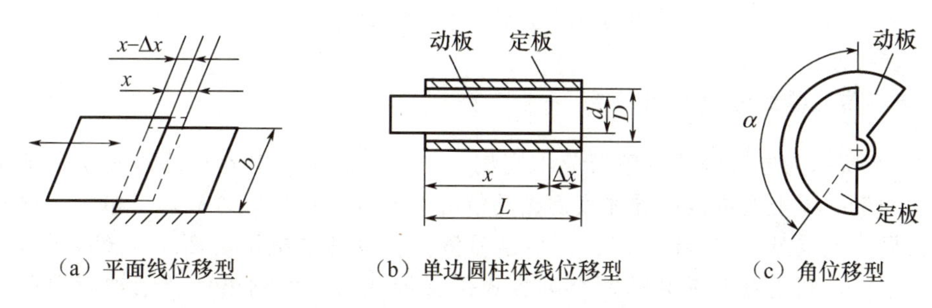

图 4.19　面积变化型电容传感器

图 4.20 所示是几种常见的面积变化型电容传感器。

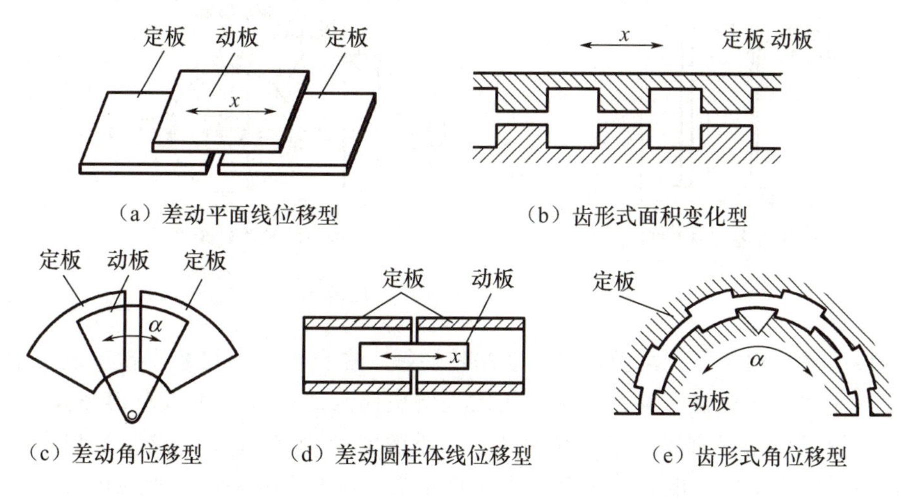

图 4.20　几种常见的面积变化型电容传感器

3. 介质变化型电容传感器

被测参数使电容传感器的介电常数发生变化而导致其电容量发生变化的传感器称为介质变化型电容传感器。这种传感器大多用来测量材料的厚度、液体的液面高度、容量、温度、湿度等能导致极板间介电常数变化的物理量。

图 4.21(a)所示的传感器极板间在测量纸的厚度时，其介质就是空气和纸。空气的介电常数是不变的，而被测物的厚度是变化的，其介电常数是变化的。因此这种传感器可用来测量纸张等固体介质的厚度。图 4.21(b)所示传感器极板间介质本身的介电常数在温度、湿度或体积容量改变时发生变化，可用于测量温度、湿度或容量。

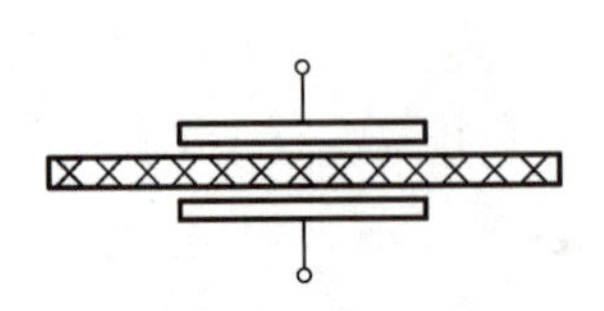

（a）介质厚度的变化导致介电常数改变

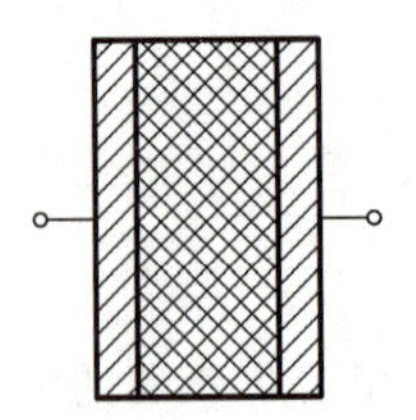

（b）温度、湿度或体积容量的变化导致介电常数改变

图 4.21　介质变化型电容传感器

4.3.2　电容传感器的应用实例

图 4.22 所示为电容位移传感器应用实例——极距变化型电容传感器用于振动位移或微小位移测量。用于测量金属导体表面振动位移的电容传感器只含有一个电极，而把被测对象作为另一个电极使用。图 4.22(a)所示是测量振动体的振动；图 4.22(b)所示是测量转轴回转精度，利用垂直安装的两个电容式位移传感器，可测出回转轴轴心的动态偏摆情况。

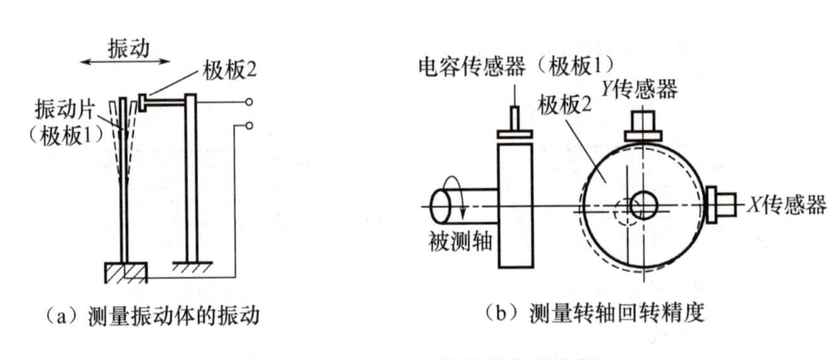

（a）测量振动体的振动　　（b）测量转轴回转精度

图 4.22　电容位移传感器应用实例

电容传感器结构简单、灵敏度高、动态特性好，在自动检测技术中占有重要地位。电容传感器易于实现非接触测量，采用适当的检测电路与之匹配，可以获得很高的灵敏度。例如，用电容式传感器测微小位移和振动，其灵敏度可达 0.01μm，这是其他类型的机械量传感器所无法比拟的。电容传感器的主要缺点是初始电容较小，受引线电容、寄生电容的干扰影响较大。近年来随着电子技术的发展，上述问题正在得到逐步解决。

4.4　电感传感器

电感传感器的敏感元件是电感线圈，其转换基于电磁感应原理。**它把被测量的变化转换为线圈自感系数 L 或互感系数 M 的变化而达到被测量到电参量的转换。**图 4.23 所示是简单自感式装置的工作原理。当一个简单的单线圈作为敏感元件时，机械位移输入会改变线圈产生的磁路的磁阻，从而改变自感式装置的电感。电感的变化由合适的电路进行测量，就可从表头上指示输入值。磁路的磁阻变化可以通过空气间隙的变化来获得，也可以通过改变铁心材料的数量或类型来获得。

双线圈互感装置如图 4.24 所示。当一个激励源线圈的磁通量被耦合到另一个传感线圈上时，就可从这个传感线圈得到输出信号。输入信息是衔铁位移的函数，它改变线圈间的耦合。耦合可以通过改变线圈和衔铁之间的相对位置而改变。这种相对位置的改变可以是线位移，也可以是角位移。

按照转换方式的不同可将电感传感器分为自感式与互感式两种。

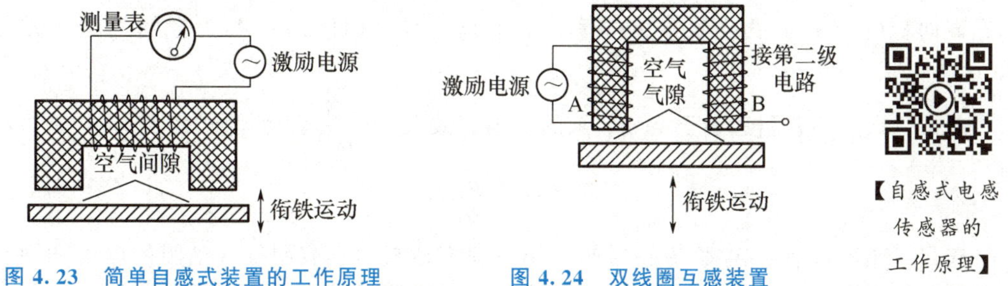

图 4.23 简单自感式装置的工作原理　　图 4.24 双线圈互感装置

4.4.1 可变磁阻式电感传感器

可变磁阻式电感传感器的典型结构如图 4.25 所示，它由线圈、铁心和衔铁组成，在铁心与衔铁之间有空气气隙 δ。

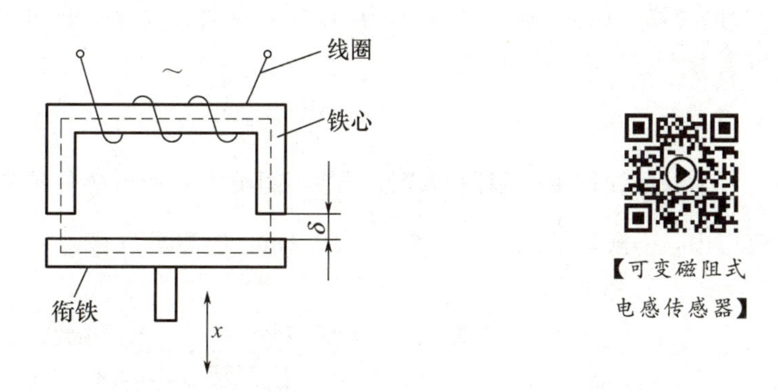

图 4.25 可变磁阻式电感传感器的典型结构

在电感线圈通以交变电流 I，电感线圈的电感为

$$L=\frac{W\Phi}{I} \tag{4-16}$$

式中：W 为电感线圈匝数；Φ 为通过电感线圈的磁通；I 为电感线圈中通过的电流值。

由磁路欧姆定律可知

$$\Phi=\frac{WI}{R_m} \tag{4-17}$$

式中：WI 为磁路中的磁动势；R_m 为磁路中的磁阻。

将式(4-17)代入式(4-16)，得

$$L=\frac{W^2}{R_m} \tag{4-18}$$

由式(4-18)可知，当电感线圈的匝数一定时，图4.25中的被测量x可以通过改变磁路中的磁阻R_m来改变自感系数，从而将被测量的变化转换为传感器自感系数的变化。因此，这类传感器称为可变磁阻式电感传感器。下面讨论磁路磁阻R_m的影响因素。

图4.25中的磁路磁阻由两部分组成：空气气隙的磁阻及衔铁和铁心的磁阻，即

$$R_m=\frac{L_1}{\mu_1 A_1}+\frac{2\delta}{\mu_0 A_0} \tag{4-19}$$

式中：L_1为磁路中软铁(铁心和衔铁)的长度(m)；μ_1为软铁的磁导率(H/m)；A_1为铁心导磁截面积(m^2)；μ_0为空气的磁导率，$\mu_0=4\pi\times10^{-7}$(H/m)；A_0为空气气隙导磁截面积(m^2)

通常，铁心的磁阻远小于空气气隙的磁阻，故$R_m\approx\frac{2\delta}{\mu_0 A_0}$。将此式代入式(4-18)，得

$$L=\frac{W^2\mu_0 A_0}{2\delta} \tag{4-20}$$

式(4-20)为自感式电感传感器的工作原理表达式。它表明空气气隙的厚度和面积是改变磁阻从而改变自感的主要因素。被测量只要能够改变空气气隙的厚度或面积，就能达到将被测量的变化转换为自感变化的目的，由此也就构成了间隙变化型和面积变化型的自感式电感传感器。

图4.26(a)所示是间隙变化型电感传感器。W、μ_0及A_0都不变，被测参数(工件直径)的变化(Δd)引起δ的变化$\Delta\delta$，从而使传感器产生ΔL的输出，达到被测参数到电感变化ΔL的转换。由式(4-20)可知，L和δ呈双曲线关系，即非线性关系[图4.27(a)]。其灵敏度为

$$S=\frac{dL}{d\delta}=-\frac{W^2\mu_0 A_0}{2\delta^2}=-\frac{L}{\delta} \tag{4-21}$$

为保证线性度，限制非线性误差，间隙变化型电感传感器多用于微小位移测量。实际应用中，一般取$\frac{\Delta\delta}{\delta_0}\leqslant0.1$，在0.001～1mm内测量位移。

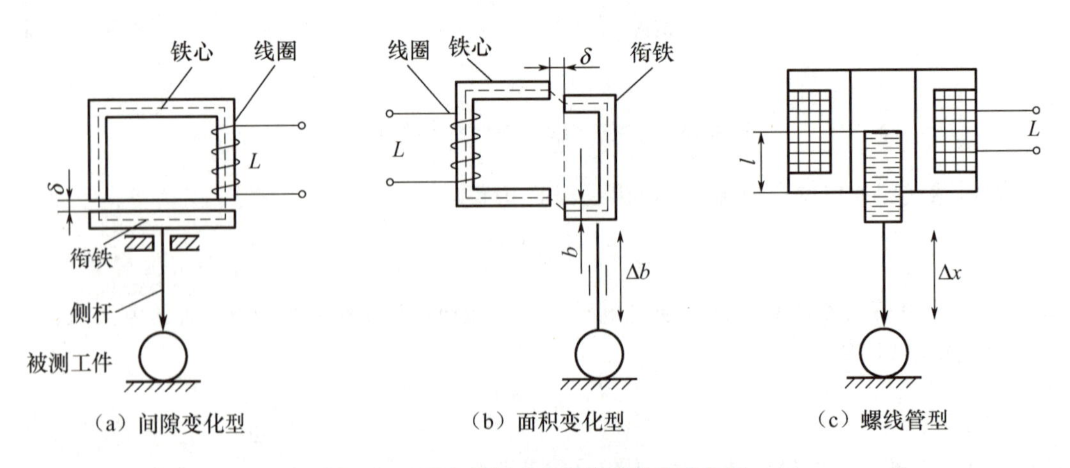

图4.26 可变磁阻式电感传感器典型应用

图 4.26(b)所示为面积变化型电感传感器。W、μ_0 及 δ 都不变，磁路截面积 A 随着被测参数 Δb 的变化而变化。由于磁路截面积 A 变为 $A+\Delta A$ 而使传感器的电感由 L 变为$L+\Delta L$，从而有 ΔL 输出，实现了被测参数到电参量 ΔL 的转换。由式(4-20)可知，L 和 A(输出和输入)呈线性关系[图 4.27(b)]。其灵敏度为

$$S=\frac{\mathrm{d}L}{\mathrm{d}A}=\frac{W^2\mu_0}{2\delta_0}=\text{常数} \tag{4-22}$$

面积变化型电感传感器自由行程限制小，示值范围较大，如将衔铁做成转动式，还可用来测量角位移。

图 4.26(c)所示是螺线管型电感传感器。即在螺线管中插入一个可移动的铁心，铁心在线圈中伸入长度 l 的变化 Δl 引起螺线管电感值的变化 ΔL，由于螺线管中磁场分布得不均匀，因此 Δl 和 ΔL 呈非线性关系。螺线管型电感传感器的灵敏度比较低，但由于螺线管可以做得较长，因此适于测量较大的位移量(可达数毫米)。

间隙变化型可变磁阻式电感传感器和面积变化型可变磁阻式电感传感器的输出特性如图 4.27 所示。

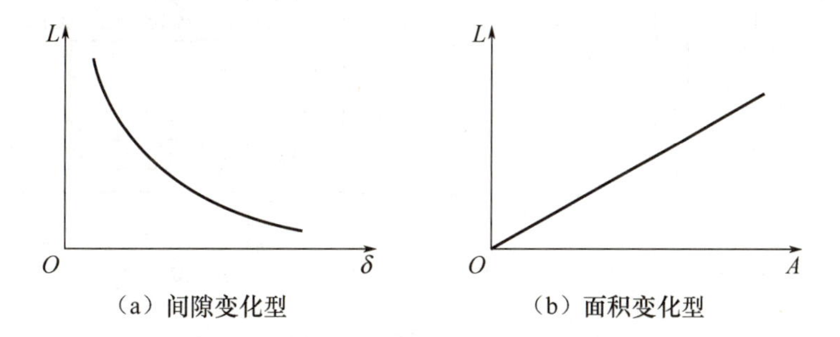

(a) 间隙变化型　　(b) 面积变化型

图 4.27　间隙变化型可变磁阻式电感传感器和面积变化型可变磁阻式电感传感器的输出特性

实际应用中常将两个完全相同的电感传感器线圈与一个共用的活动衔铁结合在一起，构成差动式电感传感器。

图 4.28 所示是变气隙型差动式电感传感器的结构和输出特性。

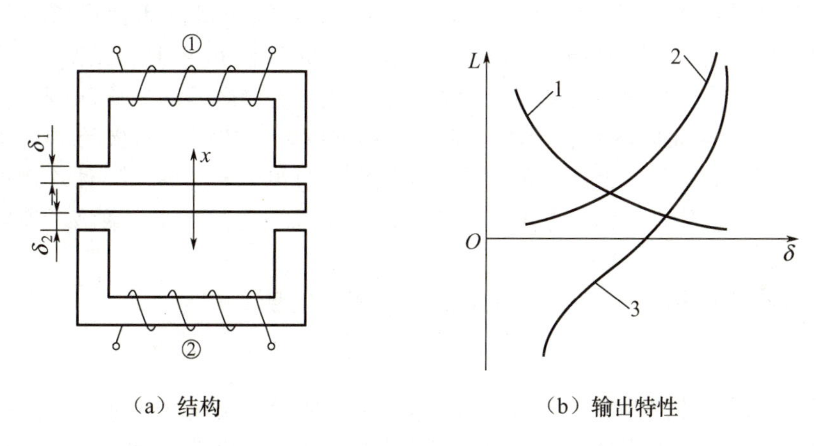

(a) 结构　　(b) 输出特性

1—线圈①的输出曲线；2—线圈②的输出曲线；3—传感器的输出曲线

图 4.28　变气隙型差动式电感传感器的结构和输出特性

当衔铁位于气隙的中间位置时，$\delta_1=\delta_2$，两线圈的电感值相等，$L_1=L_2=L_0$，总的电感值等于 $L_1-L_2=0$。当衔铁偏离中间位置时，一个线圈的电感值增加 $L_1=L_0+\Delta L$，另一个线圈的电感值减小 $L_2=L_0-\Delta L$，总的电感变化量等于

$$L_1-L_2=+\Delta L-(-\Delta L)=2\Delta L$$

于是差动电感传感器的灵敏度 S 为

$$S=\frac{\mathrm{d}L}{\mathrm{d}\delta}=-2\frac{L}{\delta} \tag{4-23}$$

将式(4-23)与式(4-21)比较可知，差动式电感传感器比图 4.25 所示的单边式电感传感器的灵敏度提高 1 倍。从图 4.28(b)中还可看出，其输出线性度也改善许多。

面积变化型电感传感器与螺线管型电感传感器结构也可以构成差动式(图 4.29)。其中，W_1 和 W_2 是参数完全相同的两组线圈，将其对称地绕在骨架上(如螺线管型结构的骨架是螺线管)，衔铁的初始位置居中。

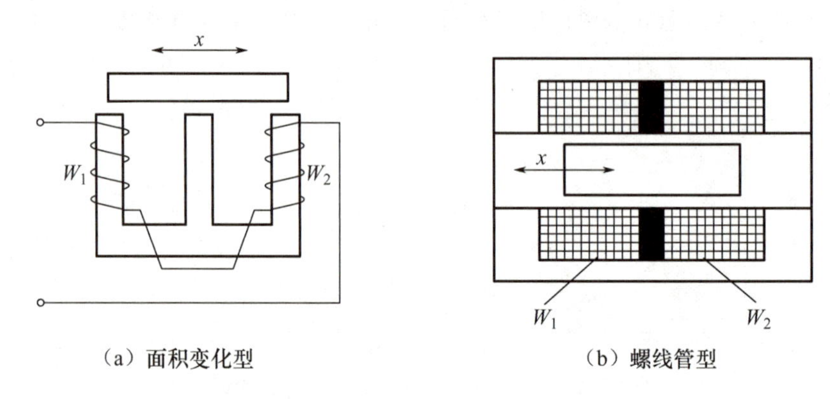

(a) 面积变化型　　(b) 螺线管型

图 4.29　差动式电感传感器的结构

4.4.2　涡流传感器

涡流传感器的转换原理是金属板在交变磁场中的涡流效应。**根据电磁感应定律，当一个通以交流电流的线圈靠近一块金属板时(图 4.30)，交变电流 I_1 产生的交变磁通 Φ_1 通过金属导体，在金属导体内部产生感应电流 I_2，I_2 在金属板内自行闭合形成回路，称为涡流。**涡流的产生必然要消耗磁场的能量，即涡流产生的磁通 Φ_2 总是与线圈磁通 Φ_1 方向相反，使线圈的阻抗发生变化。传感器线圈阻抗的变化与被测金属的性质(电阻率 ρ、磁导率 μ 等)、传感器线圈的几何参数、激励电流的大小与频率、被测金属板的厚度及线圈到被测金属之间的距离等有关。因此，可把传感器线圈作为传感器的敏感元件，通过其阻抗的变化来测定导体的位移、振幅、厚度、转速，以及导体的表面裂纹、缺陷、硬度和强度等各种物理量。

涡流传感器可分为高频反射式和低频透射式两种类型。

1. 高频反射式涡流传感器

高频反射式涡流传感器的工作原理如图 4.30(a)所示。交流电流通过导体时，由于感应作用引起导体截面上电流分布不均匀，越接近导体表面，电流密度越大，这种现象称为集肤效应。集肤效应使导体的有效电阻增加。交流电的频率越高、集肤效应越显著。在金

属板一侧的电感线圈中通以高频(兆赫兹以上)激励电流时，线圈便产生高频磁场，该磁场作用于金属板，由于集肤效应，高频磁场不能透过有一定厚度 h 的金属板，而是作用于表面薄层，并在这薄层中产生涡流。涡流 I_2 又会产生交变磁通 Φ_2 反过来作用于线圈，使得线圈的阻抗发生变化。显然涡流的大小随线圈与金属板之间的距离 x 的变化而变化，因此可以用高频反射式涡流传感器来测量位移量 x 的变化，并通过对高频反射式传感器的等效电路[图 4.30(b)]的分析来证实。

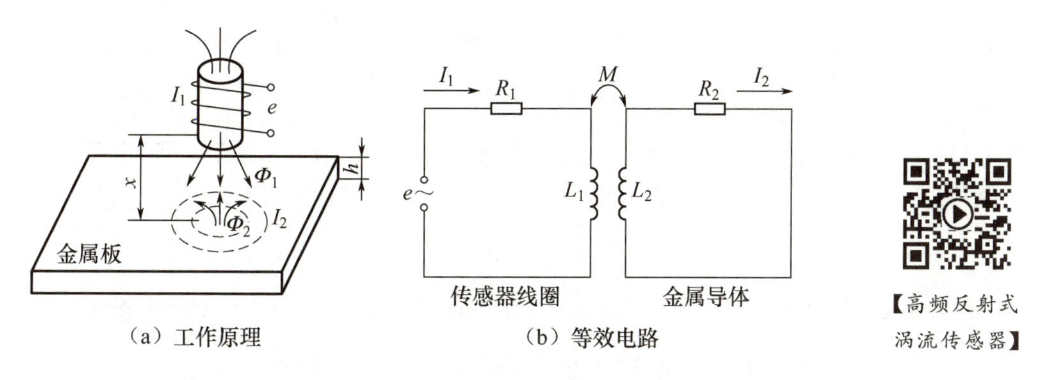

图 4.30 高频反射式涡流传感器

2. 低频透射式涡流传感器

低频透射式涡流传感器是利用互感原理工作的，它多用于测量材料的厚度。其工作原理如图 4.31(a)所示。发射线圈 W_1 和接收线圈 W_2 分别置于被测材料的两边；当低频(1000Hz 左右)电压加到 W_1 的两端后，W_1 产生一个交变磁场，并在金属板中产生涡流，这个涡流损耗了部分磁场能量，使得贯穿 W_2 的磁力线减少，从而使 W_2 产生的感应电动势 e_2 减小。金属板的厚度 h 越大，涡流损耗的磁场能量也越大，e_2 就越小。因此 e_2 的大小反映了金属板厚度 h 的大小。低频透射式涡流传感器的输出特性(即 e_2 与 h 的关系)如图 4.31(b)所示。

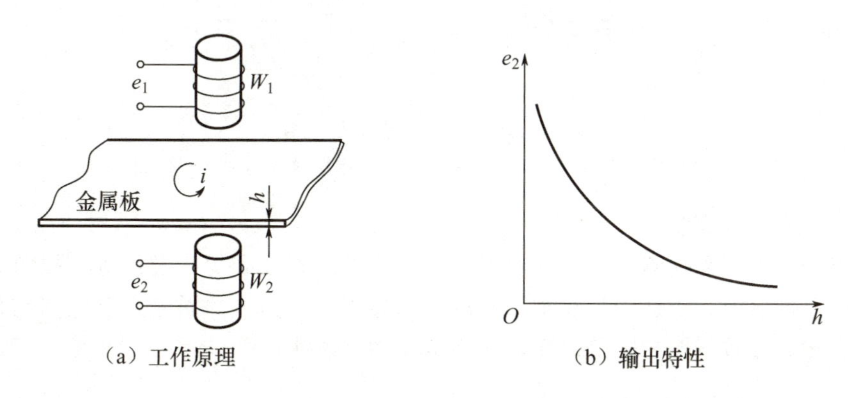

图 4.31 低频透射式涡流传感器

3. 涡流传感器的应用

涡流传感器具有非接触测量、简单可靠、灵敏度高等一系列优点，在机械、冶金等工业领域中得到广泛应用。

（1）位移和振幅测量

图4.32所示为涡流传感器在位移和振幅测量中的应用。图4.32(a)所示为涡流传感器测量转轴的径向振动位移，检测位移为0.01～40mm，分辨率一般可达满量程的0.1%。图4.32(b)所示为涡流传感器测量片状机件的振幅。振动幅值测量范围从几微米到几毫米。图4.32(c)所示是涡流式传感器测量构件的振型。涡流传感器的频率特性从零到几十千赫都是平稳的，故能做静态位移测量，特别适合测量低频振动。

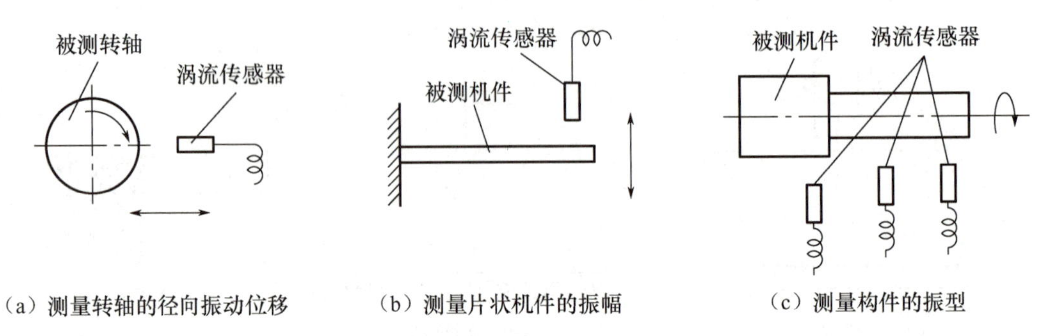

（a）测量转轴的径向振动位移　（b）测量片状机件的振幅　（c）测量构件的振型

图4.32　涡流传感器检测在位移和振幅测量中的应用

（2）转速测量

在旋转体上开一个或数个槽或固定一块凸块，如图4.33所示，将涡流传感器安装在旁边。当转轴转动时，涡流传感器与转轴之间的距离发生周期性的改变，于是它的输出也周期性地发生变化，即输出周期性的脉冲信号，脉冲频率与转速之间有如下关系。

$$n=\frac{f}{z}\times 60 \qquad (4-24)$$

式中：n为转轴的转速(r/min)；f为脉冲频率(Hz)；z为转轴上的槽数或齿数。

【轴心轨迹测量】

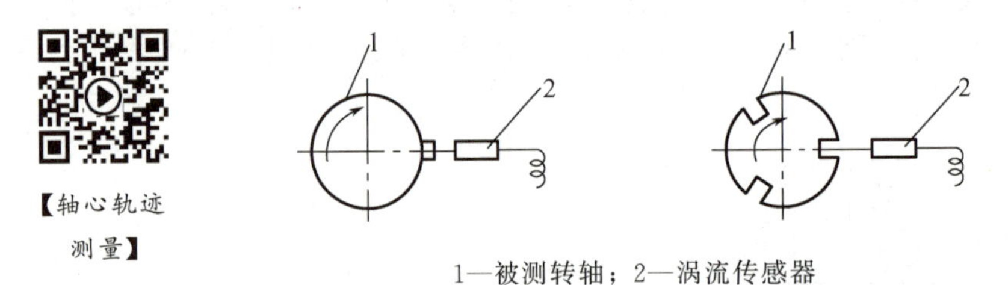

1—被测转轴；2—涡流传感器

图4.33　用涡流传感器检测转速

（3）金属零件表面裂纹检查

用涡流传感器可以探测金属零件表面裂纹、热处理裂纹和焊接裂纹等。探测时，漏流传感器贴近零件表面，当遇到裂纹时，涡流传感器等效电路中的涡流反射电阻与涡流反射电感发生变化，导致线圈的阻抗改变，输出电压随之发生改变。

4.4.3　差动式电感传感器

差动式电感传感器是一种互感式电感传感器，它实质上是一个具有可动铁心的变压器。当变压器一次侧线圈中接入电源后，其二次侧线圈中即感应出电压。当改变铁心与一次侧、二次侧线圈之间的位置时，改变了一次侧、二次侧线圈之间的互感量而使二次侧线圈的输出电压产生了变化，达到由互感量的变化引起电压的变化的目的。因为这种传感器一般都做成差动式结构，所以称为差动式电感传感器。实际使用中的差动变压器多是螺线管型的。

图 4.34 所示为螺线管型差动变压器结构，当一次侧线圈 W_1 中通入一定频率的交流激磁电压 e_i 时，由于互感作用，在两组二次侧线圈 W_2 中就会产生感应电动势 e_{ob} 和 e_{oa}。

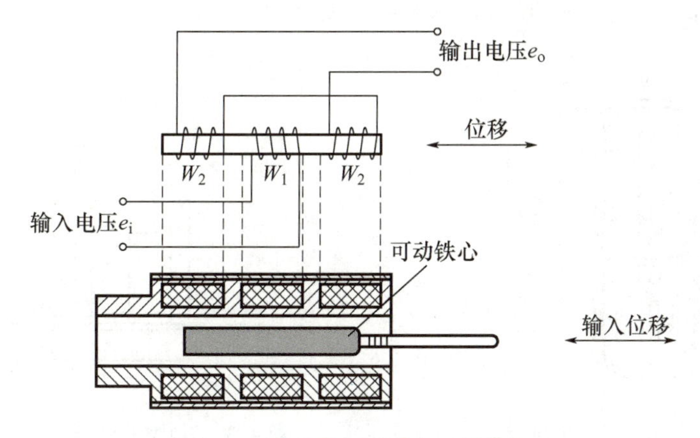

图 4.34 螺线管型差动变压器结构

线圈 W_2 的输出感应电动势 e_{ob} 和 e_{oa} 与铁心位移的关系如图 4.35 所示。

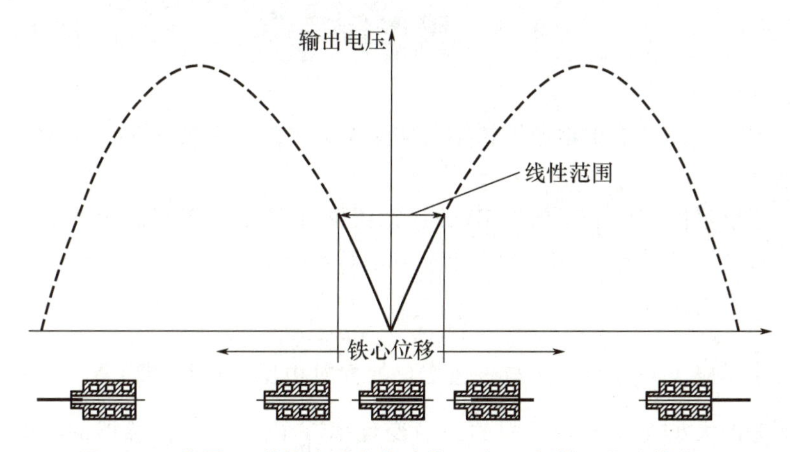

图 4.35 线圈 W_2 的输出感应电动势 e_{ob} 和 e_{oa} 与铁心位移的关系

4.4.4 电感传感器的应用实例

电感传感器主要用于位移的测量及其他可以转换为位移的物理量(如压力、加速度等)的测量。

图 4.36 所示是差动式电感测力传感器的结构。图中支承铁心的是两个圆片状弹性膜片，被测力 F 使差动变压器铁心产生上下位移，差动变压器线圈就会产生输出电压。

图 4.37 所示是电感式纸张厚度测量仪的原理。E 形铁心上绕有线圈，构成一个电感测量头，衔铁实际上是一块钢质的平板。在工作过程中板状衔铁是固定不动的，被测纸张置于 E 形铁心与板状衔铁之间，磁力线从上部的 E 形铁心通过纸张而达到下部的衔铁。当

被测纸张沿着板状衔铁移动时，压在纸张上的E形铁心将随着被测纸张的厚度变化而上下浮动，即改变了铁心与衔铁之间的间隙，从而改变了磁路的磁阻。交流毫伏表的读数与磁路的磁阻(纸张的厚度)成比例。毫伏表通常按微米刻度，这样就可以直接显示被测纸张的厚度了。如果将这种传感器安装在一个机械扫描装置上，使电感测量头沿纸张的横向进行扫描，则可用于自动记录仪表记录纸张横向的厚度，并可利用此检测信号在造纸生产线上自动调节纸张厚度。

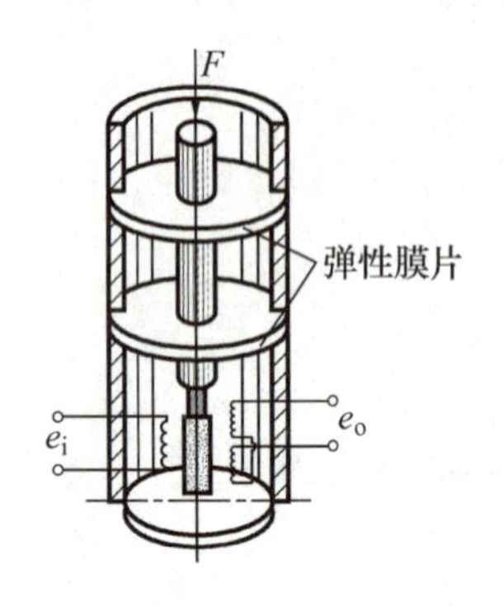

图 4.36　差动式电感测力传感器的结构

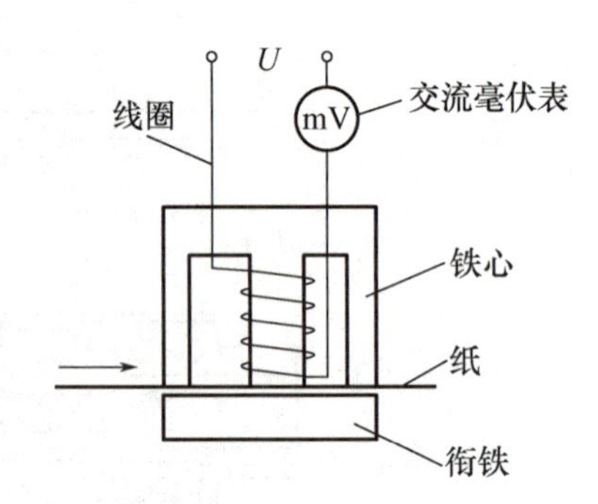

图 4.37　电感式纸张厚度测量仪的原理

4.5　磁电传感器

磁电传感器是一种将被测物理量转换为感应电动势的有源传感器， 又称电动式传感器或感应式传感器。

根据电磁感应定律，一个匝数为 W 的运动线圈在磁场中切割磁力线时，穿过线圈的磁通量 Φ 发生变化，线圈两端就会产生感应电动势，其表示为

$$e=-W\frac{\mathrm{d}\Phi}{\mathrm{d}t} \tag{4-25}$$

式中：负号表明感应电动势的方向与磁通变化的方向相反。在线圈匝数 W 一定的情况下，线圈感应电动势的大小与穿过该线圈的磁通变化率 $\frac{\mathrm{d}\Phi}{\mathrm{d}t}$ 成正比。传感器的线圈匝数和永久磁钢选定后，磁场强度就确定了。使穿过线圈的磁通发生变化的方法通常有两种：一种是使线圈和磁力线做相对运动，即利用线圈切割磁力线而使线圈产生感应电动势；另一种则是把线圈和磁钢都固定，靠衔铁运动来改变磁路中的磁阻，从而改变通过线圈的磁通。因此，磁电传感器可分成两大类型：动圈式(动磁式)及磁阻式(可动衔铁式)。

4.5.1　动圈式磁电传感器

动圈式磁电传感器按结构不同可分为线速度型与角速度型。 图 4.38(a)所示是线速度型传感器的工作原理。在永久磁铁产生的直流磁场内，放置一个可动线圈，当线圈在磁场中随被测体的运动而做直线运动时，线圈便由于切割磁力线而产生感应电动势，感应电动势的大小为

$$e=WBl\frac{\mathrm{d}x}{\mathrm{d}t}\sin\alpha \tag{4-26}$$

式中：W 为线圈匝数；B 为磁场的磁感应强度；l 为线圈的长度；$\frac{\mathrm{d}x}{\mathrm{d}t}$为线圈与磁场的相对运动速度；$\alpha$ 为线圈运动方向与磁场方向的夹角。在设计时，若使 $\alpha=90°$，则式(4-26)可写为

$$e=WBl\frac{\mathrm{d}x}{\mathrm{d}t} \tag{4-27}$$

显然，当线圈的匝数 W 和磁场强度 B 及有效长度 l 一定时，感应电动势与线圈和磁场的相对运动速度成正比，因此，这种传感器又称速度计。如果将图 4.38(a)中的线圈固定，让永久磁铁随被测体的运动而运动，即构成动圈式磁电传感器。

图 4.38(b)所示是角速度型传感器的工作原理。线圈在磁场中转动时产生的感应电动势为

$$e=kWBA\omega \tag{4-28}$$

式中：k 是与传感器结构有关的系数，通常 $k<1$；W 为线圈匝数；B 为磁场的磁感应强度；A 为单匝线圈的截面积；ω 为线圈转动的角速度。

式(4-28)表明，当传感器结构一定，即 W、B、A 均为常数时，感应电动势 e 与线圈相对磁场的角速度 ω 成正比，所以这种传感器常用来测量转速。

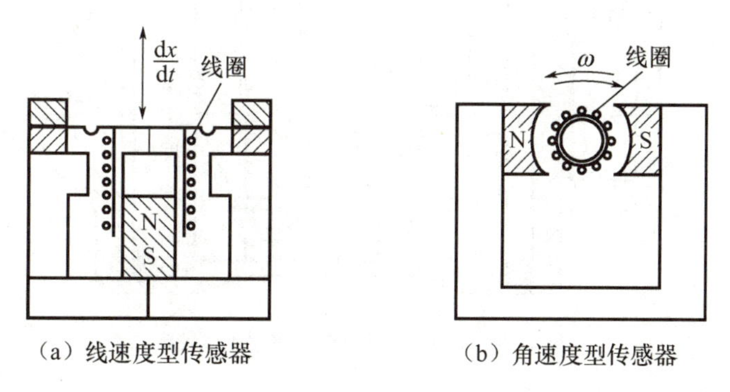

(a) 线速度型传感器　　(b) 角速度型传感器

图 4.38　动圈式磁电传感器的工作原理

图 4.39 所示为 CD-1 型绝对式速度传感器。工作线圈、阻尼器、心棒和软弹簧片组合在一起构成传感器的惯性运动部分。弹簧的另一端固定在壳体上，永久磁铁用铝架与壳体固定。使用时，将传感器的外壳与被测物体联结在一起，传感器外壳随被测物体的运动而运动。当壳体与被测物体一起振动时，由于心棒组件质量很大，产生很大的惯性力，阻止心棒组件随壳体一起运动。当振动频率高到一定程度时，可以认为心棒组件基本不动，只是壳体随被测物体振动。这时，线圈以被测物体的振动速度切割磁力线而产生感应电动势，此感应电动势与被测物体的绝对振动速度成正比。

图 4.40 所示是 CD-2 型相对式速度传感器。传感器活动部分由顶杆、弹簧和工作线圈联结而成，活动部分通过弹簧联结在壳体上。磁通从永久磁铁的一极出发，通过工作线圈、空气气隙、壳体再回到永久磁铁的另一极构成闭合磁路。工作时，将传感器壳体与构件固定连接，顶杆顶在另一构件上，当此构件运动时，使外壳与活动部分产生相对运动，工作线圈在磁场中运动而产生感应电动势，此电动势反映了两构件的相对运动速度。

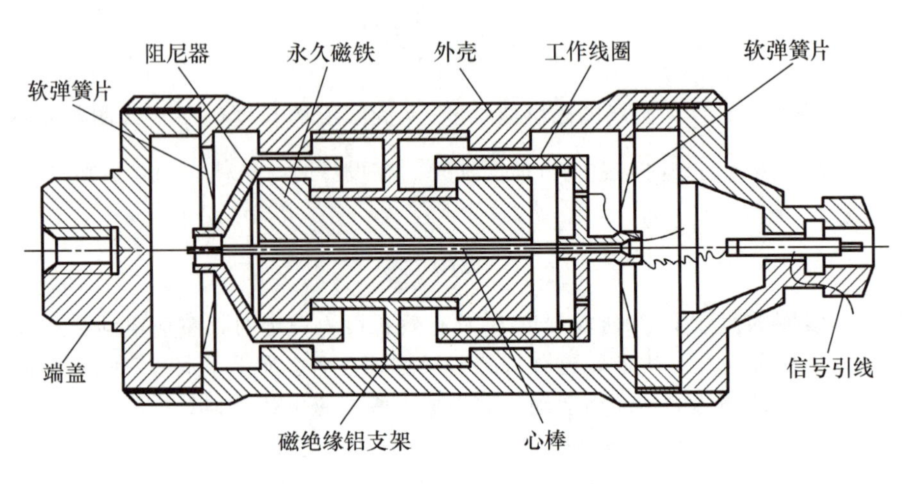

图 4.39　CD－1 型绝对式速度传感器

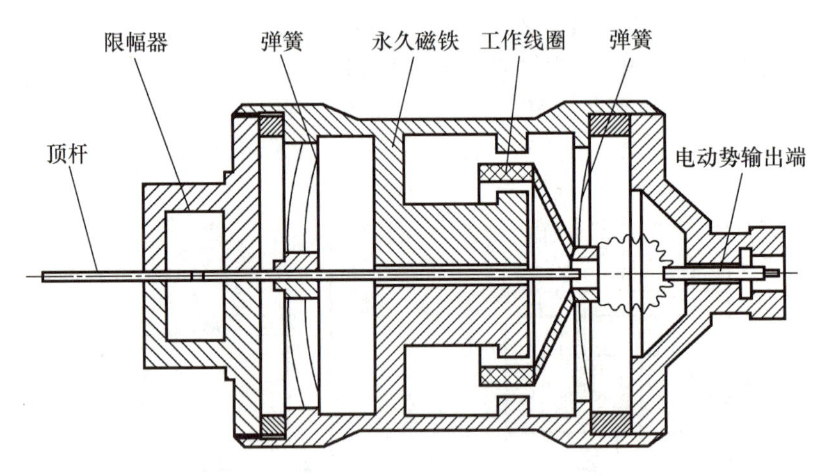

图 4.40　CD－2 型相对式速度传感器

4.5.2　磁阻式磁电传感器

磁阻式磁电传感器由永久磁钢及缠绕其上面的线圈组成。传感器在工作时线圈与磁钢都不动，由运动着的物体(导磁材料)改变磁路的磁阻，引起通过线圈的磁力线增强或减弱，使线圈产生变化的感应电动势。图 4.41 所示为磁阻式磁电传感器的工作原理及应用(频数、转速、偏心量、振动量的测量)。

【磁阻式磁电传感器测转速】

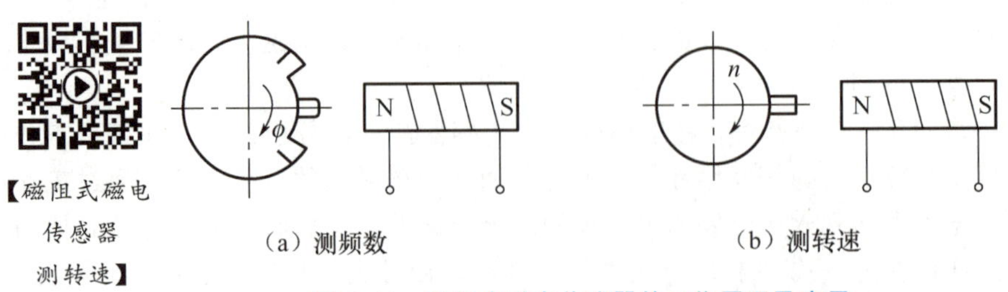

(a) 测频数　　(b) 测转速

图 4.41　磁阻式磁电传感器的工作原理及应用

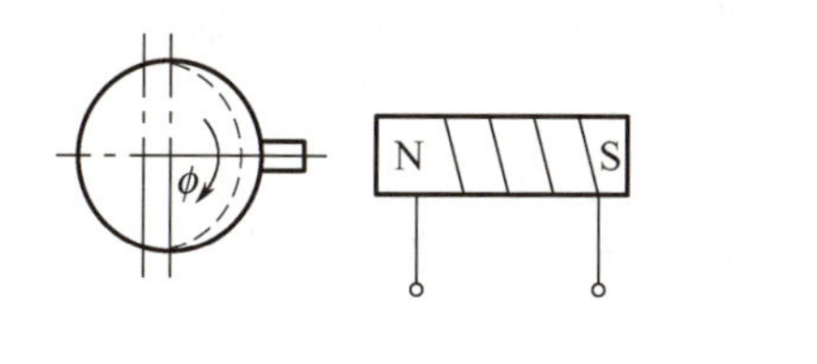

(c) 测偏心量

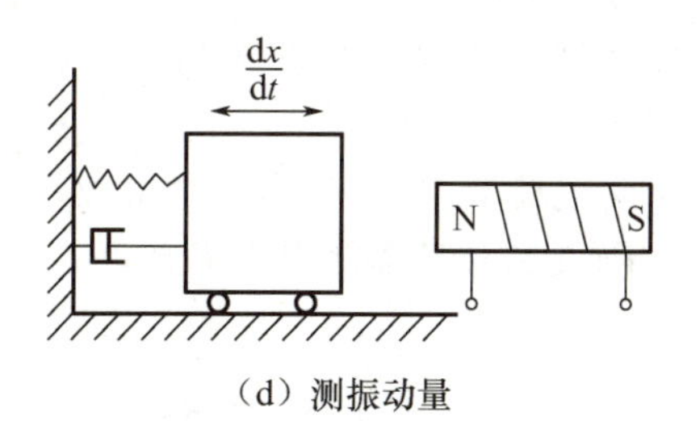

(d) 测振动量

图 4.41 磁阻式磁电传感器的工作原理及应用(续)

4.6 压电传感器

【压电传感器】

压电传感器是一种典型的发电型传感器，其传感元件是压电材料，压电传感器以压电材料的压电效应为转换机理实现压力到电量的转换。

4.6.1 压电效应

自然界的石英、钛酸钡等物质，当受到外力作用时，不仅其几何尺寸会发生变化，而且其内部也会发生极化，表面上有电荷出现，形成电场；当外力去掉时，又重新回复到原始不带电状态，这种现象称为压电效应。

具有压电效应的材料称为压电材料，常见的压电材料有两类：①压电单晶体，如石英、酒石酸钾钠等；②多晶压电陶瓷，如钛酸钡、锆钛酸铅等。下面以石英晶体为例，说明压电效应的机理。

石英晶体的基本形状为六角形晶柱。图 4.42 所示为石英晶体及其轴体。图 4.42(a)所示为两端对称的石英晶体。六棱柱是它的基本组织。纵轴线 $z-z$ 称为光轴，通过六角棱线而垂直于光轴的轴线 $x-x$ 称为电轴，垂直于棱面的轴线 $y-y$ 称为机械轴，如图 4.42(b)所示。如从晶体中切下一个平行六面体，并使其晶面分别平行于光轴、机械轴和电轴，这个晶片在正常状态下不呈现电性。当施加外力 F_x 时，晶片极化，并沿电轴方向形成电场，其电荷分布在垂直于电轴的平面上，如图 4.43(a)所示，这种现象称为纵向压电效应。当沿机械轴方向对晶片施加外力 F_y 时，则在晶片受力面的侧面产生电荷，如图 4.43(b)所示，这种现象称为横向压电效应。沿光轴对晶片施加外力 F_z 时，则不论外力的大小和方向如何，晶片的表面都不会极化。

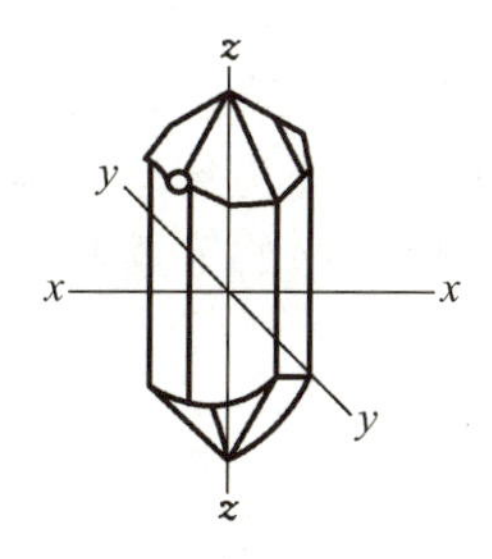

(a) 两端对称的石英晶体

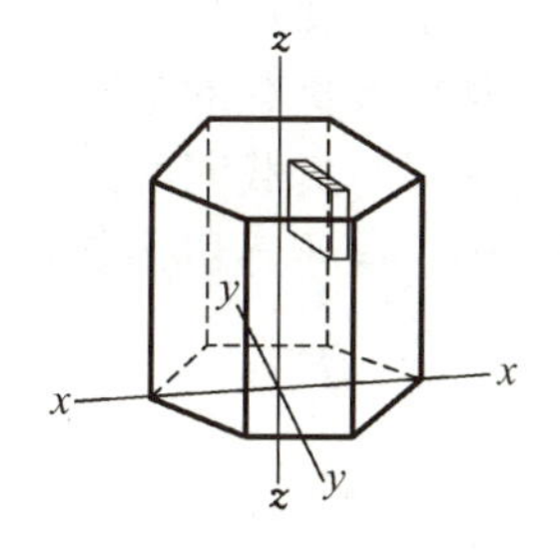

(b) 光轴、电轴和机械轴

图 4.42 石英晶体及其轴体

实验证明，在极板上积聚的电荷量 q 与晶片所受的作用力 F 成正比，即

$$q=DF$$

式中：q 为电荷量(C)；D 为压电常数，与材质及切片方向有关；F 为作用力。由此式可知，应用压电式传感器测得力 F 的问题实质上就是如何测得电荷量 q 的问题。

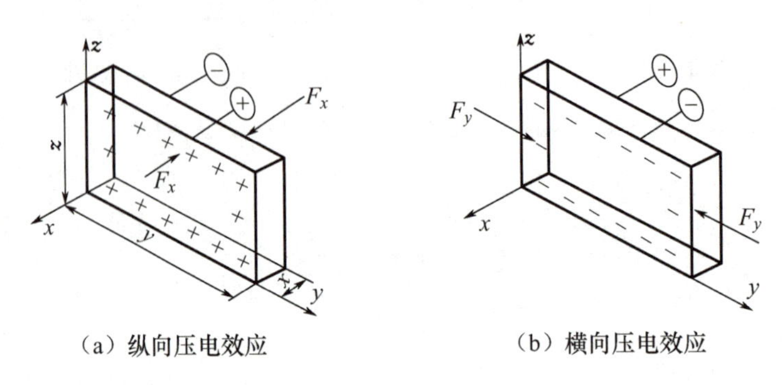

（a）纵向压电效应　　（b）横向压电效应

图 4.43　石英晶体受力后的极化现象

4.6.2　压电传感器及其等效电路

压电传感器使用的压电元件是在两个工作面上蒸镀有金属膜的压电晶片，金属膜构成两个电极，如图 4.44(a)所示。当压电晶片受到力的作用时，便有电荷聚集在两极上，一侧为正电荷，另一侧为等量的负电荷。这种现象和电容器十分相似，所不同的是晶片表面上的电荷会随着时间的推移逐渐漏掉，因为压电晶片材料的绝缘电阻（也称漏电阻）虽然很大，但毕竟不是无穷大。从信号变换角度来看，压电元件相当于一个电荷发生器。从结构上看，它又是一个电容器。因此，通常将压电元件等效为一个电荷源与电容相并联的电路，如图 4.44(b)所示，其中

$$e_a=\frac{q}{C_a} \tag{4-29}$$

式中：e_a 为压电晶片受力后所呈现的电压，也称极板的开路电压；q 为压电晶片表面的电荷；C_a 为压电晶片的电容。

实际的压电传感器往往用两片或两片以上的压电晶片进行并联或串联。压电晶片串联时如图 4.44(c)所示，正电荷集中在上极板，负电荷集中在下极板。串联时传感器本身电容小，输出电压大，适于以电压为输出信号的场合。压电晶片并联时如图 4.44(d)所示，两晶片负极集中在中间极板上，正电极在两侧的电极上，因而电容量大，输出电荷量大，时间常数大，适于测量缓变信号并以电荷量作为输出。

压电传感器总是在有负载的情况下工作。设 C_a 为压电晶片的电容，C_i 为负载的等效电容，C_c 为压电传感器与负载间的连接电缆的分布电容，R_a 为传感器本身的漏电阻，R_i 为负载的输入电阻，则压电传感器接负载后等效电荷源电路中的等效电容为

$$C=C_a+C_i+C_c \tag{4-30}$$

等效电阻为

$$R_0=\frac{R_aR_i}{R_a+R_i} \tag{4-31}$$

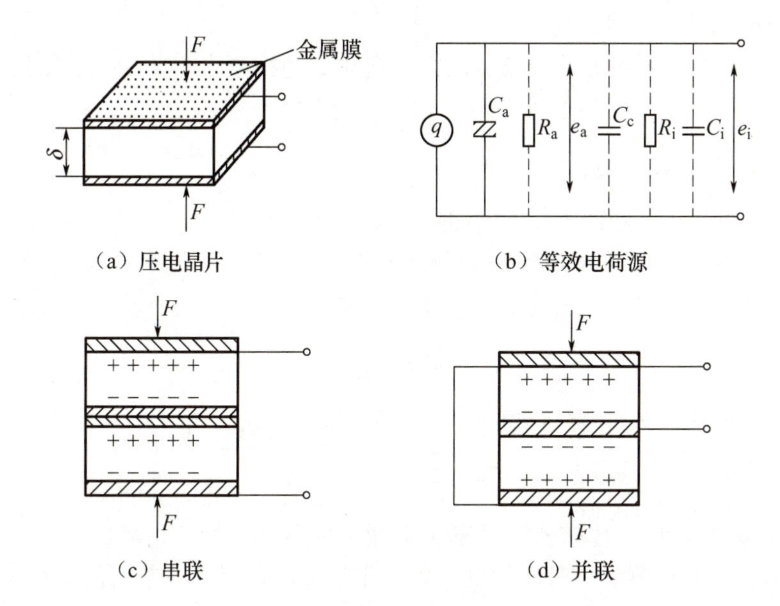

图 4.44 压电晶片及等效电路

压电元件在外力作用下产生的电荷 q，除了给等效电容 C 充电外，还将通过等效电阻 R_0 泄漏掉。根据电荷平衡建立的方程式为

$$q = Ce_i + \int i\mathrm{d}t \tag{4-32}$$

式中：q 为压电元件在外力作用下产生的电荷，设 $q=DF=DF_0\sin\omega t$，ω 为外力的圆频率；C 为等效电荷源电路的等效电容；e_i 为接负载后压电元件的输出电压（也就是等效电容 C 上的电压值），$e_i=R_0 i$，R_0 为 R_a 和 R_i 的并联电阻值；i 为泄漏电流。

式(4-32)可写为

$$q = q_0\sin\omega t = CR_0 i + \int i\mathrm{d}t \tag{4-33}$$

式中：q 为电荷的幅值。忽略过渡过程，其稳态解为

$$i=\frac{\omega q_0}{\sqrt{1+(\omega CR_0)^2}}\sin(\omega t+\varphi) \tag{4-34}$$

$$\varphi=\arctan\frac{1}{\omega CR_0} \tag{4-35}$$

接负载后压电传感器的输出电压为

$$\begin{aligned} e_i=R_0 i&=\frac{q_0}{C}\cdot\frac{1}{\sqrt{1+\left(\frac{1}{\omega CR_0}\right)^2}}\sin(\omega t+\varphi) \\ &=\frac{DF_0}{C}\frac{1}{\sqrt{1+\left(\frac{1}{\omega CR_0}\right)^2}}\sin(\omega t+\varphi) \\ &=\frac{D}{C}\frac{1}{\sqrt{1+\left(\frac{1}{\omega CR_0}\right)^2}}F_0\sin(\omega t+\varphi) \end{aligned} \tag{4-36}$$

由以上分析可得出下列结论。

（1）通过压电传感器的输出电压 e_i 的测量所得到的被测力 $F_0\sin\omega t$ 的大小受到因子

$$\frac{1}{\sqrt{1+\left(\frac{1}{\omega CR_0}\right)^2}}$$

及 C 中 C_c（因电缆的长度不同 C_c 的大小也不一样）的影响。

（2）**只有在被测信号频率 ω 足够高的情况下，压电传感器的输出电压 e_i 的幅值才与频率无关，这时才有可能实现不失真测试，即需要满足 $\omega CR_0 \gg 1$**，或

$$\omega \gg \frac{1}{CR_0} \tag{4-37}$$

在此条件下，根据式(4－36)可得到信号频率的下限的表达式为

$$e_i=\frac{DF_0}{C}\sin(\omega t+\varphi) \tag{4-38}$$

式(4－38)表明，压电传感器实现不失真测试的条件与被测信号的频率 ω 及回路的时间常数 R_0C 有关。为使测量信号频率的下限范围扩大，压电式传感器的后接测量电路必须有高输入阻抗，即很高的负载输入阻抗 R_i（由于 R_i 值很大，因此在图 4.44 所示的压电晶片的等效电路中可将其视为断开），并在后接电路（后接的放大器）的输入端并联一定的电容 C_i 以加大时间常数 R_0C，但并联电容 C_i 不能过大，否则根据式(4－38)可知传感器的输出电压 e_i 会降低很多，这对测量是不利的。

（3）**只有当被测信号频率足够高时，压电传感器的输出电压值才与 R_i 无关。**在测量静态信号或缓变信号时，为使压电晶片上的电荷不消耗或泄漏，负载电阻就必须非常大，否则将会因电荷泄漏而产生测量误差。但负载电阻不可能无限加大，因此用压电传感器测量静态信号或缓变信号是比较难实现的。压电传感器用于动态信号的测量时，由于动态交变力的作用，压电晶片上的电荷可以不断补充，给测量电路一定的电流，使测量成为可能。

可见，压电传感器适用于动态信号的测量，但测量信号频率的下限受 R_0C 的影响，上限则受压电传感器固有频率的限制。

压电传感器的输出，理论上应当是压电晶片表面上的电荷 q。根据图 4.44(b)可知，实际测试中往往是取等效电容 C 上的电压值作为压电传感器的输出。因此，压电传感器就有电荷和电压两种输出形式。相应地，其灵敏度也有电荷灵敏度和电压灵敏度两种表示方法。两种灵敏度之间的关系为

$$S_e=\frac{S_q}{C}=\frac{S_q}{C_a+C_c+C_i} \tag{4-39}$$

式中：S_e 为电压灵敏度；S_q 为电荷灵敏度。

压电传感器结构和材料确定之后，其电荷灵敏度便已确定。由于等效电容 C 受电缆电容 C_c 的影响，其电压灵敏度会因所用电缆长度的不同而有所变化。

压电传感器的输出信号很弱，必须进行放大后才能显示或记录。由前述分析知道，压电传感器要求后接的负载必须有高输入阻抗，因此压电传感器后面的放大器必须具有以下两个主要功能：**①必须先将高输入阻抗转换为低阻抗输出，然后才能接入通用的放大、检波等电路及显示记录仪表；②放大传感器输出的微弱信号。**

4.6.3 前置放大器

压电传感器后面配接的以阻抗变换为第一功能的放大器称为前置放大器。压电传感器所配接的前置放大器有两种结构形式：一种是带电阻反馈的电压放大器，其输出电压与输入电压(传感器的输出电压)成正比；另一种是带电容反馈的电荷放大器，其输出电压与输入电荷量成正比。

图 4.45 所示是压电传感器-电缆-电压前置放大器等效电路。放大器的输入电压为

$$e_i = \frac{q}{C_a + C_c + C_i} \tag{4-40}$$

放大器的输出电压为

$$e_y = Ke_i = \frac{qK}{C_a + C_c + C_i} \tag{4-41}$$

式中：K 为放大器的放大倍数。可见测量系统的输出电压对电缆电容 C_c 敏感。当电缆长度变化时，C_c 就变化，使得放大器的输出电压 e_y 变化，系统的电压灵敏度也将发生变化，这就增加了测量的困难，这是电压放大器的主要缺点。

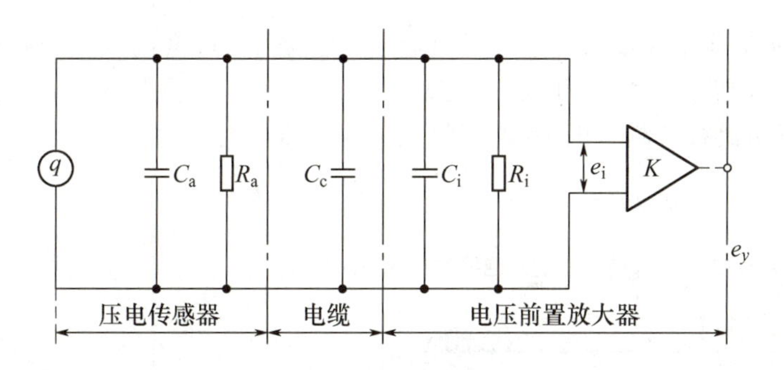

图 4.45 压电传感器-电缆-电压前置放大器等效电路

电荷放大器则克服了电压放大器的上述缺点。它是一个高增益带电容反馈的运算放大器。图 4.46 所示为压电传感器-电缆-电荷放大器系统的等效电路。当略去传感器的漏电阻 R_a 和电荷放大器的输入电阻 R_i 影响时，有

$$\begin{aligned} q &\approx e_i(C_a + C_c + C_i) + (e_i - e_y)C_f \\ &= e_i C + (e_i - e_y)C_f \end{aligned} \tag{4-42}$$

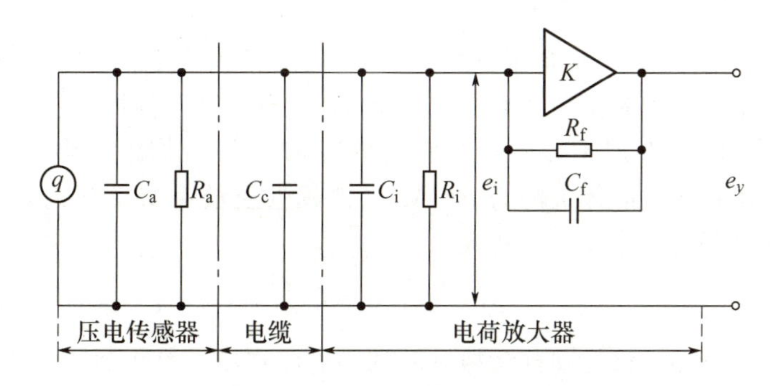

图 4.46 压电传感器-电缆-电荷放大器系统的等效电路

式中：e_i为电荷放大器输入端电压；e_y为电荷放大器输出端电压，$e_y=-Ke_i$，K 为电荷放大器开环放大倍数；C_f为电荷放大器反馈电容。将 e_y代入式(4－42)，可得到电荷放大器输出端电压 e_y与传感器电荷 q 的关系式为

$$e_y=\frac{-Kq}{(C+C_f)+KC_f} \tag{4-43}$$

当放大器的开环增益足够大时，则有 $KC_f \gg C+C_f$，式(4－43)可以简化为

$$e_y \approx -\frac{q}{C_f} \tag{4-44}$$

式(4－43)和式(4－44)表明，在一定条件下，电荷放大器的输出电压与传感器的电荷量成正比，而与电缆的分布电容无关，输出灵敏度取决于反馈电容 C_f。因此，电荷放大器的灵敏度调节都是采用切换运算放大器反馈电容 C_f 的办法。**采用电荷放大器时，即使连接电缆长度达百米以上，其灵敏度也无明显变化，这是电荷放大器的主要优点。**

4.6.4 压电传感器的应用

1. 压电式压力传感器

图 4.47 所示为压电式压力传感器及其特性。当被测力 F(或压力 P)通过外壳上的传力上盖作用在压电晶片上时，压电晶片受力，上下表面产生电荷，电荷量与作用力 F 成正比。电荷由导线引出接入测量电路(电荷放大器或电压放大器)。

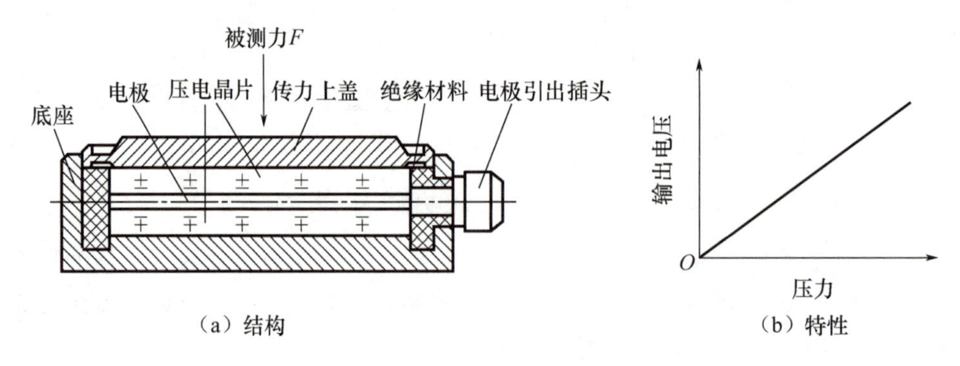

图 4.47　压电式压力传感器及其特性

【压电式传感器测振动实验】

2. 压电式加速度传感器

图 4.48 所示是压电式加速度传感器的常见结构类型。图中，M 是惯性质量块，K 是压电晶片。压电式加速度传感器实质上是一个惯性力传感器。在压电晶片 K 上，放有惯性质量块 M。当壳体随被测振动体一起振动时，作用在压电晶体上的力 $F=Ma$。当惯性质量块 M 一定时，压电晶片上产生的电荷与加速度 a 成正比。

3. 阻抗头

在对机械结构进行激振试验时(激振试验的内容将在第 7 章中讨论)，为了测量机械结构每一部位的阻抗值(力和响应参数的比值)，需要在结构的同一点上激振并测定它的响应。阻抗头就是专门用来传递激振力和测定激振点的受力及加速度响应的特殊传感器，其

结构原理如图 4.49(a)所示。使用时，阻抗头的安装面与被测机械紧固在一起，力激振器的激振力输出顶杆与阻抗头的激振平台紧固在一起。力激振器通过阻抗头将激振力传递并作用于被测结构上，如图 4.49(b)所示。激振力使阻抗头中检测激振力的压电晶片受压力作用产生电荷并从激振力信号输出口输出。机械受激振力作用后产生受迫振动，其振动加速度通过阻抗头中的惯性质量块产生惯性力，使检测加速度的压电晶片受力作用产生电荷，从加速度信号输出端口输出。

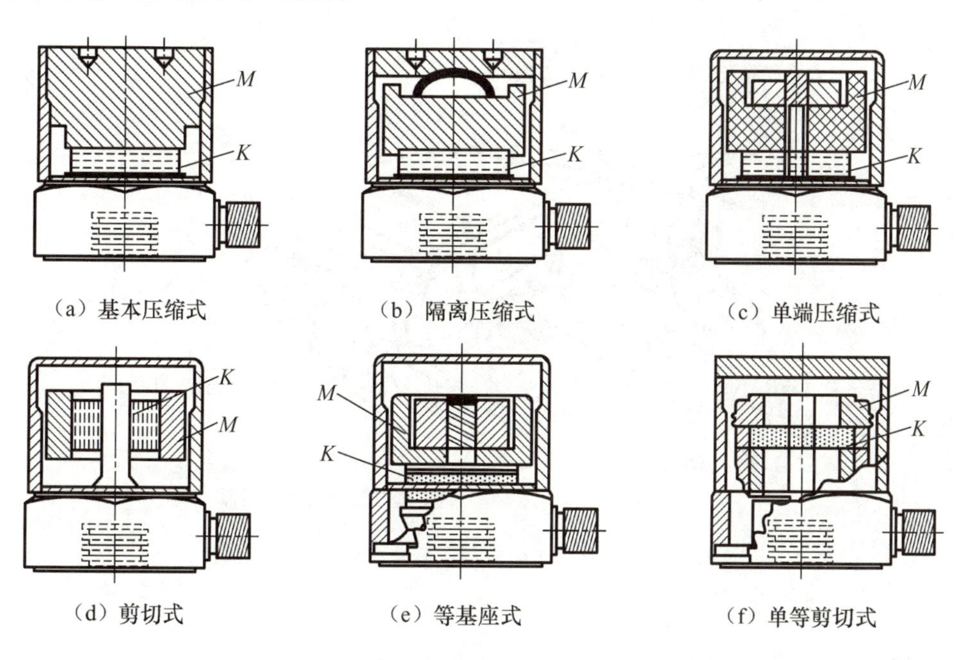

图 4.48 压电式加速度传感器的常见结构类型

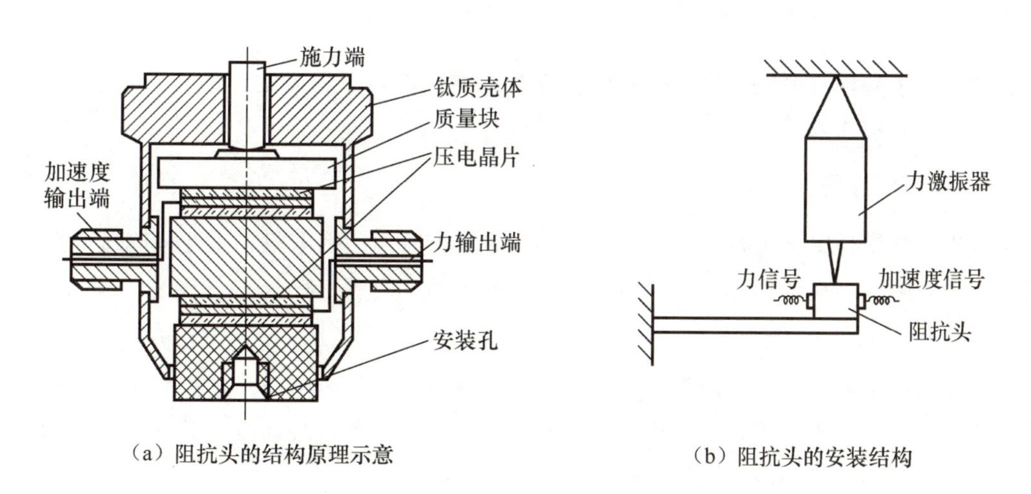

图 4.49 阻抗头的原理及结构

4. 安全气囊用加速度计

作为汽车的一种安全装置，现在大部分的汽车上都安装了安全气囊。安全气囊使用了压电式加速度传感器。汽车中使用的加速度传感器，因厂家、车型的不同，分为机械式与压电式两种。当遇到前后方向碰撞时，安全气囊能起到保护驾驶人的作用。如图 4.50 所示，汽车前副梁左右两边，各安装有一个能够检测前方碰撞的加速度传感器，在液压支架底座连接桥洞的前室内，也安装有两个同样的传感器。前副梁上的传感器一般设置成当受到 40g 以上的碰撞时能自动打开气囊开关。40g 以上的碰撞，相当于汽车以 50km/h 的速度与前面刚性墙壁或障碍物相撞时产生的冲击。

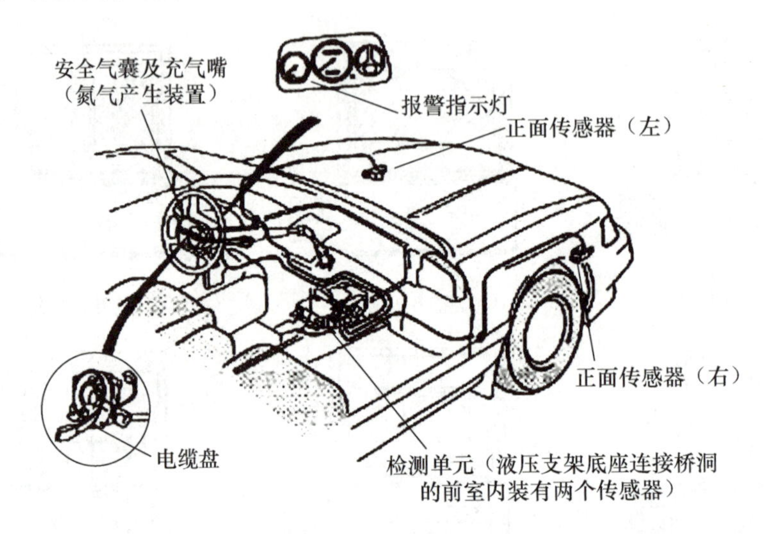

图 4.50　压电式加速度传感器在安全气囊中的应用示意

4.7　磁敏传感器

磁敏传感器最初是用来检测磁场的，但后来广泛应用于检测物体的位置及物体转动，也常用于检测电流或测量及控制开关类物理量。

4.7.1　磁敏传感器的分类

常用的磁敏传感器主要有半导体磁敏传感器、半导体磁敏电阻、磁性体磁敏电阻、电磁感应型磁敏传感器四种。如有特殊用途，可采用光纤磁敏传感器。

1. 半导体磁敏传感器

半导体磁敏传感器是采用霍尔效应的工作原理来实现的传感器。**霍尔效应是指当半导体中流过电流时，若在与该电流垂直的方向上外加一个磁场，则在与电流及磁场分别成直角的方向上会产生电压的一种现象。**

霍尔效应产生的电压与磁场强度成正比。为减小元件的输出阻抗，使其易于与外电路实现阻抗匹配，半导体磁敏传感器多数都采用十字形结构，如图 4.51 所示。霍尔元件多采用锑化铟及硅等半导体材料制成。由于材料本身对弱磁场的灵敏度较低，因此，在使用时要加入磁通密度为数特斯拉的偏置磁场使元件在强磁场的范围内工作，从而可以检测到微弱的磁场变化。

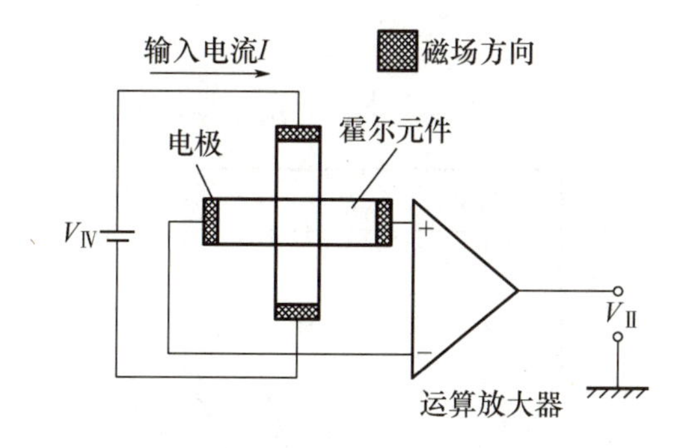

图 4.51　半导体磁敏传感器的结构

2. 半导体磁敏电阻

半导体磁敏电阻是一种利用磁场造成电流偏转使元件阻抗增加的特点制成的双端磁敏传感器。与霍尔元件不同，这种元件采用缩短电流电极间距离的结构来提高其磁灵敏度。

半导体磁敏电阻采用在半导体中置入多根金属电极的方法，将多个磁敏电阻串联起来构成蛇形元件，以提高阻值，其结构如图 4.52 所示。

3. 磁性体磁敏电阻

磁性体磁敏电阻是一种利用强磁材料的磁场异向性制成的磁敏元件，若在强磁体薄膜易磁化轴的垂直方向上加一个外部磁场，则由于材料内部的磁偏转会使元件内部电阻发生变化。磁性体磁敏电阻的结构如图 4.53 所示。为了提高元件的输出幅值，磁性体磁敏电阻在结构上采用坡莫合金等强磁材料以增大阻抗。与半导体磁敏电阻相比，磁性体磁敏电阻对弱磁场灵敏度相对较高，但它的线形范围比较小。

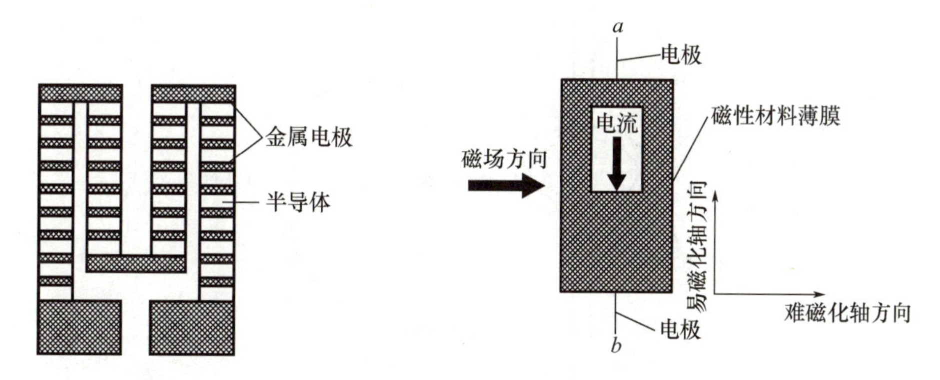

图 4.52　半导体磁敏电阻的结构　　图 4.53　磁性体磁敏电阻的结构

4. 电磁感应型磁敏传感器

在典型的电磁感应型磁敏传感器(图 4.54)中，有线圈型磁头及拾音线圈等。这种传感器的灵敏度很高、机械性能好，属通用型磁敏传感器。若线圈内的磁通量发生变化，在线圈的两端就会产生感应电动势。这是一种利用法拉第电磁感应定律制成的传感器。由于这种传感器采用高磁导率轭铁聚集磁力线，因此它只能检测交流磁场，不能检测直流磁场。

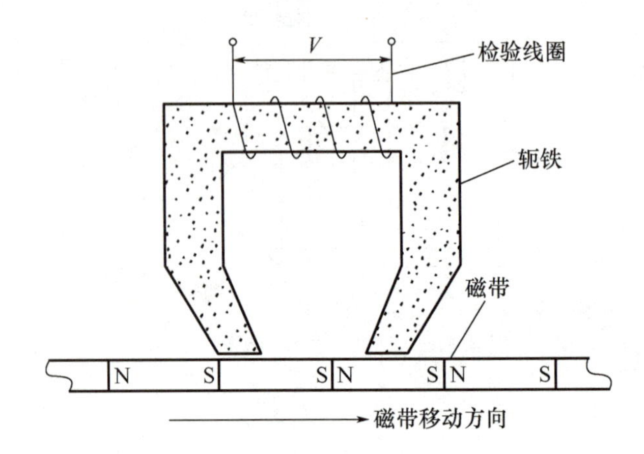

图 4.54　电磁感应型磁敏传感器

4.7.2　磁敏传感器的应用

由于**磁敏传感器具有体积小、质量轻的特点**，因此应用比较广泛。

1. 卡形电流计

【电流计】

卡形电流计将导线电流产生的磁场引入高磁导率的磁路中，通过磁路中插入的霍尔元件对该磁场进行检测，以此测量导线上的电流。这种电流计的测量范围很宽，可以测量从直流到高频的电流。图 4.55 所示为卡形电流计的结构。

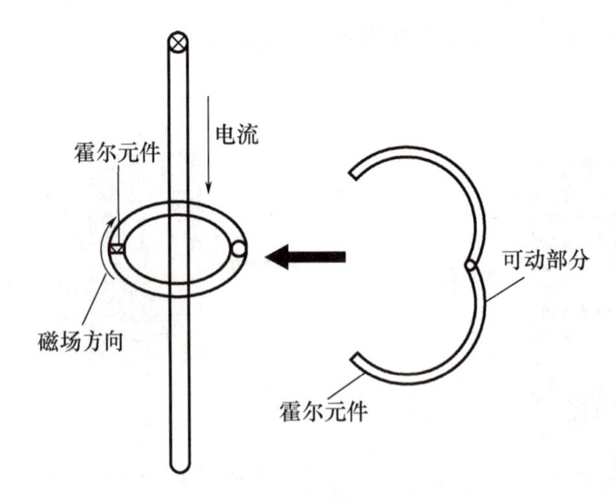

图 4.55　卡形电流计的结构

2. 磁感应开关

磁感应开关是一种通过改变磁敏传感器与磁铁间的距离，实现开关的开和闭的非接触型开关，由于无摩擦，因此具有寿命长、可靠性高等特点。

3. 磁敏电位器

【电磁感应型磁敏传感器】

磁敏电位器是一种利用磁阻效应制成的无触点式电位器，是一种通过改变磁感应强度来改变输出参量的无触点式电位器，可分为直线式磁敏电位器和转动式磁敏电位器两种类型。

4. 霍尔电动机

霍尔电动机是一种采用检测位置的霍尔元件制成的一种无刷电动机，因具有一个元件可控制两组晶体管的优点而备受青睐，是当今无刷电动机中使用最多的一种电动机。霍尔电动机由于无电刷，因此具有体积小及无噪声等特点，广泛用于 VTR 录像机、电动自行车等需要进行转动控制的精密机械中。其结构示意和等效电路如图 4.56 所示。

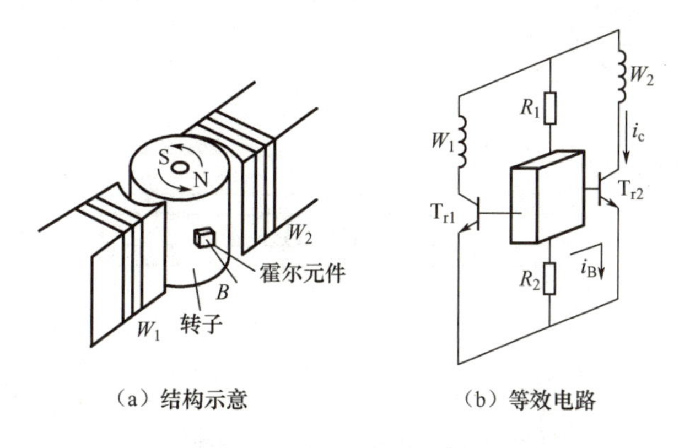

(a) 结构示意　　(b) 等效电路

图 4.56　霍尔电动机的结构示意和等效电路

5. 纸币及预付卡识别设备

【霍尔效应】

在对纸币或支票进行识别时，设备需要对含有磁性油墨印刷的文字或符号产生的磁场形状进行识别，通常采用高灵敏度的单晶锑化铟半导体磁敏电阻等器件作为检测传感器。这种传感器广泛应用于自动售货机、自动售票机、纸币兑换机及各种预付卡式设备中。

4.8　光纤光栅传感器

4.8.1　光纤光栅传感器简介

光纤光栅最初是在 1978 年由 K. O. Hill 等人研究光纤的非线性光学效应时发现的。由于具有许多独特优点，如体积小、抗电磁干扰能力强、耐化学腐蚀、传输损耗小、与复合材料相容性好、复用能力强，且随着制造工艺的完善及应用成果的增多，光纤光栅已成为目前最有前景的光纤无源器件之一，被广泛应用于光纤通信、光纤传感等领域。

光纤光栅传感器可拓展的应用领域十分广泛，主要有：重大工程设施健康监测系统，有毒有害气体和生物化学物质探测系统，军事或政府机构等涉密、敏感区域和设施的安防预警系统等。光纤光栅传感技术涉及光纤光学、光电子学、材料学、精密机械学、电子学、化学等多门学科，属于多学科交叉的科学技术。

4.8.2 光纤光栅传感的基本原理

1. 光纤光栅反射原理

光纤光栅是利用是紫外曝光技术在光纤芯内形成的折射率的周期性分布结构。光纤光栅及其反射原理如图 4.57 所示。当一束宽带光入射到光纤光栅时，折射率的周期性结构使得某个特定波长的窄带光被反射，该反射光波长满足布拉格散射条件，即

$$\lambda_B = 2n\Lambda \tag{4-45}$$

式中：λ_B 为布拉格波长；n 为光纤光栅的有效折射率；Λ 为光栅周期。因此光纤光栅又称光纤布拉格光栅。

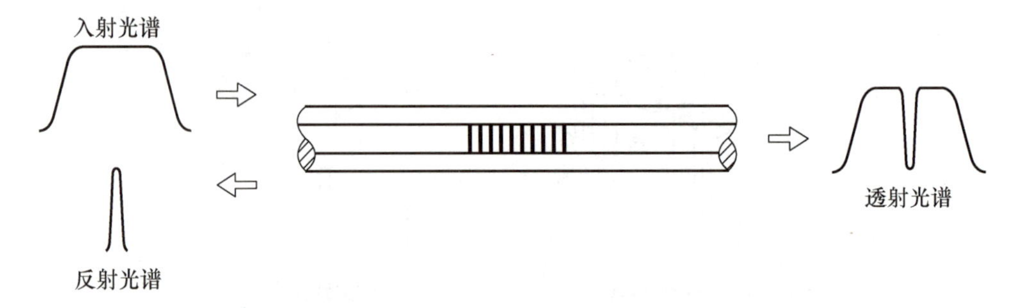

图 4.57　光纤光栅及其反射原理

2. 光纤光栅温度传感原理

当外界环的温度发生变化时，由于热光效应和热膨胀的作用，光纤光栅的反射光波长会发生漂移，温度变化引起的光纤光栅反射波长漂移量可表示为

$$\frac{\Delta\lambda_B}{\lambda_B} = (\alpha_S + \zeta_S)\Delta T \tag{4-46}$$

式中：α_S 和 ζ_S 分别表示光纤的热膨胀系数和热光系数。在常温区域内，普通光纤材料的热光系数 $\zeta_S = 6.67 \times 10^{-6}℃^{-1}$。相对于光纤的热膨胀系数，热光效应对波长改变量的贡献达到 95%。根据式(4-46)可知，$\Delta\lambda_B$ 与 ΔT 之间呈线性关系，故可以通过测量光纤光栅反射波长的变化量来确定环境温度 T。

3. 光纤光栅应变传感原理

当光纤光栅受到拉力作用时，光纤光栅的反射波长受拉力作用引起的变形和弹光效应导致的光纤折射率改变的共同影响。此时，光纤光栅的反射波长改变量与应变的关系为

$$\frac{\Delta\lambda_B}{\lambda_B} = (1 - P_e)\varepsilon \tag{4-47}$$

式中：P_e 为有效弹光系数，其值与泊松比有关，对于一个典型的二氧化硅光纤来说，$P_e = 0.22$。对于中心波长为 1300nm 的光纤光栅来说，1$\mu\varepsilon$(一个微应变)将引起 1pm 的波长改变量。

实际应用中温度和应变往往是同时对光纤光栅产生影响的，此时光纤光栅的反射波长

改变量与温度和应变的关系为

$$\frac{\Delta\lambda_B}{\lambda_B}=(1-P_e)\varepsilon+(\alpha_S+\zeta_S)\Delta T \tag{4-48}$$

式中：α_S 和 ζ_S 分别表示光纤的热膨胀系数和热光系数。显然，在应用光纤光栅传感器进行应变测量时不能忽视温度变化的影响。为了消除温度变化的影响，一般将应变测量光纤光栅刚性粘贴于待测物体表面，同时在应变测量光纤光栅附近放置一个自由光纤光栅用于测量温度，此时可根据式(4-48)得到待测物体的真实应变值。

$$\varepsilon=\frac{1}{1-P_e}\left[\frac{\Delta\lambda_B}{\lambda_B}-(\alpha_S+\zeta_S)\Delta T\right] \tag{4-49}$$

4.8.3 面向机械系统的几种典型光纤光栅传感器

1. 光纤光栅温度传感器

光纤光栅本身对温度敏感，可以直接用于温度测量。但是，由于光纤光栅的材质为二氧化硅，其抗剪切能力较差，在使用过程中容易受到损坏，故需要对其进行封装保护。同时，外力作用也会导致光纤光栅的反射波长发生变化。因此，**对于光纤光栅温度传感器的封装，需要同时考虑对光纤光栅的保护与对外力影响的隔离；此外封装后的光纤光栅传感器必须具备良好的重复性、稳定性及线性度，以满足长期使用的要求。**

根据应用环境和测量对象的不同，光纤光栅温度传感器的封装结构通常有两种：管式封装和片式封装。

(1) 管式封装的光纤光栅温度传感器

管式封装的光纤光栅温度传感器一般由两层钢管组成，直径较细的钢管与光纤光栅两端刚性固定，然后放入直径较粗的钢管内部。较粗的钢管两端与较细的钢管两端柔性连接，这样外部的粗钢管受到外力作用时，不会将外力传递给细钢管内部的光纤光栅，使光纤光栅不受外力作用。管式封装的光纤光栅温度传感器结构示意如图4.58所示。

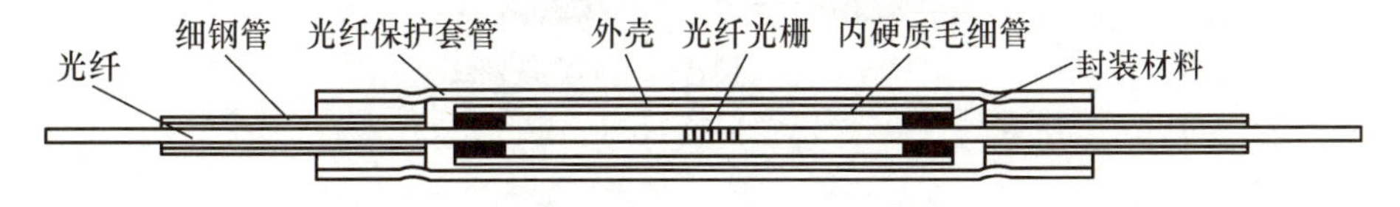

图4.58 管式封装的光纤光栅温度传感器结构示意

(2) 片式封装的光纤光栅温度传感器

片式封装的光纤光栅温度传感器的典型结构是将光纤光栅弯曲成一个光纤环，光纤交点处黏结在基片上，光纤两端黏结于基片的两端，这样使得外力不会通过基片传递给光纤光栅，达到隔离外力的目的。片式封装的光纤光栅温度传感器结构示意如图4.59所示。

2. 光纤光栅应变传感器

在使用光纤光栅测量应变时，同样可以将光纤光栅直接粘贴在待测物体表面，直接测量应变。但与光纤光栅温度传感器类似，裸光纤光栅在安装过程中容易受到损坏，所以通常也需要进行封装保护。光纤光栅应变传感器的封装结构很多，可以划分为直接粘贴式、表面封装式及管式封装式等类型，如图 4.60 所示。

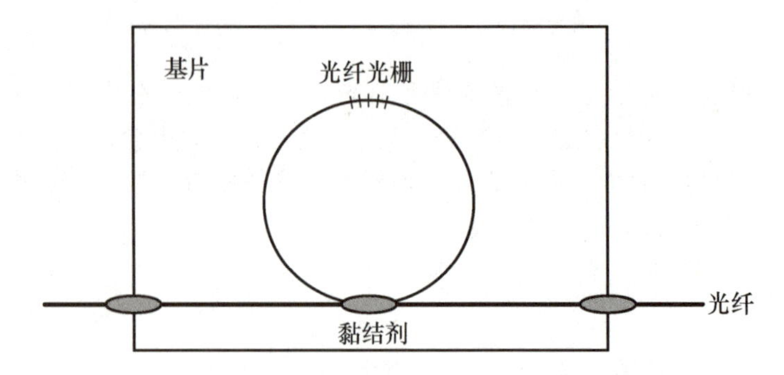

图 4.59　片式封装的光纤光栅温度传感器结构示意

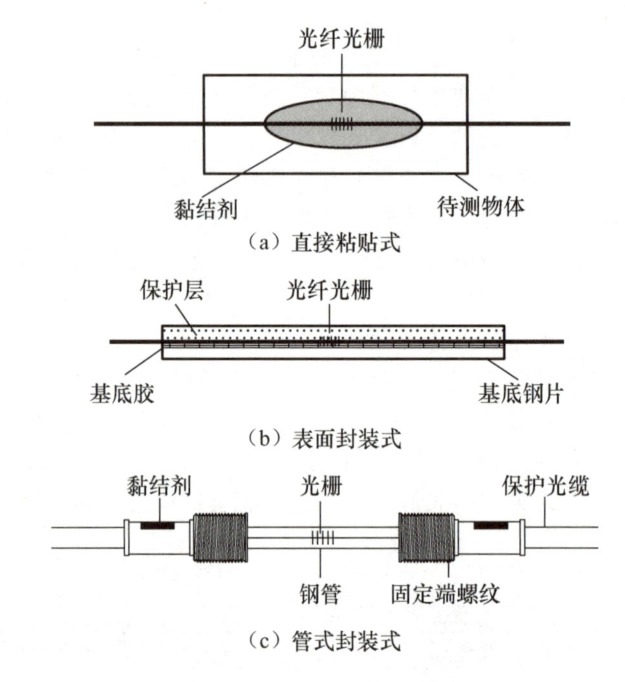

图 4.60　不同封装型式的光纤光栅应变传感器

3. 光纤光栅压力传感器

压力是工业生产中的重要参数之一，传统的机械式压力传感器或电测式压力传感器，一般难以应用于易燃易爆、强电磁干扰、高温高压、腐蚀性强的危险恶劣环境中，而且信号远距离传输困难，难以实现压力的多点分布式远程测量和数据的集中分析处理。而光纤光栅压力传感器因其具有本质安全、抗电磁干扰、耐腐蚀、分布式传感、复用能力强、信号传输损耗小等突出优点，在恶劣环境中的机械设备状态监测与故障诊断方面有着广泛的应用前景。

早在 1993 年，M. G. Xu 等人便开始将裸露的光纤光栅用于对压力的测量，但发现在 0～70MPa 内，光纤光栅中心波长只移动了 0.22nm，灵敏度仅为 3.04pm/MPa(0.003nm/MPa)。这么低的灵敏度是无法应用于实际测量的，故必须设计结构弹性体对光纤光栅进行压力增敏。常用的结构弹性体有弹簧管式和膜片式两种。

(1) 弹簧管式结构光纤光栅压力传感器

弹簧管是一种横截面为空心椭圆或扁圆形的金属管，是机械式压力表中广泛使用的压力测量元件。其压力测量原理：当管的固定端通入一定压力的流体时，管内外的压力差迫使管截面趋于圆形，这种形变导致弹簧管封闭的自由端产生线位移或角位移。

弹簧管式结构光纤光栅压力传感器如图 4.61 所示，将光纤光栅粘贴在 C 形弹簧管的内外壁上，通过检测弹簧管在压力作用下内外壁表面应变，间接地实现压力的测量。通过选择不同材料和形状的弹簧管可以得到线性度好、迟滞性小的不同量程和灵敏度的光纤光栅压力传感器。但是弹簧管的稳定性欠佳，容易受到外界振动的影响，且弹簧管本身的固有频率较低，不能用于动态压力的测量。

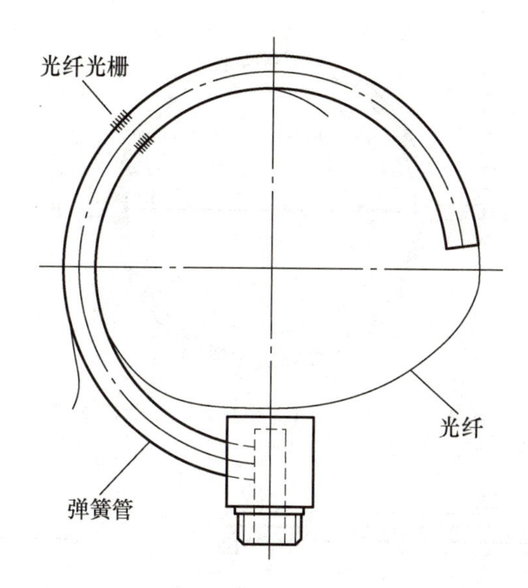

图 4.61 弹簧管式结构光纤光栅压力传感器

(2) 膜片式结构光纤光栅压力传感器

膜片式结构光纤光栅压力传感器是利用平膜片作为弹性敏感体的一种不受温度影响的光纤光栅压力传感器，如图 4.62 所示。被测液体或气体通过管道接头进入圆柱形腔体内部，在压力作用下，腔体一端的薄壁产生变形，在薄壁的中心区域分布有正应力，而在薄壁边缘区域分布的径向应力为负。将两个中心波长接近的光纤光栅粘贴在薄壁的响应区域上：其中一个光纤光栅粘贴在薄壁的中心位置，用于检测薄壁中心处的正应力；另一个光纤光栅沿径向粘贴在距薄壁中心点半径 R 除以$\sqrt{3}$到薄壁边缘之间，用于检测薄壁上的径向负应力。图 4.63 所示为膜片在压力作用下的应变分布。以这两个光纤光栅的波长差作为测量压力的传感信号，这时的差动测量既可消除温度变化对压力测量的影响，又可提高传感器的测量分辨率。

4. 光纤光栅振动传感器

一般地，基于光纤光栅传感的振动传感器或者加速度传感器都是由惯性质量、弹性元件和阻尼器组成的一个单自由度二阶系统。用于机械设备工况检测的光纤光栅振动传感器，除需要适应机械设备的实际工作环境和工况条件外，还需要根据实际检测部分的振动特征来选择或设计传感器结构及其参数。图 4.64 所示为振动传感器的力学模型。振动传感器最重要的性能参数莫过于自身谐振频率，以下将介绍几种低频和高频响应的光纤光栅振动传感器。

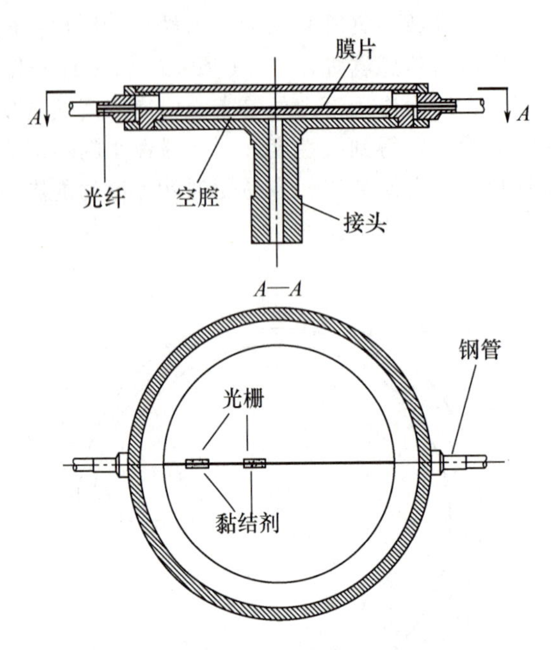

图 4.62　膜片式结构光纤光栅压力传感器

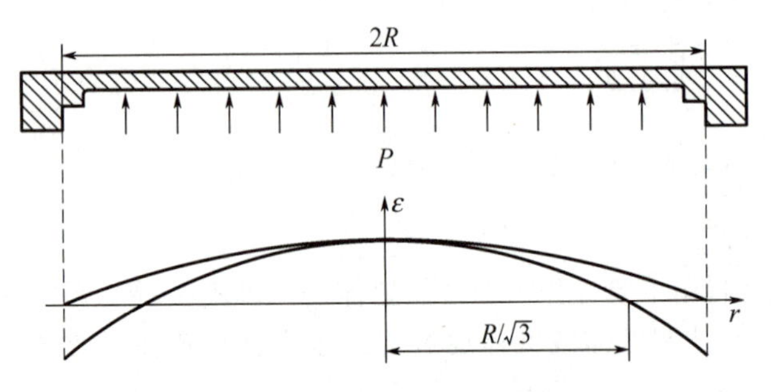

图 4.63　膜片在压力作用下的应变分布

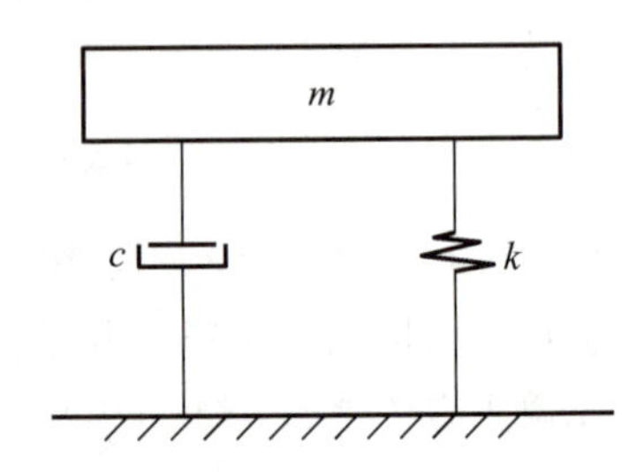

图 4.64　振动传感器的力学模型

(1) 低频光纤光栅振动传感器

低频振动传感器的谐振频率一般在几百赫兹以内。低频光纤光栅振动传感器大多采用等强度悬臂梁作为弹性元件，其具有结构简单、性能稳定等特点。等强度悬臂梁的振动弯曲可视为纯弯曲，梁表面产生的应变是均匀分布的。将光纤光栅粘贴于等强度梁的表面，振动弯曲过程中光纤光栅各部分受到的拉伸或压缩应力相同，可避免光纤光栅因局部受力不均匀而发生啁啾现象。

基于等强度悬臂梁结构的光纤光栅振动传感器原理如图 4.65 所示，其主要由等强度梁、惯性质量块和光纤光栅组成，光纤光栅粘贴或者焊接固定于梁表面，质量块位于梁的自由端。在受迫振动作用下，梁的上下振动使传感器的表面发生交替应变。通过光纤光栅测得的应变变化反映传感器受到的振动及加速度信息。传感器的谐振频率和灵敏度可以通过改变梁的尺寸和质量块的大小来调节。

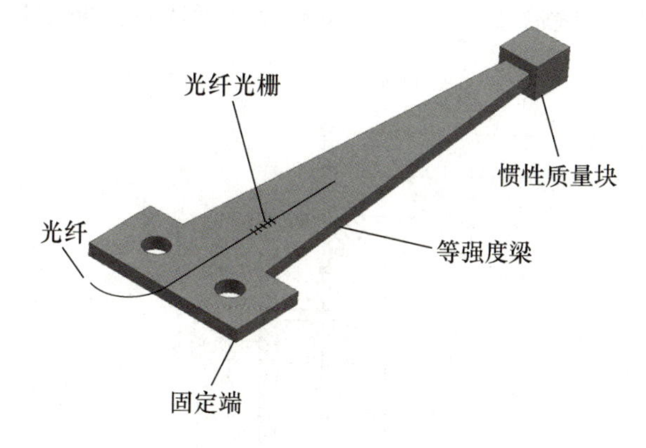

图 4.65 基于等强度悬臂梁结构的光纤光栅振动传感器原理

此外，国内外学者根据悬臂梁的基本原理设计了多种形式的振动传感器，图 4.66 列出了各种不同形式的传感器结构。

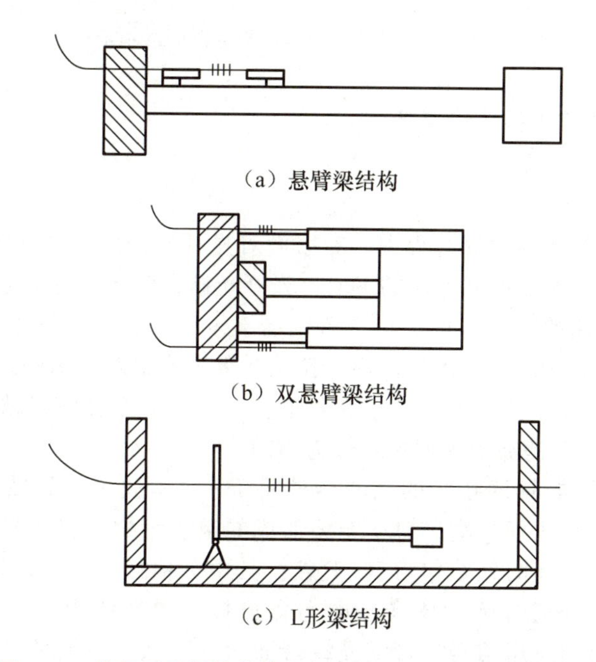

图 4.66 基于悬臂梁结构的光纤光栅振动传感器的不同结构

(2) 高频光纤光栅振动传感器

高频光纤光栅振动传感器的谐振频率一般在 1.0kHz 以上。质量块-弹簧系统是高频振动传感器采用的主要敏感结构，高频光纤光栅振动传感器的敏感体一般也是采用该结构。图 4.67 所示为高频光纤光栅振动传感器的结构示意。弹性元件和质量块组成的弹性系统在工作时会沿弹性元件轴向振动，大大提高了系统的谐振频率。质量块位于弹性元件的中间位置，两个光纤光栅布置在质量块两侧的弹性元件上。当传感器与待测物体一起振动时，质量块两侧的弹性元件分别产生互为反向的应变，使两个光纤光栅的波长反向漂移。采用两个光纤光栅反射波长改变量的差值作为传感器的输出信号，可以将传感器的灵敏度提高一倍，同时由温度变化带来的光纤光栅反射波长的同向漂移也可被消除。传感器的谐振频率和灵敏度可通过选择不同弹性系数的弹性元件及质量块来调节。

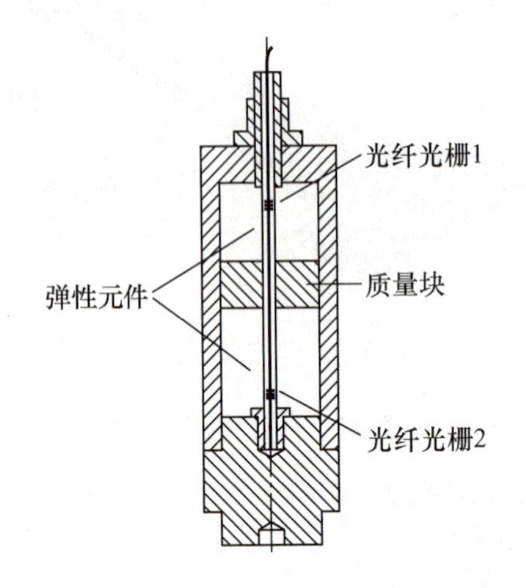

图 4.67　高频光纤光栅振动传感器的结构示意

4.8.4　光纤光栅解调技术与复用技术

1. 光纤光栅解调技术

在光纤光栅传感技术的发展过程中，专家们对光纤光栅解调技术进行了广泛的研究，提出了多种解调方案。按照解调方法的不同，光纤光栅的解调大体可分为滤波解调法和干涉解调法两大类。常用的滤波解调法包括可调谐 F－P 滤波器解调法、匹配光栅解调法、边缘滤波解调法、可调谐激光光源法、环形腔光纤激光器激射解调法。常用的干涉解调法包括非平衡马赫-泽德干涉法、非平衡迈克尔逊干涉法、萨奈克解调法、混合干涉解调法等。其中以可调谐 F－P 滤波器解调技术最为常用。

可调谐 F－P 滤波器解调技术的核心器件是 F－P 滤波器，其结构如图 4.68 所示，主要部分是由两块平行放置的高反射率镜面形成的空腔结构。将两光纤端面抛光后镀上高反膜，两光纤端面之间的气隙作为 F－P 腔。其中一根光纤与固定端框架连接在一起，保持静止；另一根光纤通过弹性体和压电陶瓷连接，弹性体用于给压电陶瓷加载预应力，压电陶瓷接收驱动电压信号后带动光纤端面运动，从而改变腔长，实现透射波长的调谐。

可调谐 F－P 滤波器解调系统原理如图 4.69 所示，宽带光源发出的光经光隔离器和光耦合器后进入光纤光栅，光纤光栅反射光经过光耦合器送入可调谐 F－P 滤波器后到达光电探测器，光电探测器将接收到的光信号转化为电信号并由后续信号处理单元进行处理。可以通过控制压电陶瓷改变可调谐 F－P 滤波器的导通频带，在控制电路调谐控制信号的作用下，可调谐 F－P 滤波器的导通频带扫描整个光纤光栅反射光光谱，当可调谐 F－P 滤波器的通频带中心波长与某一光纤光栅的反射波长相同时，对应的光纤光栅反射光通过可调谐 F－P 滤波器进入光电探测器，光电探测器将该光纤光栅的反射光变换为电信号，这

个电信号的峰顶就对应于光纤光栅反射光的波长。通过这种解调方式，系统能以几百赫兹甚至几千赫兹的频率进行扫描，在可调谐 F-P 滤波器的每个扫描周期中，所有光纤光栅传感器的反射光波长都能得到快速测定。

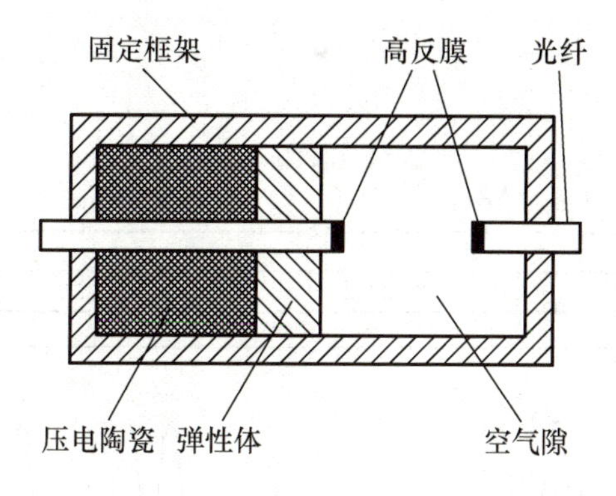

图 4.68 可调谐 F-P 滤波器结构

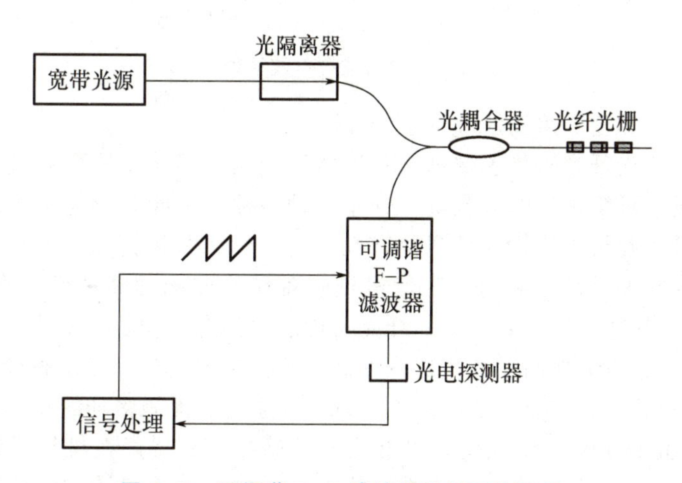

图 4.69 可调谐 F-P 滤波器解调系统原理

【光纤光栅解调技术】

其他解调技术可参考二维码。

2. 光纤光栅复用技术

在一根光纤中可以连续制作多个光栅，所制得的光栅阵列轻巧、柔软，适合作为传感元件埋入材料和结构内部或贴装在其表面，对温度、应变、压力、振动等物理量实现多参量检测。

随着光纤光栅在工程应用中的普及，传统的光纤光栅作为一维光电子器件已难以满足现代复杂测量的要求，对应变场、速度场、电场、磁场及密度场、浓度场等的空间分布与时变参数的测量，往往需要多组光纤光栅并联分布在多点或串联分布在较长的尺寸上完成对目标的测量。这些应用需求推动了光纤光栅复用的解调技术快速发展。

波分复用技术实质上是通过波长的区分来识别传感器的位置。一系列光纤光栅传感器能够嵌入同一根光纤中，在光源的可用波长范围内给每个光纤光栅传感器都分配独立的波长区间，各个光纤光栅传感器的反射峰在各自的波长范围内变化，最后用光谱仪或光栅解调仪检测出所有光栅的复合光谱，根据预先划定的区间从中找出各个光纤光栅的波长漂移值，这种方法能够同时获得沿光纤方向不同光栅位置的应变信息，图 4.70 所示为波分系统原理。

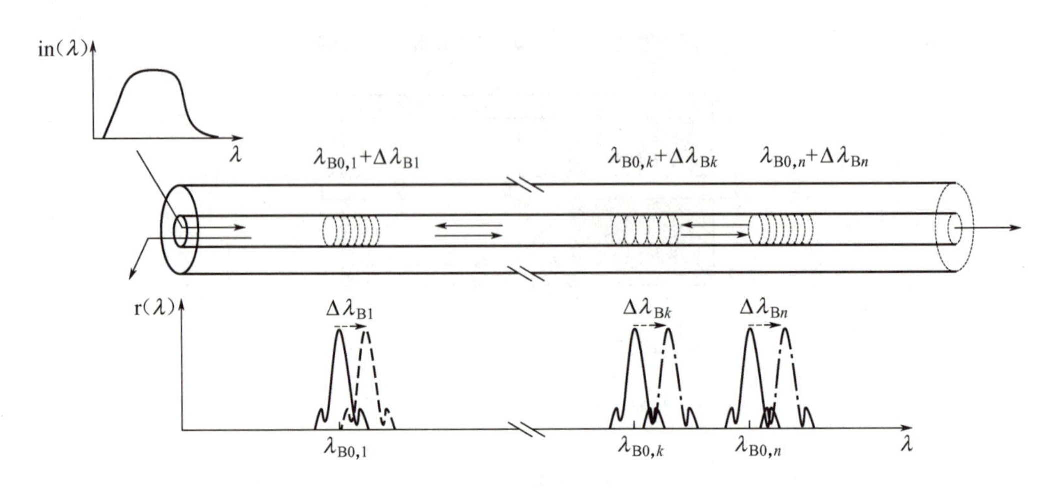

图 4.70　波分系统原理

【光纤光栅复用技术】

其他复用技术可参考二维码。

光纤光栅传感技术是一种新型光测传感技术，可通过波长调制机制实现多种物理量的大容量、分布式动态检测，能有效克服传统电测传感检测技术在抗干扰性、长期稳定性、可靠性、测量精度、体积和布设范围方面存在的不足，可满足现代机械装备结构监测的高精度、远距离、分布式，以及长期、实时、在线的技术要求。光纤光栅传感器具有体积小、防爆、对电绝缘、抗电磁干扰、灵敏度高、可靠性高、环境适应性好，且在单根光纤上可以布设多个针对不同参数的测量光栅形成分布式传感器的特点，实现一线多点、无源多场的实时状态测量。

国内外的研究和工程应用表明，光纤光栅传感技术和器件在机械系统动态监测中的应用的重要意义在于：有别传统电测检测技术，在扩大传感测量范围和种类的同时，保证长期测量精度和稳定度的提高，实现从静态测量到动态测量、从非现场测量到在线测量、从定期测量到长期连续测量、从简单信息到多信息融合的测量方式转变；能够对运行特征物理参量呈现随机性、多维性、时变性、耦合性和非线性的动态机械系统进行长期、实时在线的有效监测和故障预警；有效提高我国机械系统的监测水平，改进监测的质量，提高监测的可靠性，使机械装备监测特别是动态监测达到更加优良的可靠性、适用性、经济性。

如今，传感器已经在各个领域广泛应用，现代科技的突飞猛进为传感器行业的发展提供了坚实的技术基础。在企业信息化不断推进的过程中，仅具备感知环境参数能力的传统传感器已不能满足需求。在此背景下，智能传感器、近距离感应器、激光传感器、紫外线传感器、数字式传感器、图像传感器、生物传感器等新型传感器不断涌现。

【新型传感器】

4.9 传感器选用的原则

在实际的测试工作中，构建测试系统时经常会碰到如何选用传感器的问题。传感器的选用需要综合以下因素。

1. 灵敏度

通常情况下，传感器的灵敏度越高越好，这样被测量即使只有微小变化，传感器也能够有较大的输出。但也应该考虑到，灵敏度越高，与被测信号无关的干扰信号越容易混入，且会被放大系统放大，因此在选用传感器时必须要保证灵敏度，传感器本身又要噪声小且不易受外界干扰，即要求传感器有较高的信噪比。

传感器的灵敏度与其测量范围密切相关。在测量时，除非有精确的非线性校正方法，否则输入量不应使传感器进入非线性区，更不能进入饱和区。而在实际的测量中，输入量不仅包括被测信号，还包括干扰信号，因此如果灵敏度选择过高的话，就会影响传感器的测量范围。

2. 响应特性

实际测试中传感器总会有一定的时间延迟，一般希望时间延迟越小越好。

一般来讲，物性型传感器的响应较快，可工作频率范围较宽。结构型传感器(如电感传感器、电容传感器、磁电式传感器等)由于受机械系统惯性的限制，其固有频率低，可工作频率范围也较窄。

在动态测量中，传感器的响应特性对测量结果有直接影响，所以应根据传感器的响应特性和被测信号的类型(如稳态、瞬态或随机信号等)来合理选择传感器。

3. 线性测量范围

传感器有一定的线性范围，在该范围内输出与输入呈比例关系。线性范围越宽，表明传感器的测量范围越大。

传感器工作在线性范围内是保证精确测量的基本条件。例如机械式传感器中的测力弹性元件，其材料的弹性极限是决定测力量程的基本因素，当超过弹性极限时，将产生线性误差。

然而，在实际应用中任何传感器都很难保证绝对线性，在误差允许范围内，它可以在其近似线性范围内应用。例如，变间隙型的电容传感器及电感传感器，均在初始间隙附近的近线性区内工作。因此在选用传感器时，必须考虑被测信号的变化范围，以使它的非线性误差在允许范围内。

4. 稳定性

传感器还应具有在长时间使用后保持其原有输出特性不发生变化的性能，即高稳定性。为保证传感器应用中具有较高的稳定性，事前须选用设计及制造良好且使用条件适宜的传感器，同时，在使用过程中应严格保持规定的使用条件，尽量降低使用条件的不良影响。

例如，电位器式传感器表面有尘埃会引入噪声；变间隙型的电容传感器，环境温度变化或者浸入间隙油剂会改变介质的介电常数；电磁式传感器和霍尔元件在电场及磁场中工作时，会有测量误差；光电传感器的感光表面有尘埃或水汽时，会改变光通量及光谱成分等。

在机械工程中，有些机械系统或自动化加工过程要求传感器能长期使用，不能经常更换或者校准，在这种情况下就应该充分考虑传感器的稳定性。例如，自适应磨削过程的测力系统或零件尺寸的自动检测装置等。

5. 精确度

传感器的精确度反映了传感器的输出与被测信号的一致性。传感器处于测试系统的输入端，因此，传感器能否真实反映被测信号对整个测试系统具有直接的影响。

然而，实际应用中也并非要求传感器的精确度越高越好，还需考虑经济性。传感器的精确度越高，价格也越昂贵。因此应结合测试系统的性价比，具体情况具体分析，根据测量要求进行选择。当进行定性测量或比较性研究而不要求测量绝对量值时，对传感器的精确度要求可适当降低；而当要对信号进行定量分析时，就要求传感器具有足够高的精确度。

6. 测量方法

选择传感器时还需考虑的另外一个重要因素，就是它在实际应用中的工作方式，如接触式测量与非接触式测量、在线测量与非在线测量等。传感器的工作方式不同，对传感器的要求也不同。

7. 其他

除了以上应充分考虑的因素外，选择传感器还应兼顾结构简单、体积小、质量轻、性价比高、易于维护与更换等其他条件。

小　结

传感器是测试系统中的第一级，是感受和拾取被测信号的装置。传感器的性能和特性直接影响测试系统的测量精度。本章主要讲述传感器的分类及常用的电阻传感器、电容传感器、电感传感器、压电传感器、磁电传感器、磁敏传感器、光纤光栅传感器等各种传感器的工作原理和传感器的输入/输出特性等基本内容，还介绍了大量的各种传感器的应用实例。本章还在二维码资源中推荐了一些新型传感器资料。

习　题

【第4章　测验】

4－1　用图4.71所示测力仪去测量力 F，要求用金属丝式应变片组成交流全桥作为其测量电路。

（1）在图中标出应变片的贴片位置。

（2）分析图中贴片处的应变变化，画出应变图，说明贴片位置一般是否应选在应变大的地方？为什么？

4-2 说明半导体式应变传感器与金属丝式应变片的特点，它们各适用于什么场合？

4-3 说明图4.72中的两种传感器的工作原理，指明它们各属于什么传感器？

4-4 图4.19(a)所示的平面线位移型电容传感器由两块面积各为1290mm^2，宽度为40mm，相距0.2mm的平板组成。假设介质为空气，则$\varepsilon=\varepsilon_a$；其中空气的介电常数$\varepsilon_a=1$，真空的介电常数$\varepsilon_0=8.85\times10^{-12}$F/m。求传感器的灵敏度，以$x$方向每变化0.025mm的电容值($\mu$F)表示。

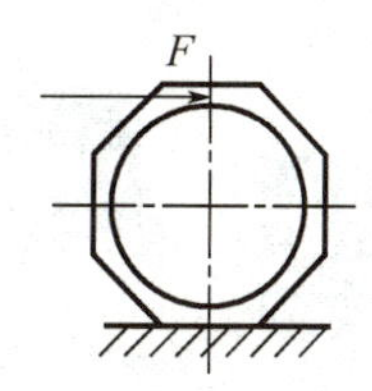

图4.71 用测力仪测量力F

4-5 图4.73所示为一矩形叠加型电容传感器，极板宽度$a=55$mm，长度$b=50$mm，极板间距$\delta_0=0.3$mm，用此传感器测量位移x，试求此传感器的灵敏度(μF/mm)，并画出此传感器的特性曲线。假设介质为空气，真空的介电常数$\varepsilon_0=8.85\times10^{-12}$F/m。

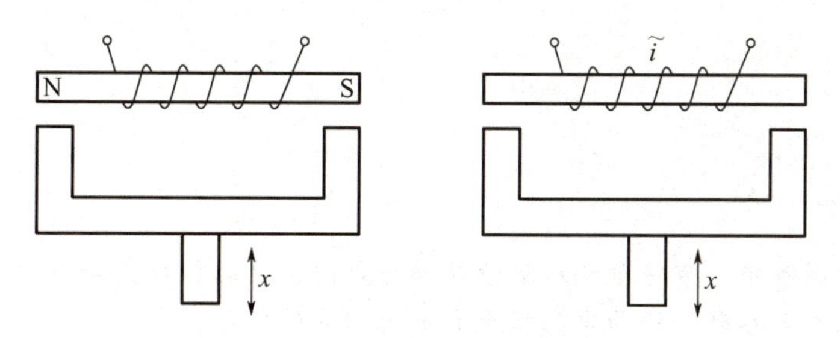

图4.72 两种传感器工作原理示意

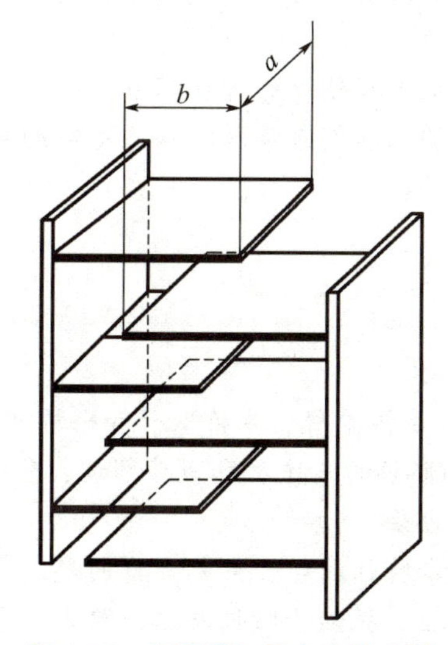

图4.73 矩形叠加型电容传感器

第5章 信号变换、调理与记录

在机械量的测量中，常将被测机械量转换为电阻、电容、电感等电参数。电桥是将电阻、电容、电感等电参数转换为电压信号和电流信号的电路。

电桥的连接方式分为半桥单臂、半桥双臂和全桥四臂三种。

滤波器是一种选频装置。滤波器分为低通滤波器、高通滤波器、带通滤波器、带阻滤波器四种。

记录和显示装置是测试系统不可缺少的重要环节。

本章重点讲述电桥电路的调幅和调频原理，以及对应的解调方法。

了解信号变换及调理的作用。

掌握电桥的三种连接方式(半桥单臂、半桥双臂和全桥四臂)及分析方法。

掌握幅值调制的原理，幅值解调的三种方法(同步解调、整流检波解调和相敏检波解调)。

了解调频及解调的原理和方法。

掌握选频装置滤波器的基本特性，学会分析具体问题。

掌握光线示波器的工作原理、振动子特性及选用要求。

了解笔式记录仪和数字显示系统的原理。

被测物理量经过传感环节后被转换为电阻、电容、电感、电荷、电压或电流等电参数的变化，在测试过程中不可避免地受到各种内、外干扰因素的影响。同时，为了使被测信号能够驱动显示仪、记录仪、控制器，或进一步将信号输入计算机以进行信号分析与处理，需要对传感器的输出信号进行调理、放大、滤波等一系列的变换处理，使变换处理后的信号变为信噪比高、有足够驱动功率的电压信号或电流信号，从而可以驱动后一级仪器，通常使用各种电路完成上述任务，这些电路称为信号变换及调理电路。电路的转换过程称为信号的变换及调理。

本章主要讨论一些常用的环节，如常用的电桥、调制与解调、滤波等，讲述其基本原理及应用方法。

5.1 电　　桥

电桥是将电阻 R(应变片)、电感 L、电容 C 等电参数变为电压 ΔU 信号或电流 ΔI 信号后输出的一种测量电路。其输出既可用于指示仪，也可以送入放大器进行放大。由于许多常见的传感器都是把某种物理量的变化转换为电阻、电容或电感的变化，因此电桥具有很强的实用价值。

电桥由于具有测量电路简单可靠、灵敏度较高、测量范围宽、容易实现温度补偿等优点，因此在测量装置中被广泛应用。

【电桥】

根据供桥电源性质不同，电桥可分为直流电桥和交流电桥；按照输出测量方式不同，电桥可分为平衡输出电桥(零位法测量)和不平衡输出电桥(偏位法测量)。静态测试中用零位法测量，动态测试中大多使用偏位法测量。

5.1.1 直流电桥

采用直流电源的电桥称为直流电桥。图 5.1 所示是一个直流惠斯顿电桥(即单臂电桥)，四个桥臂由电阻 R_1、R_2、R_3 和 R_4 组成。a、c 两端接直流电源 U_i，称供桥端；b、d 两端接输出电压 U_o，称输出端。当电桥输出端接入仪表或放大器时，电桥输出端可视为开路状态，电流输出为零。此时桥路电流为

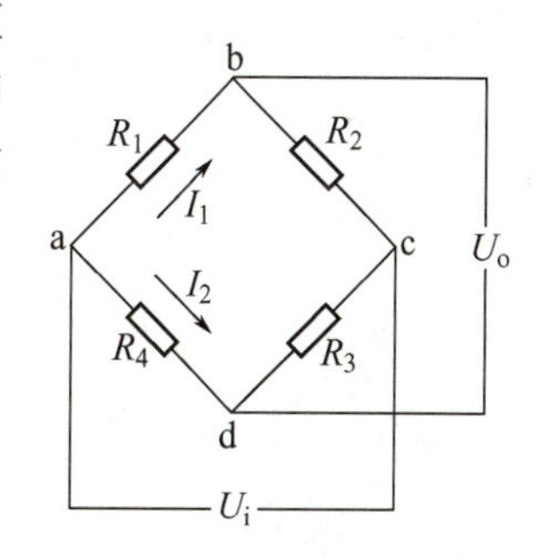

图 5.1 直流惠斯顿电桥

$$I_1=\frac{U_i}{R_1+R_2} \qquad I_2=\frac{U_i}{R_3+R_4}$$

因此，a、b 之间电位差为

$$U_{ab}=I_1R_1=\frac{R_1}{R_1+R_2}U_i$$

a、d 之间电位差为

$$U_{ad}=I_2R_4=\frac{R_4}{R_3+R_4}U_i$$

电桥输出电压为

$$U_o=U_{ab}-U_{ad}=\left(\frac{R_1}{R_1+R_2}-\frac{R_4}{R_3+R_4}\right)U_i=\frac{R_1R_3-R_2R_4}{(R_1+R_2)(R_3+R_4)}U_i \qquad (5-1)$$

由此可以看出，若电桥平衡，即使输出 $U_o=0$，则应满足

$$R_1R_3=R_2R_4 \qquad (5-2)$$

根据式(5-1)和式(5-2)，可以选择桥臂电阻值作为输入，使电桥的输出电压只与被测量引起的电阻变化量有关，而在测量装置没有输入的情况下，电桥不应有输出。

在机械测试中，根据工作电阻值的变化桥臂数不同，电桥可分为半桥和全桥。

1. 半桥单臂连接(一片)

半桥单臂连接(一片)是指工作中有一个桥臂阻值随被测物理量而变化，如图 5.2(a)所示，ΔR_1 为电阻 R_1 随被测物理量变化而产生的电阻增量。此时输出电压为

$$U_o=\left(\frac{R_1+\Delta R_1}{R_1+\Delta R_1+R_2}-\frac{R_4}{R_3+R_4}\right)U_i$$

为了简化设计，令 $R_1=R_2=R_3=R_4=R_0$，则

$$\begin{aligned}U_o&=\left(\frac{R_1+\Delta R_1}{R_1+\Delta R_1+R_2}-\frac{R_4}{R_3+R_4}\right)U_i\\&=\left(\frac{R_0+\Delta R_1}{2R_0+\Delta R_1}-\frac{R_0}{2R_0}\right)U_i\\&=\frac{\Delta R_1}{4R_0+2\Delta R_1}U_i\end{aligned}$$

因为 $\Delta R_1\ll R_0$，所以

$$U_o\approx\frac{\Delta R_1}{4R_0}U_i \tag{5-3}$$

由此可知，电桥的输出 U_o 与输入电压 U_i 成正比。在 $\Delta R_1\ll R_0$ 时，电桥的输出也与 $\Delta R_1/R_0$ 成正比。

电桥的灵敏度定义为

$$S=\frac{dU_o}{d(\Delta R_0/R_0)} \tag{5-4}$$

则半桥单臂的灵敏度为

$$S\approx\frac{1}{4}U_i \tag{5-5}$$

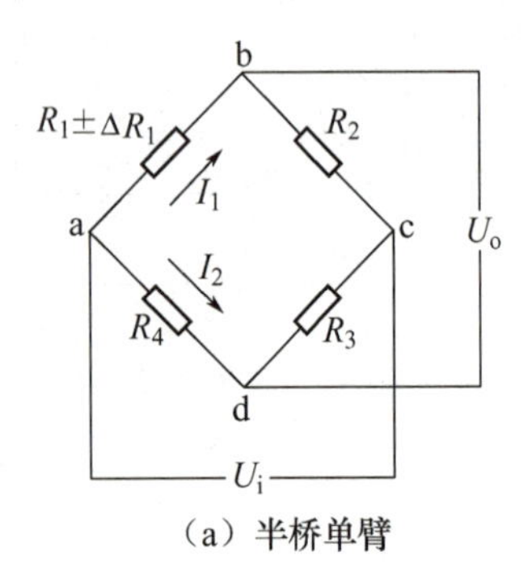

(a) 半桥单臂

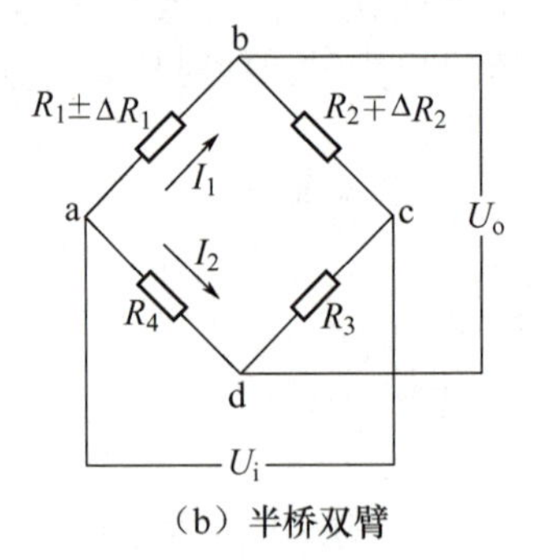

(b) 半桥双臂

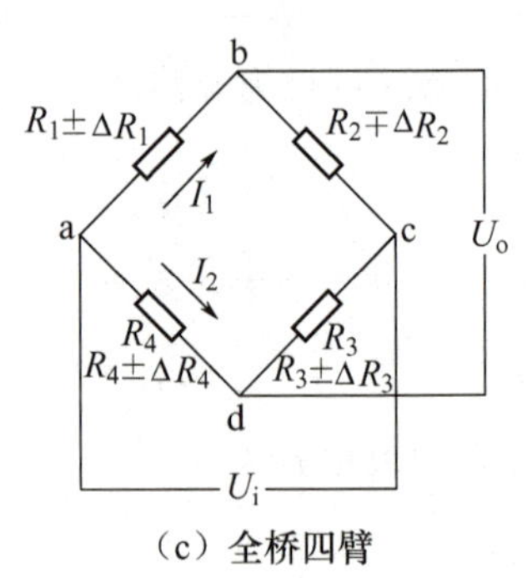

(c) 全桥四臂

图 5.2 直流电桥的连接方式

2. 半桥双臂连接(两片)

半桥双臂连接(两片)是指工作中有两个桥臂阻值随被测物理量而变化，且阻值变化大小相等、极性相反，即 $R_1\pm\Delta R_1$，$R_2\mp\Delta R_2$，如图 5.2(b)所示，该电桥的输出电压(以 $R_1+\Delta R_1$，$R_2-\Delta R_2$ 为例)为

$$U_o=\left(\frac{R_1+\Delta R_1}{R_1+\Delta R_1+R_2-\Delta R_2}-\frac{R_4}{R_3+R_4}\right)U_i$$

$$=\left(\frac{(R_0+\Delta R_1)(R_3+R_4)-(R_1+\Delta R_1+R_2-\Delta R_2)R_4}{(R_1+\Delta R_1+R_2-\Delta R_2)(R_3+R_4)}\right)U_i$$

由于 $R_1=R_2=R_3=R_4=R_0$，$\Delta R=\Delta R_1=\Delta R_2$，因此

$$\begin{aligned}U_o&=\frac{\Delta R}{2R_0}U_i\\&=\left(\frac{(R_0+\Delta R)2R_0-R_0 2R_0}{2R_0 2R_0}\right)U_i\\&=\frac{2R_0^2+\Delta R2R_0-2R_0^2}{4R_0^2}U_i\\&=\frac{\Delta R2R_0}{4R_0^2}U_i=\frac{\Delta R}{2R_0}U_i\end{aligned} \tag{5-6}$$

当输入为 $\Delta R/R_0$ 时，半桥双臂连接的灵敏度为

$$S=\frac{1}{2}U_i \tag{5-7}$$

3. 全桥四臂连接(四片)

全桥四臂连接(四片)是指工作中四个桥臂阻值都随被测物理量而变化，相邻的两臂阻值变化大小相等、极性相反，相对的两臂阻值变化大小相等、极性相同，即 $R_1\pm\Delta R_1$、$R_2\pm\Delta R_2$、$R_3\pm\Delta R_3$、$R_4\pm\Delta R_4$，如图 5.2(c)所示，输出电压(以 $R_1+\Delta R_1$，$R_2-\Delta R_2$，$R_3+\Delta R_3$，$R_4-\Delta R_4$ 为例)为

$$U_o=\left(\frac{R_1+\Delta R_1}{R_1+\Delta R_1+R_2-\Delta R_2}-\frac{R_4-\Delta R_4}{R_3+\Delta R_3+R_4-\Delta R_4}\right)U_i$$

当 $R_1=R_2=R_3=R_4=R_0$，$\Delta R=\Delta R_1=\Delta R_2=\Delta R_3=\Delta R_4$ 时

$$U_o=\frac{\Delta R}{R_0}U_i \tag{5-8}$$

当输入为 $\Delta R/R_0$ 时，全桥连接的灵敏度为

$$S=U_i \tag{5-9}$$

由此可知，采用不同的桥式接法，输出电压的灵敏度不同，其中**全桥的接法在输入量相同的情况下可以获得最大的输出。**因此，在实际工作中，当传感器的结构条件允许时，应尽可能采用全桥四臂接法，以便获得高的灵敏度。图 5.3 所示为使用不同数目电阻应变片形成不同电桥测量物体质量的应用实例。其中，可以使用一片、两片或四片电阻应变片作为电桥的一个、两个或四个桥臂，形成半桥单臂、半桥双臂或全桥四臂。电阻应变片电阻值的变化经过电桥转换为电压的变化，根据输出电压和系统的总灵敏度就可推知物体的质量。

4. 电桥测量的误差及其补偿

对于电桥来说，误差主要来源于非线性误差和温度误差。

由式(5-3)知，当采用半桥单臂接法时，其输出电压近似正比于 $\Delta R_0/R_0$，这主要是由输出电压的非线性造成的。减少非线性误差的办法是采用半桥双臂和全桥四臂接法。由式(5-6)和式(5-9)可知，这些接法不仅消除了非线性误差，而且使输出灵敏度也成倍提高。

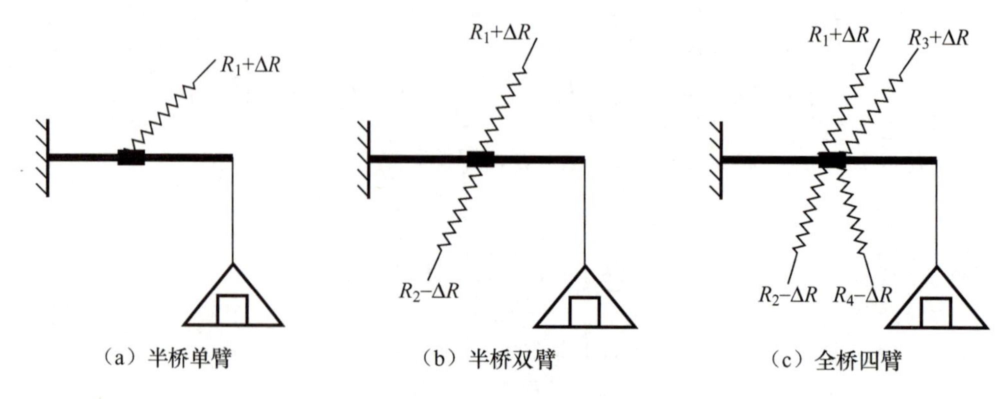

（a）半桥单臂　（b）半桥双臂　（c）全桥四臂

图 5.3　使用不同数目电阻应变片形成不同电桥测量物体质量

温度误差即温度的变化造成上述半桥双臂接法中的 $\Delta R_1 \neq -\Delta R_2$，及全桥四臂接法中的 $\Delta R_1 \neq -\Delta R_2$ 或者 $\Delta R_3 \neq -\Delta R_4$。因此，在贴应变片时应尽量使各应变片的温度一致，从而有效地减小温度误差。

5. 直流电桥的干扰

由上述可知，电桥输出电压为 $\Delta R_0/R_0$ 与供桥电压 U_i 的乘积。由于 $\Delta R_0/R_0$ 是一个非常小的量，因此电源电压不稳定所造成的干扰是不可忽略的。为了抑制干扰，通常采用如下措施。

（1）电桥的信号引线采用屏蔽电缆。

（2）屏蔽电缆的屏蔽金属网应该与电源至电桥的负接线端连接，并应该与放大器的机壳、地隔离。

（3）放大器应该具有高共模抑制比。

5.1.2　交流电桥

交流电桥的供桥电源采用交流电压。电桥的四个桥臂可为电容、电感或电阻，当四个桥臂为电容或电感时，必须采用交流电桥。因此，电桥的四个桥臂中除了电阻外还有电抗。如果阻抗、电流及电压都用复数表示，那么关于直流电桥的平衡关系式同样适用于交流电桥中。

把电容、电感或电阻写成矢量形式时，交流电桥平衡的条件为

$$\boldsymbol{Z}_1\boldsymbol{Z}_3 = \boldsymbol{Z}_2\boldsymbol{Z}_4 \tag{5-10}$$

写成复指数的形式为

$$\boldsymbol{Z}_1 = Z_1 e^{j\varphi_1} \qquad \boldsymbol{Z}_2 = Z_2 e^{j\varphi_2}$$
$$\boldsymbol{Z}_3 = Z_3 e^{j\varphi_3} \qquad \boldsymbol{Z}_4 = Z_4 e^{j\varphi_4}$$

代入式(5-10)，则有

$$Z_1 Z_3 e^{j(\varphi_1+\varphi_3)} = Z_2 Z_4 e^{j(\varphi_2+\varphi_4)} \tag{5-11}$$

式中：Z_1、Z_2、Z_3、Z_4 为各阻抗的模；φ_1、φ_2、φ_3、φ_4 为各阻抗的阻抗角，是各桥臂上电压与电流的相位差。纯电阻时，$\varphi=0$，即电压与电流同相位；电感阻抗时，$\varphi>0$，即电压的相位超前电流；电容阻抗时，$\varphi<0$，即电压的相位滞后电流。

式(5-11)成立的条件为等式两边阻抗的模相等、阻抗角相等，即

$$\begin{cases}Z_1Z_3=Z_2Z_4\\ \varphi_1+\varphi_3=\varphi_2+\varphi_4\end{cases}\tag{5-12}$$

1. 电容电桥

如图 5.4(a)所示，两相邻桥臂为纯电阻 R_2、R_3，另两相邻桥臂为电容 C_1、C_4，此时，R_1、R_4 视为电容介质损耗的等效电阻。桥臂 1 和桥臂 4 的等效阻抗为 $R_1+\frac{1}{\mathrm{j}\omega C_1}$、$R_4+\frac{1}{\mathrm{j}\omega C_4}$，根据平衡条件

$$\left(R_1+\frac{1}{\mathrm{j}\omega C_1}\right)R_3=\left(R_4+\frac{1}{\mathrm{j}\omega C_4}\right)R_2\tag{5-13}$$

则

$$R_1R_3+\frac{R_3}{\mathrm{j}\omega C_1}=R_2R_4+\frac{R_2}{\mathrm{j}\omega C_4}$$

令实部和虚部相等，则得到电桥平衡方程组为

$$\begin{cases}R_1R_3=R_2R_4\\ \dfrac{R_3}{C_1}=\dfrac{R_2}{C_4}\end{cases}\tag{5-14}$$

比较式(5-14)与式(5-2)可知，式(5-14)的第一式与式(5-2)完全相同，这意味着图 5.4(a)所示的电容电桥的平衡条件除了电阻满足要求外，电容也必须满足一定的要求。

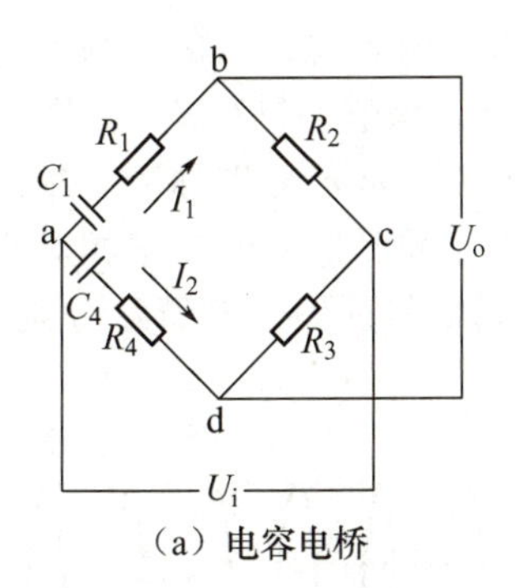

(a) 电容电桥

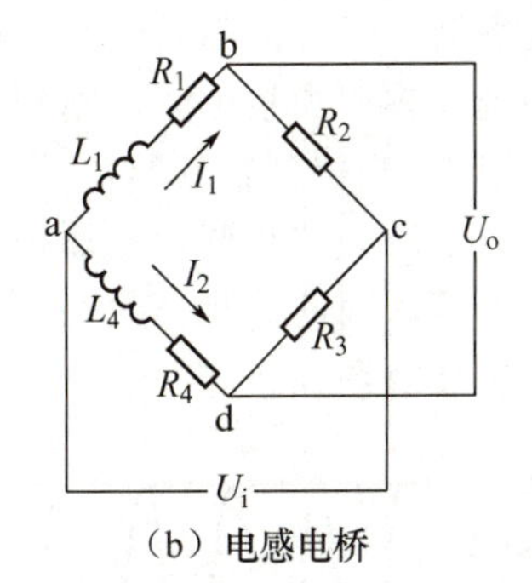

(b) 电感电桥

图 5.4　交流电桥

2. 电感电桥

在图 5.4(b)所示的电感电桥中，两相邻桥臂为电感 L_1、L_4 与电阻 R_2、R_3，根据交流电桥的平衡要求，则

$$(R_1+\mathrm{j}\omega L_1)R_3=(R_4+\mathrm{j}\omega L_4)R_2$$

那么，电感电桥平衡条件为

$$\begin{cases}R_1R_3=R_2R_4\\ L_1R_3=L_4R_2\end{cases}\tag{5-15}$$

由交流电桥的平衡条件［式(5-10)～式(5-15)］及电容电桥、电感电桥的平衡条件可以看出，这些平衡条件是只针对供桥电源只有一个频率 ω 的情况下推出的。当供桥电源有多个频率成分时，得不到平衡条件，即电桥是不平衡的。因此，交流电桥要求供桥电源具有良好的电压波动性和频率稳定性。

一般采用5～10kHz高频振荡作为供桥电源，以便消掉外界工频干扰。除了通常讨论的电阻电桥、电容电桥、电感电桥等通用电桥外，测量中还会使用带有感应耦合臂的电桥等其他形式的电桥。

5.2 调制与解调

5.2.1 概述

一些被测量(如力、位移等)经过传感器变换以后，常常是一些缓变的电信号。从放大处理来看，直流放大有零漂和级间耦合等问题。为此，常把缓变信号先变为频率适当的交流信号，然后利用交流放大器放大，最后恢复为原来的直流缓变信号。像这样的一种变换过程称为调制与解调，广泛用于传感器和测量电路中。

调制是指在时域上用一个低频信号(缓变信号)对人为提供的高频信号的某个特征参量(幅值、频率或相位)进行控制，使该特征参量随着该缓变信号的变化而变化。这样，原来的缓变信号就被这个受控制的高频振荡信号所携带，而后可以进行该高频信号的放大和传输，从而得到最好的放大和传输效果。

一般将控制高频振荡信号的缓变信号(低频信号)称为调制信号，载送缓变信号的高频振荡信号称为载波，经过调制后的高频振荡信号称为已调制波。当被控制参量分别为高频振荡信号的幅值、频率和相位时，则相应地分别称为：幅值调制(AM)，即调幅；频率调制(FM)，即调频；相位调制(PM)，即调相。其调制后的波形分别称为调幅波、调频波和调相波。调幅波、调频波和调相波都是已调制波。由于被测信号的频率相对高频载波而言属于低频缓变信号，因此被测信号在调制中就是调制信号。图5.5所示分别为载波信号、调制信号、调幅波及调频波。

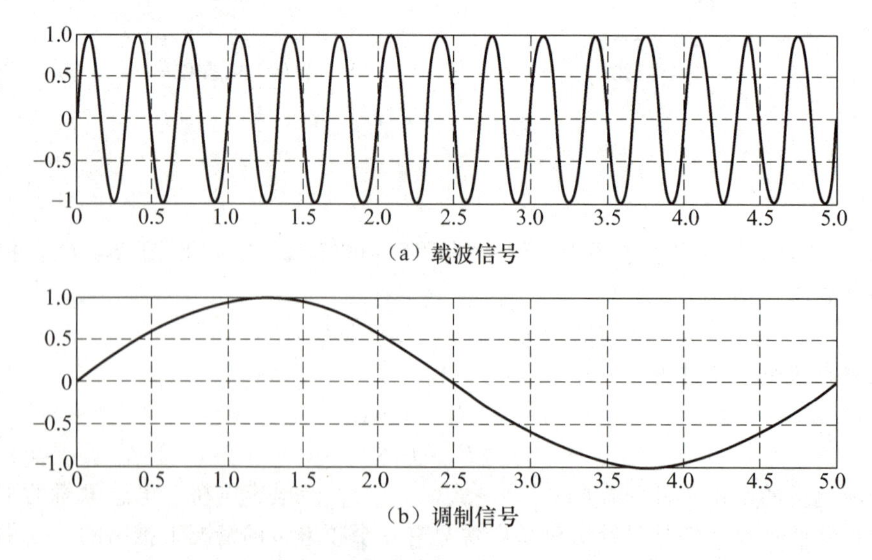

图5.5 载波信号、调制信号、调幅波及调频波

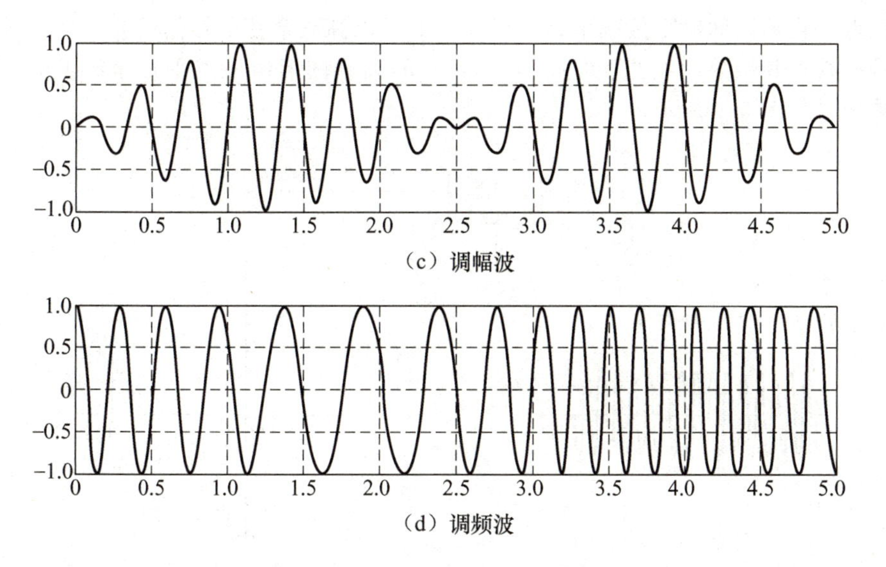

图 5.5 载波信号、调制信号、调幅波及调频波(续)

调频和调相在本质上都是具有角度调制的特点，所以在具体处理上具有共同的特点。测试技术中常用的是调幅和调频。

解调是从已调制波中不失真地恢复原有的测量信号(低频调制信号)的过程。调制与解调是对信号做变换的两个相反过程。

5.2.2 调幅与解调测量电路

1. 调幅的原理

调幅是将一个高频简谐信号(载波信号)的幅值与被测试的缓变信号(调制信号)相乘，使载波信号的幅值随测试信号的变化而变化。调幅过程中载波、调制信号及已调制波的关系如图 5.6 所示。

设调制信号为被测信号 $x(t)$，其最高频率成分为 f_m，载波信号为 $\cos 2\pi f_0 t$，其中要求 $f_0 \gg f_m$，则可得调幅波为

$$x_m(t)=x(t)\cos 2\pi f_0 t \tag{5-16}$$

如果已知傅里叶变换对 $x(t) \Leftrightarrow X(f)$，根据傅里叶变换的频域卷积特性：两个时域函数乘积的傅里叶变换等于两者傅里叶变换的卷积，即

$$x(t)y(t) \Leftrightarrow X(f) * Y(f)$$

而余弦函数的频域图形是一对脉冲谱线，即

$$\cos 2\pi f_0 t \Leftrightarrow \frac{1}{2}\delta(f-f_0)+\frac{1}{2}\delta(f+f_0)$$

根据傅里叶变换的频域卷积特性和 δ 函数的卷积特性，可得

$$\begin{aligned} x(t)\cos 2\pi f_0 t &\Leftrightarrow \frac{1}{2}[X(f) * \delta(f-f_0)+X(f) * \delta(f+f_0)] \\ &=\frac{1}{2}[X(f-f_0)+X(f+f_0)] \end{aligned} \tag{5-17}$$

由单位脉冲函数的性质可知，一个函数与单位脉冲函数卷积的结果就是将其频谱图形

由坐标原点平移至该脉冲函数频率处。因此，如果以高频余弦信号作载波，把信号 $x(t)$ 与载波信号相乘，其结果就相当于把原信号 $x(t)$ 的频谱图形由原点平移至载波频率 f_0 处，其幅值减半，如图 5.6 所示。

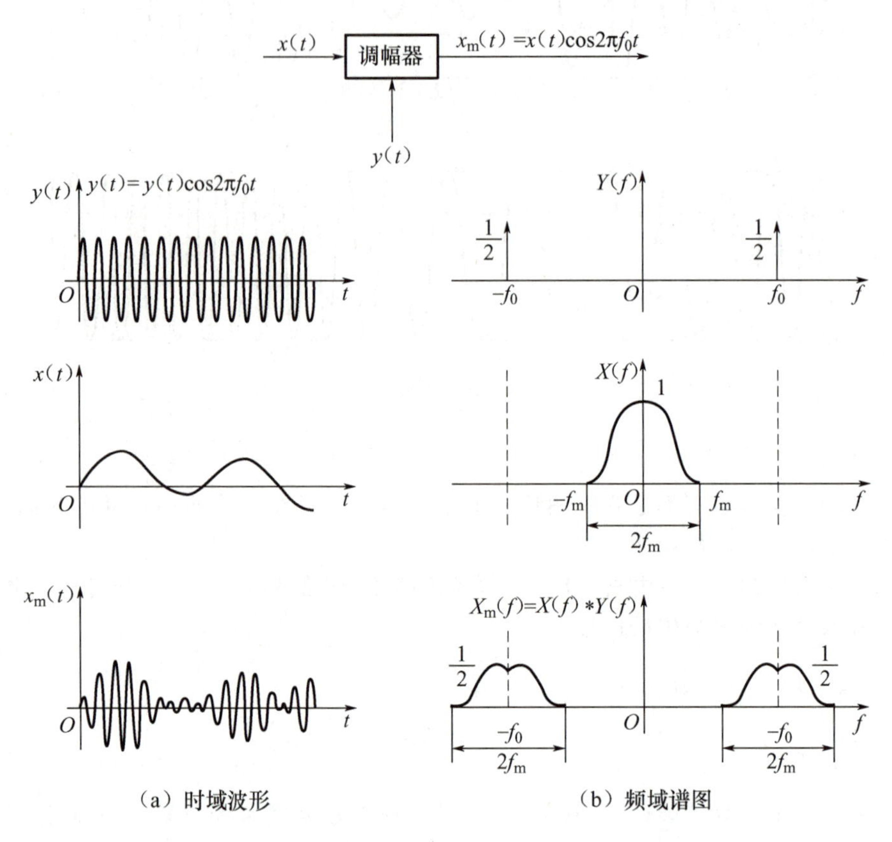

图 5.6　调幅过程中载波、调制信号及已调制波的关系

从调制过程看，载波频率 f_0 必须高于原信号中的最高频率 f_m 才能使已调制波仍能保持原信号的频谱图形，不致重叠。为了减少放大电路可能引起的失真，信号的频宽($2f_m$)相对中心频率(载波频率 f_0)越小越好。调幅以后，原信号 $x(t)$ 中所包含的全部信息均转移到以 f_0 为中心、宽度为 $2f_m$ 的频带范围之内，即将原信号从低频区推移至高频区。由于信号中不包含直流分量，可以用中心频率为 f_0、通频带宽为 $\pm f_m$ 的窄带交流放大器放大，然后通过解调从放大的调制波中取出原信号。因此，调幅过程相当于频谱“搬移”过程。

综上所述，调幅的过程在时域上是调制信号与载波信号相乘的运算；在频域上是调制信号频谱与载波信号频谱卷积的运算，是一个频移的过程。这就是调幅得到广泛应用的最重要的理论依据。

调幅的频移功能在工程技术上具有重要的使用价值。例如，广播电台把声频信号移频至各自分配的高频、超高频频段上，既便于放大和传递，也可避免各电台之间的干扰。

图 5.7 所示为电桥调幅的输入/输出关系。

由式(5－4)、式(5－6)和式(5－8)可知，不同接法的电桥可表示为

$$U_o = K\frac{\Delta R}{R_0}U_i \tag{5-18}$$

式中：K 为接法系数。当电桥输入 $\Delta R/R_0 = R(t)$ 为被测的缓变信号，交流电源为 $U_i = E_0\cos 2\pi f_0 t$ 时，式(5-18)可表示为

$$U_o = KR(t)E_0\cos 2\pi f_0 t \tag{5-19}$$

可以看出，电桥的输出电压 U_o 随 $R(t)$ 变化而变化，即 U_o 的幅值受 $R(t)$ 的控制，其频率为输入电压信号 U_i 的频率 f_0。

与式(5-13)相比较，可以看出：$U_i = E_0\cos 2\pi f_0 t$ 实际上是载波信号，电桥的输入 $\Delta R/R_0 = R(t)$ 实际上是调制信号，$R(t)$ 对载波信号进行了调幅，U_o 是调幅波。这就是说，电桥是一个调幅器。从时域上讲，调幅器是一个乘法器。被测缓变信号 $R(t)$ 经电桥调幅后，信号的频谱产生了频移，移到载波的频率 f_0 处，如图 5.6(b)所示。例如，假设载波频率 $f_0 = 1\text{kHz}$，被测信号所包含的频率为 0～5Hz，经过电桥调幅后输出信号的频率为(1000－5)～(1000＋5)Hz，即为 995～1005Hz。可见，经电桥调幅后将低频信号转换为高频信号，从而可以采用高频交流放大器进行放大，使低频漂移电压的影响及 50Hz 电源的干扰得以消除。

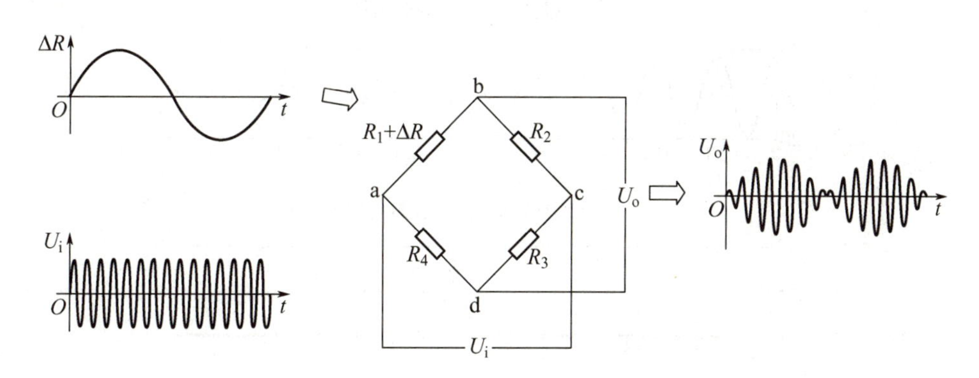

图 5.7 电桥调幅的输入/输出关系

【例 5.1】 设调制信号为 $x(t) = 10\mathrm{e}^{-2t}$，载波信号为 $y(t) = 2\cos 20\pi t$，试画出调制信号 $x(t)$、载波信号 $y(t)$、调幅波 $x_m(t)$ 的时域波形及其双边幅频谱。

解： 由题意可知，调制信号 $x(t)$ 为单边指数信号，$\alpha = 2$；载波信号的频率 $f_0 = 10\text{Hz}$，最大幅值为 2。调幅波表示为 $x_m(t) = x(t)y(t) = 10\mathrm{e}^{-2t}2\cos 20\pi t = 20\mathrm{e}^{-2t}\cos 2\pi 10t$，调制信号 $x(t)$、载波信号 $y(t)$、调幅波 $x_m(t)$ 的时域波形如图 5.8(a)、图 5.8(b)和图 5.8(c)所示。

由表 2-4 可知，调制信号 $x(t)$ 为单边指数信号，其频谱

$$X(\mathrm{j}f) = \frac{10}{\alpha + \mathrm{j}2\pi f} = \frac{10}{2 + \mathrm{j}2\pi f} = \frac{5}{1 + \mathrm{j}\pi f}$$

载波信号 $y(t)$ 的频谱

$$Y(\mathrm{j}f) = 2\times\frac{1}{2}[\delta(f+f_0) + \delta(f-f_0)] = \delta(f+10) + \delta(f-10)$$

则调幅波的频谱

$$X_m(jf)=5\left[\frac{1}{1+j\pi(f+f_0)}+\frac{1}{1+j\pi(f-f_0)}\right]$$
$$=5\left[\frac{1}{1+j\pi(f+10)}+\frac{1}{1+j\pi(f-10)}\right]$$

调制信号 $x(t)$、载波信号 $y(t)$及调幅波 $x_m(t)$的双边幅频谱如图 5.8(d)、图 5.8(e)及图 5.8(f)所示。

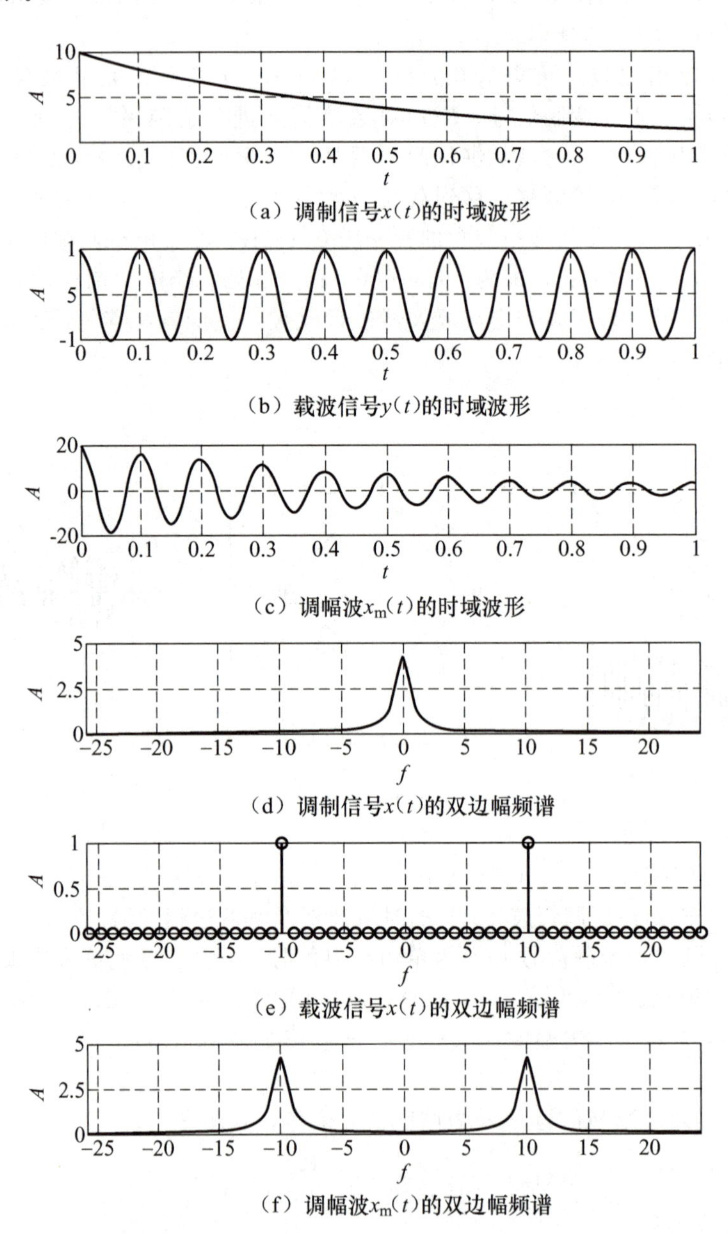

（a）调制信号$x(t)$的时域波形

（b）载波信号$y(t)$的时域波形

（c）调幅波$x_m(t)$的时域波形

（d）调制信号$x(t)$的双边幅频谱

（e）载波信号$x(t)$的双边幅频谱

（f）调幅波$x_m(t)$的双边幅频谱

图 5.8 【例 5.1】信号的时域波形及双边幅频谱

2. 调幅波的解调

为了从调幅波中将原测量信号恢复出来，就必须对调幅波进行解调。常用的解调方法有同步解调、整流检波解调和相敏检波解调。

（1）同步解调

同步解调是将已调制波与原载波信号再做一次乘法运算，即

$$x(t)\cos 2\pi f_0 t\cos 2\pi f_0 t=\frac{1}{2}x(t)+\frac{1}{2}x(t)\cos 4\pi f_0 t \tag{5-20}$$

其傅里叶变换为

$$\begin{aligned}F[x(t)\cos 2\pi f_0 t\cos 2\pi f_0 t]&=F\left[\frac{1}{2}x(t)+\frac{1}{2}x(t)\cos 2\pi f_0 t\right]\\&=\frac{1}{2}X(f)+\frac{1}{4}X(f-2f_0)+\frac{1}{4}X(f+2f_0)\end{aligned} \tag{5-21}$$

同步解调的信号的频域图形将再一次进行“搬移”，如图 5.9 所示，即将以坐标原点为中心的已调制波频谱搬移到载波中心 $2f_0$ 处。由于载波频谱与原来调制时的载波频谱相同，第二次搬移后的频谱有一部分搬移到原点处，因此同步解调后的频谱包含两部分，即与原调制信号相同的频谱和附加的高频频谱。与原调制信号相同的频谱是恢复原信号波形所需要的，附加的高频频谱则是不需要的。当用低通滤波器滤去大于 f_m 的成分时，可以复现原信号的频谱，也就是说在时域恢复了原波形。图 5.9 中高于低通滤波器截止频率 f_c 的频率成分将被滤去。

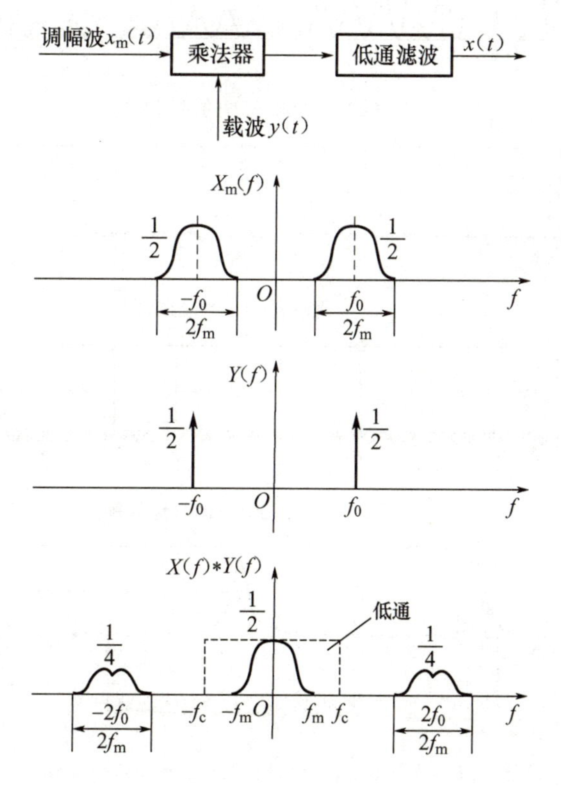

图 5.9 同步解调示意

【例 5.2】 设调制信号为 $x(t)=10e^{-2t}$，载波信号为 $y(t)=2\cos 20\pi t$，试画出调幅波 $x_m(t)$、载波信号 $y(t)$、解调波 $y_2(t)$的时域波形及其双边幅频谱。

解： 调幅波 $x_m(t)$ 表示为 $x_m(t)=x(t)y(t)=10\mathrm{e}^{-2t}2\cos 20\pi t=20\mathrm{e}^{-2t}\cos 2\pi 10t$，解调波 $y_2(t)$ 表示为 $y_2(t)=x_m(t)y(t)=40\mathrm{e}^{-2t}\cos 2\pi 10t\cos 2\pi 10t$。调幅波 $x_m(t)$、载波信号 $y(t)$、解调波 $y_2(t)$ 的时域波形如图 5.10(a)、图 5.10(b)、图 5.10(c)所示，其双边幅频谱分布如图 5.10(d)、图 5.10(e)、图 5.10(f)所示。

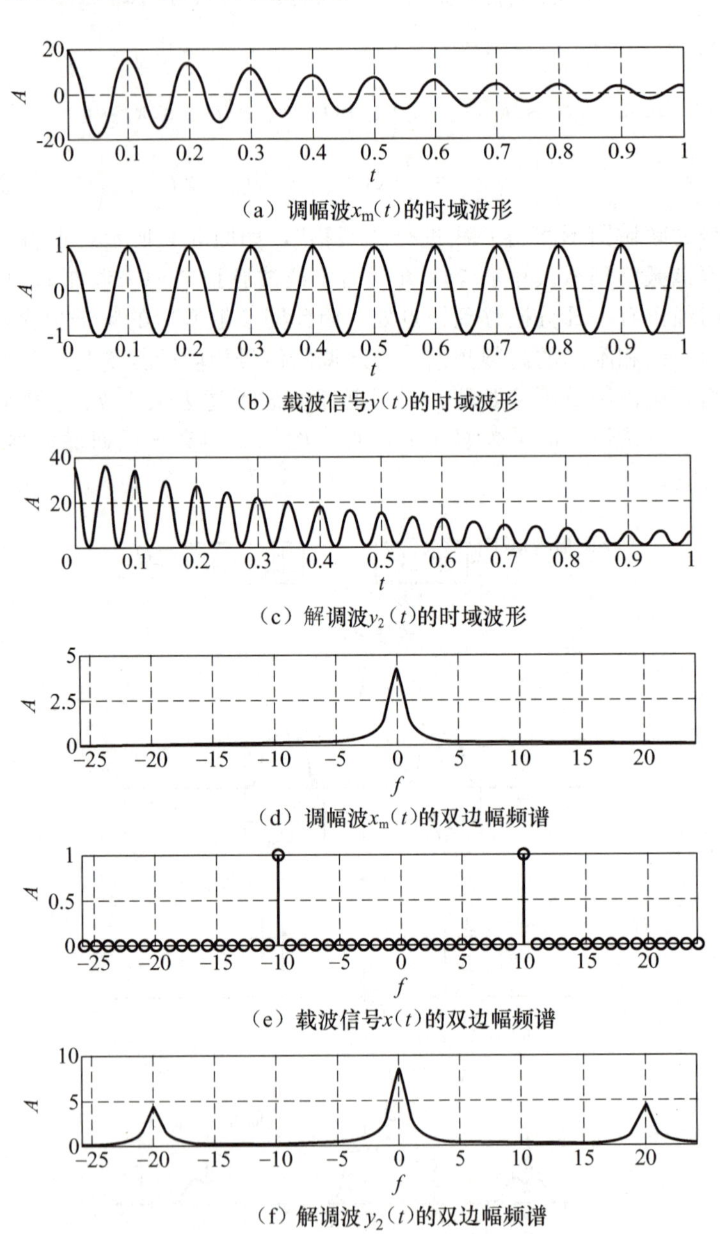

（a）调幅波 $x_m(t)$ 的时域波形

（b）载波信号 $y(t)$ 的时域波形

（c）解调波 $y_2(t)$ 的时域波形

（d）调幅波 $x_m(t)$ 的双边幅频谱

（e）载波信号 $x(t)$ 的双边幅频谱

（f）解调波 $y_2(t)$ 的双边幅频谱

图 5.10 【例 5.2】信号时域波形及双边幅频谱

（2）整流检波解调

在时域上，将被测信号即调制信号 $x(t)$ 在进行调幅之前，先预加一直流分量 A，使之不再具有正、负双向极性，然后与高频载波相乘得到已调制波，这种解调方式称为整流检波解调。在解调时，只需对已调制波做整流和检波，然后去掉所加直流分量 A，就可以恢复原调制信号，如图 5.11(a)所示。

此方法虽然可以恢复原信号，但在调制解调过程中有一加、减直流分量 A 的过程。由于实际工作中要使每一直流本身很稳定且使两个直流完全对称是较难实现的，因此原信号波形与经调制解调后恢复的波形虽然幅值上可以成比例，但在分界正、负极性的零点上可能有漂移，从而使得分辨原波形正、负极性上可能有误，如图 5.11(b)所示。而相敏检波解调技术就解决了这一问题。

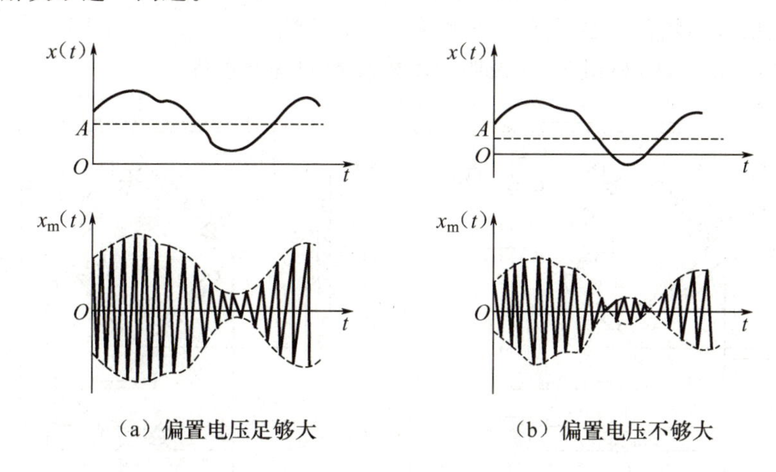

图 5.11 调制信号加偏置的调幅波

(3) 相敏检波解调

相敏检波解调采用的装置是相敏检波器。常见的二极管相敏检波器的结构及其输出、输入的关系如图 5.12 所示。

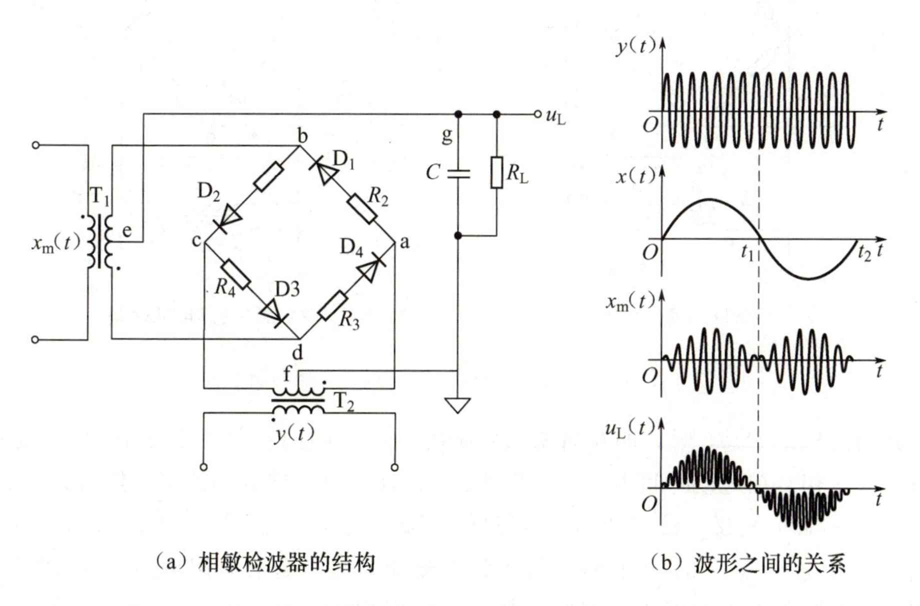

图 5.12 常见的二极管相敏检波器的结构及其输出、输入的关系

相敏检波器由四个特性相同的二极管 $D_1 \sim D_4$ 沿同一方向串联成一个桥式电路，各桥臂上通过附加电阻将电桥预调平衡。四个端点分别接在变压器 T_1 和 T_2 的二次绕组上，变压器 T_1 的输入信号为调幅波 $x_m(t)$，T_2 的输入信号为载波 $y(t)$，$u_L(t)$为输出。要求 T_2 的次级输出远大于 T_1 的次级输出。

相敏检波器是一种既能反映调制信号的幅值，又能反映调制信号的极性(相位)的解调器。当调幅波过零线时，它的相位相对于载波的相位变化了 180°[图 5.12(b)中的 $x_m(t)$波形]。相敏检波器就是利用这一特点进行调幅波与载波之间的相位比较，所得到的信号不仅反映所测量信号的幅值，也反映了所测量信号的极性。

下面结合图 5.12(b)和图 5.13 说明相敏检波器的解调过程。

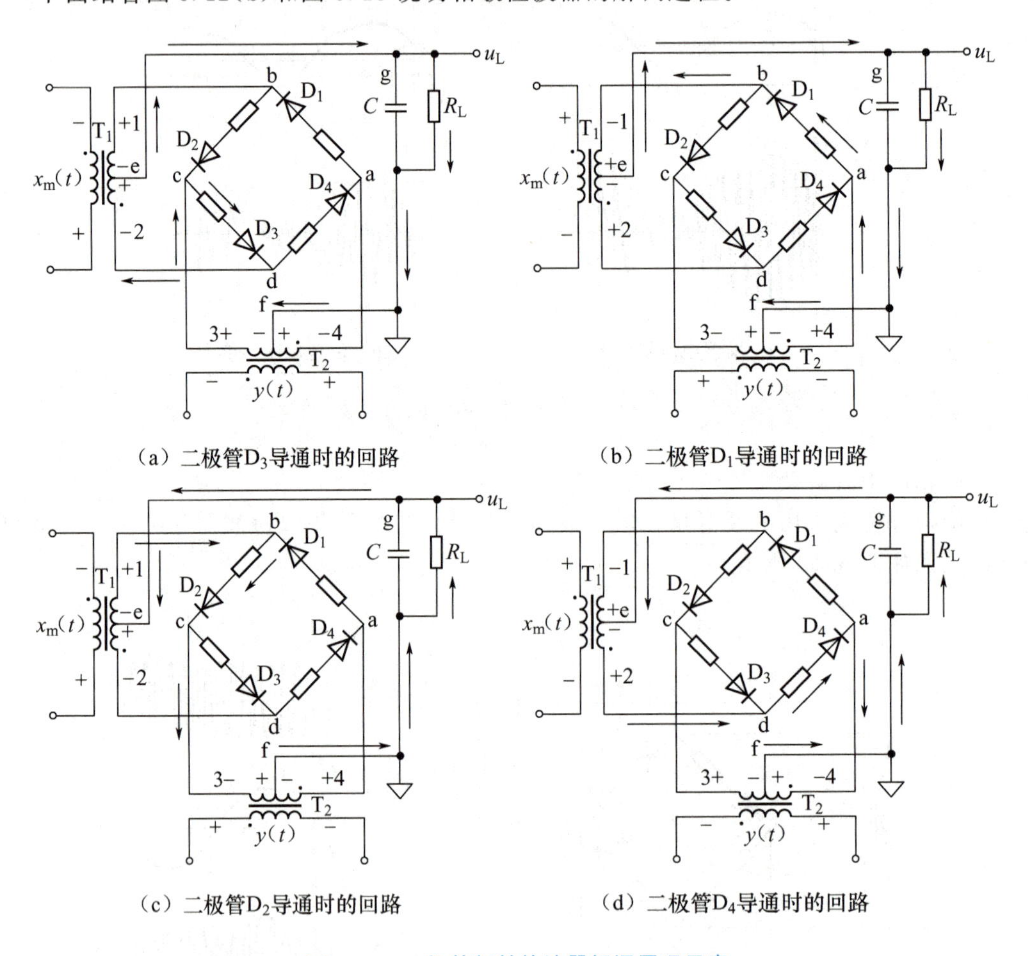

(a) 二极管D_3导通时的回路

(b) 二极管D_1导通时的回路

(c) 二极管D_2导通时的回路

(d) 二极管D_4导通时的回路

图 5.13 二极管相敏检波器解调原理示意

当调制信号 $x(t)>0$ 时，即在图 5.12(b)中 $0 \sim t_1$时间内，调幅波 $x_m(t)$与载波 $y(t)$的每一时刻都同相。在这段时间内，当调幅波 $x_m(t)$处于每一周期的前半周期时，$x_m(t)>0$，$y(t)>0$。假设此时相敏检波器的两个变压器 T_1和 T_2的极性如图 5.13(a)所示，电流回路为 $e \rightarrow g \rightarrow R_L \rightarrow f \rightarrow 3 \rightarrow c \rightarrow D_3 \rightarrow d \rightarrow 2$。若规定电流向下流过负载电阻 R_L时，解调器的输出 u_L为正，则在图 5.12(b)中 $0 \sim t_1$时间内的每一个周期前半周期时，$u_L(t)$的波形为正，即 $u_L(t)>0$。

调幅波处于每一周期的后半周期时，$x_m(t)<0$，$y(t)<0$，此时相敏检波器的两个变压器 T_1 和 T_2 的极性与在前半周期时相反，如图5.13(b)所示，则电流回路为 e→g→R_L→f→4→a→D_1→b→1。流经负载电阻 R_L 时电流方向仍向下，因此解调器的输出 u_L 仍为正。在5.12(b)中，在 $0\sim t_1$ 时间内的每一个周期的后半周期时，$u_L(t)$ 的波形为正，即 $u_L(t)>0$。

由上述过程可知，在调制信号 $x(t)>0$ 时，无论调幅波是否为正，通过相敏检波器解调后的波形都为正，保持了与原调制信号的极性(相位)一致。

当调制信号 $x(t)<0$ 时，即在图5.12(b)中 $t_1\sim t_2$ 时间内，调幅波 $x_m(t)$ 与载波 $y(t)$ 反相。在这段时间内，当调幅波 $x_m(t)$ 处于每一周期的前半周期时，$x_m(t)>0$，$y(t)<0$。假设此时相敏检波器的两个变压器 T_1 和 T_2 的极性如图5.13(c)所示，则电流回路为 1→b→D_2→c→3→f→R_L→g→e。若规定电流向上流过负载电阻 R_L 时，解调器的输出 u_L 为负，则在图5.12(b)中，在 $t_1\sim t_2$ 时间内的每一个周期的前半周期时，$u_L(t)$ 的波形为负，即 $u_L(t)<0$。

调幅波在每一周期的后半周期时，$x_m(t)<0$，$y(t)>0$，此时相敏检波器的两个变压器 T_1 和 T_2 的极性与前半周期时相反，如图5.13(d)所示，则电流回路为 2→d→D_4→a→4→f→R_L→g→e。流经负载电阻 R_L 时电流方向仍向上，因此解调器的输出 u_L 仍为负，则在图5.12(b)中，在 $t_1\sim t_2$ 时间内的每一个周期的后半周期时，$u_L(t)$ 的波形为负，即 $u_L(t)<0$。

由上述过程可知，在调制信号 $x(t)<0$ 时，无论调幅波是否为正，通过相敏检波器解调后的波形都为负，保持了与原调制信号的极性(相位)一致。同时，由图5.12(b)中 $u_L(t)$ 的波形可以看出，解调后的频率比原来调制信号的频率增大了一倍。

相敏滤波器输出波形的包络线即是所需要的信号，因此必须把它和载波分离。由于被测信号的最高频率 $f_m\leqslant\left(\frac{1}{10}\sim\frac{1}{5}\right)f_0$(载波频率)，因此在相敏检波器的输出端再接一个适当频带的低通滤波器，即可得到与原信号波形一致但已经放大了的信号，达到解调的目的。

3. 调幅与解调的应用

调幅与解调在工程技术上的用途很多，下面就以图5.14所示的Y6D型动态电阻应变仪作为一个典型实例予以介绍。

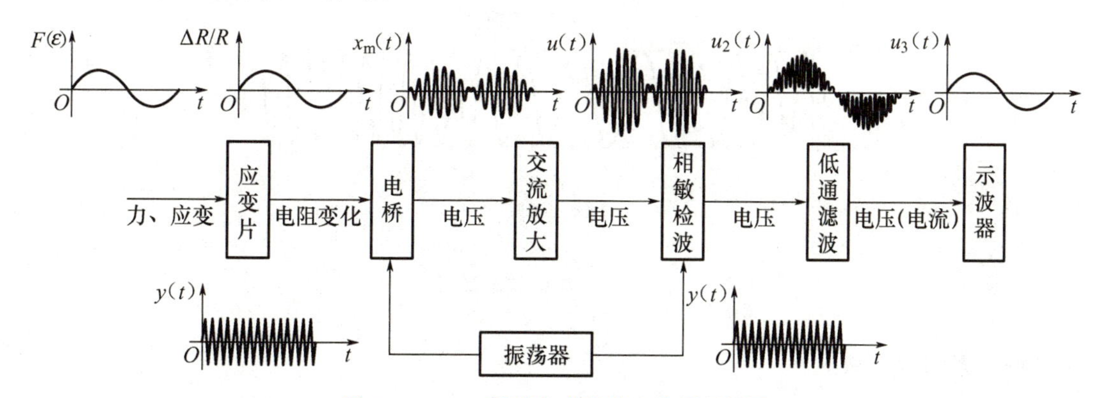

图5.14 Y6D型动态电阻应变仪原理框图

交流电桥由振荡器供给高频等幅正弦激励电压源作为载波 $y(t)$，贴在试件上的应变片受力 $F(\epsilon)$的作用，其电阻变化 $\Delta R/R$ 反映试件上的应变 ϵ 的变化。由于电阻 R 为交流电桥的一桥臂，因此电桥有电压输出 $x(t)$。作为原信号的 $x(t)$（电阻变化 $\Delta R/R$），其与高频载波 $y(t)$做调幅后的调幅波 $x_m(t)$，经放大器后幅值将放大为 $u_1(t)$。$u_1(t)$送入相敏检波器后被解调为原信号波形包络线的高频信号波形 $u_2(t)$，$u_2(t)$进入低通滤波器后，高频分量被滤掉，恢复为原来被放大的信号 $u_3(t)$。最后记录器将 $u_3(t)$的波形记录下来，$u_3(t)$反映了试件应变的变化情况，其应变的大小及正负都能准确地显示出来。

5.2.3 调频与解调测量电路

调频是指用调制信号（缓变的被测信号）去控制载波信号的频率，使其随调制信号的变化而变化。经过调频的被测信号存储在频率中，不易衰落，也不易混乱和失真，信号的抗干扰能力得到很大的提高；同时，调频信号还便于远距离传输和采用数字技术。调频信号的这些优点使得调频技术在测试技术中得到了广泛应用。

1. 调频的基本原理

调频就是利用调制信号的幅值控制一个振荡器产生的信号频率。振荡器输出的是等幅波，其振荡频率变化值和调制信号幅值成比例关系。调制信号幅值为零时，调频波的频率（载波频率）就等于中心频率；调制信号幅值为正值时，调频波的频率升高；调制信号为负值时，调频波的频率降低。因此调频波是随时间变化的疏密不等的等幅波，如图 5.15 所示。

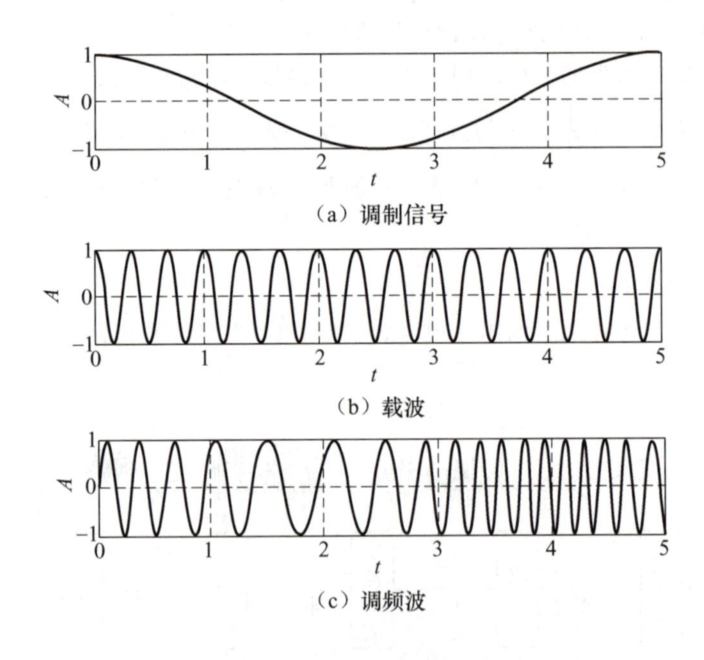

图 5.15 调频波的形成

调频波的瞬时频率为

$$f(t)=f_0\pm\Delta f$$

式中：f_0 为载波频率；Δf 为频率偏移，与调制信号的幅值成正比。

设调制信号 $x(t)$是幅值为 X_0、频率为 f_m 的余弦波，其初始相位为零，则有

$$x(t)=X_0\cos 2\pi f_m t$$

载波信号为

$$y(t)=Y_0\cos(2\pi f_0 t+\varphi_0)$$

调频时载波的幅值 Y_0 和初相位 φ_0 不变，瞬时频率 $f(t)$围绕着 f_0 随调制信号幅值做规律变化，因此

$$f(t)=f_0+K_f X_0\cos 2\pi f_m t=f_0+\Delta f_f\cos 2\pi f_m t \tag{5-22}$$

式中：Δf_f 为由调制信号幅值 X_0 决定的频率偏移，$\Delta f_f=K_f X_0$，其中 K_f 为比例常数，其大小由具体的调频电路决定。

由式(5-22)可知，频率偏移与调制信号的幅值成正比，而与调制信号的频率无关，这是调频波的基本特征之一。

2. 调频及解调电路

实现信号的调频和解调的方法很多，这里主要介绍仪器中最常用的方法。

谐振电路是把电容、电感等电参量的变化转换为电压变化的电路。图 5.16 所示的谐振电路通过耦合高频振荡器获得电路电源。谐振电路的阻抗值取决于电容、电感的相对值和电源的频率值。当谐振电路如图 5.17 所示时，其谐振频率为

$$f_n=\frac{1}{2\pi\sqrt{LC}}$$

式中：f_n 为谐振电路的固有频率；L、C 为谐振电路的电感和电容。

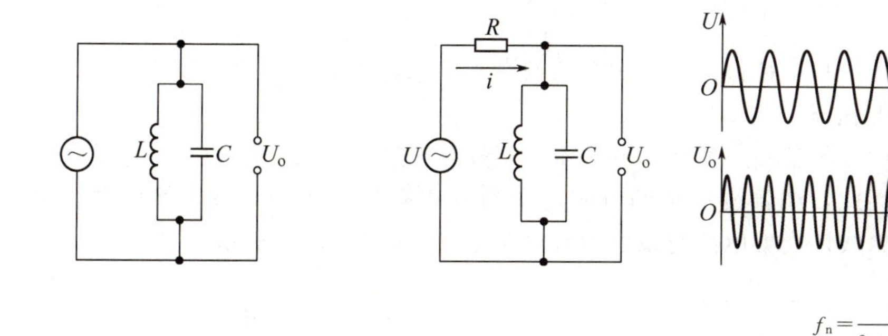

图 5.16 谐振电路　　图 5.17 电抗变化转换为电压的转化

在测量系统中，以电感或电容作为传感器感受被测量的变化，传感器的输出作为调制信号的输入，振荡器原有的振荡信号作为载波。当有调制信号输入时，振荡器输出的信号就是被调制后的调频波。在图 5.18 所示的电路中，设 C_1 为电容传感器，初始电容量为 C_0，则电路的谐振频率为

$$f_0=\frac{1}{2\pi\sqrt{L(C_0+C)}} \tag{5-23}$$

若电容 C_0 的变化量为 $\Delta C=K_x C_0 x(t)$，K_x 为比例系数，$x(t)$为被测信号，结合式(5-23)，则谐振频率变为

$$f=\frac{1}{2\pi\sqrt{L(C_0+C+\Delta C)}}=f_0\frac{1}{\sqrt{1+\frac{\Delta C}{C+C_0}}} \tag{5-24}$$

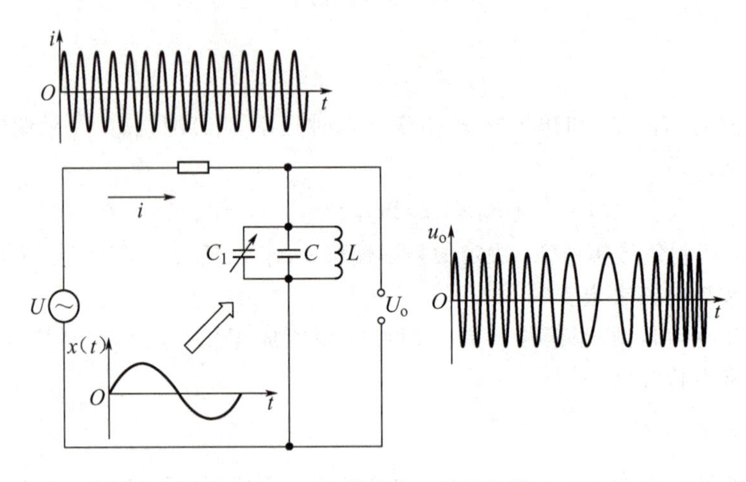

图 5.18　振荡电路用作调频器

将式(5－24)按泰勒级数展开并忽略其高阶项，则

$$f\approx f_0\left[1-\frac{\Delta C}{2(C+C_0)}\right]=f_0-\Delta f \tag{5-25}$$

式中

$$\Delta f=f_0\frac{\Delta C}{2(C+C_0)}=f_0\frac{K_xC_0x(t)}{2(C+C_0)}=f_0K_fx(t)$$

$$K_f=\frac{K_xC_0}{2(C+C_0)}$$

从式(5－25)可知，LC 振荡回路的振荡频率 f 与谐振参数的变化呈线性关系，即振荡频率 f 受控于被测信号 $x(t)$。

谐振电路调频波的解调一般使用鉴频器。调频波通过正弦波频率的变化来反映被测信号的幅值变化，因此，调频波的解调首先把调频波变换为调频调幅波，然后进行幅值检波。鉴频器通常由线性变换电路与幅值检波电路组成，如图 5.19(a)所示。

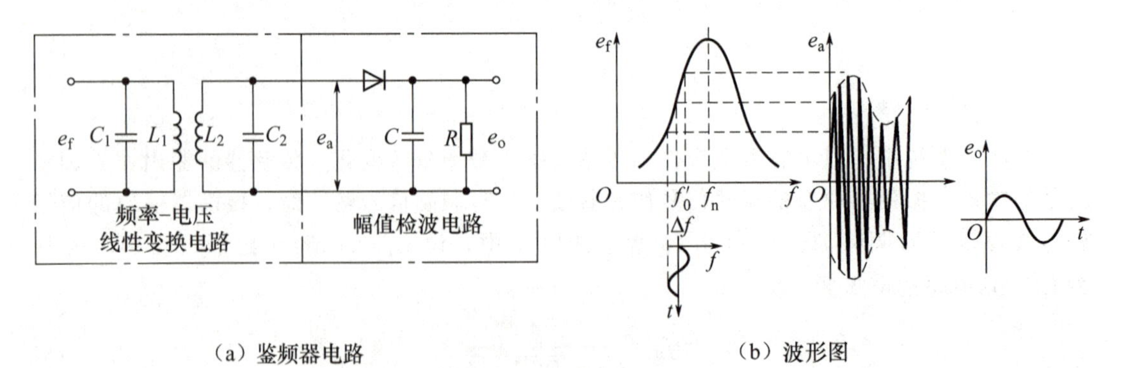

(a) 鉴频器电路　　(b) 波形图

图 5.19　调频波的解调原理示意

在图5.19(a)所示电路中，调频波 e_f 经过变压器耦合后，加于 L_1、C_1 组成的谐振电路上，而在 L_2、C_2 并联振荡回路两端获得如图5.19(b)所示的电压-频率特性曲线。当等幅调频波 e_f 的频率等于回路的谐振频率 f_n 时，线圈 L_1、L_2 中的耦合电流最大，次级输出电压 e_a 也最大。e_f 的频率偏离 f_n，e_a 也随之下降。通常利用特性曲线的次谐振区近似直线的一段实现频率-电压变换。将 e_a 经过二极管进行半波整流，再经过 RC 组成的滤波器滤波，滤波器的输出电压 e_o 与调制信号成正比，复现了被测量信号 $x(t)$，则解调完毕。

5.3 滤 波 器

5.3.1 滤波器的分类

1. 概念

【滤波器】

滤波器是一种选频装置，它可以使信号中特定的频率成分通过，同时极大地衰减其他频率成分。正是由于具有这种筛选功能，滤波器被广泛应用于消除干扰噪声和进行系统或装置的频谱分析。

2. 滤波器的种类

信号进入滤波器后，部分特定的频率成分可以通过，而其他频率成分极大地衰减。对于一个滤波器，信号能通过它的频率范围称为该滤波器的频率通带，简称通带。信号被抑制或极大地衰减的频率范围称为频率阻带，简称阻带。通带与阻带的交界点，称为截止频率。

根据滤波器的不同选频范围，**滤波器可分为低通滤波器、高通滤波器、带通滤波器和带阻滤波器四种**，如图5.20虚线部分所示。

(1) 低通滤波器：通频带为 $0\sim f_2$，幅频特性平直，如图5.20(a)所示。它可以使信号中小于 f_2 的频率成分几乎不受衰减地通过，而大于 f_2 的频率成分都被衰减掉，所以称为低通滤波器。f_2 称为低通滤波器的上截止频率。

(2) 高通滤波器：与低通滤波器相反，当频率大于 f_1 时，其幅频特性平直，如图5.20(b)所示。它可以使信号中大于 f_1 的频率成分几乎不受衰减地通过，而小于 f_1 的频率成分则被衰减掉，所以称为高通滤波器。f_1 称为高通滤波器的下截止频率。

(3) 带通滤波器：通频带为 $f_1\sim f_2$。它使信号中大于 f_1 且小于 f_2 的频率成分几乎不受衰减地通过，如图5.20(c)所示，而其他的频率成分则被极大地衰减，所以称为带通滤波器。f_1、f_2 分别称为带通滤波器的下截止频率和上截止频率。

(4) 带阻滤波器：阻带为 $f_1\sim f_2$，与带通滤波器相反，它使信号中大于 f_2 及小于 f_1 的频率成分被极大地衰减，其余频率成分几乎不受衰减地通过，如图5.20(d)所示。

这四种滤波器的特性之间存在一定的联系：高通滤波器的幅频特性可以看作低通滤波器做负反馈而获得，即 $A_2(f)=1-A_1(f)$；带通滤波器的幅频特性可以看作带阻滤波器做负反馈而获得；带阻滤波器是低通滤波器和高通滤波器的组合。

滤波器按构成电路性质的不同，可分为有源滤波器和无源滤波器；按所处理信号的性质不同，可分为模拟滤波器和数字滤波器。下文仅讲述有源滤波器和无源滤波器。

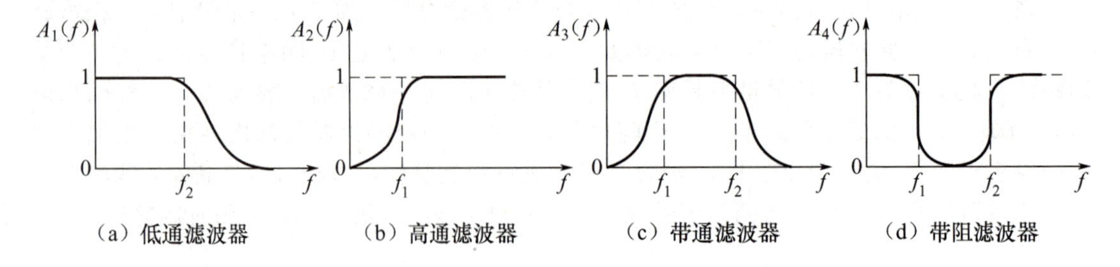

（a）低通滤波器　（b）高通滤波器　（c）带通滤波器　（d）带阻滤波器

图 5.20　四种滤波器的幅频特性

5.3.2　理想滤波器

理想滤波器是一个理想化的模型，在物理上是不能实现的，但它对深入了解滤波器的传输特性非常有用。

根据线性系统的不失真测试条件，理想测试系统的频率响应函数为

$$H(f)=A_0\mathrm{e}^{-\mathrm{j}2\pi f t_0}$$

式中：A_0及t_0均为常数。若滤波器的频率响应函数满足

$$H(f)=\begin{cases}A_0\mathrm{e}^{-\mathrm{j}2\pi f t_0} & |f|<f_c\\ 0 & \text{其他}\end{cases} \tag{5-26}$$

式中：f_c为滤波器的截止频率，则该滤波器称为理想低通滤波器，其幅频和相频特性分别为

$$\begin{cases}A(f)=A_0\\ \varphi(f)=-2\pi f t_0\end{cases} \quad |f|<f_c \tag{5-27}$$

如图 5.21 所示，幅频特性对称于纵坐标，相频特性中直线过原点且斜率为$-2\pi t_0$。即，一个理想滤波器在其通带内幅频特性为常数，相频特性为通过原点的直线，在通带外幅频特性值应为零。这样，理想滤波器能使通带内输入信号的频率成分不失真地传输，而在通带外的频率成分全部衰减掉。

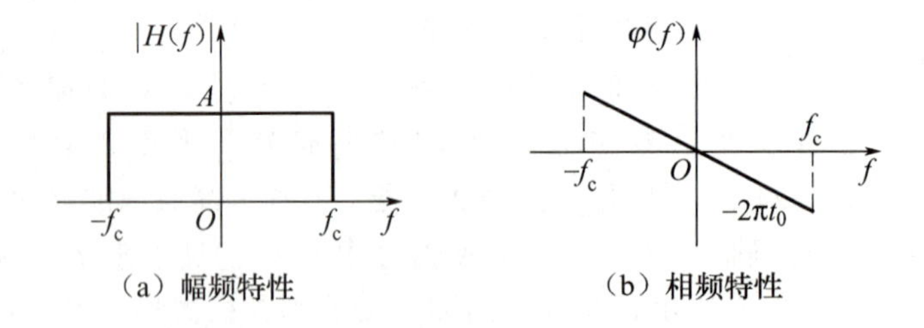

（a）幅频特性　（b）相频特性

图 5.21　理想滤波器的幅频特性和相频特性

在单位脉冲信号输入的情况下，滤波器的单位脉冲响应函数为

$$\begin{aligned}h(t)&=F^{-1}[H(f)]=\int_{-\infty}^{\infty}H(f)\mathrm{e}^{\mathrm{j}2\pi f t}\mathrm{d}f\\ &=\int_{-f_c}^{f_c}A_0\mathrm{e}^{-\mathrm{j}2\pi f t_0}\mathrm{e}^{\mathrm{j}2\pi f t}\mathrm{d}f\\ &=2A_0 f_c\frac{\sin[2\pi f_c(t-t_0)]}{2\pi f_c(t-t_0)}\end{aligned} \tag{5-28}$$

若没有相角滞后，即 $t_0=0$，式(5-28)变为

$$h(t)=2A_0 f_c \frac{\sin 2\pi f_c t}{2\pi f_c t} \tag{5-29}$$

其图形表达如图 5.22 所示。显然，$h(t)$具有对称性，时间 t 为$-\infty \sim +\infty$。

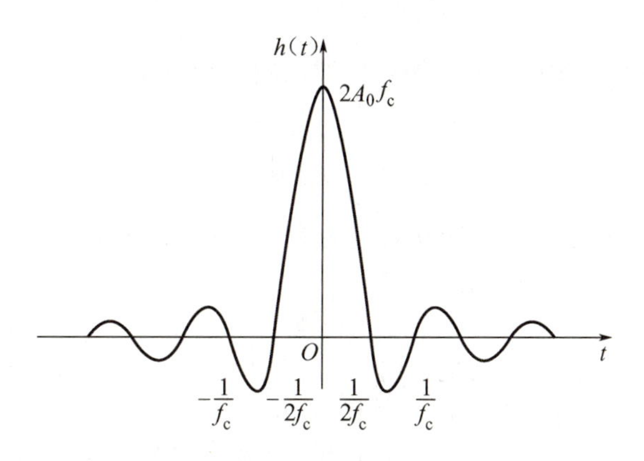

图 5.22　脉冲响应函数

$h(t)$的波形以 $t=0$ 为中心向左右无限延伸。其物理意义：在 $t=0$ 时输入单位脉冲于一个理想滤波器，滤波器的输出蔓延到整个时间轴上，不仅延伸到 $t\to+\infty$，并且延伸到 $t\to-\infty$。任一现实的物理系统，响应只可能出现于输入到来之后，不可能出现于输入到来之前。对于上述负的 t 值，$h(t)$的值不等于零，这是不合理的。因为单位脉冲在 $t=0$ 时才作用于系统，而系统的输出 $h(t)$在 $t<0$ 时不为零，说明在输入脉冲 $\delta(t)$到来之前，这一系统已有响应，这实际上是不可能的。显然，任何滤波器都不可能有这种“先知”，滤波器的这种特性是不可实现的。同理，“理想”的高通滤波器、带通滤波器和带阻滤波器都是不存在的。实际滤波器的幅频特性不可能出现直角锐边(即幅值由 A 突然变为 0 或由 0 变为 A)，也不会在有限频率上完全截止。原则上讲，实际滤波器的幅频特性将延伸到$|f|\to\infty$，所以一个滤波器对信号通带以外的频率成分只能极大地衰减，而不能完全阻止。

讨论理想滤波器是为了进一步了解滤波器的传输特性，建立滤波器的通频带宽与滤波器稳定输出所需时间之间的关系。虽然这在实际中难以实现，但它具有一定的理论探讨价值。

设滤波器的传递函数为 $H(f)$，如图 5.23 所示，若给滤波器一个单位阶跃输入

$$x(t)=u(t)=\begin{cases}1 & t\geqslant 0\\ 0 & t<0\end{cases}$$

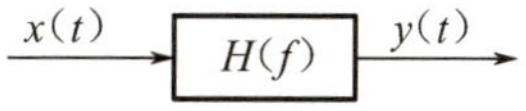

$x(t)$ → $H(f)$ → $y(t)$

图 5.23　滤波器框图

则滤波器的输出 $y(t)$在时域将是该输入 $u(t)$和脉冲响应函数 $h(t)$的卷积，即

$$y(t)=u(t)*h(t)=\int_{-\infty}^{\infty} u(\tau)h(t-\tau)\mathrm{d}\tau$$

$y(t)$的图形表达如图 5.24 所示。可以看出，若不考虑前后皱波，输出响应从零点(a 点)到稳定值 A_0(b 点)需要一定的建立时间 $T_e=t_b-t_a$。时移只影响输出曲线 $y(t)$的右移，不影响(t_b-t_a)值。

滤波器对阶跃输入的响应有一定的建立时间，这是因为其脉冲响应函数 $h(t)$的图形主

瓣有一定的宽度 $1/f_c$。可以想象，如果滤波器的通带很宽，即 f_c 很大，那么 $h(t)$ 的图形将很陡峭，响应建立时间 (t_b-t_a) 将很小。反之，如果频带较窄，f_c 较小，则建立时间较长。计算积分式表明

$$T_e=t_b-t_a=\frac{0.61}{f_c}$$

式中：f_c 为低通滤波器的截止频率。如果将理论响应值的 0.1～0.9 作为计算建立时间的标准，则

$$T_e=t'_b-t'_a=\frac{0.45}{f_c}$$

由此可以得出，低通滤波器对阶跃响应的建立时间 T_e 和带宽 B（即通带的宽度，对于低通滤波器，$B=f_c-0=f_c$）成反比，即

$$T_eB=常数 \tag{5-30}$$

这一结论对其他类型的滤波器也适用。

另外，滤波器的带宽表示着它的频率分辨力（见 5.3.3 节），通带越窄，则分辨力越高。因此，滤波器的高分辨力和测量时快速响应的要求是相互矛盾的。当采用滤波器从信号选取某一频率成分时，就需要有足够的时间。如果建立时间不够，就会产生虚假的结果，而过长的测量时间也是没有必要的，一般 T_eB 为 5～10 就够了。

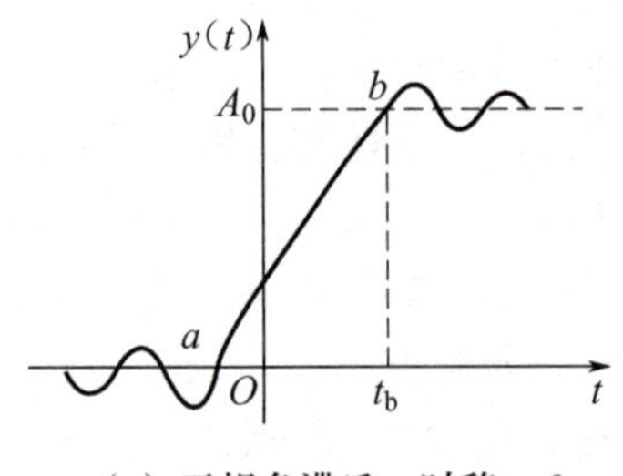

（a）无相角滞后，时移t_0=0

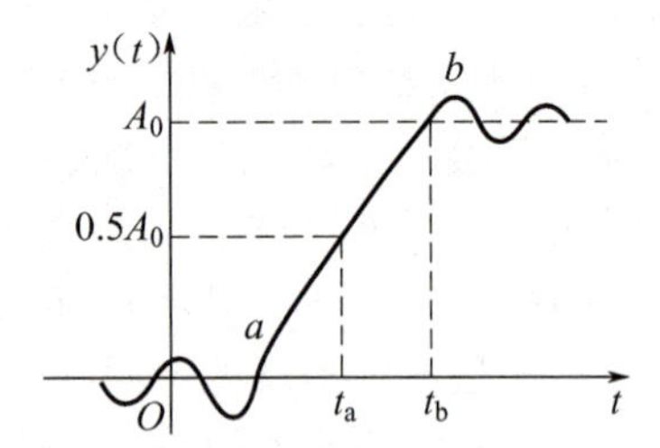

（b）无相角滞后，时移$t_0\neq0$

图 5.24　理想低通滤波器对单位阶跃输入的响应

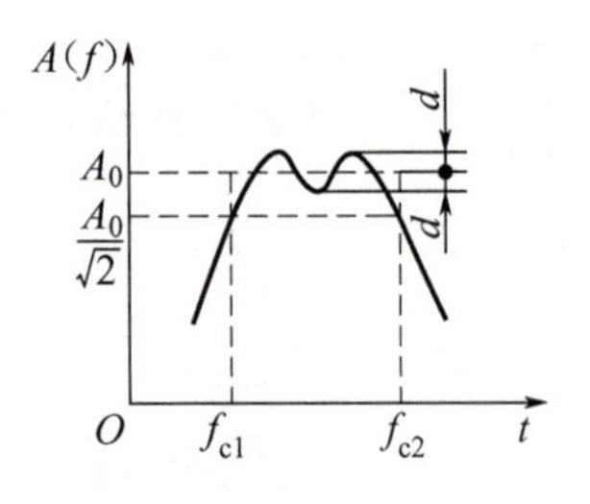

图 5.25　实际带通滤波器的幅频特性

5.3.3　实际带通滤波器

1. 实际带通滤波器的基本参数

实际带通滤波器的幅频特性如图 5.25 所示。虚线表示理想带通滤波器的幅频特性曲线，其尖锐、陡峭，通带为 f_{c1}～f_{c2}，通带内的幅值为常数 A_0，通带之外的幅值为零。实际滤波器的幅频特性曲线如实线所示，其不如理想滤波器的幅频特性曲线那么尖锐、陡峭，没有明显的转折点，通带与阻带部分也不是那么平坦，通带内幅值也并非为常数。因此，需要用更多的参数来描述实际滤波器的特性。

（1）截止频率

幅频特性值为 $A_0/\sqrt{2}$ 时所对应的频率称为滤波器的截止频率。如图 5.25 所示，以 $A_0/\sqrt{2}$ 作平行于横坐标的直线与幅频特性曲线相交两点的横坐标值为 f_{c1}、f_{c2}，分别称为滤波器的下截

止频率和上截止频率。若以 A_0 为参考值，则 $A_0/\sqrt{2}$ 相对于 A_0 衰减 -3dB($20\lg\frac{A_0/\sqrt{2}}{A_0}=-3$dB)。

(2) 带宽

滤波器上截止频率和下截止频率之间的频率范围称为滤波器的带宽，单位为 Hz。带宽决定滤波器分离信号中相邻频率成分的能力——频率分辨力。根据带宽的类型，滤波器一般做成恒带宽滤波器和恒带宽比滤波器。

恒带宽滤波器的带宽为

$$B=f_{c2}-f_{c1} \tag{5-31}$$

恒带宽比滤波器的截止频率满足

$$f_{c2}=2^n f_{c1} \tag{5-32}$$

式中：n 为倍频程数；当 $n=1$ 时，为倍频程滤波器；当 $n=1/3$ 时，为 1/3 倍频程滤波器。这类滤波器的带宽为

$$B=f_{c2}-f_{c1}=2^n f_{c1}-f_{c1}=f_{c1}(2^n-1) \tag{5-33}$$

因为 $A_0/\sqrt{2}$ 相对于 A_0 衰减 -3dB，故称实际带宽为负三分贝带宽，以 $B_{-3\text{dB}}$ 表示。

(3) 中心频率

对于恒带宽滤波器，其中心频率定义为

$$f_0=\frac{f_{c1}+f_{c2}}{2} \tag{5-34}$$

对于恒带宽比滤波器，其中心频率定义为

$$f_0=\sqrt{f_{c1}f_{c2}} \tag{5-35}$$

(4) 品质因数 Q

中心频率 f_0 和带宽 B 之比称为滤波器的品质因数，即

$$Q=\frac{f_0}{B} \tag{5-36}$$

(5) 波纹幅度 d

实际的滤波器在通带内可能出现波纹变化，其波动幅度 d 与幅频特性的稳定值 A_0 相比，越小越好，一般应远小于 -3dB，即 $d \ll A_0/\sqrt{2}$。

(6) 倍频程选择

在两截止频率外侧，实际滤波器有一个过渡带，这个过渡带的幅频曲线倾斜程度表明了幅频特性衰减的快慢，它决定着滤波器对带宽外频率成分衰减的能力，通常用倍频程选择性来表征。倍频程选择性，是指在上截止频率 f_{c2} 与 $2f_{c2}$ 之间(或者在下截止频率 f_{c1} 与 $f_{c1}/2$ 之间)幅频特性的衰减值，即频率变化一个倍频程时的衰减量，以 dB 表示。显然，衰减越快，滤波器的选择性越好。

(7) 滤波器因数(或矩形系数)

滤波器选择性的另一种表示方法是用滤波器幅频特性的 -60dB 带宽与 -3dB 带宽的比值即 $\lambda=\frac{B_{-60\text{dB}}}{B_{-3\text{dB}}}$ 来表示。

理想滤波器 $\lambda=1$，通常使用的滤波器 $\lambda=1\sim5$。有些滤波器因器件影响(如电容漏阻等)阻带衰减倍数达不到 -60dB，则以标明的衰减倍数(如 -40dB 或 -30dB)带宽与 -3dB 带宽之比来表示其选择性。

2. RC 滤波器的基本特性

RC 滤波器具有电路简单、抗干扰性能强,低频性能较强,电阻、电容元件标准,易于选择等特点。因此,测试系统中常常选用 RC 滤波器。

(1) 一阶 RC 低通滤波器

一阶 RC 低通滤波器的典型电路如图 5.26(a)所示。设滤波器的输入信号电压为 u_x,输出信号电压为 u_y,电路的微分方程式为

$$RC\frac{\mathrm{d}u_y}{\mathrm{d}t}+u_y=u_x \tag{5-37}$$

令 $\tau=RC$,称为时间常数,对式(5-37)进行傅里叶变换,得到其频响函数为

$$H(\mathrm{j}\omega)=\frac{1}{\mathrm{j}\omega\tau+1} \tag{5-38}$$

其幅频特性及相频特性分别为

$$A(\omega)=\frac{1}{\sqrt{1+(\omega\tau)^2}} \tag{5-39}$$

$$\varphi(\omega)=-\arctan\omega\tau \tag{5-40}$$

这是一个典型的一阶系统,其幅频特性曲线及相频特性曲线如图 5.26(b)及图 5.26(c)所示。

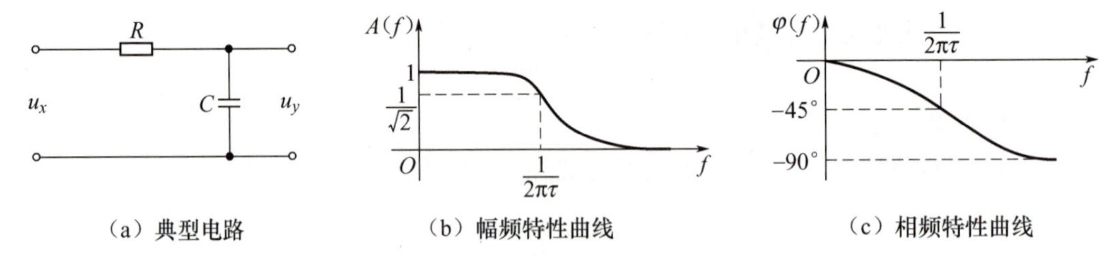

(a) 典型电路　　(b) 幅频特性曲线　　(c) 相频特性曲线

图 5.26 一阶 RC 低通滤波器的典型电路及其幅频特性曲线和相频特性曲线

由特性曲线可知:当 $f\ll\frac{1}{2\pi RC}$时,$A(f)\approx1$,信号几乎不受衰减地通过,并且相频特性也近似于一条通过原点的直线。因此,可以认为,在此情况下,一阶 RC 低通滤波器是一个不失真传输系统。

当 $f=\frac{1}{2\pi RC}$时,$A(f)=\frac{1}{\sqrt{2}}$,即幅频特性值为-3dB 点,滤波器的上截止频率为

$$f_{c2}=\frac{1}{2\pi RC} \tag{5-41}$$

RC 值决定着滤波器的上截止频率。因此,适当改变 RC 值就可以改变滤波器的上截止频率。

当 $f\gg\frac{1}{2\pi RC}$时,输出 u_y 与输入 u_x 的积分成正比,即

$$u_y=\frac{1}{RC}\int u_x\mathrm{d}t \tag{5-42}$$

此时,一阶 RC 低通滤波器起着积分器的作用,对高频成分的衰减为-20dB/10 倍频

程(或-6dB/倍频程)。如果要加大衰减率，应提高低通滤波器的阶数。但n个一阶低通滤波器串联使用后，后一级的滤波电阻、滤波电容对前一级电容起并联作用，产生负载作用，需要进行处理。

(2) RC高通滤波器

RC高通滤波器的典型电路如图5.27(a)所示。设输入信号电压为u_x，输出信号电压为u_y，则微分方程为

$$u_y+\frac{1}{RC}\int u_y\mathrm{d}t=u_x \tag{5-43}$$

同样，将$RC=\tau$代入，然后做傅里叶变换，得到频响函数为

$$H(\mathrm{j}\omega)=\frac{\mathrm{j}\omega\tau}{1+\mathrm{j}\omega\tau} \tag{5-44}$$

其幅频特性和相频特性分别为

$$A(\omega)=\frac{\omega\tau}{\sqrt{1+(\omega\tau)^2}} \tag{5-45}$$

$$\varphi(\omega)=-\arctan\frac{1}{\omega\tau} \tag{5-46}$$

这是另一类的一阶系统，其幅频特性曲线和相频特性曲线如图5.27(b)及图5.27(c)所示。

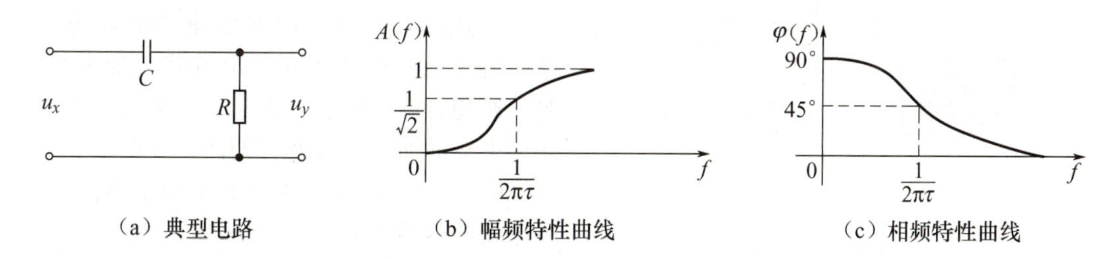

(a) 典型电路　(b) 幅频特性曲线　(c) 相频特性曲线

图5.27 RC高通滤波器的典型电路及其幅频特性曲线和相频特性曲线

当$f=\frac{1}{2\pi RC}$时，$A(f)=\frac{1}{\sqrt{2}}$，即滤波器的-3dB截止频率为

$$f_{c1}=\frac{1}{2\pi RC} \tag{5-47}$$

当$f\gg\frac{1}{2\pi RC}$时，$A(f)\approx1$，$\varphi(f)\approx0$，即当f相当大时，幅频特性接近于1，相频特性趋于零，这时RC高通滤波器可视为不失真传输系统。

同样，当$f=\frac{1}{2\pi RC}$时，输出u_y与输入u_x的微分成正比，即

$$u_y=\frac{1}{RC}\frac{\mathrm{d}u_x}{\mathrm{d}t} \tag{5-48}$$

RC高通滤波器起着微分器的作用。

(3) RC带通滤波器

RC带通滤波器的幅频特性可以看成低通滤波器和高通滤波器两个滤波器串联而成，如图5.28所示。串联所得的带通滤波器以原高通滤波器的截止频率为上截止频率，即$f_{c1}=\frac{1}{2\pi\tau_1}$；相应地，其下截止频率为原低通滤波器的下截止频率，即$f_{c2}=\frac{1}{2\pi\tau_2}$。分别调

节高通及低通环节的时间常数 τ_1 及 τ_2，就可得到不同的上截止频率、下截止频率和带宽的带通滤波器。

带通滤波器的频率响应函数为

$$H(\mathrm{j}\omega)=H_1(\mathrm{j}\omega)H_2(\mathrm{j}\omega) \tag{5-49}$$

其幅频特性及相频特性分别为

$$A(\mathrm{j}\omega)=A_1(\mathrm{j}\omega)A_2(\mathrm{j}\omega) \tag{5-50}$$

$$\varphi(\mathrm{j}\omega)=\varphi_1(\mathrm{j}\omega)+\varphi_2(\mathrm{j}\omega)$$

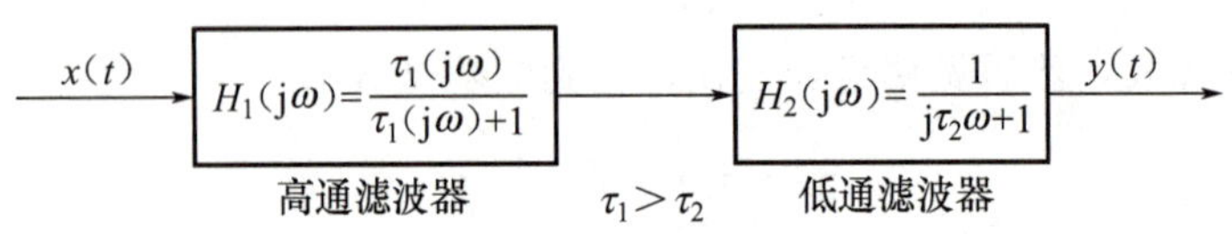

图 5.28 带通滤波器

值得注意的是，高通及低通两级串联时应消除两级耦合时的相互影响。因为后一级成为前一级的“负载”，而前一级又是后一级的信号源内阻。实际上，两级间常用射极输出器或者选用运算放大器的阻抗变换特性进行隔离。因此，实际的带通滤波器常常是有源的。

3. 有源滤波器

运算放大器可以用来搭建滤波器电路，进而避免电感的使用和输出负载所带来的问题。这些有源滤波器具有非常陡峭的下降带、任意平直的通带，以及可调的截止频率。

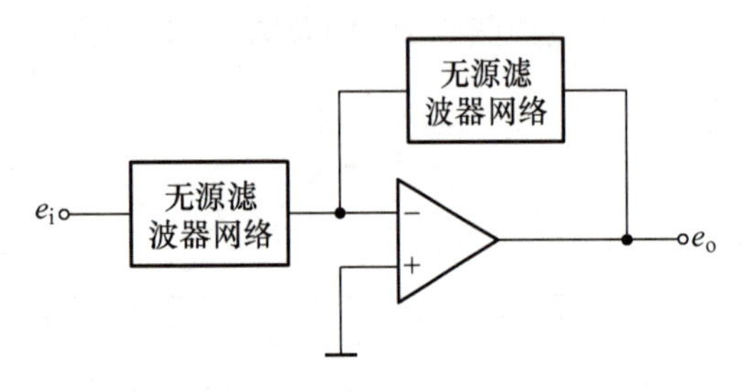

图 5.29 基本有源滤波器电路

图 5.29 所示为基本有源滤波器电路。无源滤波器网络连接到一个运算放大器上，此放大器用来提供能量并改善阻抗特性。无源滤波器网络仅由电阻和电容组成，电感的特性可由电路来模拟。由于输出阻抗一般较低，这些滤波器可以提供输出电流而不降低电路的性能。图 5.30 所示为一些典型的一阶有源滤波器电路。

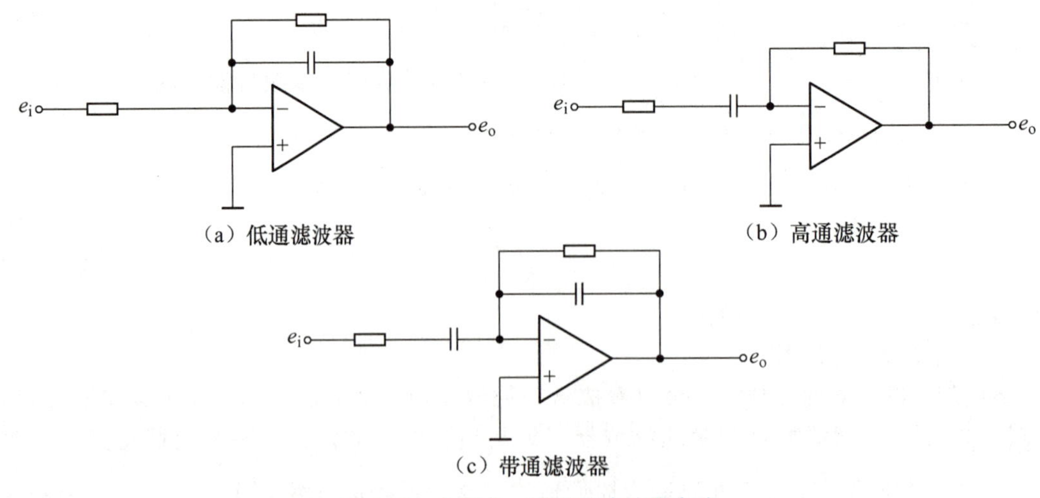

图 5.30 典型的一阶有源滤波器电路

5.3.4 恒带宽比滤波器和恒带宽滤波器

为了对信号进行频谱分析，或者需要摘取信号中某些特性频率成分，可将信号通过放大倍数相同而中心频率不同的多个带通滤波器。各个滤波器的输出主要反映信号中在该通带频率范围内的量值。通常有以下两种做法。

(1) 使用中心频率可调的带通滤波器，通过改变 RC 调谐参数而使其中的频率跟随所需要测量(处理)的信号频段。由于受到可调参数的限制，其可调范围是有限的。

(2) 使用一组各自中心频率固定，但又按一定规律参差相隔的滤波器组。图 5.31 所示为倍频程频谱分析装置，将各滤波器(中心频率如图中所标明)依次接通，如果信号经过足够的功率放大，各滤波器的输入阻抗也足够高(只从信号源取电压信号而且只取很小的输入电流)，那么可以把该滤波器组并联在信号源上，各滤波器的输出同时显示或记录，这样就能瞬时获得信号的频谱结构。这就成为“实时”的谱分析。

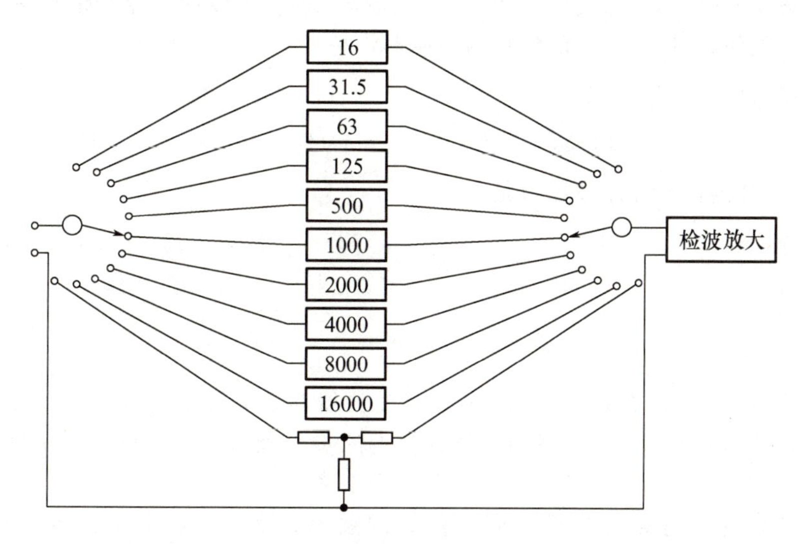

图 5.31 倍频程频谱分析装置

用于谱分析的滤波器组，各滤波器的通带应该相互连接，覆盖整个感兴趣的频率范围，这样才不致使信号中的频率成分“丢失”。通常做法是前一个滤波器的－3dB 上截止频率(高端)是后一个滤波器的－3dB 下截止频率(低端)。当然，滤波器组应具有同样的放大倍数(对其各个中心频率)。这样的一组滤波器将覆盖整个频率范围，将是“邻接的”。

1. 恒带宽比滤波器

由式(5－41)可知，品质因数 Q 为中心频率 f_0 和带宽 B 之比，若采用具有相同 Q 值的调谐式滤波器做成邻接式滤波器，则滤波器组是由恒带宽比滤波器构成的。因此，中心频率 f_0 越大，其带宽 B 也越大，频率分辨力越低。

从恒带宽比滤波器的截止频率 f_{c1}、f_{c2} 和中心步骤 f_0 的关系式(5－32)和式(5－35)可推得

$$f_{c2}=2^{\frac{n}{2}}f_0$$

$$f_{c1}=2^{-\frac{n}{2}}f_0$$

因此

$$f_{c2}-f_{c1}=B=f_0/Q$$

$$\frac{1}{Q}=\frac{B}{f_n}=2^{\frac{n}{2}}-2^{-\frac{n}{2}} \tag{5-51}$$

对于不同的倍频程，其滤波器的品质因数分别为

倍频程 n	1	1/3	1/5	1/10
品质因数 Q	1.41	4.32	5.21	14.42

对一组邻接的滤波器组，利用式(5-32)和式(5-35)可以推得后一个滤波器的中心频率 f_{02} 与前一个滤波器的中心频率 f_{01} 之间也有下列关系。

$$f_{02}=2^n f_{01} \tag{5-52}$$

因此，根据式(5-51)和式(5-52)，只要选定 n 值就可设计覆盖给定频率范围的邻接式滤波器组。例如，对于 $n=1$ 的倍频程滤波器将是

中心频率/Hz	16	31.5	63	125	250	…
带宽/Hz	11.31	22.27	44.55	88.39	175.78	…

对于 $n=1/3$ 的倍频程滤波器将是

中心频率/Hz	12.5	16	20	25	31.5	40	50	63	…
带宽/Hz	2.9	3.7	4.6	5.8	5.3	9.3	11.6	14.6	…

2. 恒带宽滤波器

上述利用 RC 调谐电路做成的调谐式带通滤波器都是恒带宽比的。对这样一组增益相同的滤波器，若基本电路选定，将具有共同接近的 Q 值及带宽比。显然，其滤波性能在低频区较好，在高频区则由于带宽增加而使分辨力下降。

为使滤波器在所有频段都具有同样良好的频率分辨力，可采用恒带宽的滤波器。图 5.32 所示为理想的恒带宽比滤波器和恒带宽滤波器的特性对照。

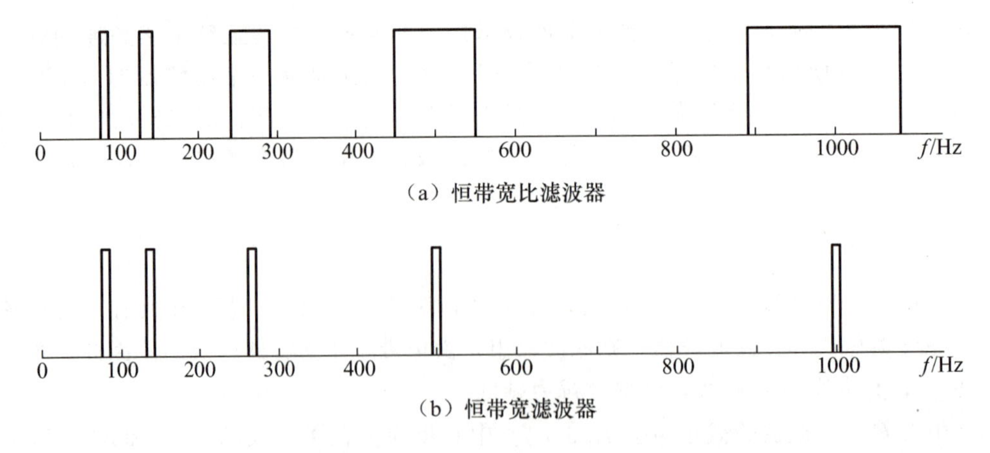

图 5.32　理想的恒带宽比滤波器和恒带宽滤波器的特性对照

为了提高滤波器的分辨力，带宽应越窄越好，但这样为覆盖整个频率范围所需要的滤波器的数量就很大，因此恒带宽滤波器就不宜做成固定中心频率的。一般利用一个定带宽、定中心频率的滤波器，同时使用可变参考频率的差频变换，来适应各种不同中心频率的定带宽滤波的需要。参考信号的扫描速度应能满足建立时间的要求，尤其在滤波器带宽很窄的情况，参考频率变化不能太快。实际使用中，只要对扫频的速度进行限制，使它不大于(0.1～0.5)B^2，单位为 Hz/s，就能获得相当精确的频谱图。

常用的恒带宽滤波器有相关滤波器和变频跟踪滤波器，这两种滤波器的中心频率都能自动跟踪参考信号的频率。

下面举例说明滤波器的带宽和分辨力。

【例 5.3】 设有一个信号是由幅值相同而频率分别为 940Hz 和 1060Hz 的两个正弦信号合成，其频谱如图 5.33(a)所示。现用恒带宽比的倍频程滤波器和恒带宽跟踪滤波器分别对它进行频谱分析。

图 5.33(b)所示为用 1/3 倍频程滤波器(倍频程选择接近于 25dB，$B/f_0=0.23$)分挡测量的结果；图 5.33(c)所示为用相当于 1/10 倍频程滤波器(倍频程选择 45dB，$B/f_0=0.06$)测量并用笔式记录仪连续走纸记录的结果；图 5.33(d)所示为用恒带宽跟踪滤波器(−3dB 带宽 3Hz，−60dB 带宽 12Hz，滤波器因数 $\lambda=4$)测量的结果。

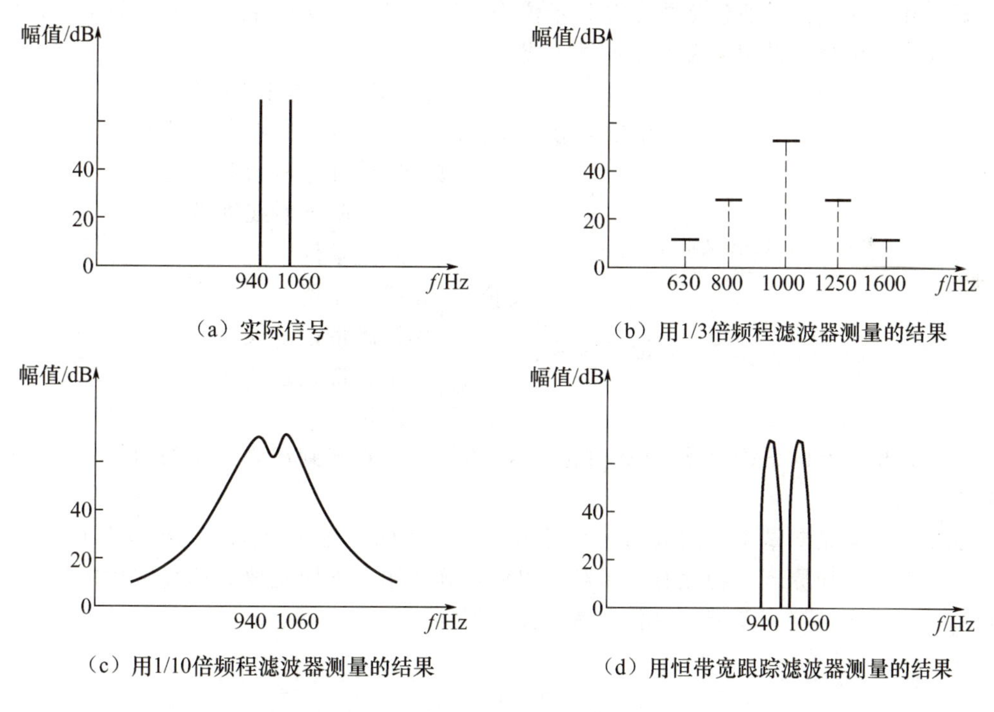

图 5.33 三种滤波器测量结果比较

比较三种滤波器的测量结果可知：1/3 倍频程滤波器分析效果最差，它的带宽太大(如在 1000Hz 时，$B=230$Hz)，无法确切分辨出两频率成分的频率和幅值。同时由于其倍频程选择性较差，以致将中心频率改为 800Hz 和 1250Hz 时，尽管信号已不在滤波器的通带中，但滤波器的输出仍然有相当大的幅值。因此，这时仅就滤波器的输出，人们是无法辨别这个输出究竟是来源于通带内的频率成分还是通带外的频率成分。相反，恒带宽跟踪滤波器的带宽窄，选择性好，足以消除上述两方面的不确定性，达到良好的频谱分析效果。

5.4 信号记录仪器

5.4.1 概述

本书前面的章节已经介绍了信号的定义、获取、变换和调理等内容。那么，如何显示、打印或输出这些信号呢？另外，由于测试系统的对象和要求不一样，其需要的记录和显示仪器可能也不一样，这就要求我们对信号的记录和显示装置有所了解。

信号的记录和显示仪器是测试系统不可缺少的重要环节。实际上，人们总是通过显示器提供的数值和记录器记录的数据或变成视觉所能接受的各种波形来了解、分析和研究测量结果。在现场实测时，有时需要将当时被测信号记录或存储起来，然后随时重放，以供后续仪器对所测信号进行分析和处理。此外，记录器可以很方便地对记录曲线的时间坐标进行放大，为研究那些短暂的瞬态过程提供了很大的方便。

显示和记录仪器一般包括指示和显示仪表及记录仪器。从记录信号的性质来分，显示和记录仪器又可分为模拟型和数字型两大类。

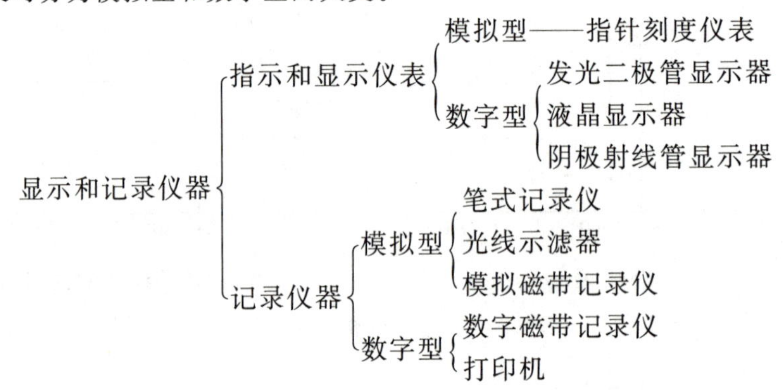

应该指出，有的记录仪器(如磁带记录仪)不能直接观察到记录下来的信号，只起存储信号的作用。

显示、记录是测试系统的最后一个环节，其性能同样直接决定了测试结果的可信度。因而必须对其工作原理、特性有所了解，以便正确选用。下面主要介绍最常用的显示和记录仪器：光线示波器、新型记录仪和数字显示器等。

5.4.2 光线示波器

光线示波器是一种典型的模拟型记录仪，由电、磁、光和机械系统综合组成，主要用于模拟量的数据记录，它将信号调整仪输入的电信号转换为光信号并记录在感光纸或胶片上，从而得到试验变量与时间的关系曲线。与其他记录仪相比，光线示波器的工作频率较高，可达10000Hz，而一般笔式记录仪不超过100Hz，喷射式记录仪也不超过1000Hz。光线示波器具有较高的电流灵敏度、较低的记录误差和仪器小巧轻便等优点，还能制成同时记录几个或几十个不同参数的多线示波器；缺点是波形图须经一定处理后才能显现，且所用的记录纸较贵。

第一台光线示波器出现于20世纪初。20世纪60年代开始，光线示波器采用紫外线直接记录纸，大大简化了波形图的显现处理过程，使操作更为方便可靠。一般来讲，光线示波器主要由振动子、光学系统、磁系统、机械传动装置、记录材料和时标装置组成，内部结构示意如图5.34所示。其中，振动子是核心部件，由线圈和张丝构成。图5.35所示为光线示波器的构成示意。

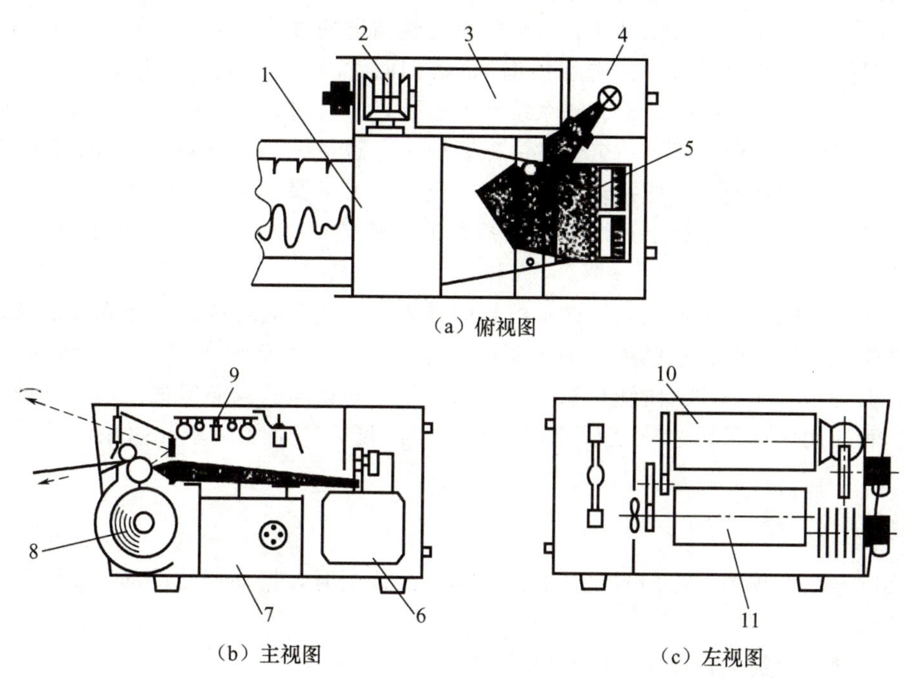

1—拍摄部分；2—控制部分；3—传动部分；4—光源部分；5—振动子；
6—磁系统；7—电源部分；8—记录纸；9—晶体管时标；10—变速器；11—电动机

图5.34 光线示波器的内部结构示意

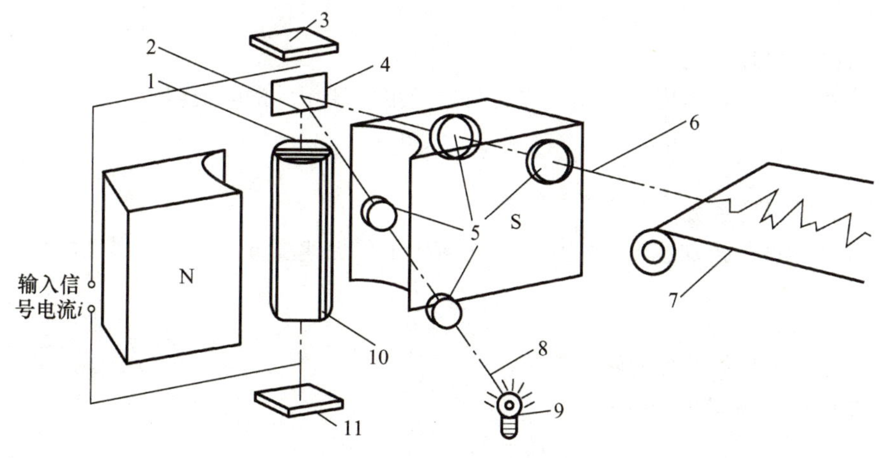

1—振动子张丝；2—振动子；3—振动子固定端；4—反光镜(旋转)；5—透镜；6—反射光束；
7—感光纸或胶片；8—光束；9—灯；10—振动子线圈；11—振动子固定端

图5.35 光线示波器的构成示意

当振动信号的电流输入振动子线圈时，在固定磁场内的振动子线圈发生偏转，与线圈连着的小镜片及其反射的光线也随之偏转，偏转的角度大小和方向与输入的信号电流相对应，光线射在匀速前进的感光记录纸上即留下所测信号的波形，与此同时在感光记录纸上用频闪灯打上时间标记。光线示波器可以同时记录若干条波形曲线，也可以用于记录静力试验的数据。

对光线示波器记录的试验结果进行数据处理时，与记录仪相同，要用尺子直接在曲线上量取大小，根据标定值按比例换算得到代表试验结果的数值；关于时间的数值，可用记录纸上的时间标记与仪器时标的选定挡位(如 0.01s、0.1s、1s)确定。振动子系统是光线示波器的主要部件，包括振动子、磁系统和恒温装置。目前光线示波器大多采用共磁式动圈振动子，即许多振动子插入一个公共的磁系统中。磁系统上设有调节振动子俯仰角和水平位置转角的调节装置，以便振动子获得最佳位置。为了保证振动子的基本持性不受或少受环境温度的影响，磁系统上还装有自动控制的电热器，以保证振动子处于恒温(45℃±5℃)环境中。

振动子是把电信号转换为光线摆动信号的核心部件，因此可以说它是光线示波器的心脏，其性能直接影响着记录结果。为了正确选用振动子，有必要了解其工作原理及特性。实际上，振动子是典型的二阶测量系统，会给测量带来误差。只有掌握振动子的特性，正确地选择和使用振动子，才能把误差控制在最小限度内。下面简单介绍振动子的原理及特性。

1. 振动子的力学模型

在实际测量过程中，当信号电流通过振动子的线圈时，振动子转动部分受到下列几个力矩的作用。

(1) 与信号电流 $i(t)$成正比的电磁转矩 M_i。

$$M_i = WBA_i = k_i i(t) \tag{5-53}$$

式中：W 为线圈匝数；B 为磁场强度；A_i为线圈面积；k_i为比例系数；$i(t)$为信号电流。

(2) 大小与张丝转角 θ 成正比、方向与张丝转角相反的张丝弹性反抗力矩 M_G。

$$M_G = G\theta \tag{5-54}$$

式中：G 为张丝扭转刚度。

(3) 大小与振子角速度成正比、方向与振子角速度相反的阻尼转矩。

$$M_C = C\frac{d\theta}{dt} \tag{5-55}$$

式中：C 为扭转阻尼系数。

(4) 大小与振子角加速度成正比、方向与振子角加速度方向相反的惯性力矩。

$$M_a = J\frac{d^2\theta}{dt^2} \tag{5-56}$$

式中：J 为振动子转动部分的转动惯量。

根据牛顿第二定律可以得到

$$M_a + M_G + M_C = M_i \tag{5-57}$$

于是，振动子转动部分的动力学微分方程为

$$J\frac{d^2\theta}{dt^2} + C\frac{d\theta}{dt} + G\theta = k_i i(t) \tag{5-58}$$

2. 振动子的静态特性

振动子的静态特性是描述振动子在输入恒定电流 I 时，输入与输出间的关系。由于测量时振子的角速度、角加速度都为 0，因此镜片输出的偏转角为

$$\theta=\frac{k_i}{G}I=SI \tag{5-59}$$

式中：S 为振动子的直流电流灵敏度。

直流电流灵敏度 S 表示单位电流流过振动子时，光点在记录纸上移动的距离。流过单位电流光点移动距离越大，灵敏度越高；反之，移动距离越小，灵敏度越低。当偏转角相同时，由振动子镜片到记录纸面的光路长不同时，光点移动的距离也不同。因此，振动子技术数据中给出的灵敏度，都指明某一定值光路长。有时为了便于比较，都折算为光路长 1m、电流 1mA 时，光点在记录纸上移动的距离。式(5-59)表明，当偏转角 θ 很小时，光点位移与电流 I 成正比。由光点位移的大小可知电流的大小。

3. 振动子的动态特性

振动子的动态特性直接反映了光线示波器的动态特性。当光线示波器用于记录测试的动态过程时，要使记录下来的信号真实地反映原信号，即要求记录不产生失真，就需认真研究光线示波器的动态特性，即振动子的动态特性。由振动子的运动方程式可直接获得振动子的频率响应函数。

$$H(\mathrm{j}\omega)=\frac{k_i}{-\omega^2 J+\mathrm{j}C\omega+G}=\frac{k_i/G}{1-\left(\frac{\omega}{\omega_\mathrm{n}}\right)^2+2\mathrm{j}\xi\left(\frac{\omega}{\omega_\mathrm{n}}\right)} \tag{5-60}$$

而幅频特性和相频特性分别为

$$\begin{cases} A(\omega)=\dfrac{k_i/G}{\sqrt{\left[1-\left(\dfrac{\omega}{\omega_\mathrm{n}}\right)^2\right]^2+4\xi^2\left(\dfrac{\omega}{\omega_\mathrm{n}}\right)^2}} \\ \psi(\omega)=-\arctan 2\xi\dfrac{\dfrac{\omega}{\omega_\mathrm{n}}}{1-\left(\dfrac{\omega}{\omega_\mathrm{n}}\right)^2} \end{cases} \tag{5-61}$$

式中：ξ 为振动子扭转系统的阻尼比，$\xi=C/2\sqrt{GJ}$；ω 为信号电流的角频率；ω_n 为振动子扭转系统的固有频率，$\omega_\mathrm{n}=\sqrt{G/J}$。

根据二阶系统动态测试不失真要求，应采用阻尼比 ξ 为 0.6～0.8，$\omega/\omega_\mathrm{n}<0.5$～0.6 的振动子，以确保测量精度。

4. 振动子的固有频率选择

使用光线示波器时，应根据被测信号变化的频率选择合适的固有频率的振子。

(1) 被测信号为正弦信号

根据光线示波器振子的结构原理知道，当其阻尼比 ξ 为 0.6～0.8 时，要使振子的幅值误差小于±5 %，则振子的相对频率比 η 应取 0.4～0.45($\eta=f/f_0$，f 是被测信号频率，而 f_0 是振子的固有频率)，这主要是因为阻尼液使振子的可动部分的有效质量加大。

（2）被测信号为脉冲、非周期和随机过程

振子的固有频率一般要求越高越好。但实际上固有频率越高，其灵敏度就越低，因此固有频率过高是不可能的。实际上，在这些信号的频谱中，振子的固有频率应大于幅值低于基频分量5%的高频分量中的最低频率的两倍。

（3）振子使用频率范围的扩展

目前国内光线示波器常用振子的固有频率最高为10kHz，但有时需要更高的振子固有频率。为此可在振子与被测信号之间串接校正网络，调整可变电阻改变Q值，使谐振峰值补偿振子幅频特性曲线在高于固有频率的部分有下降的趋势，因而使其直线部分延长，以扩展振子的使用频率范围。

5. 振动子的阻尼

阻尼是影响振动子动态特性的一个重要参数。最佳阻尼比ξ理论上为0.707，实际中一般选0.6～0.8。振动子的阻尼通常采用油阻尼和电磁阻尼两种阻尼方式。固有频率大于400Hz的较高频的振动子常采用油阻尼方式；固有频率小于等于400Hz的较低频的振动子常采用电磁阻尼方式。振动子阻尼调整的具体过程如下。

（1）电磁阻尼振动子的阻尼比调整

首先采用低频正弦信号作为输入，采用阻值可调的外接电阻，将其阻值调到说明书指定值附近，输入20mV、10Hz的正弦信号，从示波器观察窗口观察光点的幅值，以此作为基准；然后输入幅值相等(20mV、78Hz)的正弦信号，观察光点的幅值，若此时光点幅值大于基准(10Hz)时光点的幅值，则说明阻尼比$\xi<0.707$，必须减小外接电阻的阻值；若小于基准光点的幅值，则说明阻尼比$\xi>0.707$，应增大外接电阻的阻值；反复调整外接电阻的阻值，直至两次光点的幅值基本相等，说明阻尼比$\xi\approx0.707$，已在最佳状态。

（2）油阻尼振动子的阻尼比调整

先输入20mV、10Hz的正弦信号，从示波器观察窗口观察光点的幅值，以此作为基准；然后输入幅值相等(20mV、860Hz)的正弦信号，观察光点的幅值，若此时光点幅值小于基准(10Hz)时的光点幅值，说明仪器预热时间不够，未达到45℃，硅油的黏度较大，导致阻尼比$\xi>0.707$；过几分钟再试，直至两次光点的幅值基本相等，说明阻尼比$\xi\approx0.707$，已在最佳状态。

6. 振动子的选用原则

使用光线示波器很重要的一个问题就是如何选择振动子。振动子选择不合适，会使测量误差增大。振动子应根据对被测信号的频率、电流值的初步估计和振动子的各项性能参数来选择，使记录的波形尽可能满足误差要求，如实反映被测信号，并且有足够大的记录幅度，以利于分辨。振动子的选择一般有以下几个原则。

（1）振动子固有频率的选择

为了将所测量的信号不失真地记录下来，**所选择的振动子的固有频率至少应为记录信号最高频率的1.72(1/0.58)倍**，这样可将幅度误差控制在5%之内。

（2）振动子灵敏度的选择

振动子的灵敏度与其固有频率相互制约，灵敏度高的振动子常具有比较低的固有频率。选择振动子时往往是在满足固有频率的要求下尽量选取灵敏度高的振动子。

(3) 振动子最大允许电流值的选定

要特别注意防止由于引入过大信号电流而损坏振动子。当信号电流较大时，可以利用光线示波器提供的并联分流电阻进行分流，或者在回路中加入串联或并联电阻。

在满足以上条件的前提下，还要有适当的光点偏移。对于通过放大器输出的信号电流，选用振动子时要做到阻抗匹配。使用振动子时，还要注意振动子的正确安装，使圆弧误差最小。

5.4.3 新型记录仪

示波器是使用极为广泛的显示记录仪器。用感光纸来记录信号的光线示波器目前已很少使用。以阴极射线管(CRT)来显示信号的电子示波器可分为模拟型和数字型两种，后者多为数字存储示波器，其原理框图如图 5.36 所示。

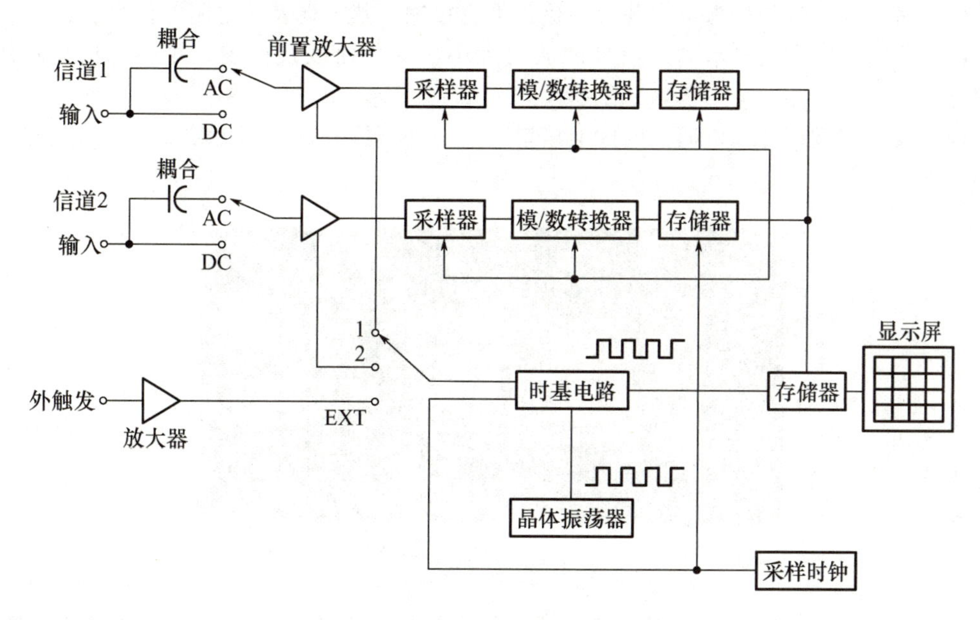

图 5.36 数字存储示波器原理框图

1. 数字存储示波器

数字存储示波器(图 5.37)以数字形式存储信号波形，再作显示，因此波形可稳定保留在显示屏上供使用者分析。数字存储示波器中的微处理器可对记录波形做自动计算，在显示屏上同时显示波形的峰-峰值、上升时间、频率及均方根值等。数字存储示波器通过计算机接口可将波形送至打印机打印或送至计算机做进一步处理。

2. 无纸记录仪

无纸记录仪(图 5.38)是一种无纸、无笔、无墨水、无一切机械传动机构的全新记录仪器。它以微处理器为核心，将模拟信号转换为数字信号，存储在大容量芯片上，并利用液晶显示，其优点如下。

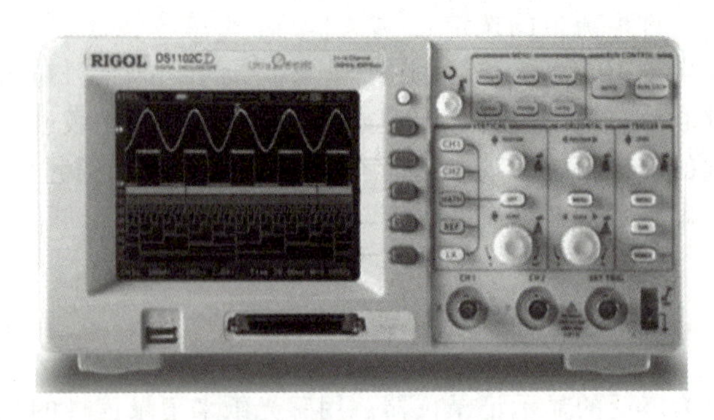

图 5.37　数字存储示波器

（1）可实现高性能多回路的检测、报警和记录。

（2）对输入信号的处理可实现智能化，可直接输入热电偶及热电阻等信号。

（3）可高精度实时显示输入信号的数值大小、变化曲线及棒图，并可追忆显示历史数据。

（4）具有与微型计算机通信的标准接口，可与计算机进行数据传输，可实现记录仪的集中管理。

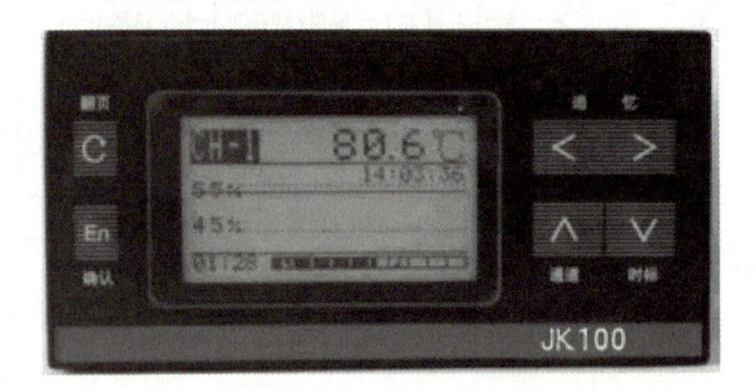

图 5.38　无纸记录仪

无纸记录仪多用于生产过程中多路缓变信号长时间巡检与记录，因此采样频率较低，一般是 1s 内对多路信号均采集几点数据，可供选择的数据处理和显示方式比数字存储示波器多。

3. 光盘刻录机

光盘刻录机有 CD－R、CD－RW、DVD－R、DVD－RW、DVD－RAM 和 DVD－ROM 等类型，其中，目前较常用的是 DVD－R 和 DVD－RW 两种。DVD 最主要的特色在于其超大的记录容量，两层式双面记录的最大容量约可达 17GB。DVD 可分为 DVD－ROM(即通常所说的 DVD 盘片)、DVD－R(可一次写入)、DVD－RAM(可多次写入)、DVD－RW(可重写)四种，其中 DVD－RAM 是未来的发展趋势。DVD－R 刻录机是一种只可一次写入的刻录机，与传统的 CD－R 一样，DVD－R 只使用沟槽轨道进行刻录，而这个沟槽也通过定制频率的信号调制而成“抖动”形，称为抖动沟槽，它的作用是帮助刻录器在跟踪轨道的基础上生成驱动器的主轴电动机控制信号。其将控制信号以抖动的方式调制在沟槽的形态中。通过驱动器的检测，可以精确控制电动机的转速。但它的抖动频率相对于DVD-RW来说并不高。DVD-R及DVD-RW使用微分相位识别的方法检测抖动信号并得到相关信息。

DVD-RW的全称为DVD-ReWritable(可重写式DVD)，不过业界为了与DVD-RW区分，将其定义为Re-ReCordable DVD(可重记录型DVD)。图5.39所示为DVD-R盘片的纵向结构如果把DVD-R的记录层换成相变材料，并加入两个保护层，那么就基本变成了DVD-RW，如图5.40所示。两者在存储方式上是一样的，同样使用抖动沟槽与LPP寻址方式。

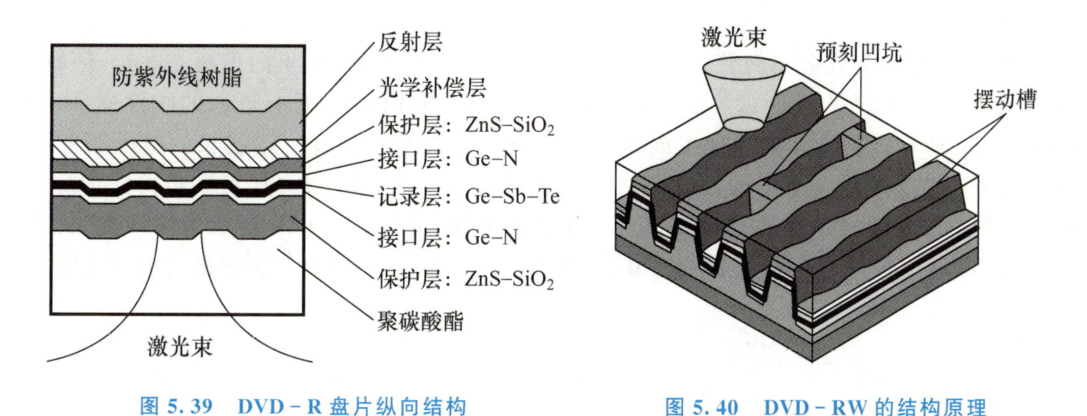

图5.39 DVD-R盘片纵向结构

图5.40 DVD-RW的结构原理

DVD-RW最初定位于消费类电子产品，主要提供类似VHS录像带的功能，可为消费者记录高品质多媒体视频信息。具备高画质高音质的DVD-RW，为新一代娱乐开启了另一片天空。随着技术发展，DVD-RW的功能慢慢扩充到了计算机领域，苹果和康柏等公司采用DVD-RW作为大容量光存储设备。

5.4.4 数字显示器

一个数字显示器通常由计数器、寄存器、译码器和数码显示器等四个部分组成，如图5.41所示。下文仅介绍计数器、译码器、数码显示器。

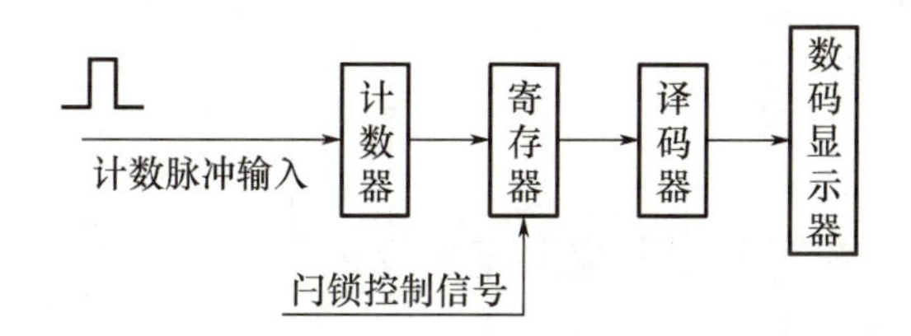

图5.41 数字显示系统的组成

1. 计数器

计数器能对输入脉冲进行计数，完成计数、分频、数控、数据处理等功能。计数器种类繁多。在数字系统和计算机中计数器常用于脉冲计数和分频。计数器通常由具有记忆功能的触发器和门电路组成。按照计数进制的不同，计数器可分为二进制计数器、二-十进制计数器和N进制(即任意进制)计数器等。在数字显示系统中应用最多的是BCD8421码的二-十进制计数器。

2. 译码器

译码器用于码制变换，将一种数码转换为另一种数码。把代码的特定含义翻译出来的过程称为译码，实现译码功能的电子电路称为译码器。数字显示系统中常用 BCD8421 码二-十进制的七段译码器来驱动数码管。

3. 数码显示器

按发光材料的不同，数码显示器可分为发光二极管显示器、液晶显示器和荧光数码管显示器等。

图 5.42 所示为发光二极管及其特性曲线。当半导体二极管加正向偏压 U_F 时，便有电流 i_F 流过，如图 5.42(a)所示。正向偏压 U_F 与电流 i_F 的对数 $\ln i_F$ 具有近似的线性关系，如图 5.42(b)所示。发光二极管在正向偏压作用下，将会发射具有一定波长的电磁辐射波。常用的发光二极管材料有两种：镓砷磷化合物(发红光)和镓磷化合物(发绿光或黄光)。这两种材料的二极管发出光的强度 I_V 随 i_F 的增加而增加。图 5.42 (c) 所示为镓砷磷化合物二极管的 I_V-i_F 曲线。用作显示时，由逻辑信号“1”和“0”控制二极管的打开和关闭。

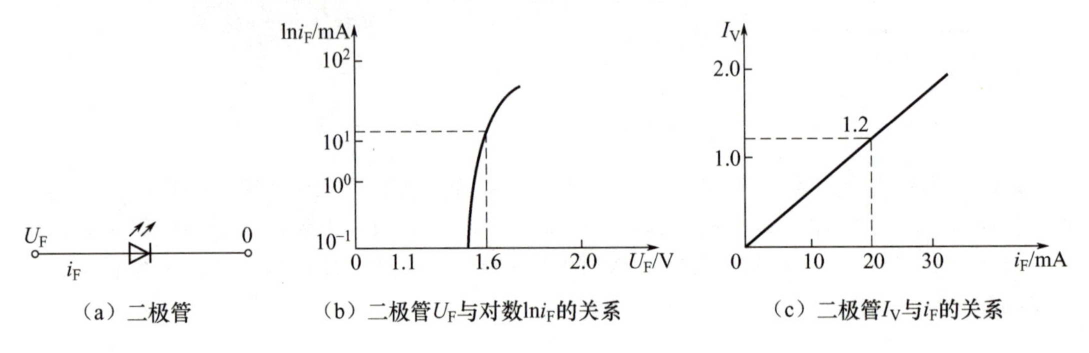

图 5.42　发光二极管及其特性曲线

图 5.43 所示为七段共阴极接法的发光二极管数码管，它由七个条形发光二极管组成，a～g 的七个发光二极管排列成 8 字的形状，靠接通相应发光二极管来显示数字 0～9。下表为相应发光段的编码。

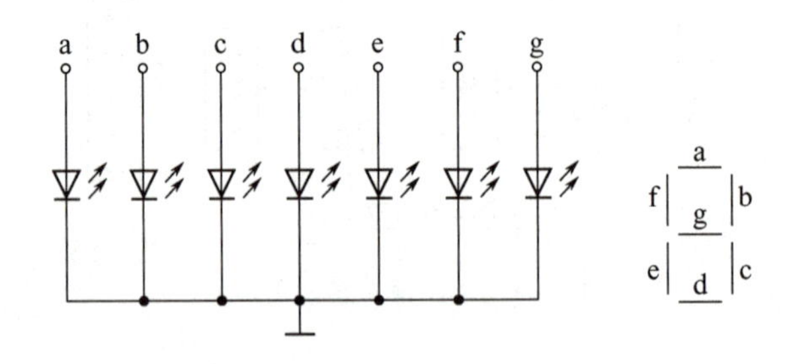

发光段	0	1	2	3	4	5	6	7	8	9
BCD8421 代码	0000	0001	0010	0011	0100	0101	0110	0111	1000	1001
发光段码	abcdef	bc	abdeg	abcdg	bcfg	acdfg	acdefg	abc	abcdefg	abcdfg

图 5.43　七段共阴极接法的发光二极管数码管

发光二极管显示器的显示清晰度有一定的限制。例如，观察者可能将 3 或 0 错读成 8。如要显示十六进制数(0～9 和 A、B、C、D、E、F 等 16 种状态)，则需要 22 个点状发光二极管。这时清晰度会得到改善，但逻辑转换线路将很复杂。

与发光二极管显示相比，液晶显示是一种低功率显示。液晶每平方米工作面积的功耗约为 100μW，而发光二极管为 10W。其原因是液晶本身不发光，所见到的光是由自然光产生的。液晶是一种液体，在有限温度范围内具有像晶体一样的结构。这表明液晶与液体不同，它在某确定方向上具有光效应。当有电磁加到液晶上时，分子会从杂乱状态转到外加电场的方向上(动态散射)，与此同时液晶从透明体变成浑浊的不透明体。当借助于自然光观察时，液晶在透明和不透明区域间有鲜明的对比。

将液晶薄膜夹在两块平面玻璃之间，再将具有七段编码图案的细氧化物电极沉积在平面玻璃上，便构成一个典型的液晶显示器。

小　　结

在机械量的测量中，常将被测机械量转换为电阻、电容、电感等电参数。电信号的处理可以用于多种目的：将传感器的输出转换为更容易使用的形式，将信号进行放大或变成高频信号便于传送，从信号中去除不需要的频率分量，或者使信号能够驱动输出装置。

(1) 电桥是将电阻、电容、电感等电参数变成电压和电流信号的电路，分直流电桥和交流电桥。直流电桥的平衡条件是 $R_1R_3=R_2R_4$，交流电桥的平衡条件是

$$\begin{cases} Z_1Z_3=Z_2Z_4 \\ \varphi_1+\varphi_3=\varphi_2+\varphi_4 \end{cases}$$

电桥的连接方式分为半桥单臂、半桥双臂和全桥四臂。全桥四臂的灵敏度最大。

(2) 调制是将缓变信号通过调制变成高频信号以便于传送。调制分为调幅、调频和调相。解调是调制的逆过程。本章主要讲解调幅的原理，同步解调、整流检波和相敏检波解调三种方法，以及调频原理和解调的方法。

(3) 滤波器是一种选频装置。滤波器分为低通滤波器、高通滤波器、带通滤波器和带阻滤波器四种。本章主要讲述理想滤波器和实际滤波器之间的差别，实际滤波器的基本参数，RC 基本滤波器的特点，以及恒带宽比滤波器和恒带宽滤波器的基本构成和应用。

(4) 记录和显示仪器是测试系统不可缺少的重要环节。人们总是通过记录仪器记录测量的数据或通过显示仪器变成各种可视波形来了解、分析和研究测量结果。

习　　题

1. 问答题

5－1　试选择适当的中间转换器，将图 5.44 中动态电阻应变仪框图补充完整，并在各图上绘出相应点的波形图。

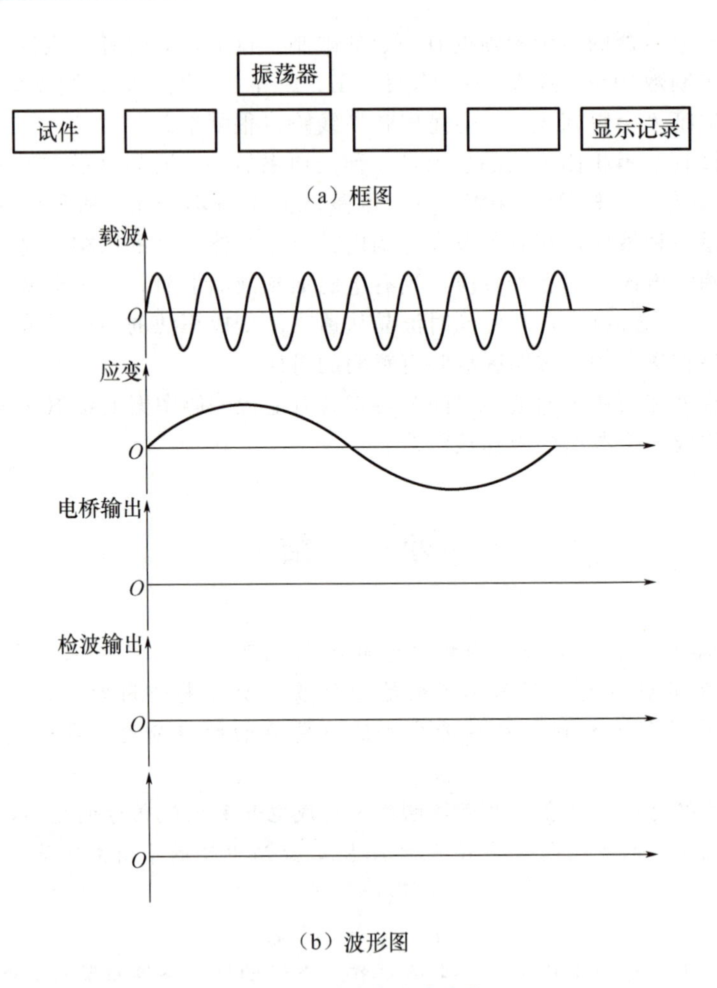

（a）框图

（b）波形图

图 5.44　动态电阻应变仪

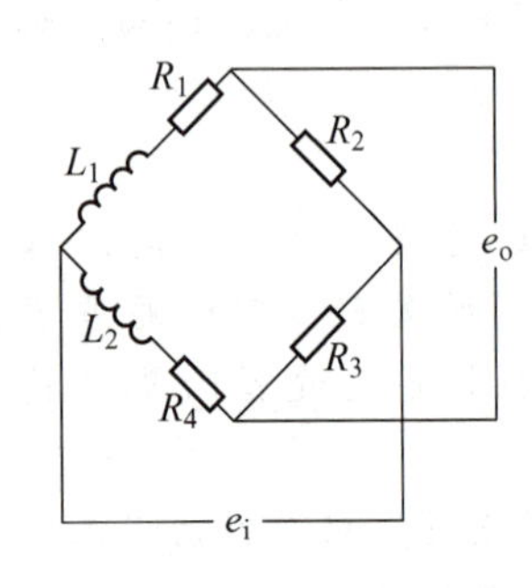

图 5.45　差动电感式传感器的桥式测量电路

5-2　图 5.45 所示为差动电感式传感器的桥式测量电路，L_1、L_2为传感器的两个差动电感线圈的电感，其初始值均为L_0，R_1、R_2为标准电阻，e_i为供桥电源。试写出输出电压e_o与传感器电感变化量ΔL间的关系(提示：可取$R_1=R_2=R$，进而简化为$R/\omega L_0=1$)。

5-3　若调制信号是一个限带信号(最高频率f_m为有限值)，载波频率为f_0，那么f_m与f_0应满足什么关系？为什么？

5-4　图 5.46 所示为滤波器的幅频特性，则

(1) 它们各属于哪一种滤波器？

(2) 上、下截止频率如何确定？在图上描出对应的上、下截止频率点，并说明取点的根据。

2. 计算题

5-5　以阻值为 100Ω、灵敏度$S=2$的电阻应变片与阻值为 100Ω 的固定电阻组成电桥，供桥电压为 4V，并假定负载电阻无穷大，当应变片上的应变分别为 $1\mu\varepsilon$ 和 $1000\mu\varepsilon$

时，求半桥单臂、半桥双臂及全桥的输出电压，并比较三种情况下的灵敏度。

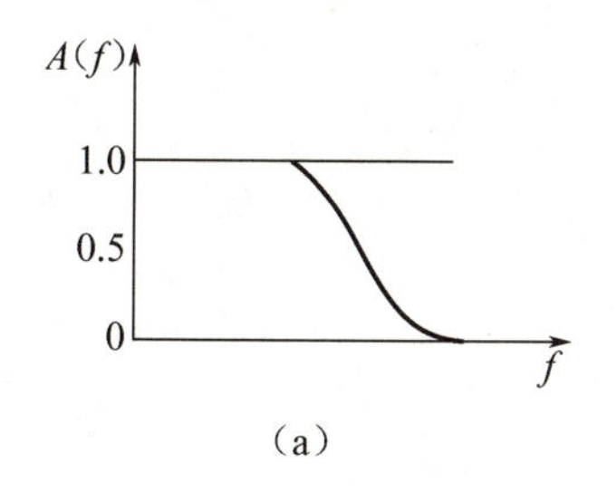

(a)

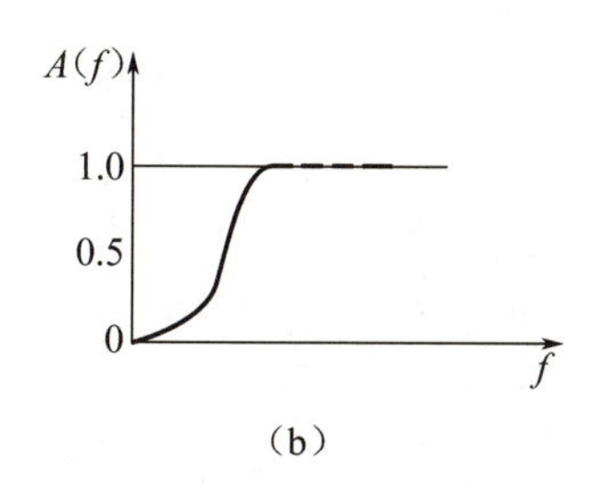

(b)

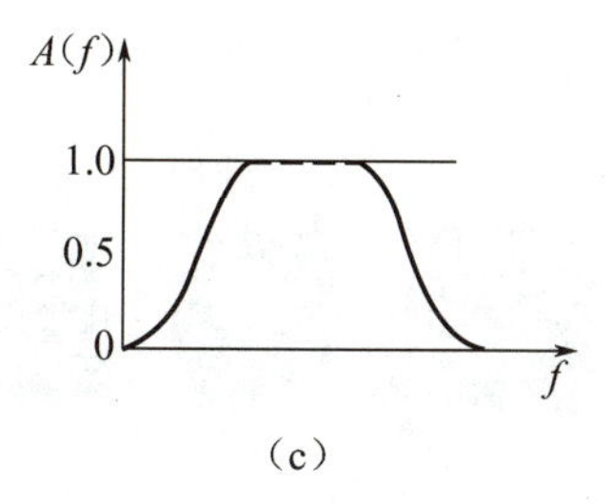

(c)

图 5.46　滤波器的幅频特性

5－6　设一滤波器的传递函数 $H(s)=\dfrac{1}{0.0036s+1}$。(1) 试求上、下截止频率；(2) 画出其幅频特性示意图。

5－7　现有一固有频率为 1200Hz 的振子，记录基频为 600Hz 的方波信号，信号的傅里叶级数为 $x(t)=\dfrac{4}{\pi}\left(\sin\pi t+\dfrac{1}{3}\sin3\pi t+\dfrac{1}{5}\sin5\pi t+\cdots\right)$。试分析记录结果(振子阻尼比 $\xi=0.707$)。

5－8　利用光线示波器记录 $f=500$Hz 的方波信号(考虑前 5 次谐波成分，记录误差小于 5%)，应选用固有频率为多少赫兹的振子？

【第 5 章　测验】

第6章 现代测试技术

本章主要介绍现代测试技术的基本概念、系统组成、虚拟仪器、智能仪器、LabVIEW 的应用等内容，最后给出了一个现代测试技术系统实例。

本章的教学是为了扩展学生的视野，重点了解现代测试系统的基本特点、发展趋势和应用要求。要求学生在了解现代测试技术的基本概念的基础上，能够根据业务需求，使用 LabVIEW 开发虚拟仪器系统。

6.1 概　述

随着计算机技术、大规模集成电路技术、通信技术、微电子技术及人工智能等技术的迅猛发展和不断渗透到测试和仪器仪表技术领域，机械工程测试技术和仪器的不断进步和革新，智能仪器、总线仪器、虚拟仪器及自动测试系统相继出现，计算机与现代仪器的界限日渐模糊。与计算机紧密结合是测控技术发展的主潮流。计算机辅助测试(Computer Aided Testing，CAT)系统已成为现代测试技术应用的重要手段，现代测试系统也向着小型化、自动化、高精度、高稳定性、高可靠性的方向发展。

现代测试系统建立在数字信号处理技术基础上，以计算机为测试分析平台进行信号处理，可以分为专用信号处理机和以通用微机为主的信号处理系统。专用信号处理机处理功能全面，带有专门的 DSP 芯片，处理速度较快，价格较高，二次开发困难。以通用微机为主的信号处理系统是一种有很大发展潜力的计算机辅助测试系统，系统中的微机既可以作信号处理，又可作其他用途，已经成为目前使用的主要测试设备。

现代测试系统具有高精度、高速率、多通道采集测量数据的能力，可以解决测试技术人员在短时间内难以完成的数据处理问题，实现多功能实时自动测试，也可以解决许多传统仪器仪表所无法测量的物理参数或者变化过程的测试问题。这些测试系统还具有很强的自检及自诊断能力，在断电等应急情况下可自动处理善后工作与保护现场数据。

【现代测试系统概述】

6.2 现代测试系统的基本概念

现代测试系统主要包括计算机辅助测试系统和虚拟仪器(Virtual Instrument，VI)、智能仪器等类别。智能仪器和虚拟仪器的区别在于它们所用的微机是否与仪器测量部分融合在一起，即是采用专门设计的微处理器、存储器、接口芯片组成的系统，还是使用普通计算机和仪器测量部分组合而成的系统。

计算机辅助测试是指测试系统的计算机辅助实现，通常称为自动测试系统，是新型的测试技术，是将温度、压力、流量、位移等传感器采集的物理模拟量数据转换成数字量数据后，再由计算机进行存储、处理、显示或打印，实现可视化处理结果，以便实现对物理量的监视，其中有些数据还将被生产过程中的计算机控制系统用来控制某些物理量。计算机辅助测试应用广泛，在大规模或超大规模集成电路的测试中，由于电路构造复杂，需要测试的参数很多，可观测的测试点有限，不采用计算机辅助测试几乎不可能实现。

【现代测试系统的基本概念】

计算机辅助测试技术起源于20世纪70年代，其针对产品对象实现自动化测试过程，自动记录在测试过程中发现的问题。计算机辅助测试系统一般由四部分组成：第一部分是微机或微处理器，是整个系统的核心；第二部分是被控制的测量仪器或设备，称为可程控仪器；第三部分是接口；第四部分是软件。计算机辅助测试系统可以针对产品对象(如电机、发动机等)实现单台测试，或批式、流水线式试验。试验项目可以由用户自由组合。试验完毕后自动打印测试结果，并可由一台计算机组成网络，采用外挂显示器直接显示检测结果。

虚拟仪器是计算机技术和仪器技术深层次结合产生的新型仪器，是对传统仪器概念的重大突破，是仪器领域的一次革命。虚拟仪器系统是由计算机、应用软件和仪器硬件三大要素构成的。计算机与仪器硬件称为虚拟仪器的通用仪器硬件平台。

虚拟仪器的提出和应用彻底改变了测量和测试自动化的方式。如今，虚拟仪器已经广泛应用于汽车、机械制造、消费电子等各行各业中。虚拟仪器的应用主要是为了满足不断增长的产品创新、快速实现测试系统设计和交付的需求。虚拟仪器将计算机、软件及各种测量和控制硬件结合在一起，使得在较少使用硬件的情况下创建满足测试需求的自定义的系统，可以以最少的开发时间设计出高质量的产品，从而有效降低开发成本。

图6.1所示为基于计算机的虚拟仪器。基于计算机的虚拟仪器由硬件(包括声卡、实时双踪示波器、频谱分析仪、万用表、信号发生器、数据记录仪等)和软件(频谱3D图、LCR表、设备检测计划等)组成，所有仪器可同时使用。它适用于声卡信号采集的算法，能连续监视输入信号，只有当输入信号满足触发条件时才采集一帧数据，即先触发后采集，因此不会错过任何触发事件。这与传统仪器先采集后触发的方式截然不同。基于计算机的虚拟仪器可以达到每秒50帧的快速屏幕刷新率，实现了实时信号采集、分析和显示。

【Ni虚拟仪器竞赛——AlFeC作品】

【超声波测厚仪】

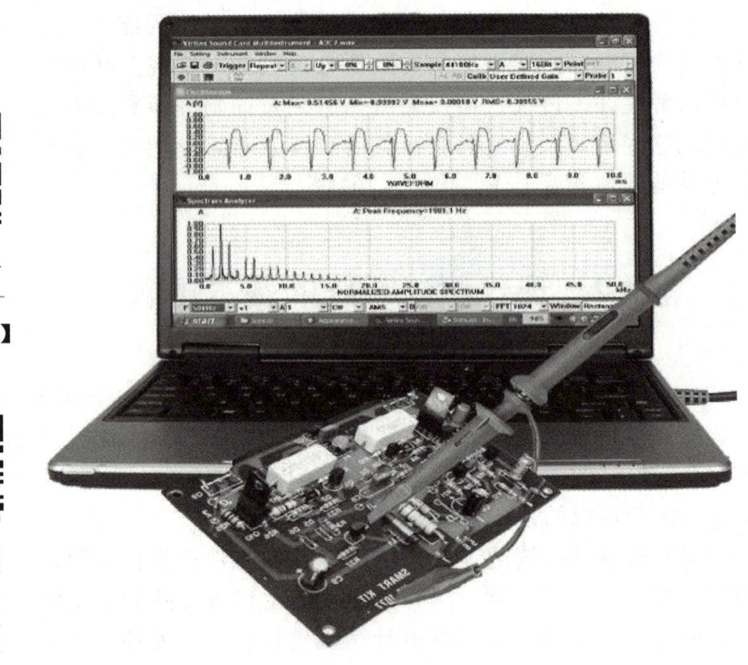

图 6.1　基于计算机的虚拟仪器

图 6.2　运用单片机技术设计生产的超声波智能测厚仪

智能仪器是新一代的测量仪器。智能仪器中包含微处理器、单片计算机或体积很小的微型机。智能仪器的测量仪器、微处理器及其支持部件是整个测试电路的一个组成部分，测试电路与键盘、显示器等部件一样，仅是计算机的一种外围设备。软件是智能仪器的核心。智能仪器的管理程序也称监控程序，它分析、接收、执行来自键盘或接口的命令，完成测试和数据处理等任务。智能仪器具有自动校准功能、强大的数据处理能力、量程自动切换的功能、修正误差的能力和简单的报警功能；具有操作面板和显示器。

图 6.2 所示为运用单片机技术设计生产的超声波智能测厚仪。该测厚仪是一种低功耗、低下限、袖珍式智能仪器。

6.3　现代测试系统的组成

【现代测试系统的组成】

从硬件平台结构来看，现代测试系统的结构可分为两种基本类型。

(1) 以单片机(或专用芯片)为核心组成的单机系统。其特点是易做成便携式，结构如图 6.3 所示。

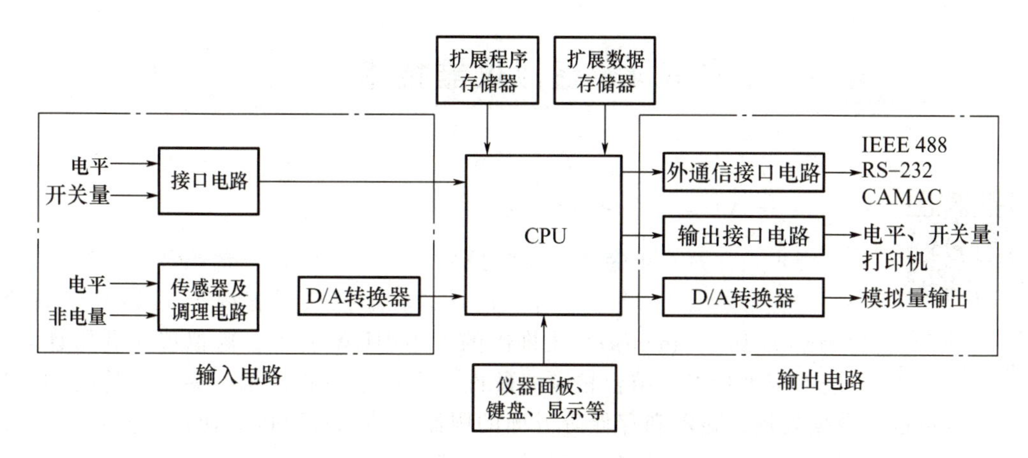

图 6.3 以单片机(或专用芯片)为核心组成的单机系统

图 6.3 中输入电路中待测的电量及非电量信号，然后经过传感器及调理电路输入 A/D 转换器，由 A/D 转换器将其转换为数字信号，再送入 CPU 进行分析处理。此外输入通道中通常还会包含电平信号和开关量，它们经相应的接口电路(通常包括电平转换、隔离等功能单元)送入 CPU。

输出电路包括 IEEE 488、RS－232 等通信接口电路，以及 D/A 转换器等。其中 D/A 转换器将 CPU 发出的数字信号转换为模拟信号，用于外部设备的控制。

CPU 包含输入键盘和输出显示、打印机接口等，一般较复杂的系统还需要扩展程序存储器和扩展数据存储器。当系统较小时，最好选用带有程序存储器及数据存储器的 CPU，以及带有 A/D 转换器和 D/A 转换器的芯片，以便简化硬件系统设计。

(2) **以个人计算机为核心的应用扩展型测量仪器构建的测试系统，**其结构如图 6.4 所示。

这种结构属于虚拟仪器的结构形式，它充分利用了计算机的软件技术及硬件技术，用不同的测量仪器和应用软件就可以实现不同的测量功能。

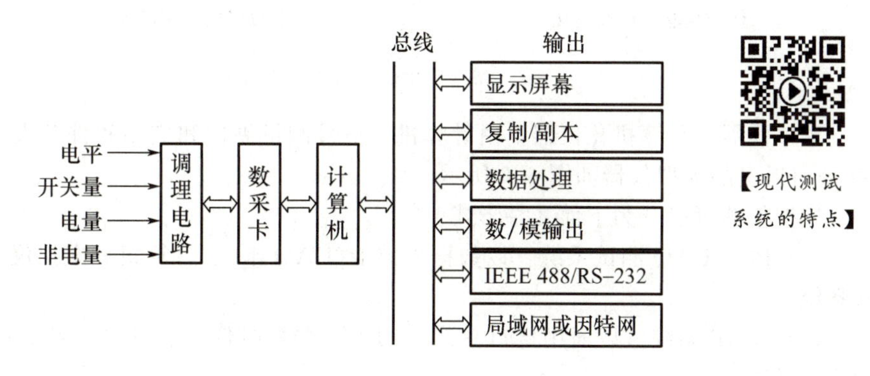

【现代测试系统的特点】

图 6.4 以个人计算机为核心的应用扩展型测量仪器结构

6.4 虚拟仪器技术

【虚拟仪器的含义及特点】

6.4.1 虚拟仪器的含义及特点

虚拟仪器是一种通过软件将通用计算机与测试仪器硬件结合起来，用户通过图形界面进行操作的一种仪器。虚拟仪器起源于1986年美国NI(National Instruments)公司推出的LabVIEW软件。虚拟仪器利用计算机系统的强大功能，结合相应的硬件，采用模块式结构，突破了传统物理仪器在信号传送、数据处理、显示和存储等方面的限制，使用户可以方便地对其进行定义、维护、扩展和升级，并且可以同时实现资源共享，降低了成本。

虚拟仪器在计算机上构建虚拟仪器面板，并尽可能多地将原来由硬件电路完成的信号调理和信号处理功能，使用计算机软件程序来完成。硬件功能的软件化是虚拟仪器的重要特征。操作人员在计算机显示屏上用鼠标和键盘控制虚拟仪器程序的运行，和操作真实的仪器一样，来完成测量和分析任务。

与传统仪器相比，虚拟仪器最大的特点是功能由软件定义，可以由用户根据应用需要进行调整，用户选择不同的应用软件就可以形成不同的虚拟仪器。而传统仪器的功能是由厂商事先定义好的，用户无法改变其功能。当虚拟仪器用户需要改变仪器功能或需要构造新的仪器时，可以由用户自己改变应用软件来实现，而不必重新购买新的硬件仪器。传统仪器和虚拟仪器的对比如图6.5所示。

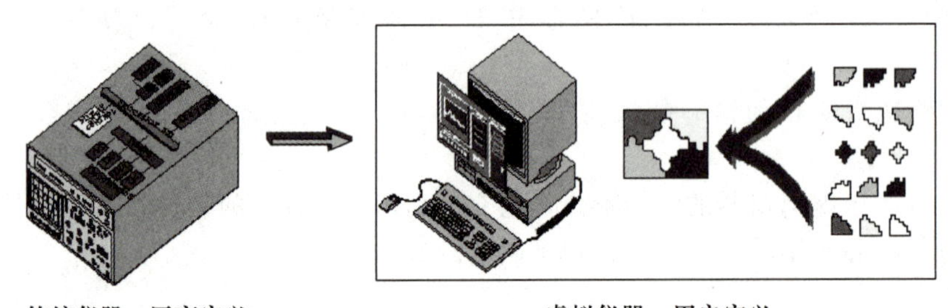

图6.5 传统仪器与虚拟仪器的对比

虚拟仪器是计算机化仪器，由计算机、信号测量硬件和应用软件三大部分组成。美国NI公司提出的虚拟仪器如图6.6所示。

虚拟仪器可以分为下面几种形式。

(1) PC-DAQ测试系统：以数据采集卡(DAQ卡)、计算机和虚拟仪器软件构成的测试系统。

(2) GPIB系统：以通用接口总线GPIB标准总线仪器、计算机和虚拟仪器软件构成的测试系统。

(3) VXI系统：以VXI标准总线仪器、计算机和虚拟仪器软件构成的测试系统。

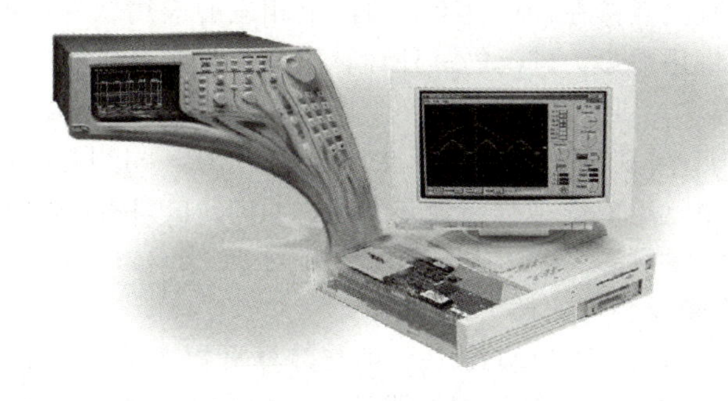

图 6.6 美国 NI 公司提出的虚拟仪器

(4) 串口系统：以 RS-232 标准串行总线仪器、计算机和虚拟仪器软件构成的测试系统。

(5) 现场总线系统：以现场总线仪器、计算机和虚拟仪器软件构成的测试系统。

其中，PC-DAQ 测试系统是最常用的构成计算机虚拟仪器系统的形式，针对不同的应用目的和应用环境，有多种性能和用途的数据采集卡(包括低速采集板卡、高速采集卡、高速同步采集板卡、图像采集卡、运动控制卡等)供用户选择。

虚拟仪器研究的另一个问题是各种标准仪器的互联及与计算机的连接，目前使用较多的是 IEEE 488 或 GPIB 协议，未来的仪器也应当是网络化的。VXI 标准支持插卡式的仪器。每一种仪器是一个插卡，为了保证仪器的性能，又采用了较多的硬件，但这些插卡式仪器本身都没有面板，其面板仍然用计算机显示。这些卡插入标准的 VXI 机箱，再与计算机相连，就组成了一个测试系统。

普通的个人计算机价格便宜，用它直接构建的虚拟仪器或计算机测试系统性能不可能太高，因此需要配合一些硬件一起构建虚拟仪器系统。VXI 仪器价格比较昂贵，为此出现了一种较便宜的 PXI(PCI Extensions for Instrumentation，面向仪器系统的 PCI 扩展)标准仪器，是由 NI 公司发布的坚固的基于个人计算机的测量和自动化平台，目的是将台式计算机的性能价格比优势与 PCI 总线面向仪器领域的必要扩展完美地结合起来，形成一种虚拟仪器测试平台，并使其成为高性能、低成本的虚拟仪器平台。

6.4.2 虚拟仪器的组成

虚拟仪器包括硬件和软件两部分，硬件主要由采集/控制硬件(包括传感器、信号采集与控制板卡等)组成，软件包括信号分析软件和显示软件等，如图 6.7 所示。

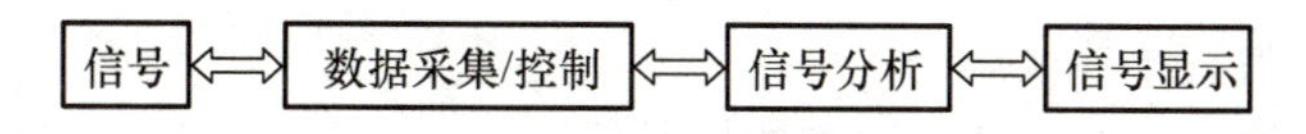

图 6.7 虚拟仪器组成

【虚拟仪器的组成】

1. 硬件功能模块

虚拟仪器所采用的信号测量硬件模块有以下几种。

(1) PC-DAQ 数据采集卡

PC-DAQ 数据采集卡通常是利用计算机扩展槽和外部接口，将信号测量硬件设计为计算机插卡或外部设备直接插接在计算机上，再配上相应的应用软件，组成计算机虚拟仪器测试系统。这是目前应用得最为广泛的一种计算机虚拟仪器组成形式。

(2) GPIB测试仪器

GPIB是测量仪器与计算机通信的一个标准。通过GPIB，可以把具备GPIB接口的测量仪器与计算机连接起来，组成虚拟仪器测试系统。GPIB接口有24线(IEEE 488标准)和25线(IEC 625标准)两种形式，其中以IEEE 488的24线GPIB接口应用最多。国家标准中确定采用24线的电缆及相应的插头插座。

GPIB测试仪器通过GPIB接口和GPIB电缆与计算机相连，形成计算机测试仪器，如图6.8所示。与DAQ卡不同，GPIB测试仪器是独立的设备，能单独使用。GPIB测试仪器也可以串接在一起使用，但系统中GPIB电缆的总长度不应超过20m，过长的传输距离会使信噪比下降，对数据的传输质量有影响。

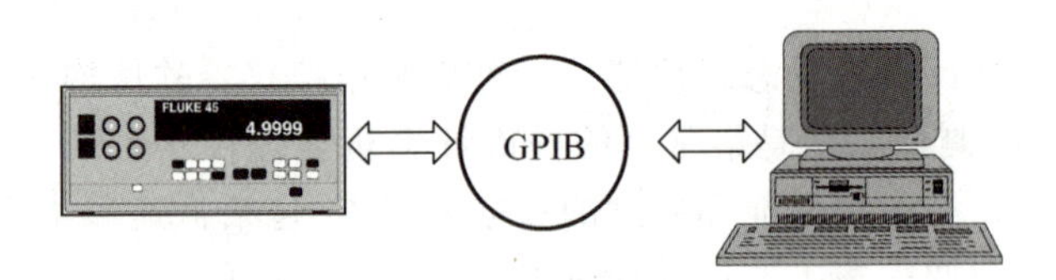

图6.8 GPIB测试仪器

(3) VXI总线模块

VXI总线模块是一种新型的基于板卡式的相对独立的模块化仪器。从物理结构看，一个VXI总线系统由一个能为嵌入模块提供安装环境与背板连接的主机箱和插接的VXI板卡组成。与GPIB测试仪器一样，VXI总线模块需要通过VXI总线的硬件接口才能与计算机相连。图6.9所示为VXI总线模块外观。

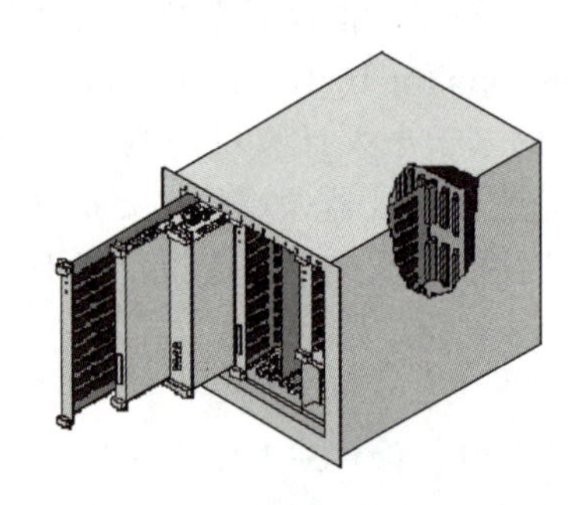

图6.9 VXI总线模块外观

(4) RS-232串行接口仪器

RS-232是数据终端设备(DTE)和数据通信设备(DCE)之间串行二进制数据交换接口技术标准，是在1970年由美国电子工业协会(EIA)负责制定的用于串行通信的标准。该标准规定采用一个25个引脚的DB25连接器，对连接器的每个引脚的信号内容加以规定，还对各种信号的电平加以规定。很多带有RS-232串行接口的仪器，通过连接电缆与计算机相连，就可以构成计算机虚拟仪器测试系统，实现用计算机对仪器进行控制。

(5) 现场总线仪器

现场总线仪器是一种可以用于恶劣环境条件下的、抗干扰能力很强的总线仪器模块。

与上述的其他硬件功能模块相类似，在计算机中安装了现场总线接口卡后，通过现场总线专用连接电缆，就可以构成计算机虚拟仪器测试系统，实现用计算机对现场总线仪器进行控制。

2. 驱动程序

任何一种硬件，要与计算机进行通信，都需要在计算机中安装该硬件的驱动程序(就如同在计算机中安装显卡和网卡类似)，仪器硬件驱动程序便于用户在不必详细了解硬件控制原理和GPIB、VXI、DAQ、RS-232等通信协议的情况下就可以对特定仪器硬件进行控制与通信。驱动程序通常由硬件功能模块的生产商提供。

3. 应用软件

应用软件是虚拟仪器的核心。一般虚拟仪器硬件功能模块生产商会提供应用软件，如虚拟示波器(图6.10)、数字万用表、逻辑分析仪等常用虚拟仪器的应用程序。对于用户的特殊应用需求，可以利用LabVIEW、Agilent VEE等虚拟仪器开发软件平台来开发。

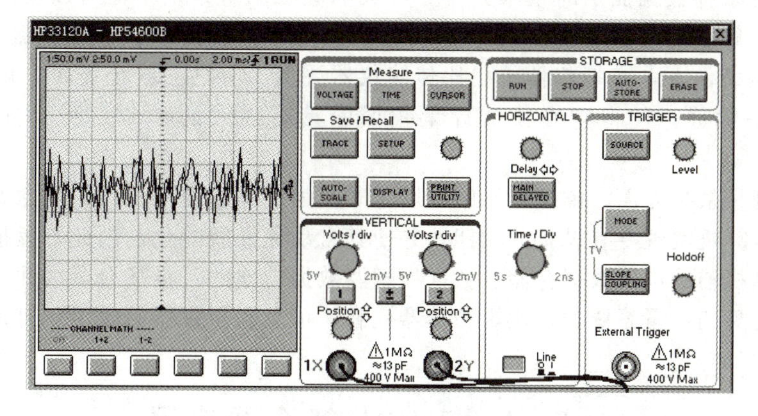

【虚拟仪器示波实验】

图6.10 虚拟示波器

6.4.3 虚拟仪器的典型单元模块

虚拟仪器的核心是应用软件，其应用软件模块主要由硬件板卡驱动程序、信号分析和仪器仪表显示三类软件模块组成。

硬件板卡驱动程序模块通常由硬件板卡制造商提供，设计驱动程序时直接在其提供的DLL或ActiveX基础上开发就可以了。目前PC-DAQ数据采集卡、GPIB总线仪器卡、RS-232串行接口仪器卡、现场总线模块卡等许多仪器板卡的驱动程序接口都已标准化，为减小因硬件设备驱动程序不兼容而带来的问题，国际上成立了可互换虚拟仪器驱动程序设计协会，并制定了相应软件接口标准。

信号分析模块的功能主要是完成各种数学运算，在工程测试中常用的信号分析模块包括：① 信号的时域分析和参数计算；② 信号的相关分析；③ 信号的概率密度分析；④ 信号的频谱分析；⑤ 传递函数分析；⑥ 信号滤波分析；⑦ 三维谱阵分析。目前，LabVIEW、MATLAB等软件包中都提供了这些信号处理模块。

LabVIEW、Agilent VEE等虚拟仪器开发平台提供了大量的软件模块供选择，设计虚拟仪器程序时直接选用就可以了。但这些开发平台价格比较昂贵，一般只在专业场合使用。

6.4.4 虚拟仪器的开发系统

虚拟仪器的应用软件开发平台有很多种，常用的有 LabVIEW、LabWindows/CVI、Agilent VEE 等，其中 LabVIEW 应用最广泛。LabVIEW 采用可视化的编程方式，设计人员在完成虚拟仪器前面板设计后，在后面板的图形窗口按照虚拟仪器的逻辑关系，用连线工具连接即可完成图形化编程。

6.4.5 虚拟仪器的应用

虚拟仪器技术的优势在于可由用户定义自己的专用仪器系统，且功能灵活、容易构建，所以应用面极为广泛。尤其在科研、开发、测量、检测、计量、测控等领域，虚拟仪器更是不可多得的好工具。

在仪器计量系统方面，示波器、频谱仪、信号发生器等传统的测量仪器设备由于缺乏相应的计算机接口，因此配合数据采集及数据处理十分困难。而且，传统仪器体积相对庞大，进行多种数据测量时很不方便。集成的虚拟测量系统不但可以使测量人员从繁复的仪器堆中解放出来，而且还可以实现自动测量、自动记录和自动数据处理等功能。在同等的性能条件下，虚拟仪器价格比传统仪器要低二分之一甚至更多。虚拟仪器强大的功能和价格优势，使得它在仪器计量领域中具有强大的生命力和十分广阔的应用前景。

在专用测量系统方面，虚拟仪器的发展空间更为广阔。虚拟仪器的概念就是用专用的软硬件配合计算机实现专有设备的功能，并使其自动化、智能化。因此，虚拟仪器适合于一切需要计算机辅助进行数据存储、数据处理及数据传输的计量场合。因此，只要技术上可行，目前常见的计量系统都可用虚拟仪器代替，可见虚拟仪器的应用空间非常宽广。

6.5 LabVIEW 简介及应用

6.5.1 LabVIEW 概述

LabVIEW 使用的是一种可视化图形编程语言，它采用工程术语、图标等图形化符号来构建程序逻辑，形成简单、直观、易学的图形编程，同传统的计算机程序语言相比可以节省约 80%的程序开发时间。同时，它还提供了调用库函数及代码接口节点等功能，方便用户直接调用由其他语言编制成的可执行程序，使得 LabVIEW 编程环境具有一定的开放性。LabVIEW 集成了满足 GPIB、VXI、RS-232 和 RS-485 协议的硬件及数据采集卡通信的全部功能。它还内置了便于应用 TCP/IP、ActiveX 等软件标准的库函数。

LabVIEW 的基本程序单位是虚拟仪器。使用 LabVIEW 可以通过图形化编程的方法，建立一系列的虚拟仪器，搭建测试系统，来完成用户指定的测试任务。对于复杂的测试任务，可按照模块设计的概念，把测试任务分解为一系列的任务，最后建成的顶层虚拟仪器包括所有子虚拟仪器的功能集合。LabVIEW 中各虚拟仪器之间的层次调用结构如图 6.11 所示。

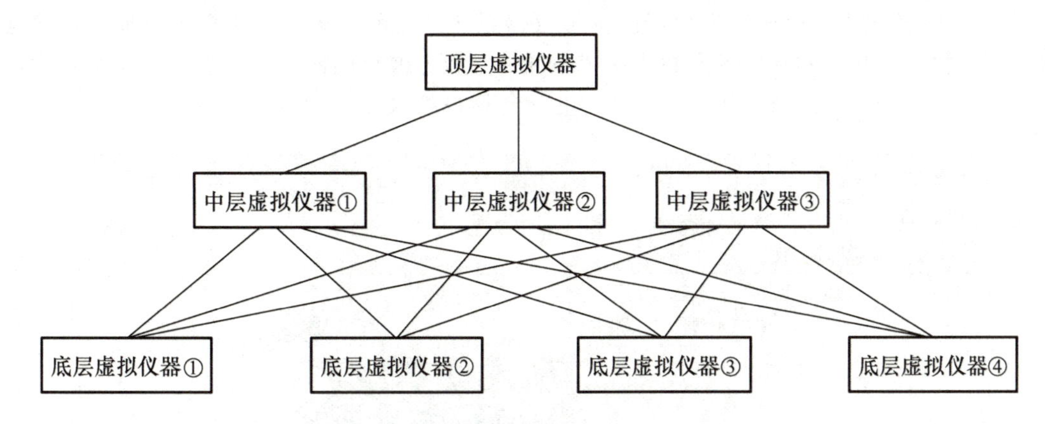

图 6.11 LabVIEW 中各虚拟仪器之间的层次调用结构

6.5.2 LabVIEW 的虚拟仪器的组成

LabVIEW 的所有虚拟仪器都由前面板、框图流程程序及图标/连结器三部分组成。

当把一个控制器或指示器放置在虚拟仪器的前面板上时，LabVIEW 也在虚拟仪器的框图流程程序中放置了一个相对应的端子。用户需要做的就是根据测试任务通过连接各端子实现程序逻辑，前面板中的控制器模拟了仪器的输入装置并把数据提供给虚拟仪器的框图流程程序，而指示器则模拟了仪器的输出装置并显示由框图流程程序获得和产生的数据。

前面板是用户进行测试工作时的输入输出界面，即仪器面板。界面上有用户输入和显示输出两类对象，包括开关、旋钮、图形及其他控件和指示器部件等。用户可以选择多种输入控件和指示器部件来构建前面板。控件用来接收用户的输入数据到程序。指示器部件用于显示程序产生的各种类型的输出。控件模板包含 9 个子模板，图 6.12 表示从图形子模板中选取了波形图表部件。当虚拟仪器设计完成之后，用户可以在前面板上通过点击开关、移动滑动旋钮或从键盘输入一个数据来控制系统。

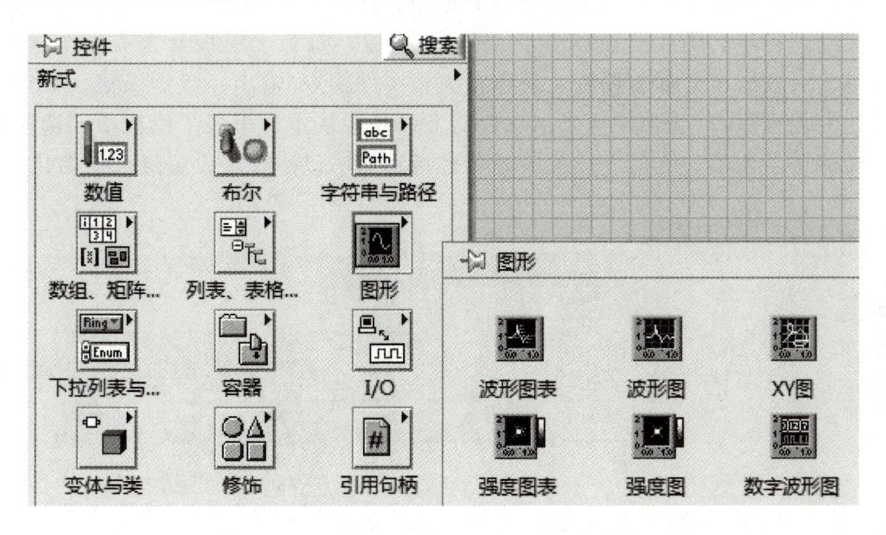

图 6.12 控件模板的使用

图 6.13 给出了一个函数发生器的虚拟仪器系统。在前面板上，用户可以通过修改信号类型、幅值、频率和相位等参数来生成不同的函数。波形图曲线显示控件用来显示生成的函数波形。开关控制对象用来启动和停止运行该虚拟仪器。

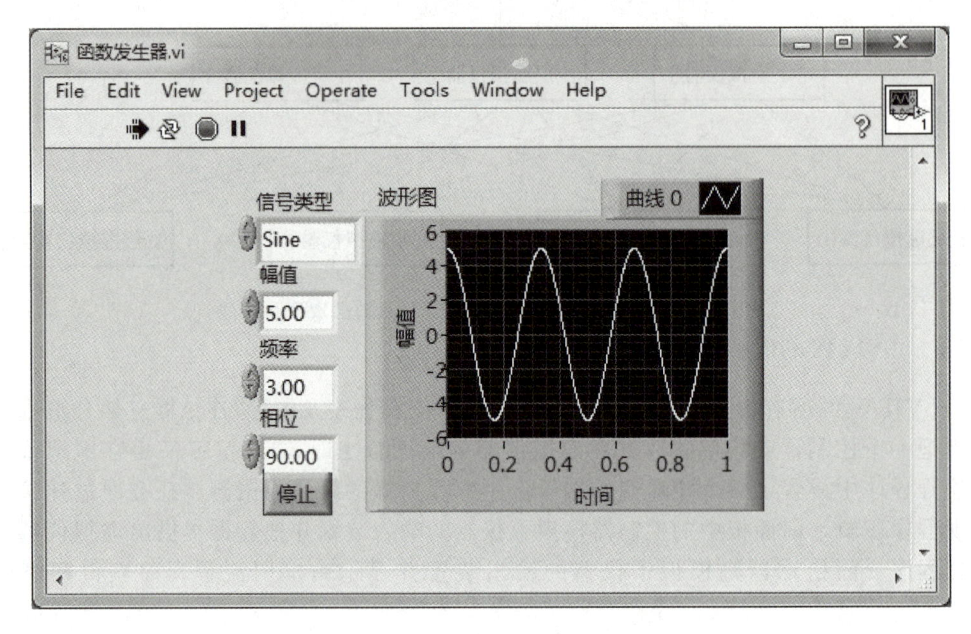

图 6.13　函数发生器的虚拟仪器系统

将虚拟仪器与标准仪器相比较，前面板上的控件就是前面板上的器件，而流程图就相当于仪器箱内的电路系统。在流程图中对虚拟仪器编程，可以控制和操纵前面板上对应控件的输入和输出功能。流程图包括前面板上的控件的连线端子，还有一些前面板上没有但编程必须有的东西(如函数、结构和连线等)。

用户可以根据测试方案通过函数模板的选项，选择不同的图形化节点，把这些节点连接起来构成处理程序。函数模板提供了 13 个子模板，每个子模板又含有多个选项。函数选项不仅包含一般语言的基本要素，还包括大量文件输入/输出、数据采集、GPIB 及串口控制有关的专用程序块。图 6.14 表示从仪器 I/O 子模块下的串口子模板中，选取了 VISA 配置串口功能框。该项功能使 VISA 资源名称指定的串口按特定设置进行初始化。

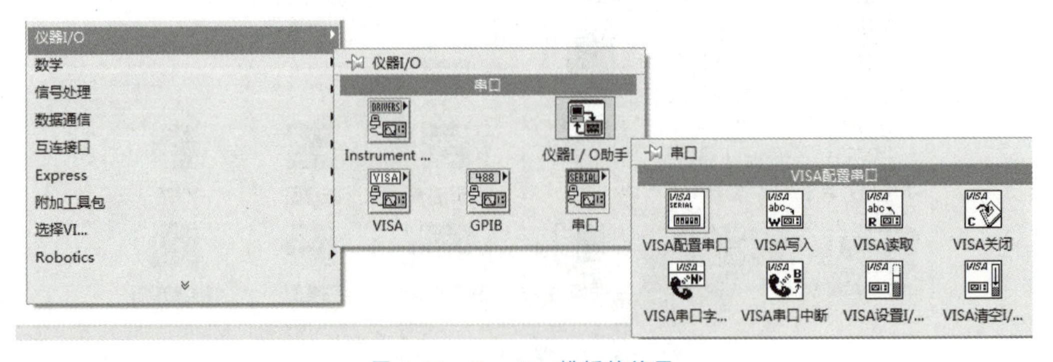

图 6.14　Function 模板的使用

节点类似于文本语言程序的语句、函数或者子程序。LabVIEW 共有 4 种节点类型：功能函数节点、子程序节点、结构节点和代码接口节点。功能函数节点用于进行一些基本操作，如数值相加、字符串格式代码等。子程序节点是以前创建的程序，在其他程序中以子程序方式调用。结构节点用于控制程序的执行方式，如 For 和 While 循环控制等。代码接口节点是为框图程序与 C 语言程序的接口。

虚拟仪器具有层次化和结构化的特征。在测试系统比较大时，可以将一个虚拟仪器作为子虚拟仪器(subVI)供其他虚拟仪器调用。LabVIEW 还给出了多种调试方法，从而将系统的开发与运行环境有机结合。

为了便于开发，LabVIEW 还提供了多种基本的虚拟仪器库。其中具有包含 450 种以上的 40 多个厂家控制的仪器驱动程序库，而且仪器驱动程序的数目还在不断增长。用户可随意调用仪器驱动器图像组成的方框图，以选择任何厂家的任一仪器。LabVIEW 还具有数学运算及分析模块库，包含 200 多种诸如信号发生、信号处理、数组和矩阵运算、数学滤波、曲线拟合等功能模块，可以满足用户从统计过程控制到数据信号处理等各项工作，从而最大限度地减少了软件开发工作量。

综上所述，LabVIEW 是一个理想的虚拟仪器开发环境，能大大降低系统开发难度及开发成本。这样的开发方式也增强了系统的柔性。当系统的需求发生变化时，测试人员可以对功能框做必要的修改，或者对框图程序的软件结构进行调整，从而可以很快地适应新需求。

6.5.3 LabVIEW 应用示例

1. 温度和容积测量虚拟仪器

本节中，我们开发了一个虚拟仪器，用来测量温度和容积的变化。示例使用 LabVIEW 2018 版本开发，运行的结果如图 6.15 所示。LabVIEW 软件的版本不同，LabVIEW 的界面会有所不同。

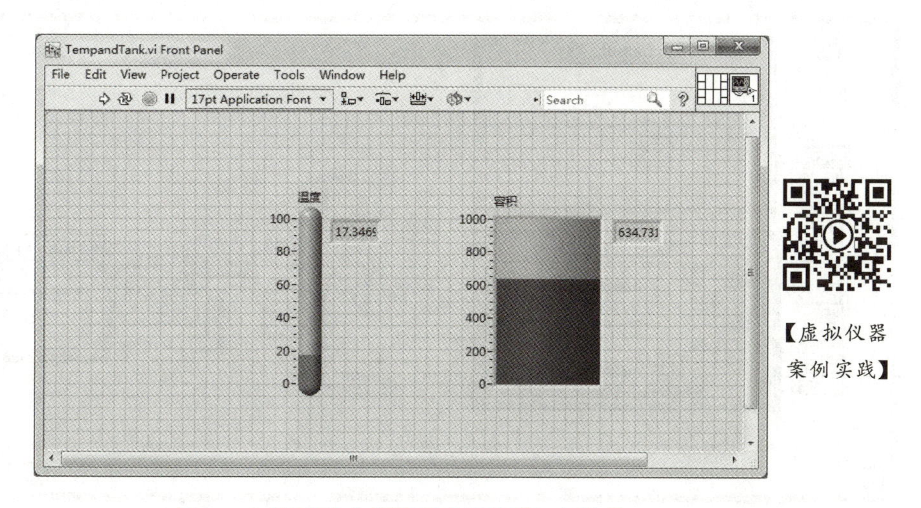

图 6.15 温度和容积测量虚拟仪器运行结果

2. 多功能信号发生器虚拟仪器

多功能信号发生器虚拟仪器的功能包括正弦波、三角波、方波、锯齿波、高斯白噪声等多种信号的生成及不同类型信号的叠加，每种信号还可以单独修改幅值、频率、相位、占空比等参数，从而生成不同的波形。图 6.16 所示为多功能信号发生器虚拟仪器的前面板布局和最后的运行结果。图 6.17 所示为多功能信号发生器虚拟仪器的程序设计框图。

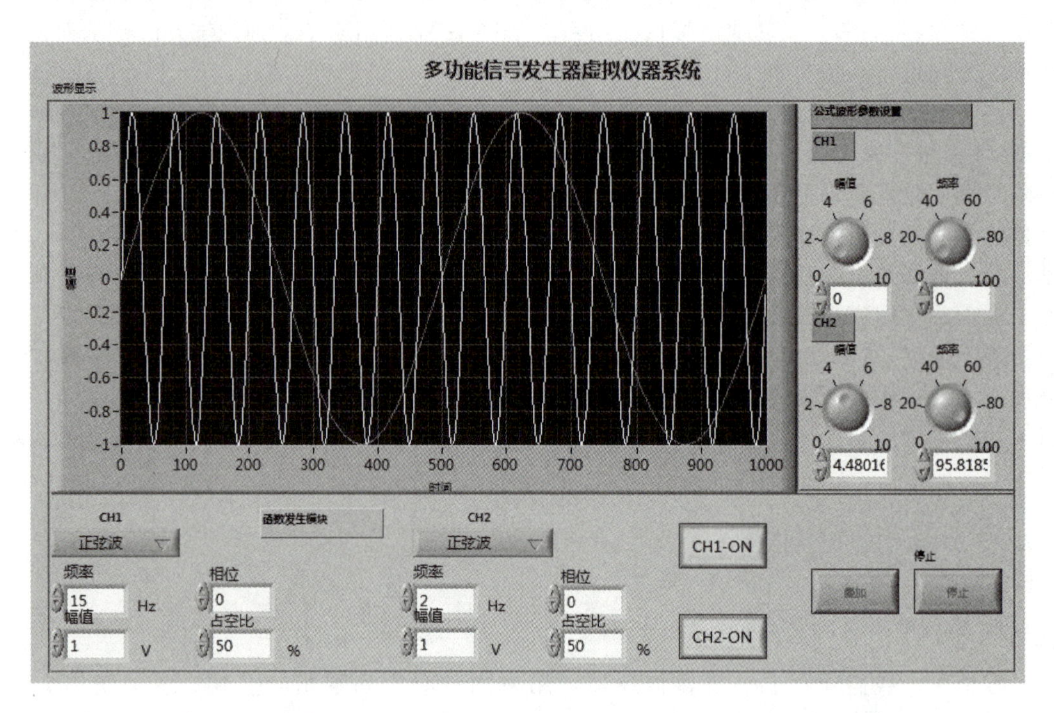

图 6.16　多功能信号发生器虚拟仪器的前面板布局和最后的运行结果

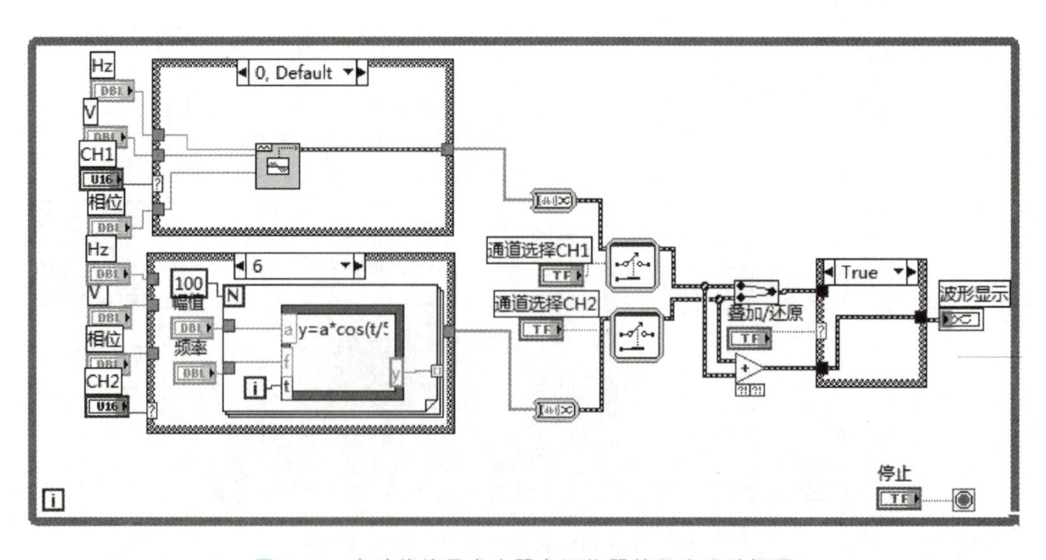

图 6.17　多功能信号发生器虚拟仪器的程序设计框图

6.6 智能仪器

【智能仪器】

随着微电子技术的不断发展，集成了CPU、存储器、定时器/计数器、并行和串行接口，把定时器、前置放大器甚至A/D转换器、D/A转换器等电路集成在一块芯片上的超大规模集成电路芯片(即单片机)出现了。以单片机为主体，将计算机技术与测量控制技术结合在一起，组成了智能化测量控制系统，即智能仪器。

智能仪器的出现极大地扩充了传统仪器的应用范围。智能仪器凭借其体积小、功能强、功耗低等优势，迅速地在家用电器、科研单位和工业企业中得到了广泛的应用。

近年来，智能仪器发展迅速。国内市场上出现了多种多样的智能化测量控制仪表，如能够自动进行差压补偿的智能节流式流量计，能够进行程序控温的智能多段温度控制仪，能够实现数字PID控制和各种复杂控制规律的智能式调节器，以及能够对各种谱图进行分析和数据处理的智能色谱仪等。

国际上智能仪器更是品种繁多。美国Honeywell公司生产的DSTJ-3000系列智能变送器，能进行差压值状态的复合测量，可对变送器本体的温度、静压等实现自动补偿，其精度可达到±0.1%FS(满量程)。美国RACA-DANA公司生产的9303型超高电平表，利用微处理器消除电流流经电阻所产生的热噪声，测量电平低达−77dB。美国FLUKE公司生产的5520A超级多功能校准器，内部采用了三个微处理器，其短期稳定性达到1×10^{-6}，线性度可达到0.5×10^{-6}。美国FOXBORO公司生产的数字化自整定调节器，采用了专家系统技术，能够像有经验的控制工程师那样，根据现场参数迅速地整定调节器。这种调节器特别适合于对象变化频繁或非线性的控制系统。这种调节器能够自动整定调节参数，可使整个系统在生产过程中始终保持最佳品质。

6.6.1 智能仪器的工作原理

智能仪器的硬件基本结构如图6.18所示。传感器拾取被测参量的信息并转换为电信

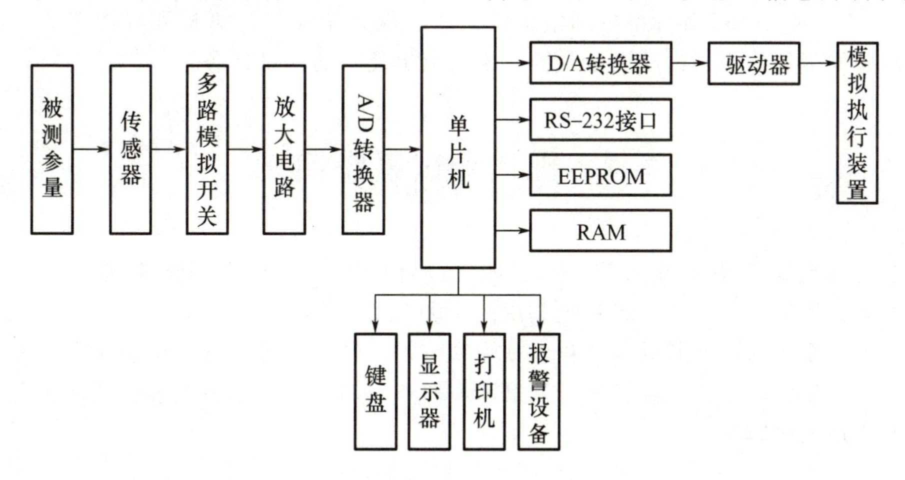

图6.18 智能仪器的硬件基本结构

号，经滤波去除干扰后送入多路模拟开关；由单片机逐路选通模拟开关将各输入通道的信号逐一送入程控增益放大器，放大后的信号经 A/D 转换器转换为相应的脉冲信号后送入单片机；单片机根据仪器所设定的初值进行相应的数据运算和处理；运算的结果被转换为相应的数据进行显示和打印；同时单片机把运算结果与存储于芯片内 EEPROM(电可擦除存储器)内的设定参数进行运算比较后，根据运算结果和控制要求，输出如报警装置触发、继电器触点等相应的控制信号。此外，智能仪器还可以与计算机组成分布式测控系统，由智能硬件(包括单片机、传感器等)作为下位机采集各种测量信号与数据，通过串行通信将信息传输给上位机——计算机，由计算机进行全局监控。

6.6.2 智能仪器的功能特点

与传统仪器仪表相比，智能仪器具有以下功能特点。

(1) **操作自动化。**智能仪器的整个测量过程如键盘扫描、量程选择、开关启动闭合，数据的采集、传输与处理，以及显示打印等都可以用单片机或微控制器来控制操作，测量过程全部自动化。

【Dita 智能便携空气检测仪】

(2) **具有自测功能，包括自动调零、自动故障与状态检验、自动校准、自诊断及量程自动转换等。**智能仪器能自动检测出故障的部位甚至故障的原因。这种自测功能极大地方便了仪器的维护。

(3) **具有数据处理功能。**智能仪器采用了单片机或微控制器，可以用软件非常灵活地解决原来用硬件逻辑难以解决的问题。例如，传统的数字万用表只能测量电阻、交直流电压、电流等，而智能型的数字万用表不仅能进行上述测量，而且具有对测量结果进行诸如零点平移、取平均值、求极值、统计分析等复杂的数据处理功能。

【手机软件计步原理】

(4) **具有友好的人机界面。**智能仪器使用键盘代替传统仪器中的切换开关，操作人员只需通过键盘输入命令，就能实现某种测量功能。与此同时，智能仪器还通过显示屏将仪器的运行情况、工作状态及对测量数据的处理结果及时告诉操作人员，使仪器的操作更加方便直观。

(5) **具有可程控操作能力。**一般智能仪器都配有 GPIB、RS-232C、RS-485 等标准的通信接口，可以很方便地与计算机和其他仪器一起组成用户所需要的多种功能的自动测量系统，来完成更复杂的测试任务。

6.7 现代测试系统实例

本节将以数据采集系统为例，说明如何设计开发一个现代测试系统——基于 LabVIEW 的语音采集分析系统。该系统利用声卡和 LabVIEW 实现。

现代测试系统的设计和开发流程包括需求分析、硬件设计、选择虚拟仪器开发平台进行软件开发、软件和硬件集成，进行调试和发布产品等过程，本节主要介绍需求分析、功能分析和实现的内容。

6.7.1 需求分析

在需求分析阶段首先要明确数据采集系统的任务和目标。该系统分为硬件和软件部分。系统任务是将被测对象的各种参数做 A/D 转换后送入计算机，并对采集到的信号做相应的处理。

数据采集系统软件通常根据用户的要求进行编写，选择好的开发平台可以起到事半功倍的效果。LabVIEW 是一个较好的图形化开发环境，它内置信号采集、测量分析与数据显示功能，将数据采集、分析与显示功能集中在同一个开放式的开发环境中。LabVIEW 的交互式测量助手、自动代码生成及与多种设备的简易连接功能，使它能够较好地完成数据采集。

数据采集系统硬件包括传感器、信号调理仪器和信号记录仪器。前两者已有专门的厂商研发。计算机采集卡是信号记录仪器中的重要组成部分，主要起 A/D 转换功能。目前主流数据采集卡都包含了完整的数据采集功能，如 NI 公司的 E 系列数据采集卡、研华的数据采集卡等，这些卡价格均比较昂贵。相对而言，同样具备 A/D 转换功能的声卡技术已经成熟，成为计算机的标准配置。大多数计算机甚至直接集成了声卡功能，无须额外添加配件。这些声卡都可以实现两通道、16 位、高精度的数据采集，每个通道采样频率不小于 44kHz。对于工程测试、教学实验等用途而言，其各项指标均可以满足要求。

语音信号一般被看作一种短时平稳的随机信号，对其主要是进行时域、频域和倒谱域上的信号分析。语音信号的时域分析是对信号从统计的意义上进行分析，得到短时平均能量、过零率、自相关函数及幅差函数等信号参数。根据语音理论，气流激励声道产生语音，语音信号是气流与声道的卷积，因此可以对信号进行同态分析，将信号转换到倒谱域，从而把声道和激励气流信息分离，获得信号的倒谱参数。

线性预测编码分析是现代语音信号处理技术中最核心的技术之一，它基于全极点模型，其中心思想是利用若干过去的语音采样来逼近当前的语音采样，采用最小均方误差逼近的方法来估计模型的参数。矢量量化是一种最基本也是极其重要的信号压缩算法，其充分利用矢量中各分量间隐含的各种内在关系，比标量量化性能优越，在语音编码、语音识别等方向的研究中扮演着重要角色。

语音识别通常是指利用计算机识别语音信号所表示的内容，其目的是准确地理解语音所蕴含的意义。语音识别的研究紧密跟随识别领域的最新研究成果并基本与之保持同步。

语音信号分析，首先需要将语音信号采集到计算机上并做预先处理，然后通过选择实时或延迟的方式，实现上述各种类型的参数分析，并将分析结果以图形的方式输出或保存，从而实现整个平台的功能。

6.7.2 功能分析和实现

【基于 LabView 的免费声卡虚拟示波器】

基于 LabVIEW 的语音采集分析系统功能结构框图如图 6.19 所示。虚拟示波器主要由软件控制完成参数的设置，信号的采集、处理和显示。系统软件总体上包括音频参数的设置、音频信号的采集、波形显示、频谱分析及波形存储和回放五大模块。

数据采集部分实现数据的采集与存盘功能，根据设定的采样频率从声卡获取用户需要的数据。采集到的数据在存盘的同时送计算机屏幕作为时域监控，并提供初步的频谱分析。

数据分析部分实现的功能根据后处理需要而定，但其基本功能为从数据文件读取数据，显示数据的时域图和频谱图，按所需对数据做局部分析。

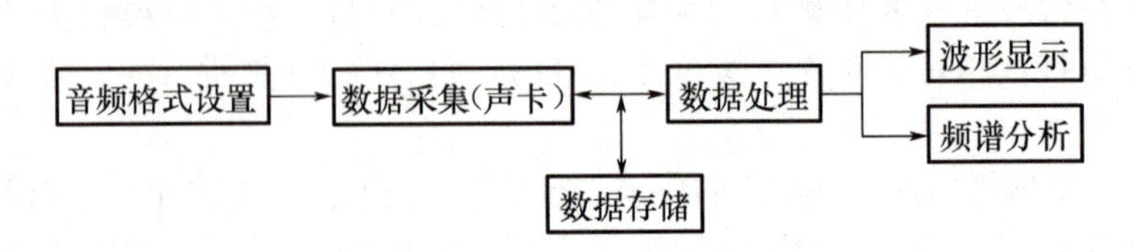

图 6.19　基于 LabVIEW 的语音采集分析系统功能结构框图

LabVIEW 环境下的功能模板中提供了声卡的相关虚拟仪器，如 SI Config、SI Start、SI Read、SI Stop 等。当设定好声卡的音频格式并启动声卡后，声卡就可以实现数据采集，采集到的数据通过 DMA 传送到内存中指定的缓冲区，当缓冲区满后，再通过查询或中断机制通知 CPU 执行显示程序显示缓冲区数据的波形。数据采集的部分 G 代码如图 6.20 所示。

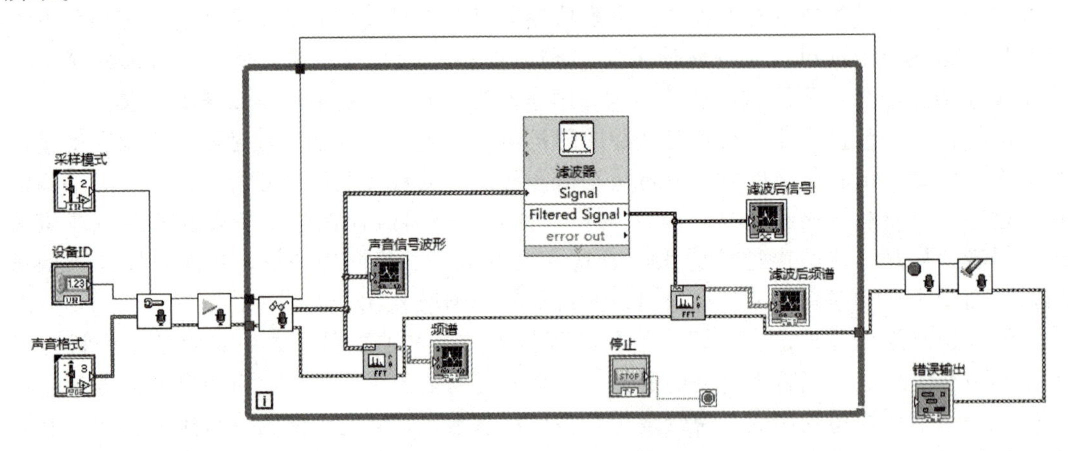

图 6.20　数据采集的部分 G 代码

声卡 A/D 转换性能优越，技术成熟，配合 LabVIEW 强大的数据采集与处理功能，可以构建性价比相当高的数据采集系统。但在采集数据，特别是采集低频数据时，应优先选择有 Line In 输入的声卡。如果采用 Audio In（或称 MIC）输入则对于直流分量的损失很大，在被测信号的频率很低(特别是低于 20Hz)时效果不够理想。

在完成上述的硬件设计和软件开发后，就可以将软件和硬件集成，然后进行调试，发现问题解决问题，经过验收测试后，就可以发布利用声卡和 LabVIEW 构建的一个现代测试系统产品，提供给用户使用。

小　　结

具有自动化、智能化、可编程化等功能的测试系统称为现代测试系统。现代测试系统主要有三大类：自动测试系统、虚拟仪器和智能仪器。现代测试系统是测试技术发展的趋势。本章主要介绍了如下内容。

(1) 现代测试系统的基本概念。

(2) 现代测试系统的基本组成：单机系统和模块组合系统。

(3) 现代测试系统的特点：经济性、网络化、针对性和智能化。

(4) 虚拟测试仪器技术原理、组成及应用实例。

(5) LabVIEW 简介及应用。

(6) 智能仪器的工作原理。

习　　题

6-1　简要说明现代测试系统各组成环节的主要功能及技术要求。

6-2　简单阐述现代测试系统、虚拟仪器和智能仪器各自的特点及三者之间的关系。

6-3　简单阐述 LabVIEW 的三大组成部分内容，并说明它们之间的关系。

【第 6 章　测验】

第7章 机械振动测试

机械振动测试是机械工程中常见的工程测试问题。本章将介绍如何构建一套适用的振动测试系统，内容包括机械振动的特点、测振传感器的选用、记录分析仪器的选用、振动系统参数的分析。

针对机械振动的测试，掌握振动测试分析系统的构成、振动参数的测量原理和方法、振动测试仪器的工作原理和使用要求。

7.1 概　　述

机械振动是自然界、工程技术和日常生活中普遍存在的物理现象，任何一台运行着的机器、仪器和设备都存在振动现象。在大多数情况下，振动会破坏机器的正常工作和原有性能，振动的动载荷会使机器加速失效、缩短使用寿命，甚至导致机器损坏造成事故，同时也会对人的健康和安全造成影响。因此，要采取适当的措施使机器振动在限定范围之内，以避免危害人类和其他结构。

【概述】

为了提高机械结构的抗振性能，需要对机械结构进行振动分析和振动设计，找出其薄弱环节，提高其抗振性能。另外，对于许多承受复杂载荷或本身性质复杂的机械结构的动力学模型及其动力学参数，如阻尼系数、固有频率和边界条件等，目前尚无法用理论公式正确计算，振动试验和测量是唯一的求解方法。因此，振动测试在工程技术中起着十分重要的作用。

振动测试内容一般可分为两类。一类是测量设备在运行时的振动参量，其目的是了解被测对象的振动状态、评定振动等级和寻找振源，以及进行监测、识别、诊断和预估；另一类是对设备或部件进行某种激励，使其产生受迫振动，以便求得被测对象的振动力学参量或动态性能，如固有频率、阻尼、阻抗、响应和模态等。这类测试分为振动环境模拟试验、机械阻抗试验和频率响应试验等。

例如，图7.1所示的小轿车乘坐舒适性试验就是模拟汽车处于道路行驶的状态。汽车驾驶人座椅处的振动加速度通过加速度传感器拾取。该信号经信号处理电路和振动分析仪的分析，就可以得到汽车的振动量值与道路谱的关系，为研究汽车的乘坐舒适性提供参考数据。

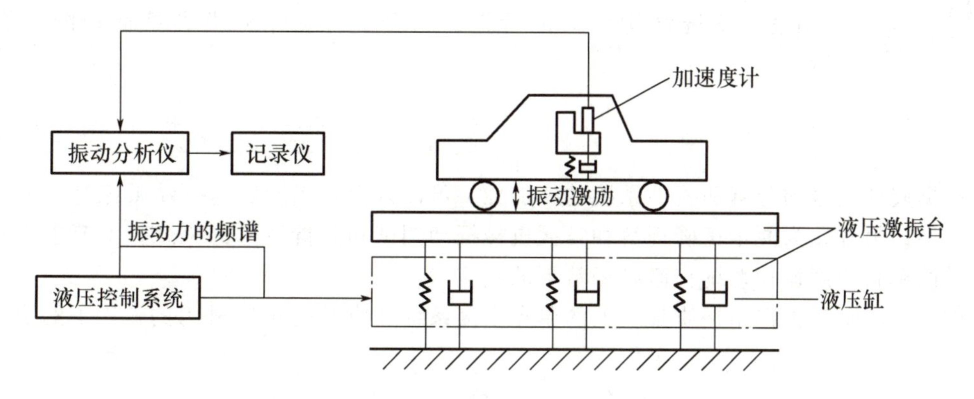

图7.1 小轿车的乘坐舒适性试验框图

机械振动测试系统主要由激振器、被测系统、传感器、振动分析仪和显示记录仪几个部分组成，如图7.2所示。首先，组成测试系统的各测量装置的幅频特性和相频特性在整个系统的测试频率范围内应满足不失真条件；其次，应充分注意各仪器之间的匹配。对于电压量传输的测量装置，要求后续测量装置的输入阻抗大大超过前面测量装置的输出阻抗，以便使负载效应缩减到最小。此外，应视环境条件合理地通过屏蔽、接地等措施排除各种电磁干扰，或使用滤波器排除或削弱信号中的干扰，保证整个系统的测试能稳定可靠地进行。

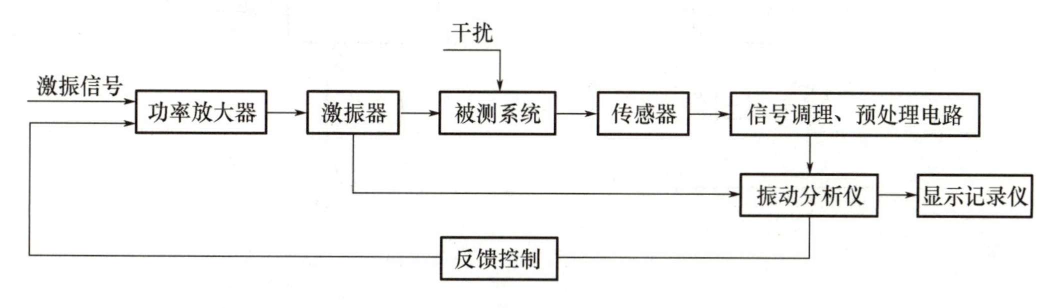

图7.2 机械振动测试系统框图

7.2 振动的基本知识

有关振动的理论知识，在物理学和理论力学中都做了较系统的论述，本节仅就与振动测试有关的振动基本知识做简要介绍。

【振动的基本知识】

7.2.1 振动的分类

振动是一种比较复杂的物理现象，为了研究的方便，需要根据不同的特征将振动进行分类，可以按振动产生的原因、振动的规律、系统的自由度、系统结构参数的特性进行分类，具体分类参见振动的分类二维码。

7.2.2 单自由度系统振动

根据周期信号的分解和线性系统的叠加性，可以认为正弦激励对振动系统是一个最基本的激励。另外，为便于正确理解和掌握机械振动测试和分析技术的概念，本节主要介绍最简单的单自由度振动系统在激励函数下的响应。

图7.3所示为力作用在质量块上的单自由度系统，质量块m在外力的作用下的运动方程为

$$m\frac{\mathrm{d}^2z(t)}{\mathrm{d}t^2}+c\frac{\mathrm{d}z(t)}{\mathrm{d}t}+kz(t)=f(t) \tag{7-1}$$

式中：c为黏性阻尼系数；k为弹簧弹性系数；$f(t)$为系统的激振力，即系统的输入；$z(t)$为系统的输出。

对式(7－1)进行拉普拉斯变换，可得到系统传递函数

$$H(\mathrm{j}\omega)=\frac{1}{m(\mathrm{j}\omega)^2+c\mathrm{j}\omega+k}=\frac{1/k}{1-(\omega/\omega_{\mathrm{n}})^2+\mathrm{j}2\xi(\omega/\omega_{\mathrm{n}})} \tag{7-2}$$

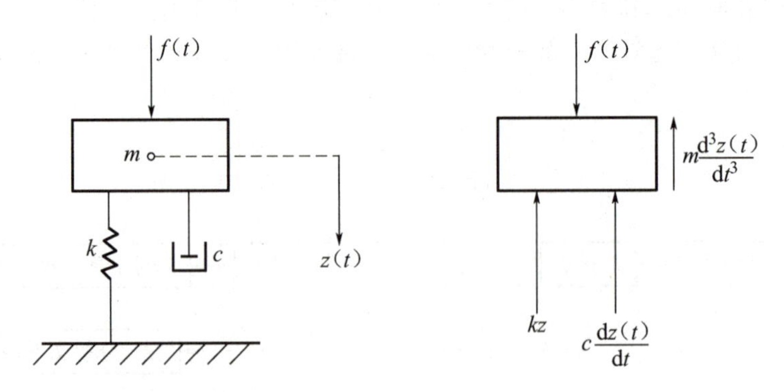

图7.3 力作用在质量块上的单自由度系统

当激振力$f(t)=F_0\sin\omega t$时，系统稳态时的频率响应函数的幅频特性和相频特性分别为

$$
\begin{cases}
A(\mathrm{j}\omega)=\dfrac{1}{k}\cdot\dfrac{1}{\sqrt{[1-(\omega/\omega_{\mathrm{n}})^2]^2+4\xi^2(\omega/\omega_{\mathrm{n}})^2}}\\
\varphi(\mathrm{j}\omega)=-\arctan\dfrac{2\xi(\omega/\omega_{\mathrm{n}})}{1-(\omega/\omega_{\mathrm{n}})^2}
\end{cases}
\tag{7-3}
$$

式中：ω 为激振力频率；ω_{n} 为系统的固有频率，$\omega_{\mathrm{n}}=\sqrt{k/m}$；$\xi$ 为系统的阻尼率，$\xi=c/2\sqrt{km}$。

二阶系统的幅频特性曲线和相频特性曲线如图 7.4 所示。在幅频特性曲线上幅值最大处的频率称为位移共振频率，它和系统的固有频率的关系为

$$
\omega_{\mathrm{r}}=\omega_{\mathrm{n}}\sqrt{1-2\xi^2}
\tag{7-4}
$$

显然，随着阻尼的增加，共振峰向原点移动；当无阻尼时，位移共振频率 ω_{r} 即为固有频率 ω_{n}；当系统的阻尼率 ξ 很小时，位移共振频率 ω_{r} 接近系统的固有频率 ω_{n}，可用作 ω_{n} 的估计值。

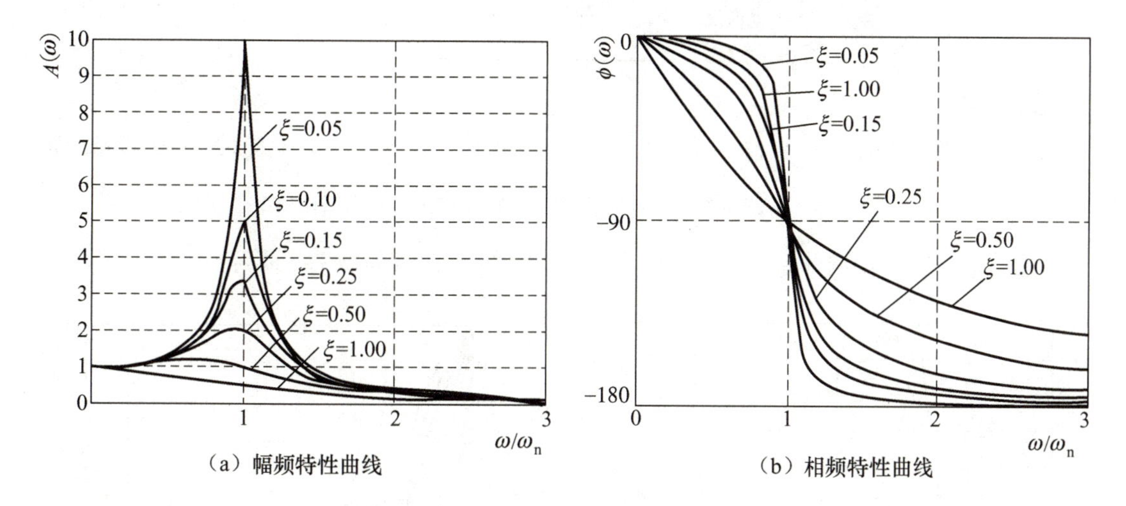

图 7.4 二阶系统的幅频特性曲线和相频特性曲线

从相频特性曲线可以看出，不论系统的阻尼率为多少，在 $\omega/\omega_{\mathrm{r}}=1$ 时位移始终落后于激振力 90°，此现象称为相位共振。

相位共振现象可用于系统固有频率的测量。当系统阻尼不为零时，位移共振频率 ω_{r} 不易测准。但由于系统的相频特性总是滞后 90°，同时，相频特性曲线变化陡峭，频率稍有变化，相位就偏离 90°，故用相频特性来确定固有频率比较准确。同时，**要测量较准确的稳态振幅，需要在共振点停留一定的时间，这往往容易损坏设备。而通过扫频，在共振点处即使振幅没有明显的增长，相位也陡峭地越过 90°，因此，利用相频测量更有意义。**

在大多数情况下，振动系统的受迫振动是由基础运动引起的，如道路的不平度引起的车辆垂直振动，如图 7.5(a)所示。

设基础的绝对位移为 Z_1，质量块 m 的绝对位移为 Z_0，质量块相对于基础的位移为 $Z_{01}=Z_0-Z_1$。假设 $Z_1(t)$是正弦变化的，即 $Z_1(t)=Z_1\sin\omega t$，图 7.5(b)所示的力学模型可用牛顿第二定律得到。

$$
m\frac{\mathrm{d}^2Z_0}{\mathrm{d}t^2}+c\frac{\mathrm{d}Z_0}{\mathrm{d}t}+kZ_0=m\omega^2Z_1\sin\omega t
\tag{7-5}
$$

对式(7-5)进行拉普拉斯变换，并令 $s=\mathrm{j}\omega$，可得系统的幅频特性和相频特性表达式为

$$\begin{cases} A(\mathrm{j}\omega)=\dfrac{1}{k}\cdot\dfrac{(\omega/\omega_\mathrm{n})^2}{\sqrt{[1-(\omega/\omega_\mathrm{n})^2]^2+4\xi^2(\omega/\omega_\mathrm{n})^2}} \\ \varphi(\mathrm{j}\omega)=-\arctan\dfrac{2\xi(\omega/\omega_\mathrm{n})}{1-(\omega/\omega_\mathrm{n})^2} \end{cases} \tag{7-6}$$

式中：ω 为基础运动的角频率；ω_n 为振动系统的固有频率，$\omega_\mathrm{n}=\sqrt{k/m}$；$\xi$ 为振动系统的阻尼率，$\xi=c/2\sqrt{km}$。

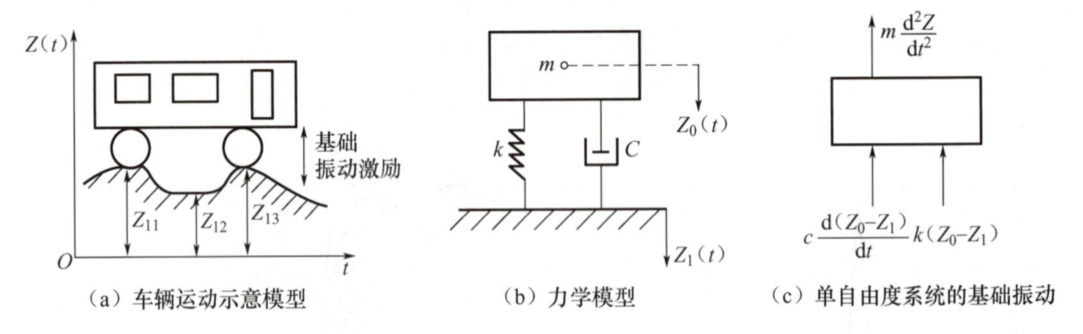

图 7.5 车辆运动时受地面不平度激励而产生的垂直振动模型

根据式(7-6)绘制的系统幅频特性曲线和相频特性曲线如图 7.6 所示。

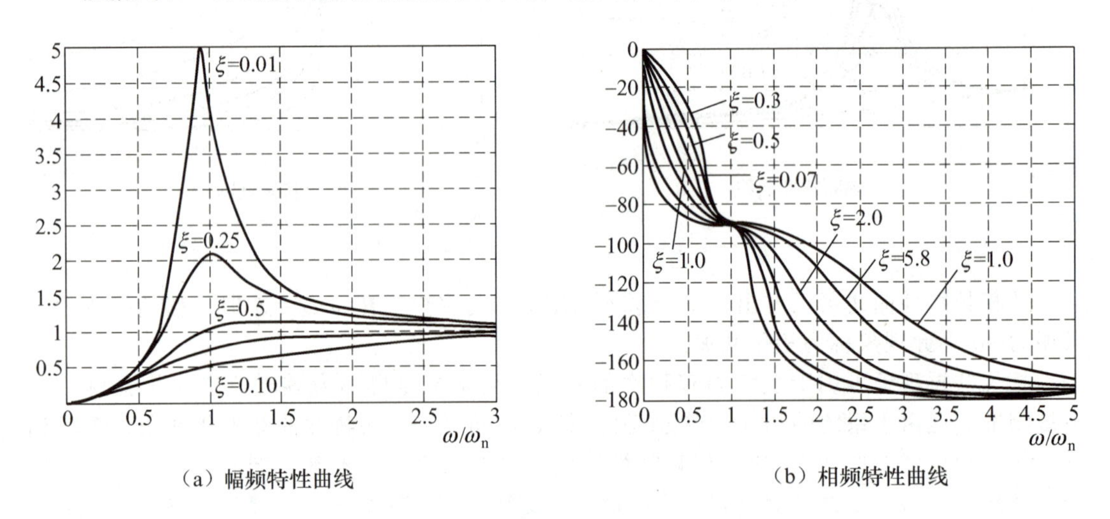

图 7.6 基础激振时质量块相对基础位移的幅频特性曲线和相频特性曲线

7.2.3 多自由度系统振动

严格来讲，工程实际中的机械系统都应视为无穷多个自由度的振动系统，因为它们是连续体，其质量和刚度都是连续分布的。但是，根据所研究问题的具体情况，常可以将它们简化为一个多自由度系统。

多自由度系统的振动方程式一般是相互耦合的常微分方程组。通过坐标变换，可以将

系统的振动方程变成一组相互独立的二阶常微分方程组，其中每一个方程式可以独立求解。

由于利用模态分析理论可将多自由度系统的运动简化为对若干单自由度系统的运动分析，因此多自由度振动系统就存在若干个固有频率、阻尼率、当量刚度、当量质量等参数，此外还有一个特定参数——主振型。主振型是指在系统固有频率下，系统各点的位移响应彼此之间保持固有的确定关系。图7.7所示为一个二自由度系统的主振型。

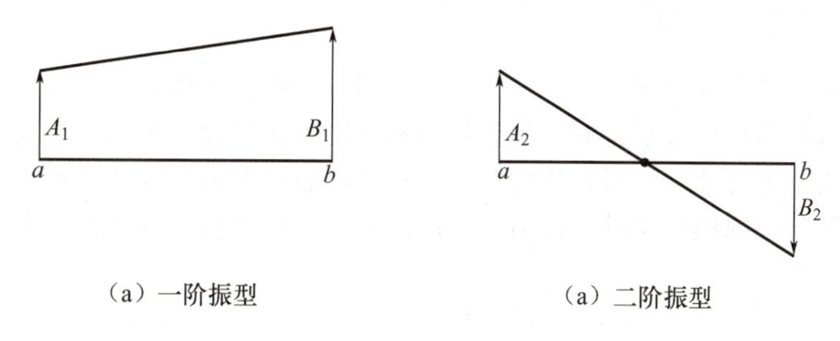

（a）一阶振型　　（a）二阶振型

图7.7　二自由度系统的主振型

7.3　振动的激励

在振动测量中，有很多场合需运用激振设备使被测试的机械结构产生振动，然后进行振动测量。

7.3.1　激振方式

【振动激励】

激振方式通常有稳态正弦激振、随机激振和瞬态激振三种。

1. 稳态正弦激振

稳态正弦激振又称简谐激振，是指借助激振设备对被测对象施加一个频率可控的简谐激振力。因而稳态正弦激振是一种应用最普遍的激振方法。

稳态正弦激振的工作原理就是对被测对象施加一个稳定的单一频率为 ω 的正弦激振力，即 $f(t)=F_0\sin\omega t$，该频率是可调的。在一定频段内对被测系统进行逐点的给定频率的正弦激励的过程称为扫描。稳定正弦激振的优点包括激振功率大、信噪比高、能保证响应测试的精度；设备通用，可靠性较高；缺点是需要较长的时间，因为系统达到稳态需要一定的时间，特别是当系统阻尼较小时，要有足够的响应时间。

2. 随机激振

随机激振一般用白噪声或伪随机信号发生器作为信号源，是一种带宽激振方法。白噪声发生器能产生连续的随机信号，其自相关函数在 $\tau=0$ 处会形成陡峭的峰。当偏离 $\tau=0$ 时，自相关函数很快衰减，其自功率谱密度函数也接近为常值。当白噪声通过功率放大器并控制激振器时，由于功率放大器和激振器的通频带是有限的，因此实际的激振力频率不再在整个频率域中保持常数，但仍可以激起被激对象在一定频率范围内的随机振动。

3. 瞬态激振

瞬态激振给被测系统提供的激励信号是一种瞬态信号。它属于一种宽频带激励，即一次激励，可同时给系统提供频带内各个频率成分的能量，使系统产生相应频带内的频率响应。因此，它是一种快速测试方法。同时，由于测试设备简单，灵活性大，因此常在生产现场使用。目前常用的瞬态激振方法有快速正弦扫描、脉冲锤击和阶跃松弛激励等方法。

7.3.2 激振器

激振器是一种将所需的激振信号变为激振力施加到被测对象上的装置。激振器应能在所要求的频率范围内提供波形良好、幅值足够和稳定的交变力，在某些情况下还需提供定值的稳定力。交变力可使被测对象产生需要的振动，稳定力则使被测对象受到一定的预加载荷，以便消除间隙或模拟某种稳定力。常用的激振器有电动式激振器、电磁式激振器和电液式激振器三种。

7.4 测振传感器

【测振传感器】

测振传感器是将被测对象的位移、速度或加速度等机械振动量转换为与之有确定关系的电流、电压或电荷等电量的装置。

7.4.1 常用测振传感器的类型

测量振动的方法按振动信号的转换方式不同可分为电测法、机械法和光学法。目前，应用最广的是电测法。

7.4.2 惯性式测振传感器的工作原理

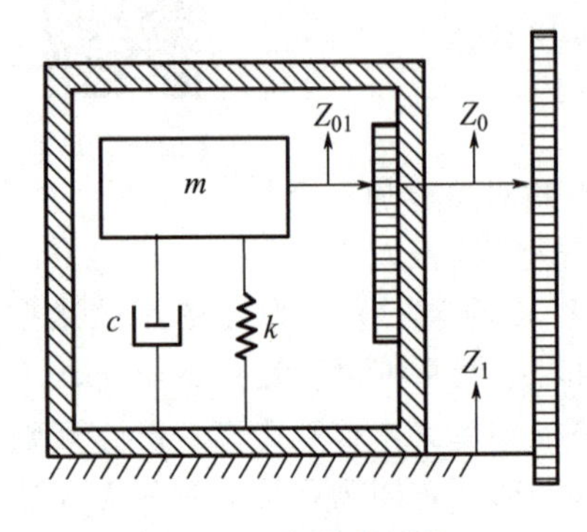

图 7.8 惯性式测振传感器的力学模型

图 7.8 所示为惯性式测振传感器的力学模型。惯性式测振传感器是一个由弹性元件支持在壳体上的质量块所形成的具有黏性阻尼的单自由度系统。在测量时，测振传感器的壳体固定在被测体上，测振传感器内的质量-弹簧系统受基础运动的激励而产生受迫运动。测振传感器的输出为质量块与壳体之间的相对运动对应的电信号。

由于惯性式测振传感器内的惯性系统是由基础运动引起质量块的受迫振动，因此可以用式(7-5)来表示其运动方程，其幅频特性和相频特性可用式(7-6)来表示，幅频曲线和相频曲线如图 7.6 所示。

从式(7-6)可以得出以下结论。

(1) 对于幅频图，只有当 $\omega/\omega_n \ll 1$，即 $\omega \ll \omega_n$ 的情况下，$A(\omega)\approx 1$，满足测试幅值不失真的条件；当系统的阻尼率 ξ 接近 0.7 时，$A(\omega)$更接近直线。

(2) 对于相频图，当 $\omega \ll \omega_n$ 时，没有一条相频曲线是近似斜率为负的直线，故不能满足动态测试相位不失真的条件；而当 $\omega=(7\sim 8)\omega_n$ 时，相位差接近$-180°$，此时满足测试相位不失真的条件。

根据上述特性，在设计和使用惯性式测振传感器时需要注意以下几点。

（1）惯性式测振传感器的固有频率较低，同时使系统的阻尼率在0.6～0.8，这样可以保证工作频率的下限 $\omega=1.7\omega_n$，幅值误差不超过5%。

（2）当使用 $\omega>(7\sim8)\omega_n$ 进行相位测试时，需要用移相器获得相位信息。

上述惯性式测振传感器的输入和输出均为位移量，若输入和输出均为速度，基础运动为绝对速度，输出为相对于壳体的相对速度，此时的测振传感器为惯性式速度测振传感器，则幅频特性为

$$A_v(\mathrm{j}\omega)=\frac{Z_{01}\omega}{Z_1\omega}=\frac{1}{k}\frac{(\omega/\omega_n)^2}{\sqrt{[1-(\omega/\omega_n)^2]^2+4\xi^2(\omega/\omega_n)^2}} \tag{7-7}$$

可以看出，式(7-7)和式(7-6)的幅频特性一致，这说明惯性式位移测振传感器和惯性式速度测振传感器具有相同的幅频特性。若质量块相对于壳体为位移量，壳体的运动为绝对加速度，则惯性式测振传感器为惯性式加速度测振传感器，此时的幅频特性为

$$A_a(\mathrm{j}\omega)=\frac{Z_{01}}{Z_1\omega^2}=\frac{1}{k\omega_n^2}\frac{1}{\sqrt{[1-(\omega/\omega_n)^2]^2+4\xi^2(\omega/\omega_n)^2}} \tag{7-8}$$

根据式(7-8)，可绘制幅频曲线如图7.9所示。从图中可以得出以下结论。

（1）当 $\omega\ll\omega_n$ 时，$A_a(\omega)\approx1/\omega_n^2=$常数。当 $\xi=0.7$ 时，在幅值误差小于5%的情况下，测振传感器的工作频率为 $\omega\leqslant0.58\omega_n$。

（2）当 $\xi=0.7$，$\omega=(0\sim0.58)\omega_n$ 时，相频特性曲线近似为一条过原点的斜直线，满足动态测试相位不失真的条件。而当 $\xi=0.1$，$\omega<0.22\omega_n$ 时，相位滞后近似为0，接近理想相位测试条件。

由于上述特性，惯性式加速度测振传感器可用于宽带测振，如用于冲击、瞬态振动和随机振动的测量。

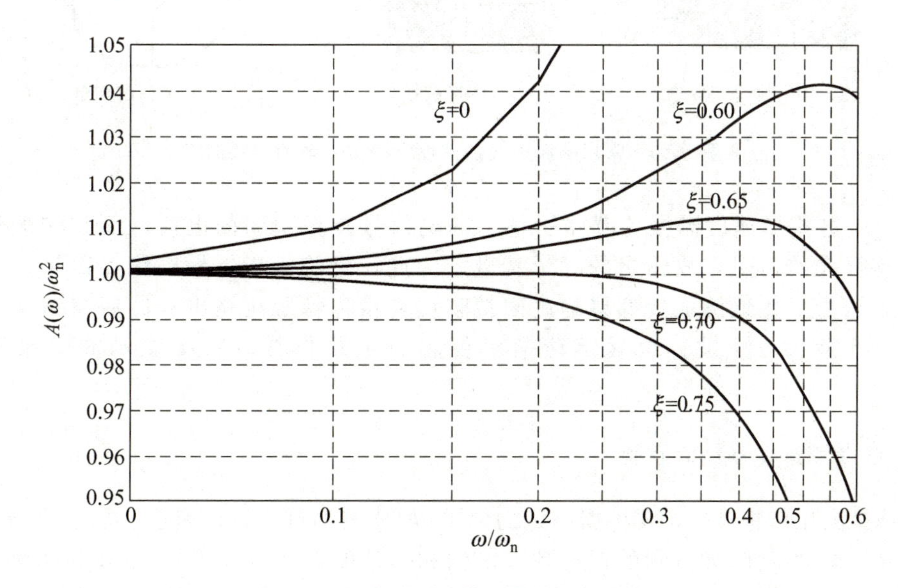

图7.9 加速度测振传感器的幅频特性

7.4.3 压电式加速度测振传感器

压电式加速度测振传感器是一种以压电材料为转换元件的装置，其电荷或电压的输出与加速度成正比。由于具有结构简单、工作可靠、量程大、频带宽、体积小、质量轻、精确度和灵敏度高等一系列优点，目前，压电式加速度测振传感器已成为振动测试技术中使用最广泛的一种测振传感器。

常用的压电式加速度测振传感器的结构形式如图 7.10 所示。图中 S 是弹簧，M 是质量块，B 是基座，P 是压电元件，R 是夹持环。图 7.10(a)所示压电加速度测振传感器为中心安装压缩型，压电元件-质量块-弹簧系统装在圆形中心支柱上，支柱与基座连接。这种结构共振频率高，但是在基座与测试对象连接时，如果基座有变形，将直接影响测振传感器输出。此外，测试对象和环境温度变化将影响压电元件，并使预紧力发生变化，易引起温度漂移。图 7.10(b)所示加速度测振传感器为环形剪切型。其结构简单，能做成极小型、高共振频率的加速度计，环形质量块黏到装在中心支柱上的环形压电元件上。由于黏结剂会随温度增高而变软，因此最高工作温度受到限制。图 7.10(c)所示为压电式测速传感器三角剪切型，压电元件由夹持环将其夹牢在三角形中心支柱上。加速度测振传感器感受轴向振动时，压电元件承受切应力。这种结构对底座变形和温度变化有极好的隔离作用，有较高的共振频率和良好的线性。

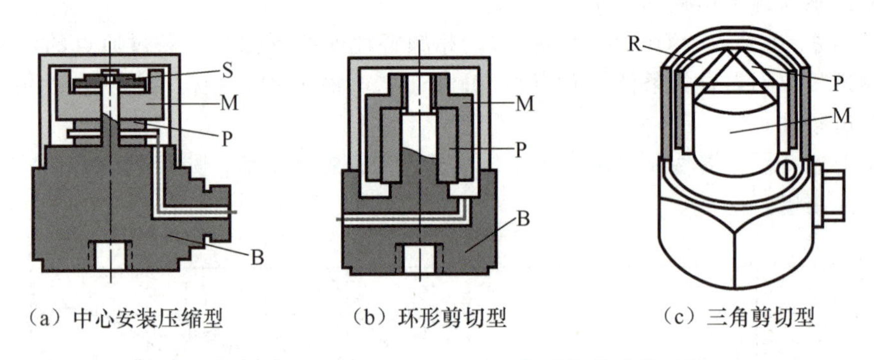

图 7.10 常用的压电式加速度测振传感器的结构形式

由于压电式加速度测振传感器所输出的电信号是很微弱的电荷，而且测振传感器本身又有很大的内阻，故输出的能量甚微。为此，常将输出信号先输入高输入阻抗的前置放大器内，使该测振传感器的高阻抗输出变换为低阻抗输出；然后将其输出的微弱信号进行放大、检波；最后驱动指示仪表或记录仪器，以便显示或记录测试的结果。

7.4.4 选择测振传感器的原则

在选择测振传感器时，要根据测试的要求(如要求测量位移、速度、加速度或力等)、被测对象的振动特性(如待测的振动频率范围和估计的振幅范围等)，以及使用环境情况(如环境温度、湿度和电磁干扰等)，并结合各类测振传感器的各项性能指标综合进行考虑。不同测振传感器的使用场合见表 7-1。

表 7-1　不同测振传感器的使用场合

传感器类别	场合要求
位移传感器	① 振动位移的限幅，如不允许某振动部件在振动时与其他部件碰撞； ② 测量振动位移幅值的部位正好是需要分析应力的部位； ③ 测量低频振动时，由于其振动速度或振动加速度值均很小，不便采用速度传感器或加速度传感器进行测量
速度传感器	① 振动位移的幅值太小； ② 与声响有关的振动测量； ③ 中频振动测量
加速度传感器	① 高频振动测量； ② 对机器部件的受力、载荷或应力需做分析的场合

7.5　振动信号分析仪器

从测振传感器检测到的振动信号经过频谱分析后才可以估计其振动的根源和干扰，并用于故障诊断和分析。当用激振方法研究被测对象的动态特性时，需将检测到的振动信号和力信号联系起来，然后求出被测对象的幅频特性和相频特性，为此需选用合适的滤波技术和信号分析方法。振动信号处理仪器主要有振动计、频率分析仪、频率特性分析仪、传递函数分析仪、综合分析仪。

1. 振动计

振动计是用来直接指示位移、速度、加速度等振动量的峰值、峰-峰值、平均值或方均根值的仪器，如图 7.11 和图 7.12 所示。它主要由积分电路、微分电路、放大器、电压检波器和表头组成。

图 7.11　GT-3300 手持式振动计

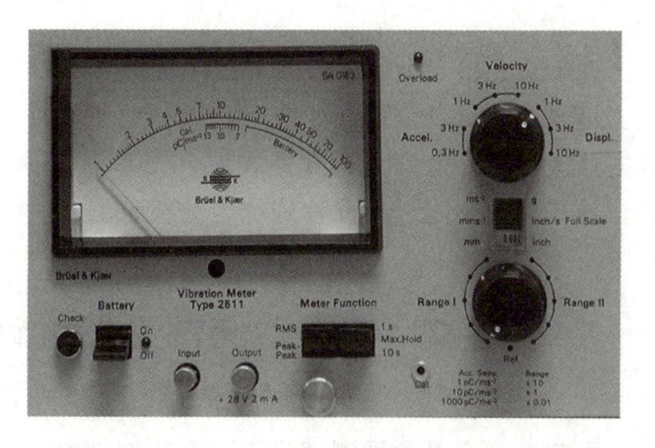

图 7.12　BRUEL & KJAER 公司生产的振动计

振动计只能使人们获得振动的总强度而无法获得振动的其他方面信息，因此其使用范围有限。为了获得更多的信息，可将振动信号进行频谱分析、相关分析和概率密度分析等。

2. 频率分析仪

频率分析仪也称频谱分析仪，是把振动信号的时间历程转换为频域描述的一种仪器。图7.13所示为NS－30A频率分析仪。要分析产生振动的原因，研究振动对人类和其他结构的影响及研究结构的动态特性等，都要进行频率分析。频率分析仪的种类很多，按其工作原理不同可分为模拟式和数字式两大类。

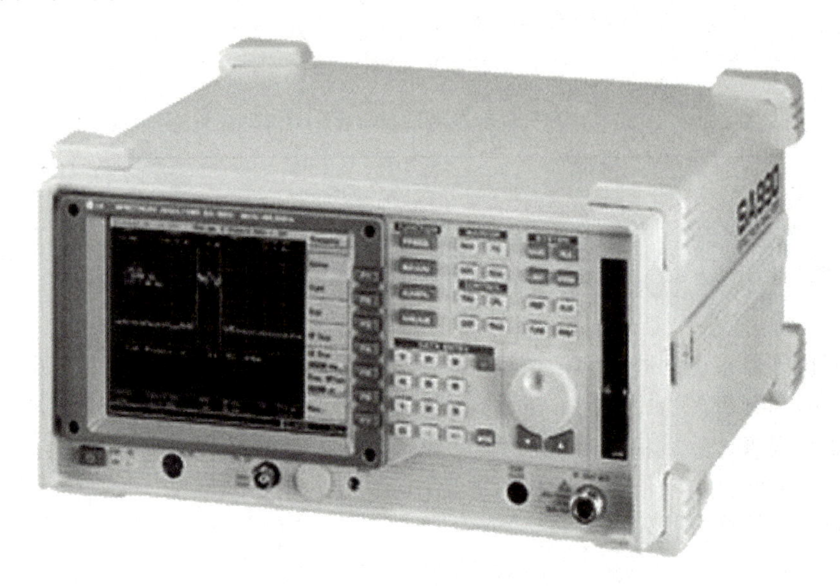

图7.13　NS－30A频率分析仪

3. 频率特性分析仪与传递函数分析仪

以频率特性分析仪或传递函数分析仪为核心组成的测试系统，通常都采用稳态正弦激振法来测定机械结构的频率响应或机械阻抗等数据。

4. 综合分析仪

近年来，由于微电子技术和信号处理技术的迅速发展、快速傅里叶变换算法的推广，在工程测试中，数字信号处理方法得到越来越广泛的应用，出现了各种各样的信号分析和数据处理仪器。这种具有高速控制环节和运算环节的实时数字信号处理系统和信号处理器，具有多种功能，因此称为综合分析仪。

7.6　振动测试系统设计及数据处理实例

本节以汽车平顺性测试为例，介绍振动测试仪器的选择、测试系统组成、数据处理及平顺性评价。汽车行驶平顺性是评价汽车在行驶过程中乘客舒适性的一个重要指标。汽车行驶平顺性的优劣直接关系到乘客的舒适性，并涉及汽车动力性和经济性的发挥，影响零部件的使用寿命。

汽车振动主要是汽车行驶在不平路面上引起的。此外，汽车运行时，发动机、传动系统和轮胎等物体的转动会引起汽车的振动，这种振动经由轮胎、悬架、坐垫等刚性元件、弹性元件及阻尼元件构成的振动系统，传递到悬架支撑质量或人体上，如图 7.14 所示。

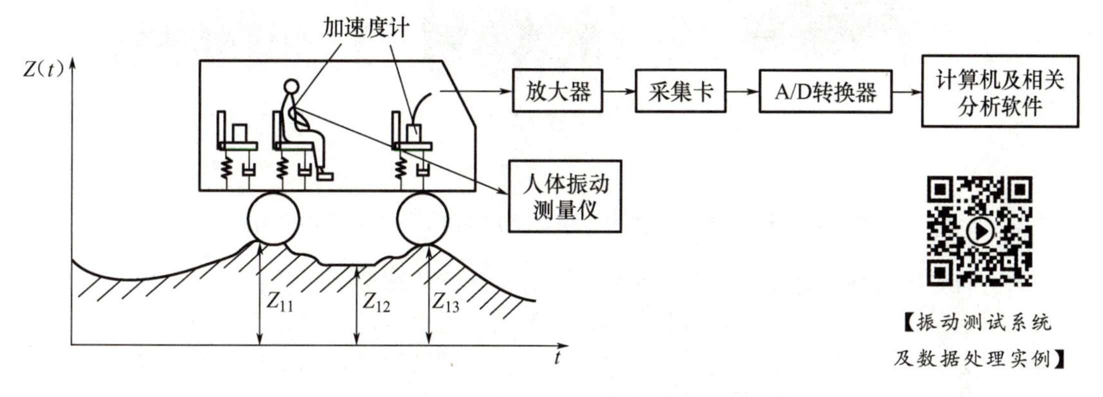

图 7.14　汽车平顺性测试系统框图

通过测定轮胎、悬架、坐垫的弹性特性(载荷与变形关系曲线)，可以求出在规定的载荷下轮胎、悬架、坐垫的刚度。由加载、卸载曲线包围的面积，可以确定这些元件的阻尼。以上参数的测定可以用来分析新设计或改进汽车的平顺性，探索产生问题的原因，并找出结构参数对平顺性的影响。

在汽车运动过程中，各点的加速度自功率谱密度函数和加权加速度均方根值包括了系统振动特性的丰富信息，通过对它们的分析可以对汽车的平顺性做出一定的评价。图 7.15 所示为汽车平顺性测试的过程。

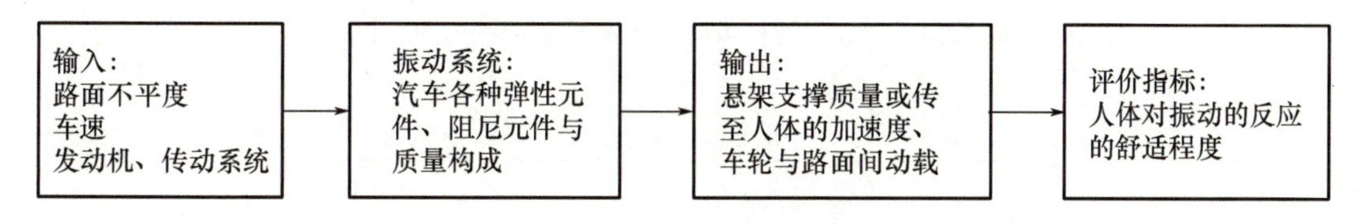

图 7.15　汽车平顺性测试的过程

1. 随机路谱输入试验及数据获取

试验时，汽车在稳速段内稳住车速，然后以规定的车速匀速驶过试验路段，车速偏差小于试验车速的 4%。汽车在进入试验路段时，启动测试仪器以测试各测试部位的加速度时间历程，同时测量通过试验路段的时间以计算平均速度。汽车驶出试验路段后关闭测试仪器。

本试验主要测试驾驶人、前排乘客座椅上三方向(垂向、纵向和横向)的加速度，辅助测试驾驶人座椅下两滑轨中心点处三方向的加速度。驾驶人座椅测试部位的载荷为身高 1.70m、体重 65kg 的自然人。

试验情况为汽车分别以速度 40km/h、50km/h、60km/h、70km/h 和 80km/h 稳速行

驶。直线行驶，乘客 5 人，额定胎压。汽车载荷接近额定最大装载质量。

该测试需要的测试仪器主要有加速度传感器、放大器、采集卡、人体振动测量仪、振动分析软件。图 7.16 所示为一组 40km/h 稳速直线行驶驾驶人座椅三方向的加速度曲线。

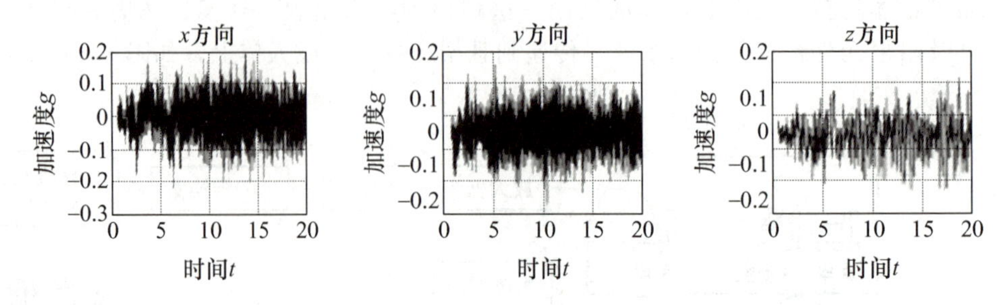

图 7.16　40km/h 稳速直线行驶驾驶人座椅三方向的加速度曲线

取评价点各方向加速度信号各四组数据，将加速度传感器测得的信号导入信号处理工具箱，再通过滤波器。驾驶人座椅处的振动主要属于低频振动，可以用滤波器过滤掉高频干扰成分。为了提高频谱分析精度，计算自功率谱密度函数时可以加窗处理。最终可得驾驶人座椅加速度自功率谱密度函数如图 7.17～图 7.19 所示。

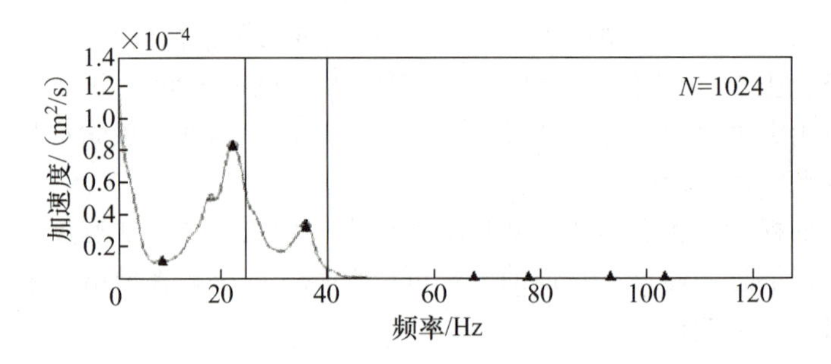

图 7.17　驾驶人座椅横向加速度自功率谱密度函数

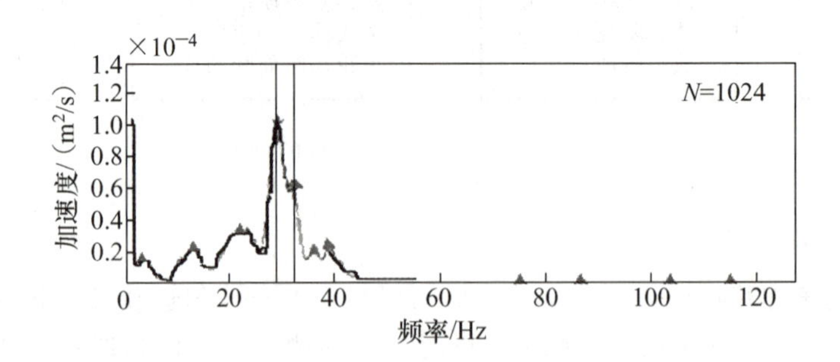

图 7.18　驾驶人座椅纵向加速度自功率谱密度函数

2. 数据处理及平顺性评价

加权加速度方均根值是按振动方向并根据人体对振动频率的敏感程度而进行加权计算的，是人体振动的评价指标。计算加权加速度均方根值，首先要求计算测试部位各方向加速度自功率谱密度函数。计算自功率谱密度函数时可以加窗处理。**使用 MATLAB 信号处**

理工具箱可以快速进行加速度自功率谱密度函数计算。

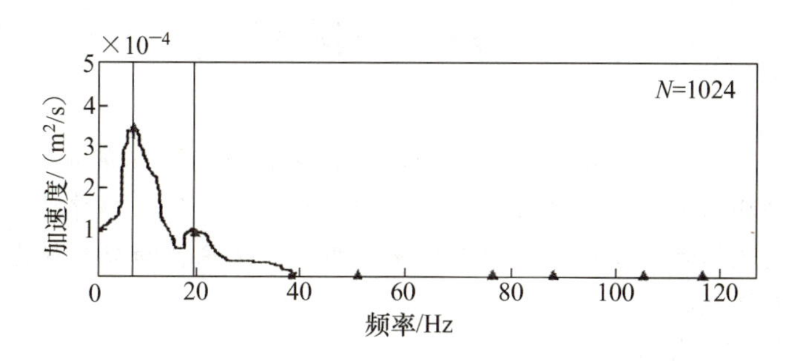

图 7.19 驾驶人座椅垂向加速度自功率谱密度函数

以下是对 40km/h 稳速直线行驶驾驶人座椅各方向的加速度自功率谱密度函数进行计算。先将加速度信号导入信号处理工具箱，再选取滤波器。由于驾驶人座椅处的振动主要属于低频振动，可以用滤波器过滤掉高频干扰成分。

为了提高频谱分析精度，计算自功率谱密度函数时可以加窗处理。加速度功率谱密度包含了振动的丰富信息。速度在 40～80km/h 五级速度下的驾驶人座椅处加权加速度方均根及加权振级，如表 7-2 所示。

表 7-2 速度在 40～80km/h 五级速度下的驾驶人座椅处加权加速度方均根及加权振级

速度/(km/h)	40	50	60	70	80
a_{nw}	0.0951	0.2251	0.3551	0.4551	0.5651
L_{nw}	99.563	107.047	111.007	113.162	115.042
主观感觉	没有不舒服	没有不舒服	有一些不舒服	有一些不舒服	相当不舒服

通过对不同速度下测试并计算得到的驾驶人座椅处加权加速度均方根及加权振级，可以对车辆的平顺性和振动对人体的舒服和健康影响做出一定评价。**该被评价的车辆在速度超过 60km/h 时，驾驶人开始出现不舒服感觉，速度在 80km/h 时驾驶人主观感觉为相当不舒服。**

7.7 机械振动系统的固有频率和阻尼率估计

机械振动系统的主要参数有固有频率、阻尼率和振型等。实际上，机械振动系统的模型都是多自由度的，它有多个固有频率，在幅频特性曲线上会出现许多“共振峰”。一般来讲，机械振动系统的这些特性与激振方式、测点布置无关。在多自由度线性振动系统中，任意一点的振动响应可认为是反映该系统特性的多个单自由度系统响应的叠加。对于小阻尼系统，在某个固有频率附近与其相对应的该阶振动响应特别大，以至于可以忽略其他各阶振动响应，并以该阶振动响应来代替系统的总响应。

【机械结构的固有频率和阻尼率估计】

单自由度振动参数估计方法可用来近似地估计多自由度振动系统的固有频率及阻尼率。多自由度系统的振型则依靠布置多个测点并在系统的各个固有频率条件下来测定各点的振动而后确定。

小　　结

振动测试包括：①测量设备在运行时的振动参量，目的是了解被测对象的振动状态、评定振动等级和寻找振源，以及进行监测、识别、诊断和预估；②对设备或部件进行某种激励，使其产生受迫振动，以便求得固有频率、阻尼、阻抗、响应和模态等被测对象的振动力学参量或动态性能。

本章主要包括以下内容。

（1）振动的基本知识，振动的分类，单自由度系统的振动和多自由度系统振动的概念。

（2）激振的方式：稳态正弦激振、随机激振和瞬态激振。

（3）激振设备：电动式激振器、电磁式激振器和电液式激振器。

（3）测振传感器：惯性式测振传感器和压电式加速度测振传感器。测振传感器的工作原理，选择测振传感器的原则。

（4）振动信号分析仪器：振动计、频率分析仪、频率特性分析仪、传递函数分析仪及综合分析仪。

习　　题

7－1　图7.20所示为一测振传感器输出的稳态电压e和被测振动的位移z、速度$\dot{z}$、加速度$\ddot{z}$的幅值比与频率的函数关系曲线。试问该传感器可能作为何种传感器使用？请在图上标出可测量信号的频率范围。

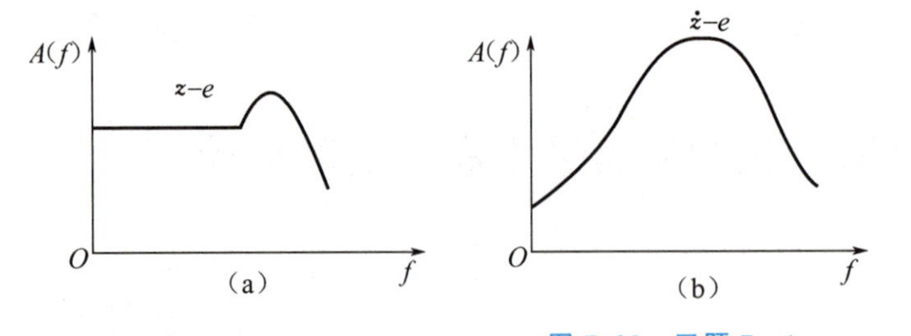

图7.20　习题7－1

7－2　若要测量频率为40～50Hz的正弦振动信号，应选用速度计还是加速度计？为什么？如用速度计测，则输出/输入信号幅值比是增大还是减小？为什么？用加速度计呢？

7－3　加速度传感器的固有频率为2.2kHz，阻尼为临界值的55%，当输入1.3kHz的正弦信号时，输出的振幅误差和相位差各是多少？

第8章 测试系统案例

本章介绍数控机床主轴热误差测试系统、双质量飞轮汽车传动系统扭转振动测试系统和基于FBG的薄板应变测试系统的设计和应用。

针对数控机床主轴热误差测试系统、双质量飞轮汽车传动系统扭转振动测试系统和基于FBG的薄板应变测试系统三个案例，了解各个系统的测量原理和方法。

8.1 数控机床主轴热误差测试系统

数控机床在制造业中占据着重要的战略地位。随着数控机床整机及零部件设计、制造、装配和材料等相关技术的不断发展，数控机床制造误差、几何误差、伺服驱动等精度不断提高，热误差在总误差中占的比重越来越大。数控机床主轴系统是数控机床的核心部件，由于主轴附近发热量较大、热源分布复杂，其热误差问题一直以来都是研究的热点。

8.1.1 数控机床热特性与主轴热误差分析

进行热误差测量之前需要分析数控机床热特性，为温度传感器的初步布置提供依据；分析主轴热误差在空间的各种形式，确定主轴热误差的测量原理，为试验测量提供理论依据。

在对数控机床温度场的测量过程中，温度传感器初步布局时应在数控机床内外部热源点安装大量温度传感器，后期再从大量测温点中筛选关键测温点。

1. 数控机床主轴热误差形式

数控机床主轴在运转过程中受到多个热源影响，所产生的热误差是多个热变形在空间中的综合，最终导致主轴卡盘夹持工件的相对位置变化，通过主轴卡盘夹持的检棒反映主轴的热误差数据。图 8.1 所示为主轴在空间中的热误差形式，ab 为检棒初始位置，$a'b'$ 为变形后的末态位置。

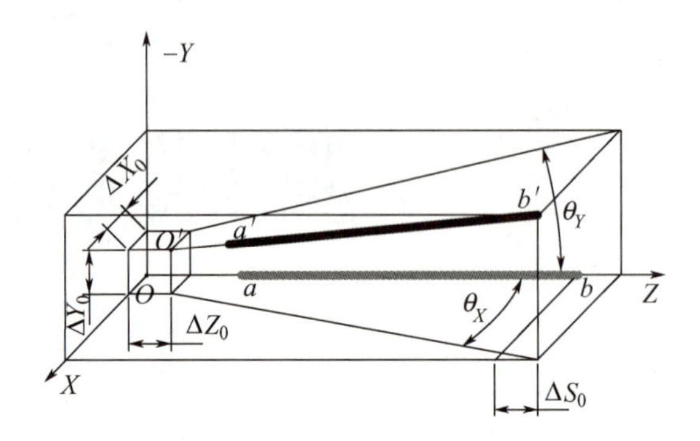

图 8.1　主轴在空间中的热误差形式

以卡盘端面中心为主轴原点(程序原点)，主轴在空间中的热误差形式分为以下两种。

(1) **主轴原点漂移**：机床程序原点从 O 点漂移到 O' 点。在空间内该漂移又可分解为沿 3 个方向的热误差：原点 Z 向热漂移 ΔZ_0，主轴原点 X 向热漂移 ΔX_0，主轴原点 Y 向热漂移 ΔY_0。

由于主轴热倾斜角极小，认为 $\tan\theta=\theta$，因此主轴在 Z 轴方向的热误差等于主轴原点 Z 向热漂移(图 8.1)，即

$$\Delta S=\Delta Z_0$$

(2) **主轴热倾斜**：主轴产生了 X 轴、Y 轴方向的热倾斜，分别为 θ_X、θ_Y。

2. 主轴热误差测量原理

根据《机床检验通则 第 3 部分：热效应的确定》GB/T 17421.3—2009，**测量主轴热误差采用 5 点测量法**。如图 8.2 所示，5 个位移传感器安装在夹具上，夹具安装在刀架上。位移传感器 S_0 用于测量检棒端面的位移，S_1 和 S_2 安装在 XOZ 平面上，S_3 和 S_4 安装在 YOZ 平面上，分别测量检棒两个方向的固定端和自由端位移，每对传感器在 Z 轴方向的间隔距离 $L=240\text{mm}$。

当主轴向 X 轴、Y 轴方向的热倾斜角 θ_X、θ_Y 趋近于 0 时，可近似认为 $\tan\theta=\theta_{(\text{rad})}$。根据 4 个传感器 S_1、S_2、S_3、S_4 的测量值，通过以下公式容易得到主轴热倾斜角为

$$\theta_X=\tan\theta_X=\frac{\Delta S_1-\Delta S_2}{L}$$

$$\theta_Y=\tan\theta_Y=\frac{\Delta S_3-\Delta S_4}{L}$$

主轴轴向热误差由传感器 S_0 进行测量，S_0 测量检棒端面的变形量，根据几何关系，可以近似认为 $\tan\theta=\theta$，从而得到

$$\Delta Z_0=\Delta S_0$$

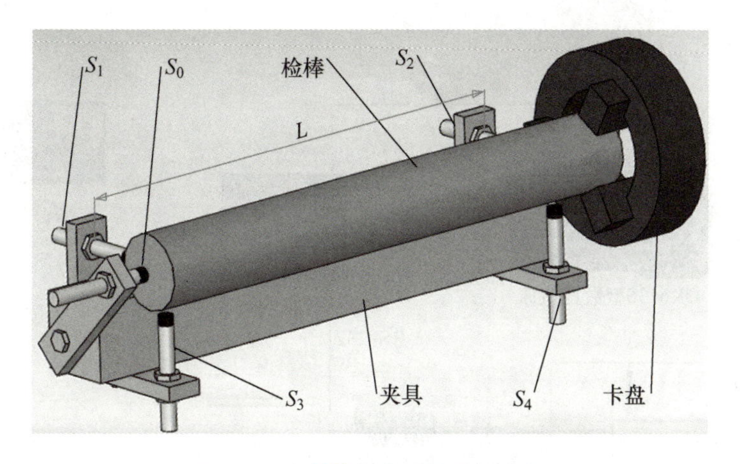

图 8.2　主轴热误差测量原理示意

热倾斜的旋转原点不一定是机床程序原点，如图 8.3 所示。图中 O_1 为实际旋转原点，靠近卡盘的位移传感器安装位置的 Z 轴方向绝对编程坐标为 m，根据几何关系，有

$$\tan\theta_Y = \frac{\Delta S_4 - \Delta Y}{m - \Delta Z_0}$$

$\Delta Z_0 \ll m$，近似认为 $m - \Delta Z_0 = m$，同时认为 $\tan\theta = \theta$，则有

$$\Delta Y_0 = \Delta S_4 - m\theta_Y$$

同理有

$$\Delta X_0 = \Delta S_2 - m\theta_X$$

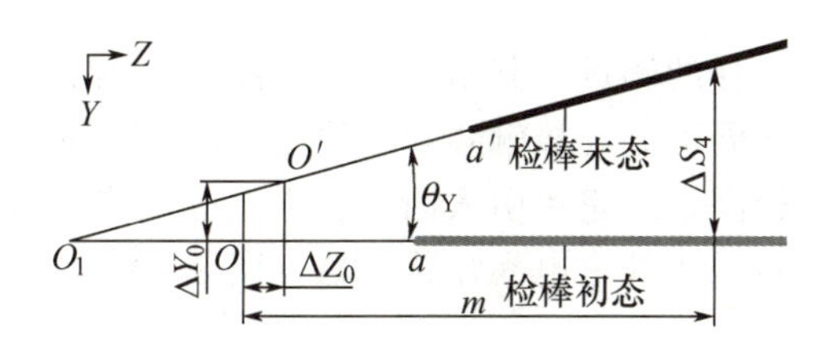

图 8.3　主轴原点在 Y 轴方向漂移

8.1.2　数控机床主轴热误差测量试验

数控机床主轴热误差测量系统架构如图 8.4 所示。该系统通过智能采集卡自动采集温度传感器和位移传感器的测量数据，并通过 USB 发送给上位机，能实现数据的自动化采集、展示及保存。

1. 数控机床温度测量

数控机床温升是一个缓慢变化和持续的过程，针对数控机床温度的测量方法，部分数控机床厂家在数控机床出厂前在内部安装了多个温度传感器，并通过数控系统采集这些温度，采用补偿控制器实现加工过程中实时地补偿数控机床的热变形误差。但这种方法仅适用于部分新型数控机床和特定的数控系统，且出厂后不能方便地更改传感器的安装位置，具有一定的局限性。工业中常用的温度传感器种类繁多，常用的有热电阻、热电偶和集成式温度传感器。

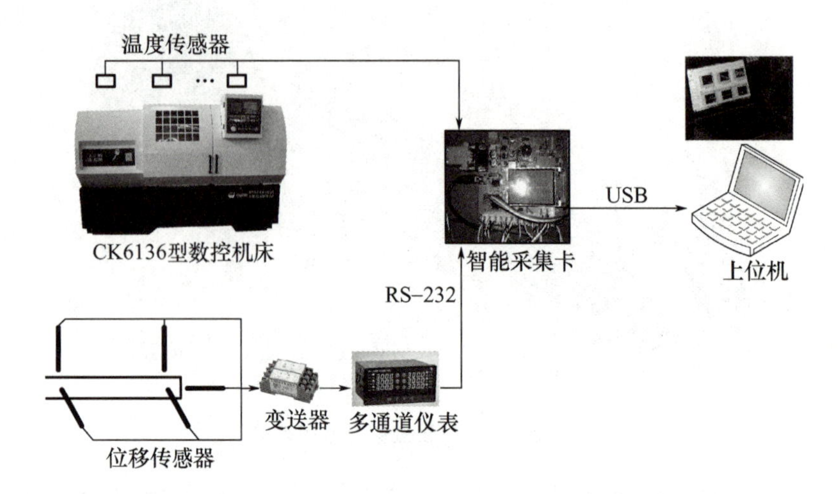

图 8.4 数控机床主轴热误差测量系统架构

传统的机床温度测量系统中常采用热电阻、热电偶等温度传感器，这些传感器一般需要较复杂的测量电路，同时，它们的敏感元件得到的都是模拟量信号，需要后续的 A/D 转换电路。**随着集成电路和半导体技术的快速发展，集成式温度传感器发展迅速，已经能替代部分传统温度传感器(特别是在中低温度测量中)，且集成温度传感器的成本相对较低，是未来传感器发展的主流方向。**

2. 数控机床主轴热误差测量

热误差测量的本质是位移的测量，其精度要求较高。工业上常用于数控机床热误差测量的传感器按照测量方式不同可分为接触式和非接触式两类。本系统中被测数控机床主轴为动态对象，且测量精度较高，为避免引入因重复定位或安装等造成的误差，优先选择非接触式位移传感器，本试验采用的是电涡流传感器（图 8.5)。

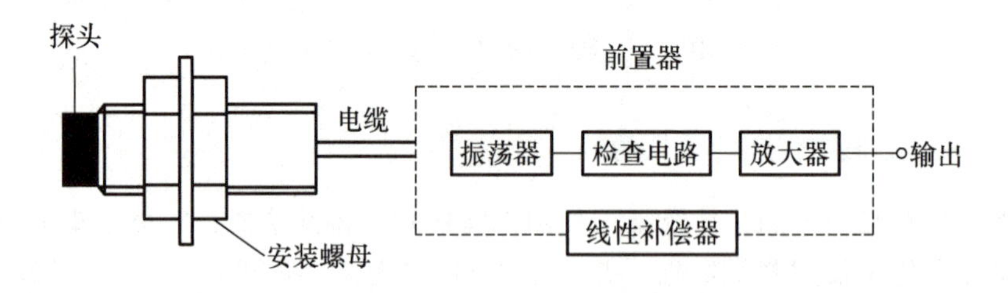

图 8.5 电涡流传感器的组成

电涡流传感器是建立在电涡流效应原理上的传感器，其通常由电涡流探头、前置器和其他附件组成。本系统采用 WT 型电涡流传感器，其主要技术参数见表 8-1。

表 8-1 WT 型电涡流传感器的主要技术参数

探头直径	8mm	线性范围	2mm
灵敏度	8mV/μm	线性误差	<1%

电涡流传感器的前置器输出与测量距离成比例的直流电压信号，先通过直流电压隔离变送器将该电压信号变送为 DC 4～20mA 电流信号，该电流信号在仪表行业较为通用，相比电压信号更适合远距离传输。本系统采用 XSDAL 系列多通道仪表进行电流信号采集与传输，仪表自带滑动平均值滤波器，在测量热误差时能消除主轴振动对热误差测量值的影响。

3. 测量上位机程序设计

数控机床热误差测量平台通常采用 LabVIEW 进行开发，下位机通过串口发送数据，LabVIEW的 VISA 节点通过串口接收下位机发来的数据。开发前需要在上位机(计算机)上安装 LabVIEW 的 VISA 驱动和串口所需的驱动。

LabVIEW 针对 USB 的程序设计需要用到 VISA 配置串口、VISA 读取和 VISA 关闭等 VISA 控制函数。数据采样周期由下位机决定。上位机设置好串口后，通过循环读取串口缓存区数据并定时清除上次的数据。

图 8.6 中上排的 3 个波形图表显示各向位移，中间一排和下排的波形图表按照数控机床不同部位分别显示测点位移。当该部位有多个温度传感器时，多点温度将捆绑显示在同一个波形图表上。单击选项卡控件可以切换到“所有温度(所有位移)”选项，所有温度和位移的测量值将捆绑显示在同一个波形图表上，可以直观地观测各点温度(各向位移)的变化趋势。

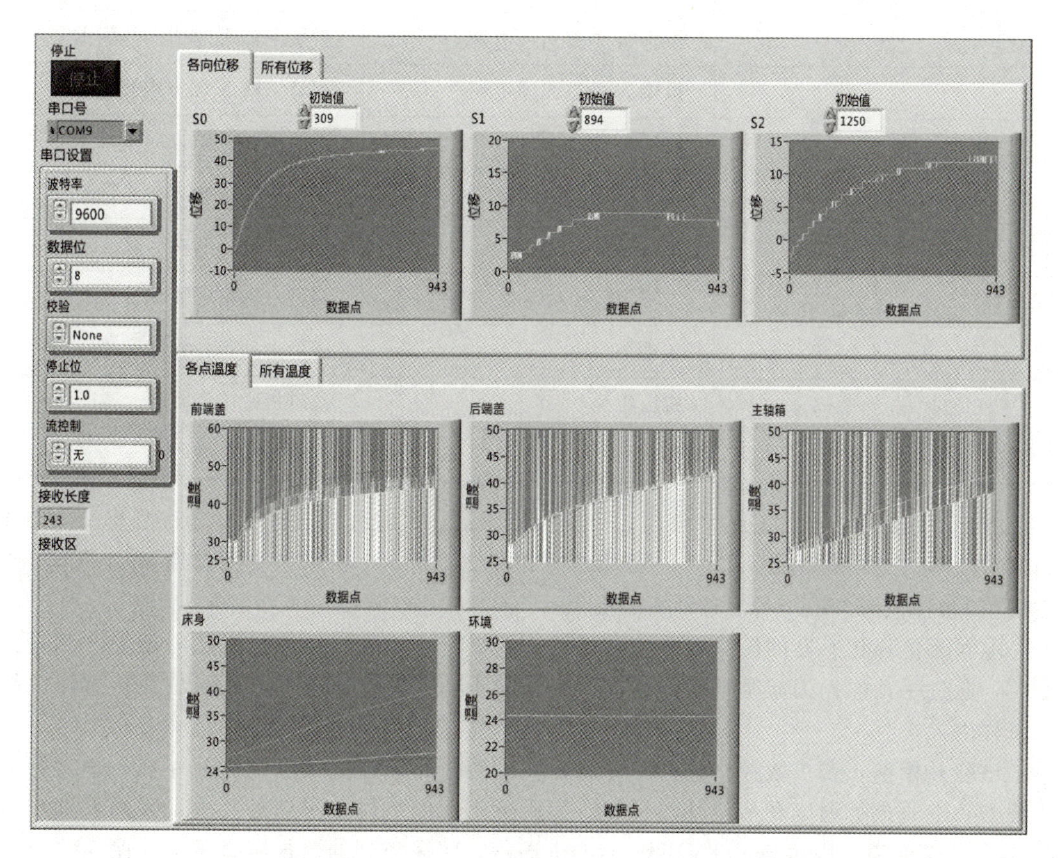

图 8.6 LabVIEW 测量上位机的前面板(分开显示)

8.1.3　试验与结果分析

1. 试验方案

数控机床主轴位于主轴箱内，其热误差难以直接测量，所以采用车床卡盘夹持检棒作为辅助测量工具，通过对检棒的测量得到主轴的热误差数据，检棒的位置变化反映的是实际加工过程中主轴夹持的工件的位置变化。电涡流位移传感器测量值由主轴热位移、主轴振动和检棒的径向圆跳动误差共同组成。试验采用 ϕ40mm×300mm 的 45 钢棒芯。测量开始前，为了消除检棒径向圆跳动的影响，应先对棒芯的端面和外圆精车加工以获得光滑的表面。加工完成后采用电涡流位移传感器测量棒芯形状公差，精车后棒芯的径向圆跳动误差在 1μm 内，可作为检棒使用。主轴径向振动幅值约为 9μm，通过仪表自带的平均值滤波器消除对热误差测量的影响。

根据 CK6136 型数控机床热源分析结果在机床主要热源处安装温度传感器，根据数控机床主轴热误差原理安装位移传感器。传感器的安装位置及用途见表 8－2。

表 8－2　传感器的安装位置及用途

传　感　器	安 装 位 置	用　　途
S_0	检棒 Z 轴方向端面	测量主轴 Z 轴方向热误差
S_1	检棒 X 轴方向自由端	测量主轴 X 轴方向热误差
S_2	检棒 X 轴方向固定端	测量主轴 X 轴方向热误差
S_3	检棒 Y 轴方向自由端	测量主轴 Y 轴方向热误差
S_4	检棒 Y 轴方向固定端	测量主轴 Y 轴方向热误差
T_1、T_2、T_3	主轴箱前轴承端盖	测量主轴箱前轴承附近温度
T_4、T_5、T_6	主轴箱后轴承端盖	测量主轴箱后轴承附近温度
T_7、T_8、T_9、T_{10}、T_{11}	主轴箱	测量主轴箱各方位温度
T_{12}、T_{13}、T_{14}	机床床身	测量机床床身温度
T_{15}	环境	测量环境温度

为了节约成本，试验过程中使用 3 个位移传感器，试验分两次进行，分次测量 X 轴、Y 轴方向位移。主轴箱测温点 T_1～T_{11}分布示意如图 8.7 所示，机床床身测温点 T_{12}～T_{14}位于主轴箱下侧床身铸件上，T_{15}为环境测温点。

电涡流位移传感器的探头安装在自行设计的夹具上，固定在数控机床刀架上。测量开始前，通过手动操作刀架调整探头与检棒之间的距离，使检棒进入电涡流位移传感器的线性量程内。

试验开始前，要求数控机床彻底冷却，实际测量时须让机床停机 20h 左右。通过智能采集卡，定时进行温度和热位移的采集。为避免出现偶然误差与信号丢失，采样周期设置为 3s。采集卡通过串口与 LabVIEW 上位机通信，将采集到的数据实时显示并保存。

车床以 2500r/min 的转速连续空转运行 4h 以上，根据《机床检验通则 第 3 部分：热效应的确定》GB/T 17421.3—2009，当最后60min的变形量小于最初60min内最大变形量的15%时，可认为机床达到热平衡状态。图8.8所示为热误差测量试验机床。

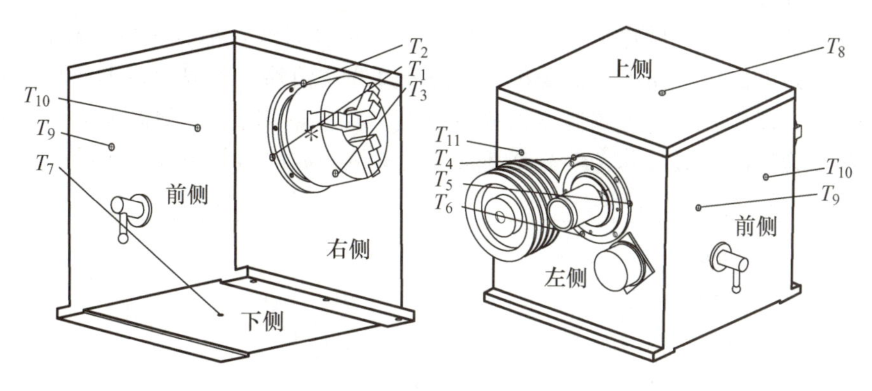

图8.7 主轴箱测温点 T_1～T_{11} 分布示意

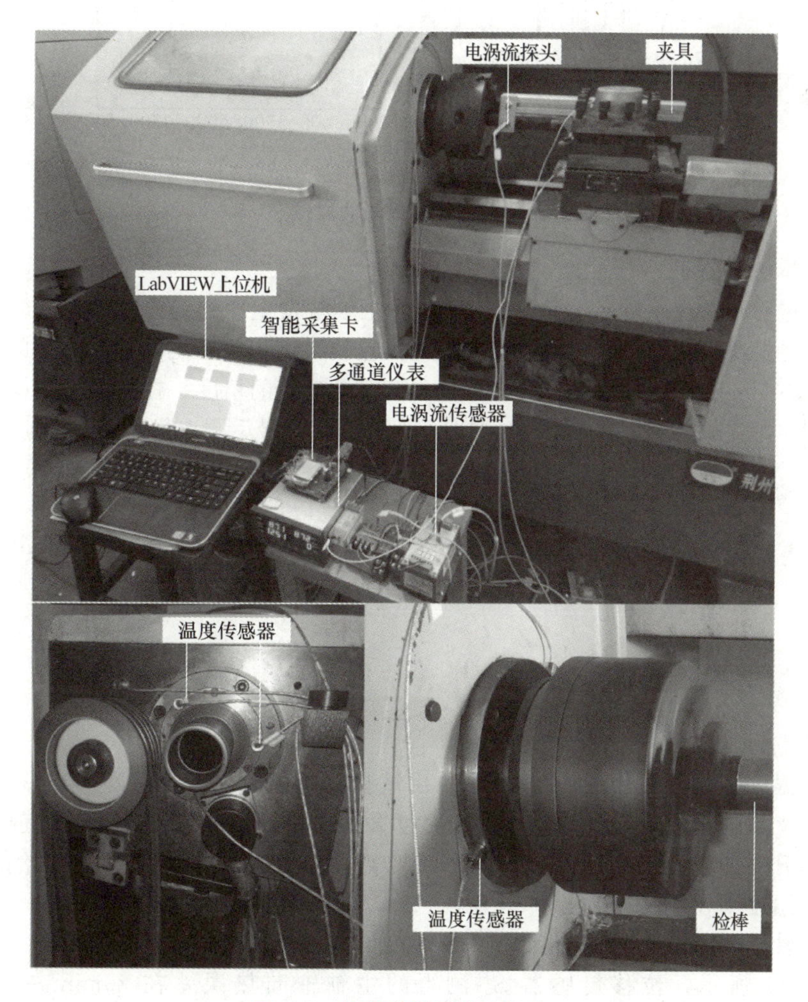

图8.8 热误差测量试验机床

2. 试验数据前期处理

(1) 数据滤波

在实际测量过程中，位移传感器的多通道仪表具有滤波功能，可以消除振动等干扰，而温度传感器因电磁干扰而存在的噪声数据需经过滤波消除。对温度这类变化缓慢的被测参数，**用中值滤波器能有效过滤偶然因素引起的干扰。**以测点 T_1 的温度为例，使用中值滤波器的窗宽为 5 时，可消除全部数据异常点。中值滤波波形如图 8.9 所示。

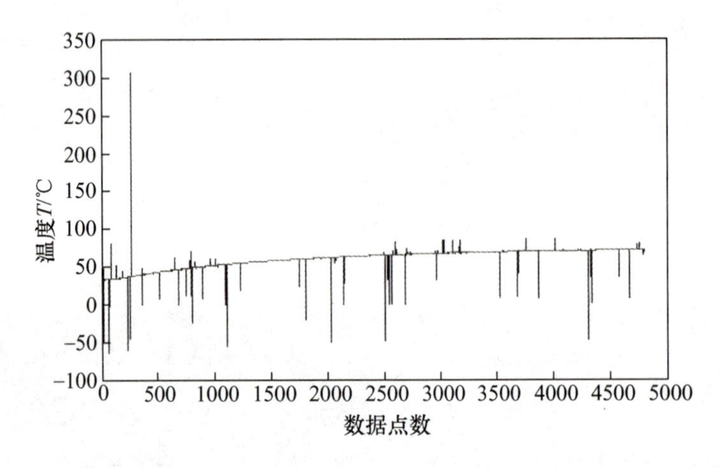

图 8.9　中值滤波波形

(2) 样本数据选取

在测量过程中发现主轴启动后的前 10min，主轴将发生剧烈的热变形，同时在后期热误差建模过程中发现该时间段的热误差模型拟合残差较大。为模拟实际加工过程的机床热机过程，将测量前 10min 的数据舍弃，这样可以提高后期建模的精度。在对温度数据和位移数据滤波处理后，每 2min(即每 40 次采样)选取一个数据作为最后测点优化和建模的样本数据。

$$\boldsymbol{T}=\begin{bmatrix} T_{1,1} & T_{1,2} & \cdots & T_{1,120} \\ T_{2,1} & T_{2,2} & \cdots & T_{2,120} \\ \vdots & \vdots & \ddots & \vdots \\ T_{m,1} & T_{15,2} & \cdots & T_{15,120} \end{bmatrix}$$

$$\Delta\boldsymbol{Z}=[Z_1 \quad Z_2 \quad \cdots \quad Z_{120}]$$

3. 测量结果分析

(1) 测点温度变化

各测点温度变化曲线如图 8.10 所示。由试验数据可知，当机床运行 4h 后，各测点温度接近平衡。主轴箱前后端盖及箱体外表温度升高明显，且前期主轴箱前端盖附近温度上升最快，温升最高点处温度达到 74.5℃。床身温度升高较小，相比试验开始前升高 10℃左右。环境温度则在 1℃内变化。

(2) 主轴热误差变化

如图 8.11 所示，位移传感器 S_0 测得的主轴轴向热误差在 20min 左右达到最大值 80μm，之后缓慢减小。按照热力学原理，主轴轴体的热伸长应为上升平衡曲线，但 S_0 测量的是主轴端面与刀具之间的热位移，该位移除了受主轴轴体变形影响外，还受主轴箱变形和床身变形的影响，最终导致轴向热误差减小。X 轴方向的传感器 S_1、S_2 变化值较小。检棒自由端往 X 轴正向变形，最终稳定在 29μm。固定端最开始往 X 轴正向变形，后往 X 轴负方向变形，变形值为 −9～12μm。Y 轴方向的传感器 S_3、S_4 变形值较大且均向 Y 轴正方向变形，检棒自由端比固定端位移值大，分别为 202μm 和 159μm。

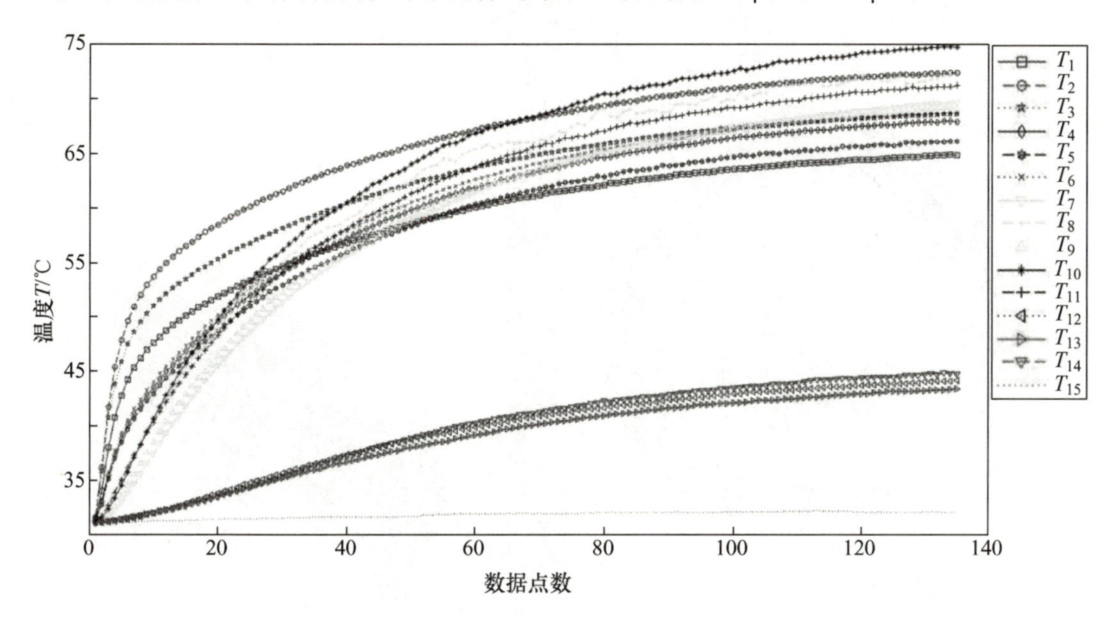

图 8.10　各测点温度变化曲线

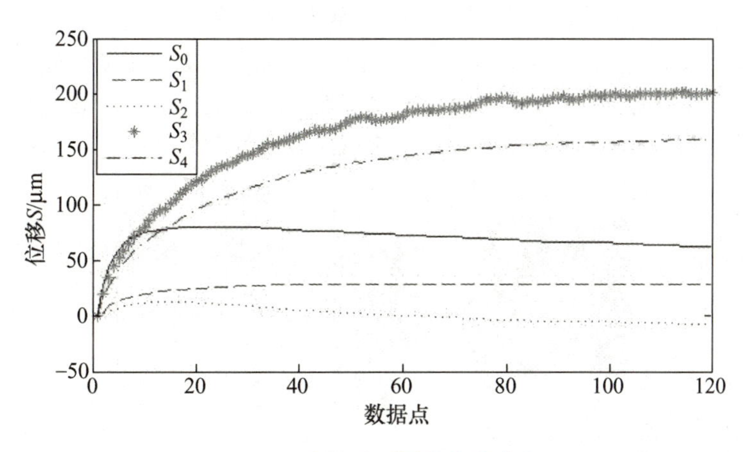

图 8.11　各位移测量值变化曲线

8.2　双质量飞轮汽车传动系统扭转振动测试系统

8.2.1　双质量飞轮汽车传动系统简介

由于气缸压力的周期性变化，发动机输出的扭矩也随之周期性波动，进而引起汽车传动轴系的扭转振动。**发动机扭转振动是损伤汽车动力传动系统零部件的主要因素之一，双质量飞轮是一种新型的扭振减振器，**其主要由主飞轮、次级飞轮(副飞轮)和减振元件(弹簧和油脂)组成，主飞轮与发动机曲轴连接，次级飞轮与变速器连接，主飞轮和次级飞轮通过弹簧连接，可以通过改变主飞轮和次级飞轮的质量及弹簧刚度来实现衰减来自发动机的扭转振动。图 8.12 所示为双质量飞轮的结构简图。

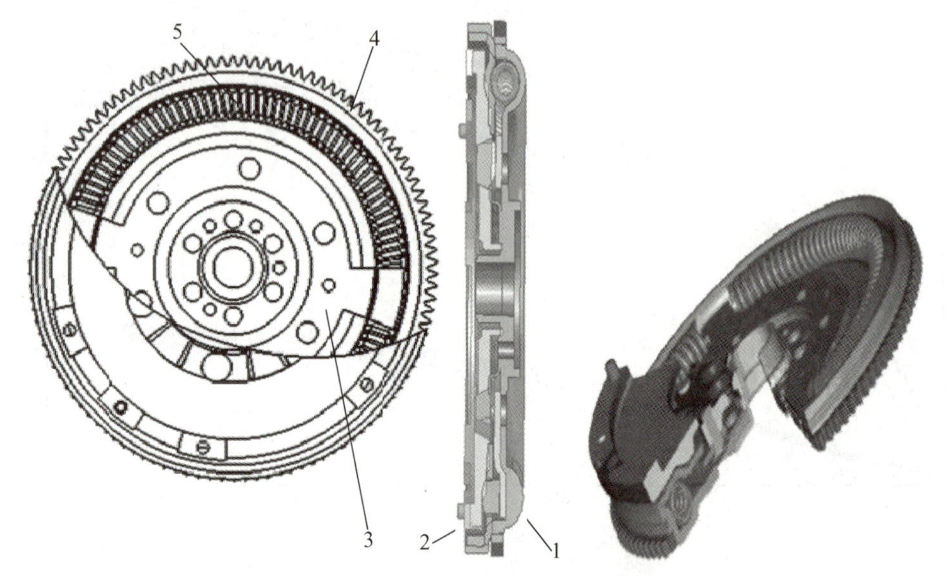

1—主飞轮；2—次级飞轮；3—拨盘；4—启动齿圈；5—弧形弹簧

图 8.12　双质量飞轮的结构简图

双质量飞轮在汽车传动系统中的位置如图 8.13 所示。双质量飞轮处在汽车发动机与传动系统之间，发动机的转速波动经过双质量飞轮后得到衰减，进而避免传动系统发生强烈的扭转振动，能有效地提高汽车动力传动系统的安全性和舒适性。

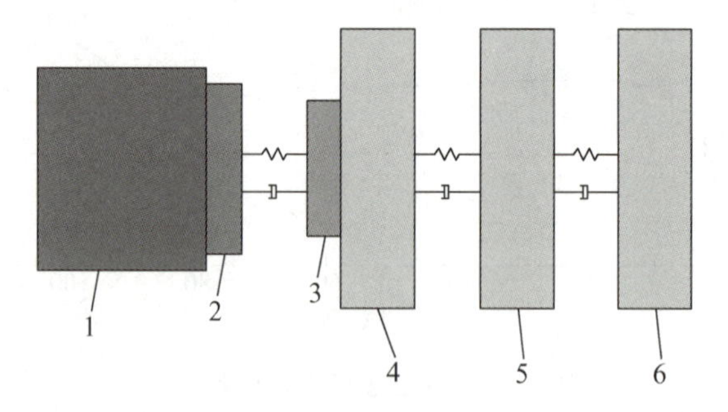

1—发动机；2—主飞轮组件；3—离合器和次级飞轮组件；4—变速器总成；5—传动系统；6—轮毂系统

图 8.13　双质量飞轮在汽车传动系统中的位置

8.2.2　双质量飞轮汽车传动系统扭转振动测试方案

双质量飞轮汽车传动系统扭转振动测试系统的一般组成如图 8.14 所示，其中试验激发装置为测试系统的动力源或激励源，被测对象根据实际测试目标而定，传感器根据测试的物理量来选定，中间变换、数据处理和显示记录为测试信号的处理单元。

双质量飞轮汽车传动系统扭转振动测试的测试目的：①测试发动机的扭转振动经过双

质量飞轮后的衰减程度；②分析双质量飞轮汽车传动系统的共振转速。

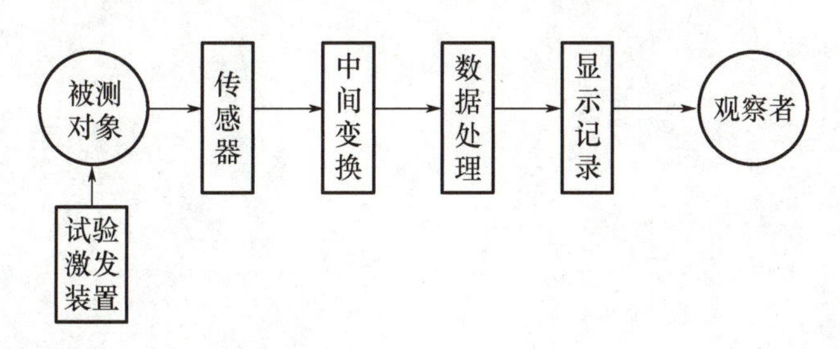

图 8.14 双质量飞轮汽车传动系统扭转振动测试系统的一般组成

传动系统的扭转振动通常以转速的波动为主要表现形式，因此参考某车型的传动系统构成，结合测试系统的组成，可确定本测试系统的组成：①测试对象为双质量飞轮汽车传动系统；②试验激发装置为汽车发动机；③测试物理量为主飞轮处的转速和变速器输入轴的转速；④传感器可选无接触测量方式的磁电转速传感器；⑤专业数据采集分析仪集成了电信号的中间变换、数据处理和显示记录等功能。图 8.15 所示为某车型传动系统的扭转振动测试方案示意。

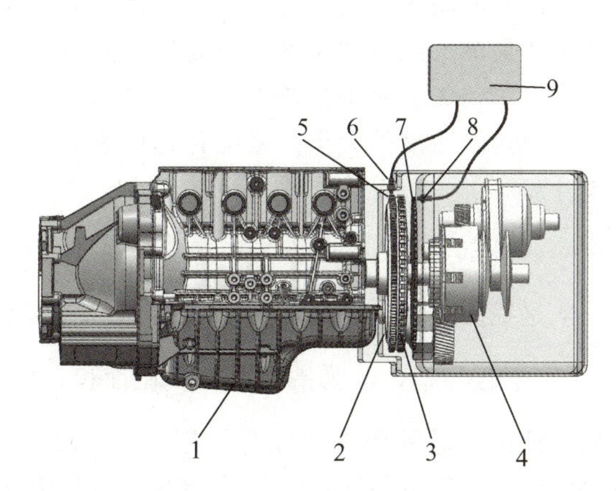

1—发动机；2—主飞轮组件；3—次级飞轮组件；4—无级变速器；5—启动齿圈；
6—转速传感器 1；7—信号齿圈；8—转速传感器 2；9—数据采集分析仪

图 8.15 某车型传动系统的扭转振动测试方案示意

依据测试方案，试验车内数据采集分析仪布置如图 8.16 所示，传感器布置如图 8.17 所示。数据采集分析仪采用的是 LMS SCADAS 302VB，传感器型号为 ONOSOKKI/MP-910。

图 8.16 试验车内数据采集分析仪布置

图 8.17 传感器布置

8.2.3 扭转振动测试原理与数据分析

轴系的扭转振动通常以转速波动的形式表现出来，转速波动的大小可以用来衡量扭转振动的强度，转速波动实际就是轴系的角加速度，因此扭转振动的测量可以转化为轴系角加速度的测量。在本次测试中，**首先利用磁电转速传感器测量出轴系的转速，然后对转速信号进行数据处理，进而得到角加速度的大小。**磁电转速传感器主要由线圈、永久磁铁等组成，根据电磁感应定律可知

$$E=NSH\frac{\mathrm{d}\mu}{\mathrm{d}t} \tag{8-1}$$

式中：E 是感应电动势；N 是线圈匝数；S 是线圈横截面积；H 是磁场强度；μ 是铁磁材料磁导率，$\mu=\mu_0\frac{s_2}{\delta}$；$\mu_0$ 为真空磁导率，s_2 为铁磁材料横截面积，δ 为气隙距离。

磁电转速传感器在测量转速时通常和齿圈配合使用，其布置形式如图 8.18 所示。当齿圈旋转时，齿圈上的齿依次通过磁电传感器，磁路的磁导率发生变化，导致感应电动势 E 发生周期性变化，因此输出近似方波的波形，如图 8.19 所示。

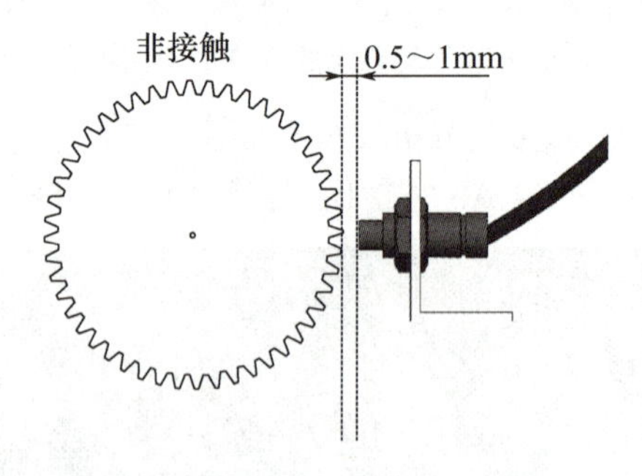

图 8.18 磁电转速传感器的布置形式

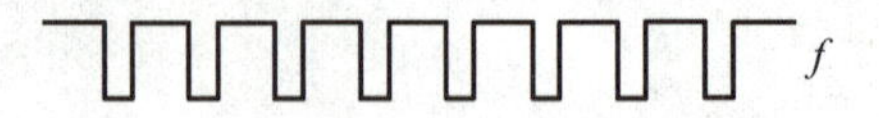

图 8.19 磁电转速传感器的输出波形

齿圈的转速为ω(r/min)，齿圈的齿数为Z，磁电转速传感器输出的信号中Z个波形所经历的时间为t，则转速为

$$\omega=60\ \frac{1}{t}$$

测试系统根据上述测量原理和测量方案搭建，试验中发动机转速从约800r/min匀速上升到约3000r/min，双质量飞轮汽车传动系统扭转振动测试的试验数据见图8.20和图8.21。图8.20所示为时域转速信号，纵坐标为转速，横坐标为时间。图8.21所示为频域角加速度信号，纵坐标为角加速度，横坐标为频率。

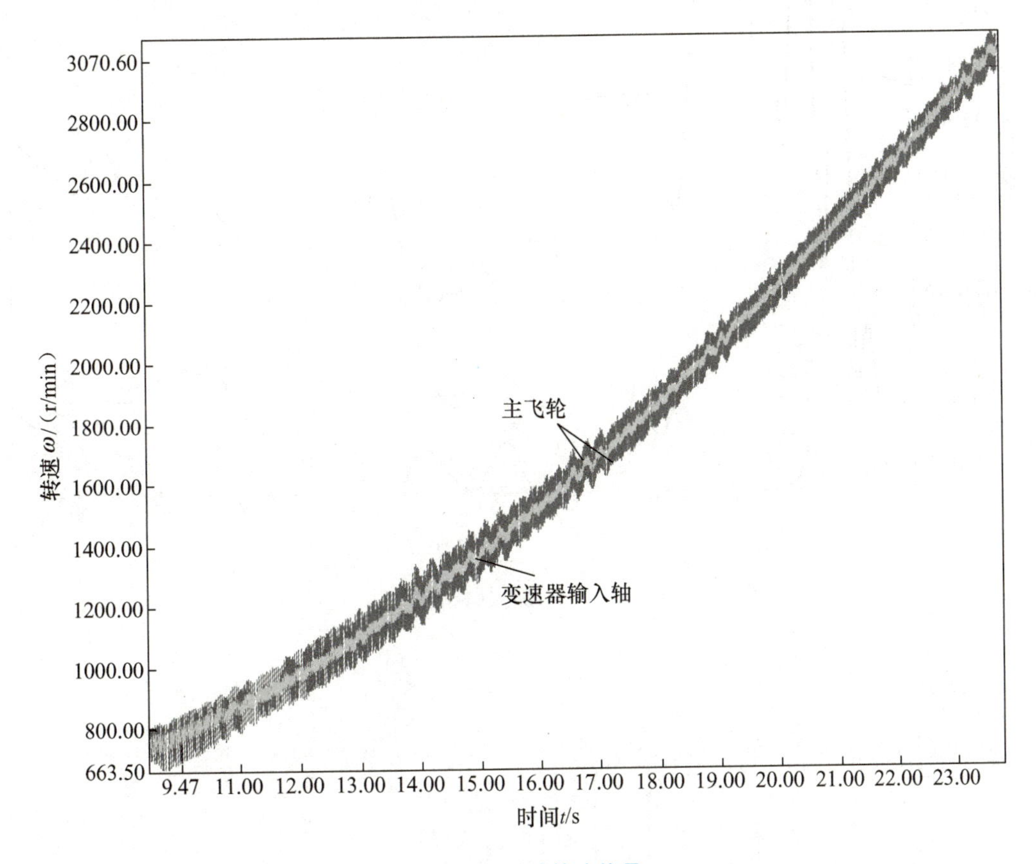

图8.20 时域转速信号

时域的转速信号需要转换为时域角加速度信号，根据角加速度α和转速ω的关系可知

$$\alpha=\frac{\omega_{i+1}-\omega_i}{t_{i+1}-t_i}2\pi$$

式中：t_{i+1}、t_i分别为齿圈在转动第$i+1$和第i圈的时间间隔；ω_{i+1}、ω_i分别为齿圈在转动第$i+1$和第i圈的转速。

根据上式可以得到角加速度的时域信号。图8.22所示为时域离散信号。傅里叶级数展开可以将时域信号转换为频域信号，由于采集的信号为离散信号，在对离散信号进行傅里叶级数展开的时候可以采用以下方法进行。

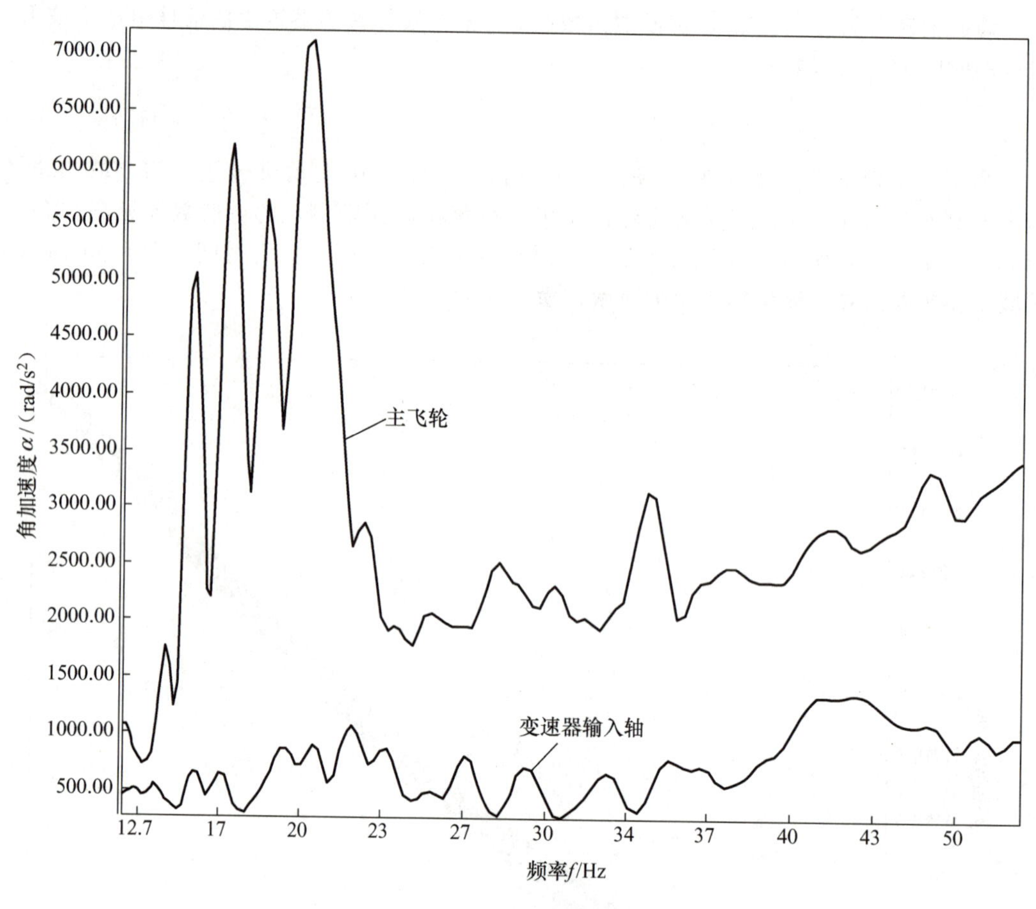

图 8.21　频域角加速度信号

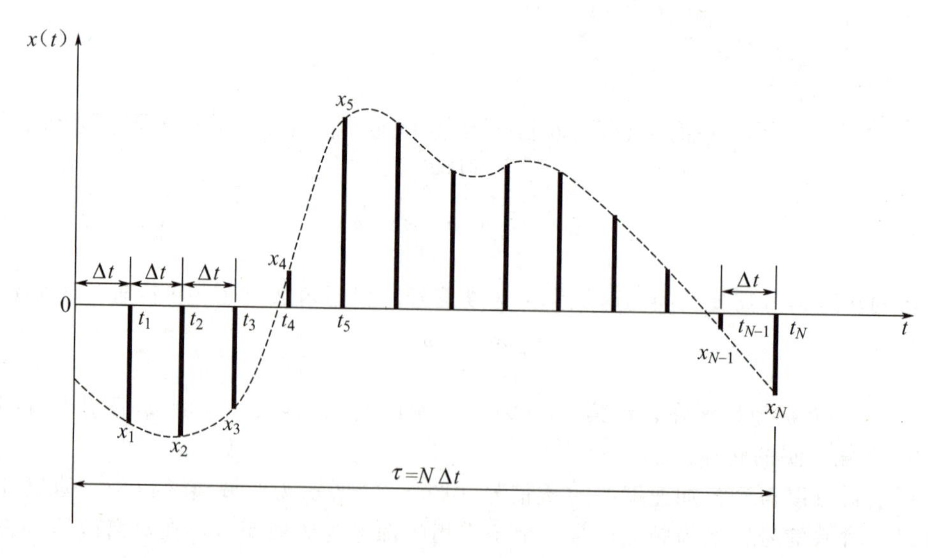

图 8.22　时域离散信号

设 t_1，t_2，…，t_N是周期 τ 的偶数个等分点，对应的信号幅值分别为 $x_1=x(t_1)$，$x_2=x(t_2)$，…，$x_N=x(t_N)$，则

$$a_0=\frac{2}{N}\sum_{i=1}^{N}x_i \tag{8-2}$$

$$a_n=\frac{2}{N}\sum_{i=1}^{N}x_i\cos\frac{2n\pi t_i}{\tau} \tag{8-3}$$

$$b_n=\frac{2}{N}\sum_{i=1}^{N}x_i\sin\frac{2n\pi t_i}{\tau} \tag{8-4}$$

由式(8-2)、式(8-3)和式(8-4)可得到离散信号的傅里叶级数展开式

$$x(t)=a_0+\sum_{N=1}^{\infty}(a_n\cos n\omega t+b_n\sin n\omega t)$$

由图 8.22 可知，变速器输入轴的角加速度幅值远远小于主飞轮的角加速度幅值，这意味着发动机传动系统的扭转振动经过双质量飞轮后被有效衰减。传动系统存在 3 个比较明显的共振频率——20Hz、30Hz 和 40Hz，对应的共振转速为 1200r/min、1800r/min 和 2400r/min。

8.3 基于光纤光栅的薄板应变测量系统

8.3.1 光纤光栅应变传感原理

光纤光栅主要的制作方法是利用光纤材料的光敏性，通过紫外光曝光的方法将入射光相干场图样写入纤芯，在纤芯内产生沿纤芯轴向的折射率周期性变化，从而形成永久性空间的相位光栅，其作用实质上是在纤芯内形成一个窄带的(透射或反射)滤波器或反射镜。

光纤光栅的周期数量级为 0.1μm，通过把某个方向传输的芯模能量耦合给反方向传输的芯模，形成在谐振波长附近一定带宽的能量反射，它是一种性能优异的窄带反射滤波器件。

当光纤光栅的光纤芯区折射率发生改变时，其产生的周期折射率扰动仅会对很窄的一小段光谱产生影响，形成在谐振波长附近的一定带宽的能量反射，它是一种性能优异的窄带反射滤波器件。

光纤光栅通过改变光纤芯区折射率，周期的折射率扰动仅会对很窄的一小段光谱产生影响，因此宽带光波在光栅中传输时，入射光将在相应的波长上被反射回来，其余的透射光则不受影响，这样光纤光栅就起到了波长选择的作用。光纤光栅的结构及波长选择原理如图 8.23 所示。

光纤光栅的中心波长与有效折射率的数学关系是研究光纤光栅传感的基础。根据耦合波理论，当满足相位匹配条件时，光纤光栅的波长为

$$\lambda_B=2n_{eff}\Lambda \tag{8-5}$$

式中：n_{eff}为光纤传播模式的有效折射率；Λ 为光纤光栅的周期。可以看出，光纤光栅波长的变化由光纤光栅的有效折射率和光纤光栅的周期决定，这两个参数发生改变，光纤光栅的波长就会发生漂移。

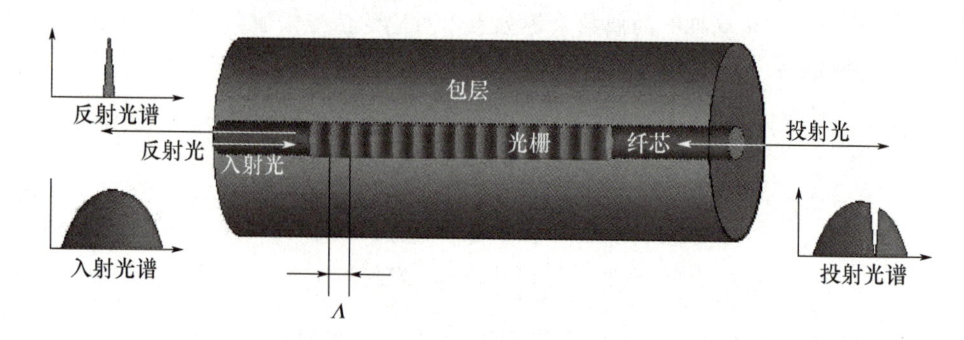

图 8.23 光纤光栅的结构及波长选择原理

对式（8－5）进行微分可得

$$\Delta\lambda_B = 2\Lambda\Delta n + 2n\Delta\Lambda \tag{8-6}$$

由(8－5)、式(8－6)得

$$\frac{\Delta\lambda_B}{\lambda_B} = \frac{\Delta n}{n} + \frac{\Delta\Lambda}{\Lambda} \tag{8-7}$$

光纤光栅反射光中心波长的变化反映了外界被测信号的变化情况，在外力作用下，光弹效应导致光纤光栅折射率变化，形变则使光栅栅格发生变化，同时弹光效应还使得介质折射率发生改变，因此

$$\frac{\Delta\lambda_B}{\lambda_B} = (1 - P_e)\varepsilon \tag{8-8}$$

式中

$$P_e = \frac{n^2}{2}[\rho_{12} - \nu(\rho_{11} + \rho_{12})]$$

其中：ν 是泊松比；ρ_{11} 和 ρ_{12} 为光纤应变张量的分量。

对于典型的石英光纤：$n=1.456$，$\nu=0.16$，$\rho_{11}=0.12$，$\rho_{12}=0.27$，可以求得

$$P_e = 0.22$$

可得

$$\Delta\lambda_B/\lambda_B = 0.78\varepsilon$$

即光纤光栅波长为1300nm，则每个微应变 $\mu\varepsilon(1\mu\varepsilon=10^{-6}\varepsilon)$将导致1.01pm的波长改变量。

8.3.2 柔性薄板应变测量试验

柔性薄板应变测量试验台设计图如图8.24所示。试验台主要由三部分组成：矩形薄板、支承杆、底座。其中，支承杆和底座为辅助部分。矩形薄板长500mm，宽500mm，厚1.58mm，为典型的薄板结构。薄板结构为冷轧钢板，密度 $\rho=7900\text{kg/m}^3$；泊松比 $\nu=0.29$；杨氏模量 $E=2.068\times10^{11}\text{Pa}$。

基于光纤光栅的薄板应变测量试验装置如图8.25所示。矩形薄板四角通过螺栓锁死，中心利用电磁激振器通过顶杆进行激励。顶杆与矩形薄板连接处装有力传感器，用于测量此处输入力的大小。矩形薄板相应位置安装粘贴光纤光栅应变传感器，用于测量对应点的应变大小。

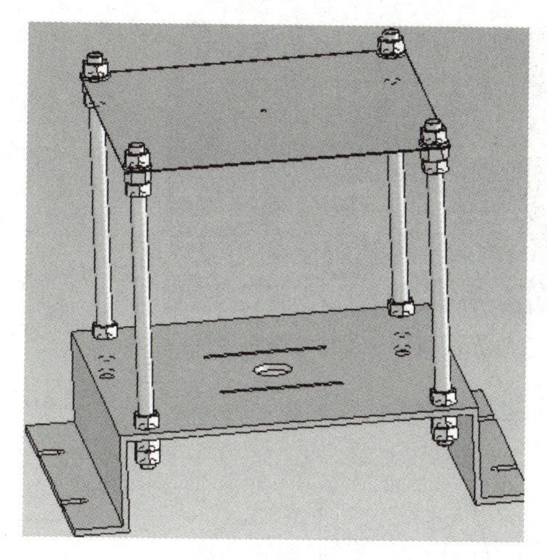

(a) 试验台

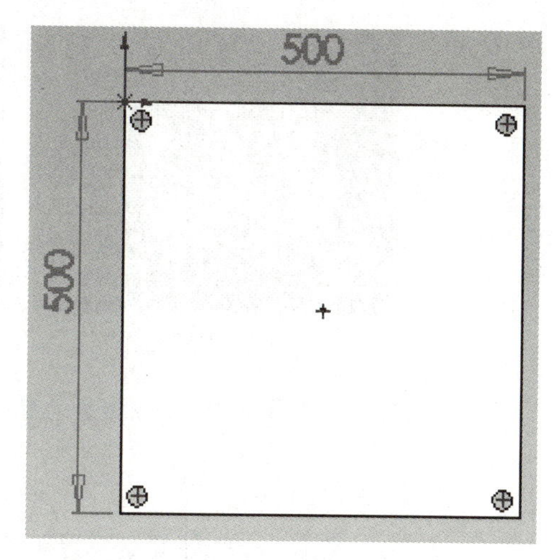

(b) 矩形薄板

图 8.24 柔性薄板应变测量试验台设计图

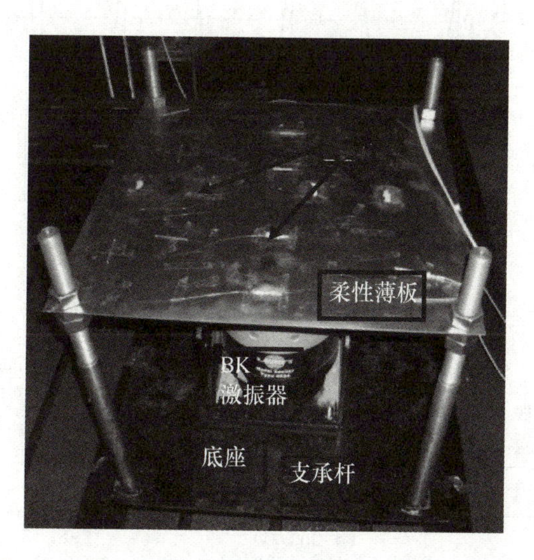

图 8.25 基于光纤光栅的柔性薄板应变测量试验装置

基于光纤光栅的柔性薄板应变测量试验系统如图 8.26 所示。选取 8 个测量点——充分利用光纤光栅传感器一纤多点的特点，选用两根光纤，每根光纤上串联 4 个光纤光栅应变传感器。

光纤光栅解调仪采用美国 MOI 公司 SM130 型解调仪，这是一款四通道高速高精度光纤光栅波长解调设备，最高解调频率为 2000Hz，分辨率小于 1pm，可重复性为 2pm。

激振器为采用丹麦 B&K 公司 4824 型激振器。激振过程采用正弦激振力，力传感器用于检测激振器施加在薄板上的激振力，激振位置为坐标轴原点位置，幅值为 10N，激振频率为 20Hz。图 8.27 所示为激振频率为 20Hz 时的激振力。通过光纤光栅解调仪采集数据，得到 8 个测量点的应变值。光纤光栅应变传感器测点具体位置及相关方向参数见表 8-3。

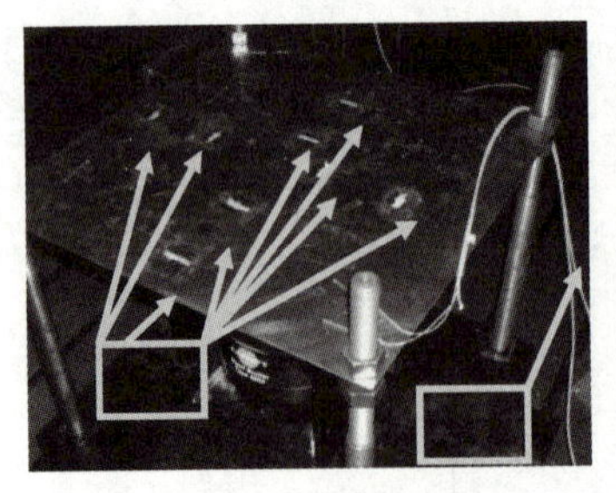

(a) 试验装置

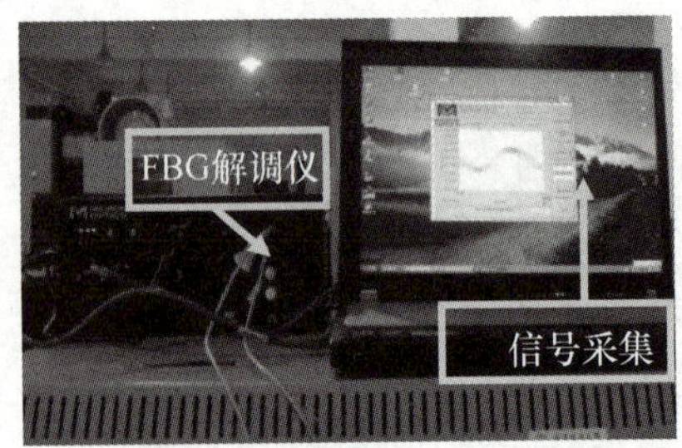

(b) 光纤光栅解调仪及信号采集系统

图 8.26 基于光纤光栅的柔性薄板应变测量试验系统

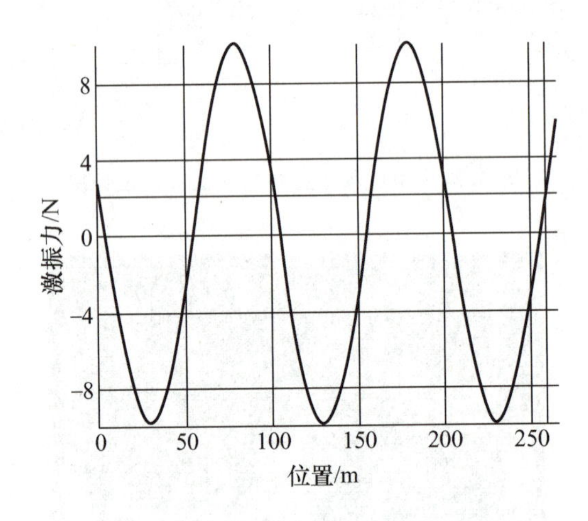

图 8.27 激振频率为 20Hz 时的激振力

表 8-3 光纤光栅应变传感器测点具体位置及相关方向参数

通道	光纤光栅应变传感器编号	位置/m	初始波长/nm	测量方向
1	11	(0，−0.05)	1319.90	X
	12	(0.05，0)	1298.43	Y
	13	(0，0.1)	1301.73	X
	14	(−0.1，0)	1285.80	Y
2	21	(0，−0.15)	1298.43	X
	22	(0.15，0)	1301.64	Y
	23	(0，0.2)	1319.86	X
	24	(−0.2，0)	1289.23	Y

8.3.3 试验结果分析

光纤光栅应变传感器测得的波长变化曲线如图 8.28～图 8.33 所示。根据经验可知，中心波长为 1300nm 附近的光纤光栅应变传感器，1$\mu\varepsilon$(一个微应变)约对应 1pm 的波长改变量，因此可以得到应变曲线图如图 8.34～图 8.41 所示。

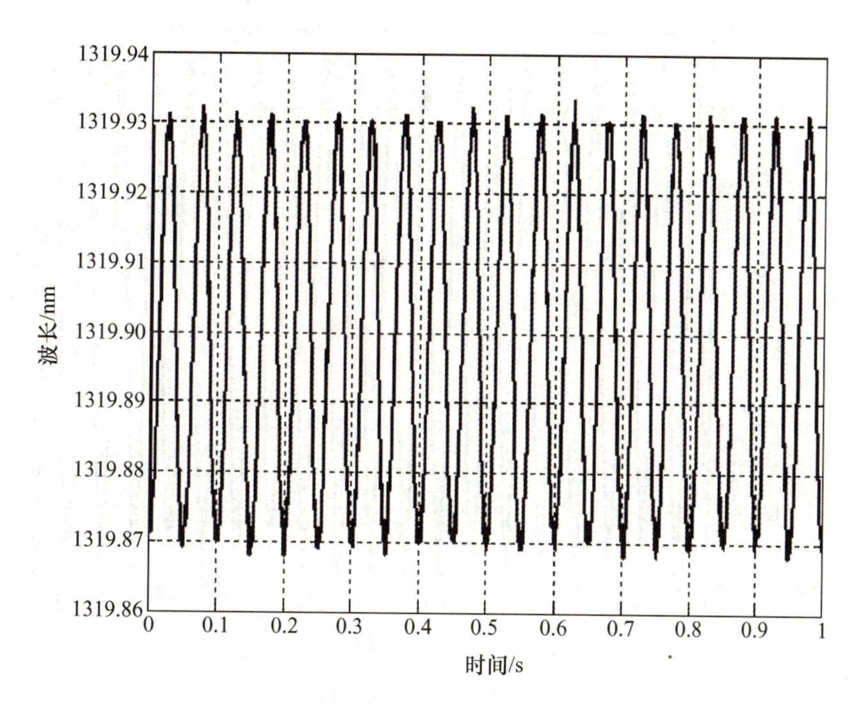

图 8.28　11#光纤光栅应变传感器波长变化曲线

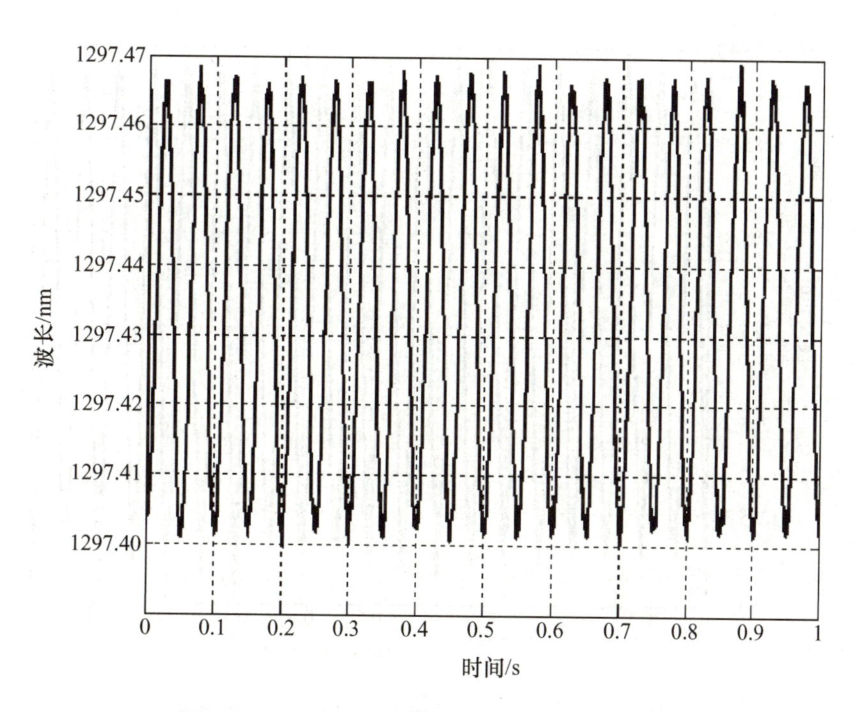

图 8.29　12#光纤光栅应变传感器波长变化曲线

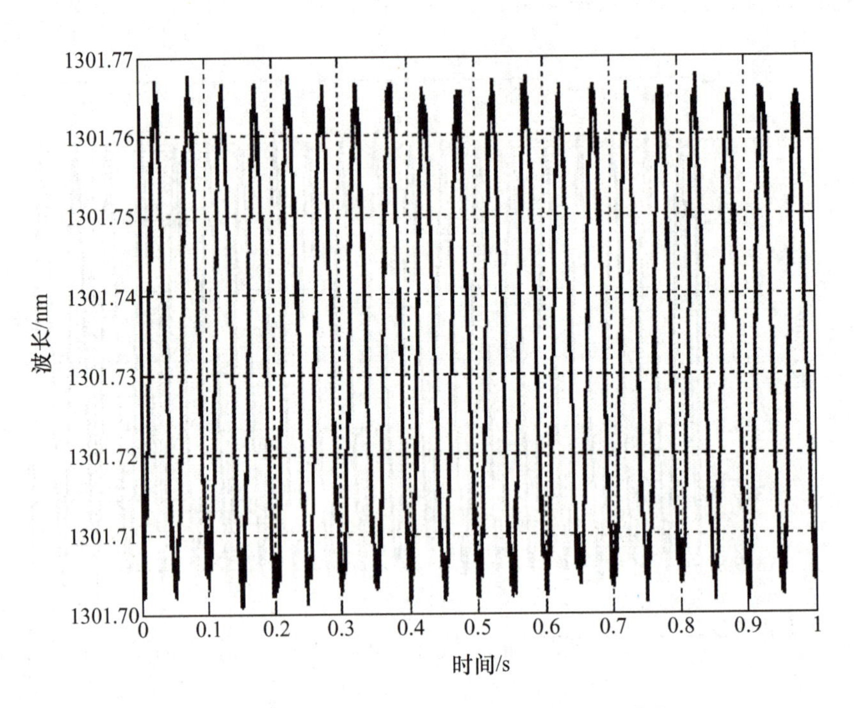

图 8.30　13＃光纤光栅应变传感器波长变化曲线

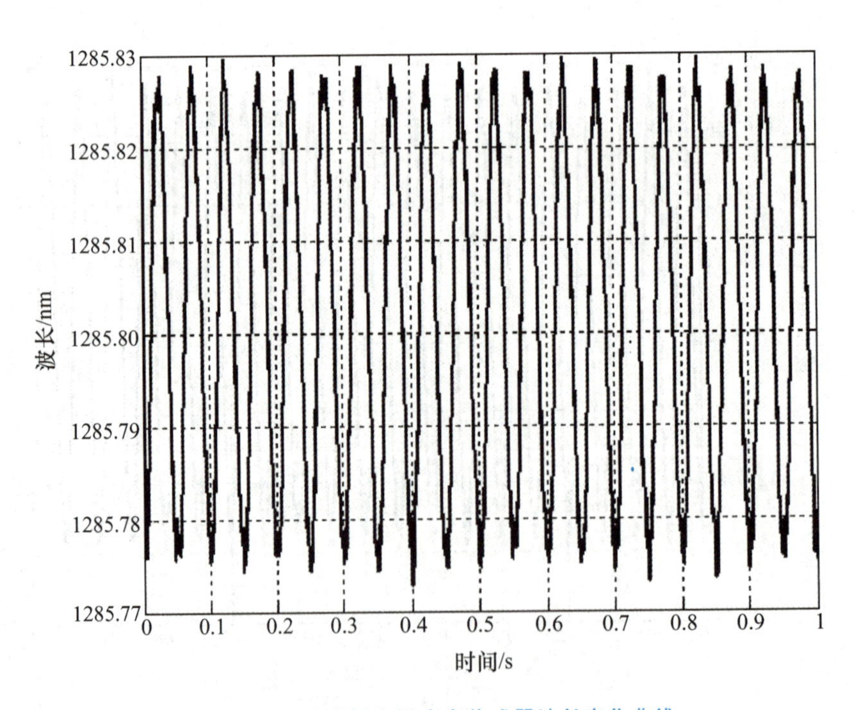

图 8.31　14＃光纤光栅应变传感器波长变化曲线

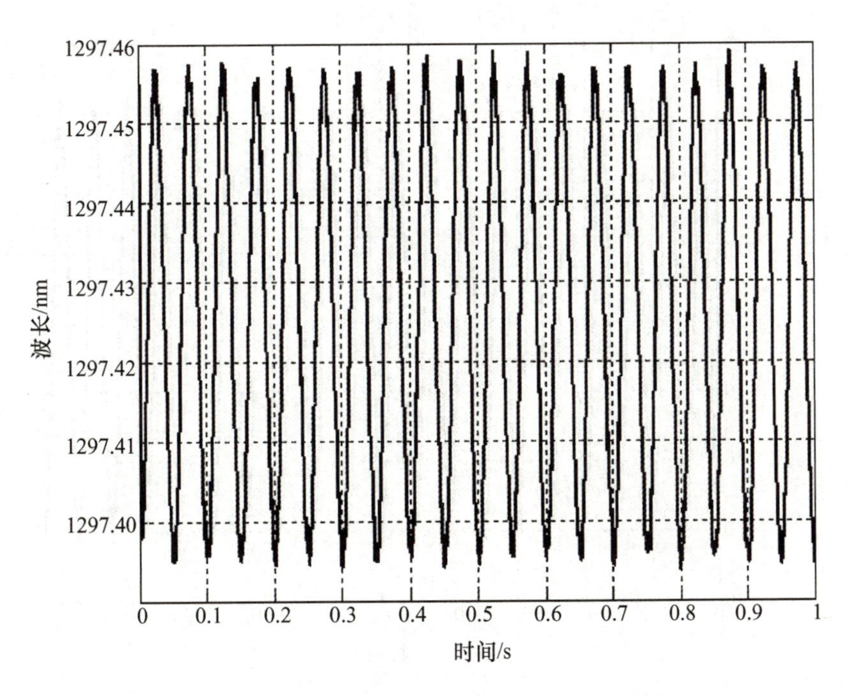

图 8.32　21＃光纤光栅应变传感器波长变化曲线

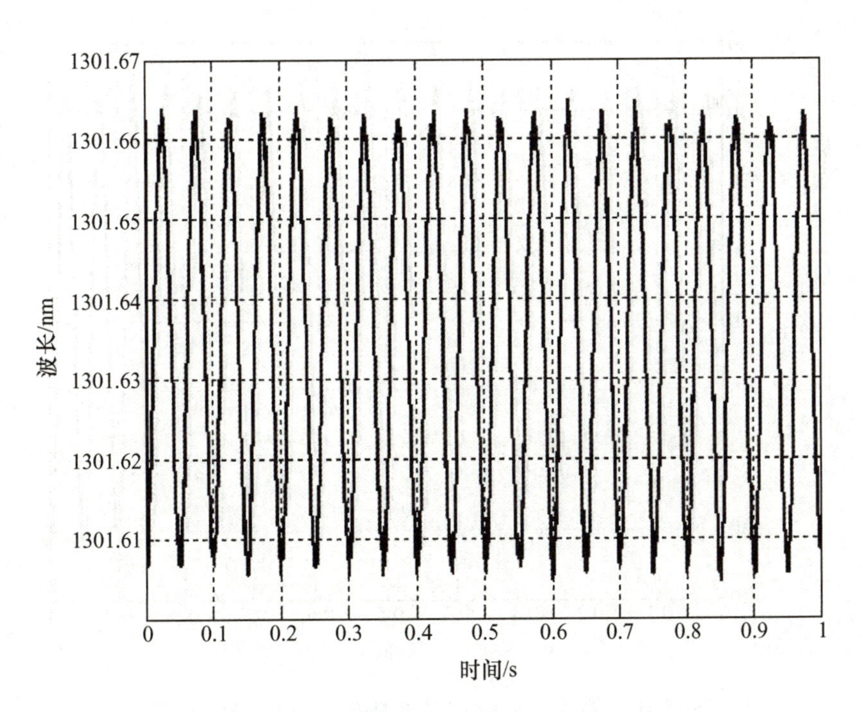

图 8.33　22＃光纤光栅应变传感器波长变化曲线

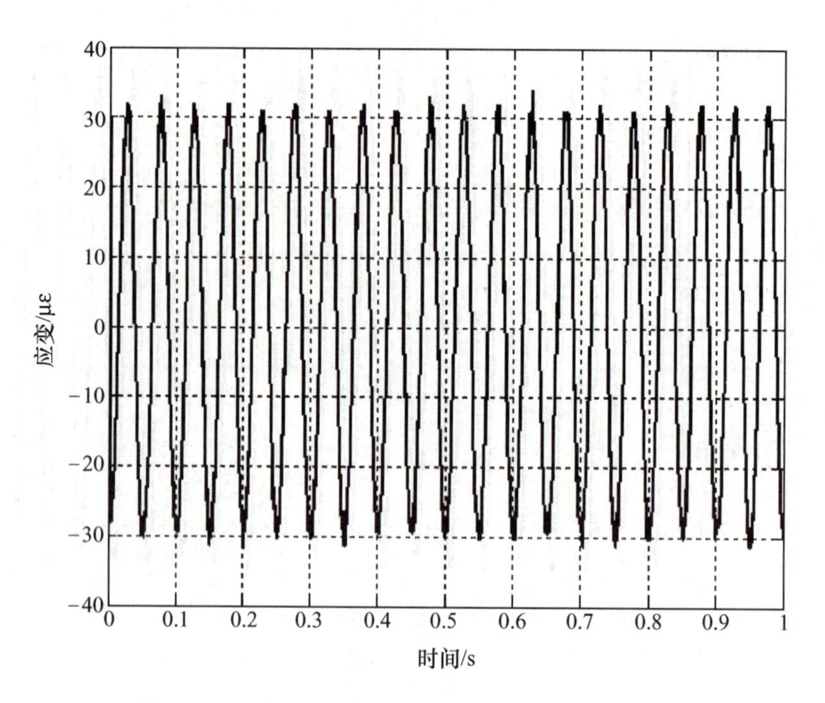

图 8.34　11＃光纤光栅应变传感器测得板 X 方向应变

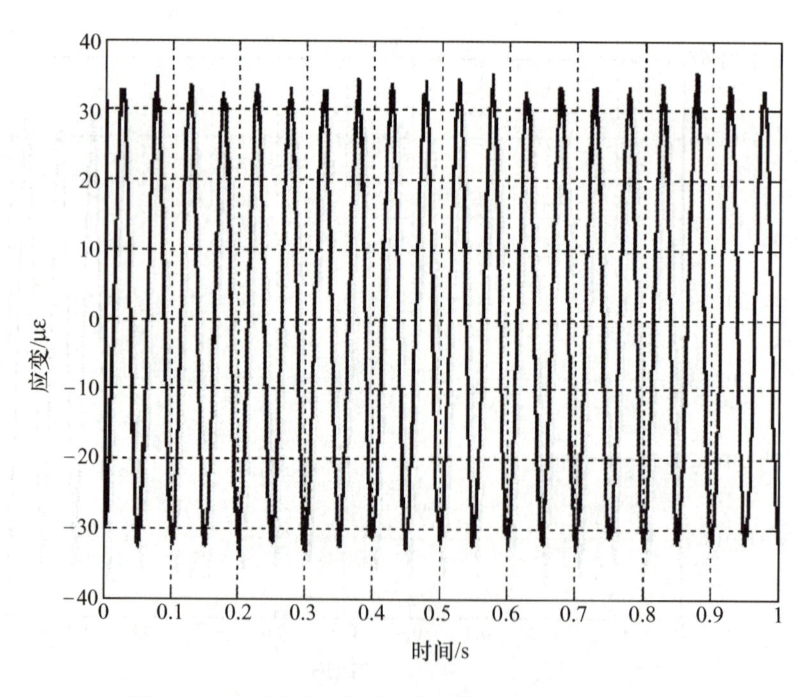

图 8.35　12＃光纤光栅应变传感器测得板 Y 方向应变

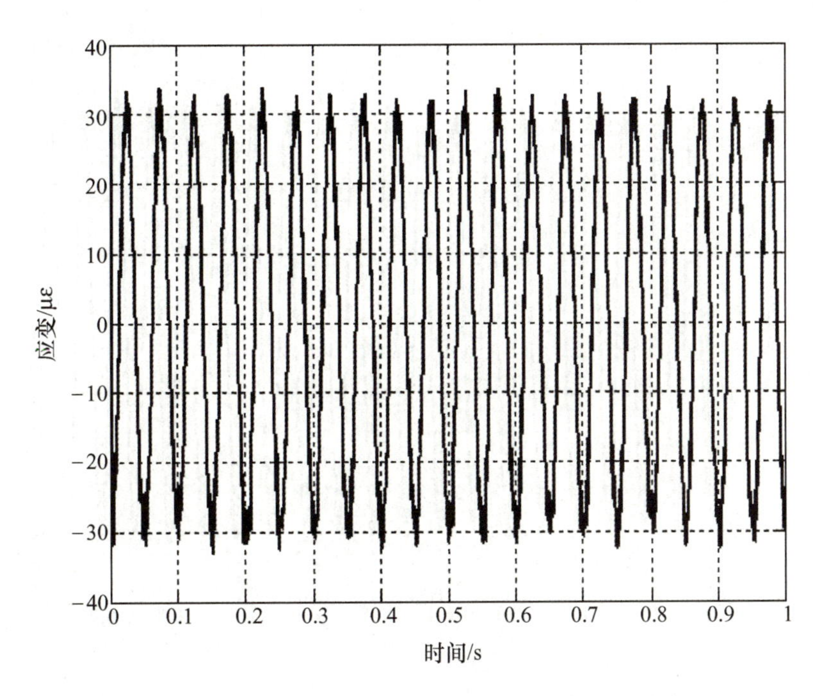

图 8.36 13#光纤光栅应变传感器测得板 *X* 方向应变

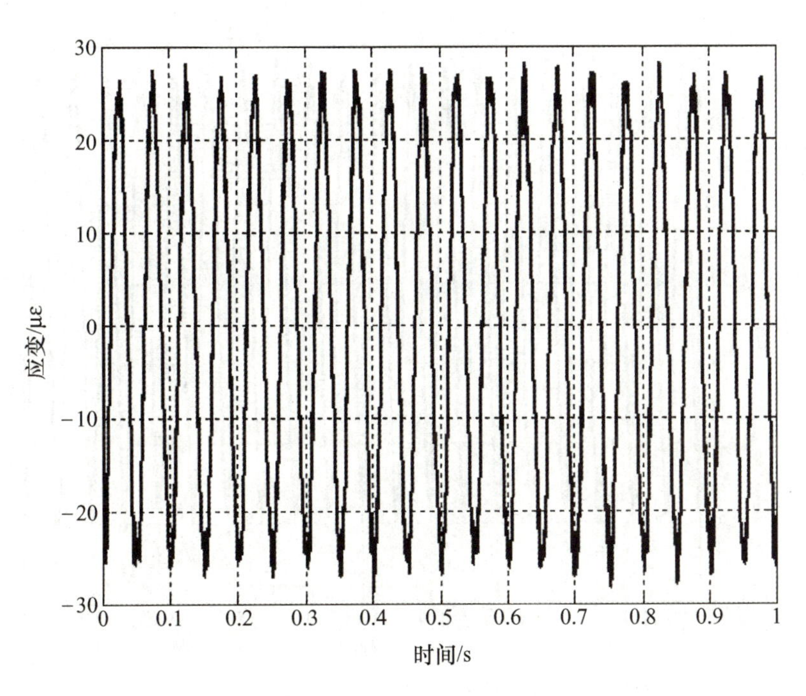

图 8.37 14#光纤光栅应变传感器测得板 *Y* 方向应变

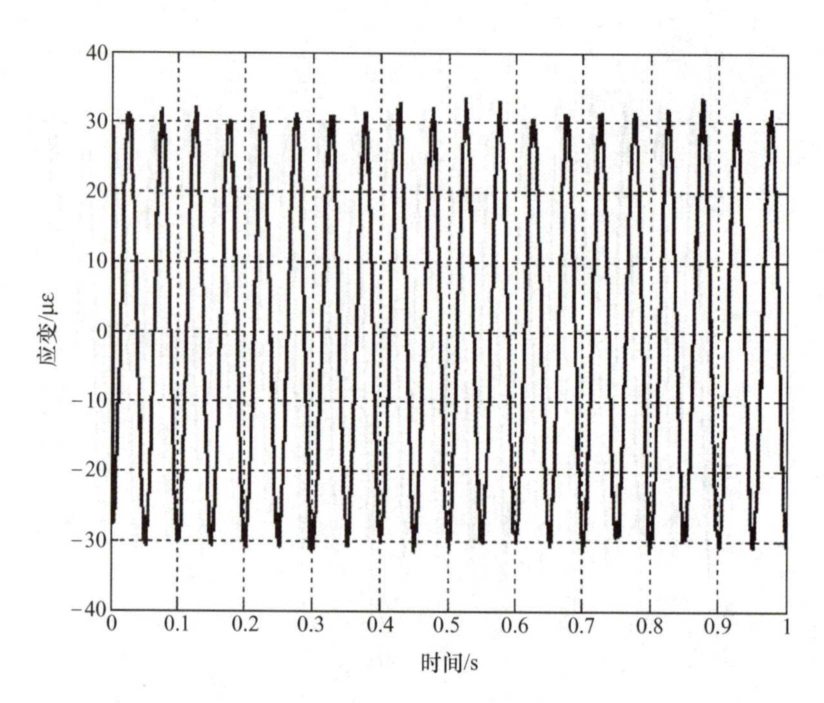

图 8.38　21＃光纤光栅应变传感器测得板 *X* 方向应变

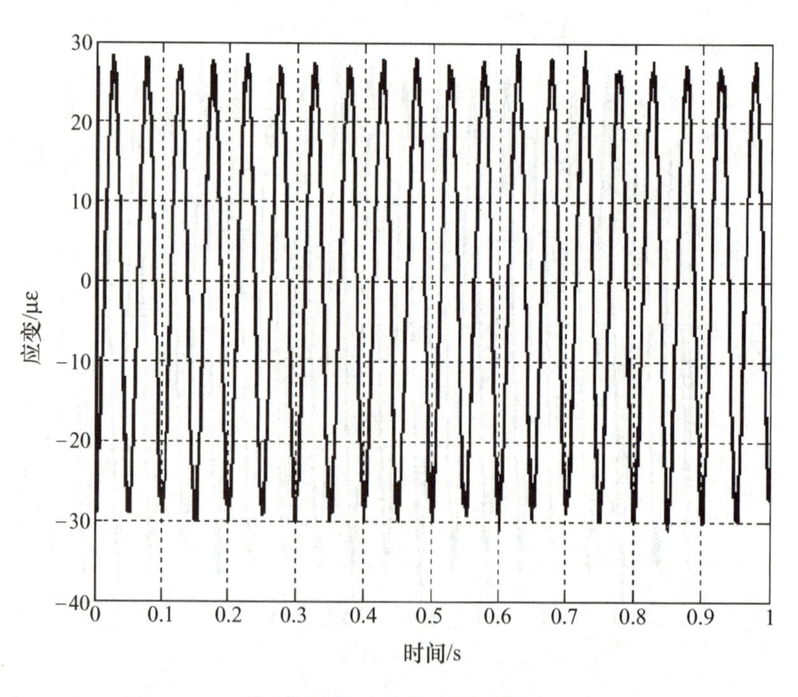

图 8.39　22＃光纤光栅应变传感器测得板 *Y* 方向应变

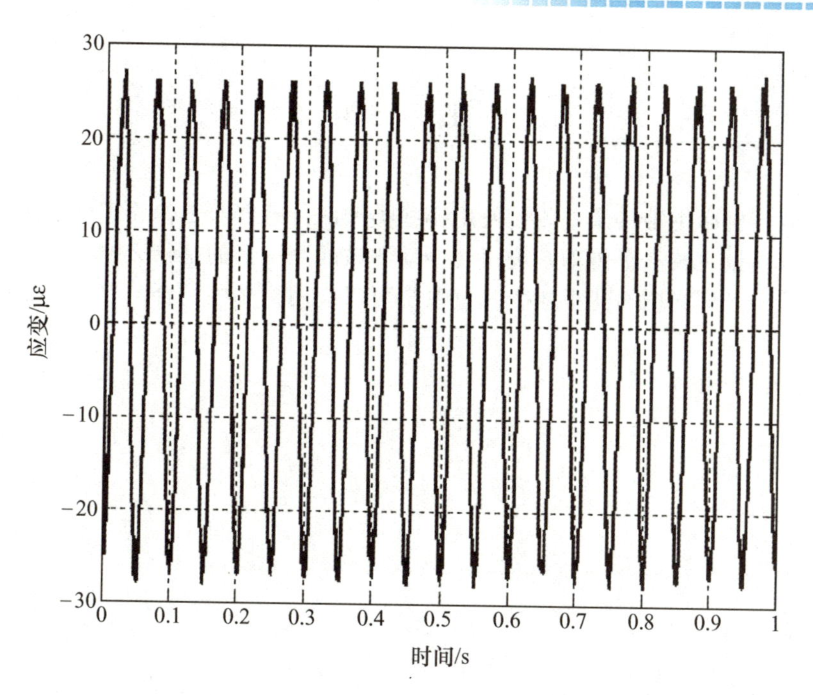

图 8.40 23#光纤光栅应变传感器测得板 *X* 方向应变

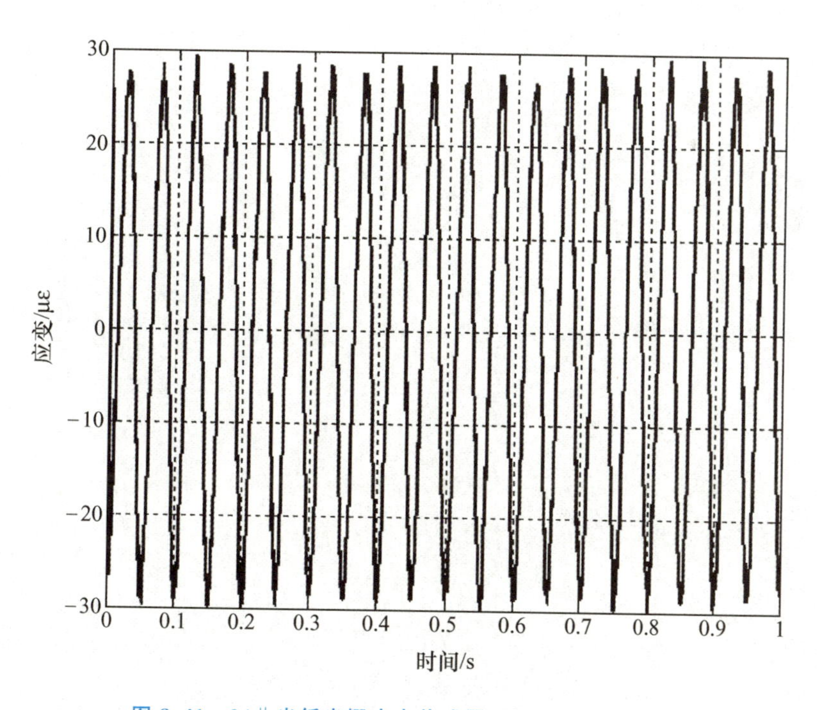

图 8.41 24#光纤光栅应变传感器测得板 *Y* 方向应变

本实例介绍了光纤光栅应变传感器测量的基本原理及实现步骤，验证了光纤光栅应变传感器测量应变的可行性，并且实现了一个通道测量多点应变，为多点应变测量提供一种全新的测量方法。

习　　题

8-1　数控机床主轴热误差测量使用哪些类型的传感器？工作原理分别是什么？

8-2　双质量飞轮汽车传动系统扭转振动测试的测试目的是什么？

8-3　基于光纤光栅的薄板应变测量系统可以应用到哪些场合？存在什么问题？

参考文献

BECKWITH T G，MARANGONI R D，LIENHARD J H，2004. 机械量测量［M］. 5 版. 王伯雄，译. 北京：电子工业出版社.

HAYKIN S，VEEN B V，2002. Signals and systems［M］. New York：John Wiley & Sons.

REDA D C，SULLIVAN N，2001. Advanced measurement techniques［M］. Brussels：Von Karman Institute.

SWANSON D C，2000. Signal Processing for Intelligent Sensor Systems［M］. New York：Marcel Dekker.

鲍晓峰，1995. 汽车试验与检测［M］. 北京：机械工业出版社.

蔡共宣，林富生，2017. 工程测试与信号处理［M］. 3 版. 武汉：华中科技大学出版社.

陈国顺，张桐，2012. 精通 LabVIEW 程序设计［M］. 2 版. 北京：电子工业出版社.

陈花玲，2016. 机械工程测试技术［M］. 2 版. 北京：机械工业出版社.

范云霄，刘桦，2002. 测试技术与信号处理［M］. 北京：中国计量出版社.

胡广书，2005. 数字信号处理导论［M］. 北京：清华大学出版社.

胡宗武，1985. 工程振动分析基础［M］. 上海：上海交通大学出版社.

贾民平，张洪亭，周剑英，2001. 测试技术［M］. 北京：高等教育出版社.

江征风，2010. 测试技术基础［M］. 2 版. 北京：北京大学出版社.

李孟源，2006. 测试技术基础［M］. 西安：西安电子科技大学出版社.

刘经燕，2001. 测试技术及应用［M］. 广州：华南理工大学出版社.

平鹏，2001. 机械工程测试与数据处理技术［M］. 北京：冶金工业出版社.

秦树人，2002. 机械工程测试原理与技术［M］. 重庆：重庆大学出版社.

三浦宏文，2006. 机电一体化实用手册［M］. 北京：科学出版社.

申忠如，郭福田，丁辉，2006. 现代测试技术与系统设计［M］. 西安：西安交通大学出版社.

王伯雄，2003. 测试技术基础［M］. 北京：清华大学出版社.

王伯雄，王雪，陈非凡，2016. 工程测试技术［M］. 北京：清华大学出版社.

王建民，曲云霞，2004. 机电工程测试与信号分析［M］. 北京：中国计量出版社.

熊诗波，2018. 机械工程测试技术基础［M］. 北京：机械工业出版社.

张发启，2005. 现代测试技术及应用［M］. 西安：西安电子科技大学出版社.

赵玫，周海亭，陈光冶，等，2004. 机械振动与噪声学［M］. 北京：科学出版社.

赵庆海，2005. 测试技术与工程应用［M］. 北京：化学工业出版社.

周利清，苏菲，2005. 数字信号处理基础［M］. 北京：北京邮电大学出版社.

周祖德，谭跃刚，2013. 机械系统的光纤光栅分布动态监测与损伤识别［M］. 北京：科学出版社.